科学出版社"十三五"普通高等教育本科规划教材

结 构 力 学

杨迪雄　主编

科学出版社

北　京

内 容 简 介

本书根据教育部高等学校力学教学指导委员会制定的《结构力学课程教学基本要求》编写。全书共9章，包括绪论、平面杆件体系的几何构造分析、静定结构的受力分析、虚功原理与结构位移计算、力法、位移法、移动荷载作用下结构的影响线、矩阵位移法及结构动力分析基础。自第2章起各章附有习题并给出了参考答案。

本书可作为高等学校力学、土木工程、水利工程、航空航天工程、船舶与海洋工程等专业结构力学课程的教材，也可供工程技术人员参考。

图书在版编目（CIP）数据

结构力学 / 杨迪雄主编. —北京：科学出版社，2019.1

科学出版社"十三五"普通高等教育本科规划教材

ISBN 978-7-03-060004-2

Ⅰ. ①结…　Ⅱ. ①杨…　Ⅲ. ①结构力学－高等学校－教材　Ⅳ. ①O342

中国版本图书馆 CIP 数据核字（2018）第 288655 号

责任编辑：朱晓颖 / 责任校对：王萌萌
责任印制：吴兆东 / 封面设计：迷底书装

科 学 出 版 社 出版

北京东黄城根北街 16 号
邮政编码：100717
http://www.sciencep.com

北京中石油彩色印刷有限责任公司印刷
科学出版社发行　各地新华书店经销
*
2019 年 1 月第 一 版　开本：787×1092　1/16
2025 年 9 月第七次印刷　印张：21 3/4
字数：541 000

定价：69.00 元

（如有印装质量问题，我社负责调换）

前　　言

本书根据教育部高等学校力学教学指导委员会制定的《结构力学课程教学基本要求》编写。全书共 9 章，内容包括绪论、平面杆件体系的几何构造分析、静定结构的受力分析、虚功原理与结构位移计算、力法、位移法、移动荷载作用下结构的影响线、矩阵位移法及结构动力分析基础。前 7 章适用于 48 学时的结构力学课程教学，全书适用于 72 学时的教学。

本书传承了大连理工大学在结构力学课程教学中的知识体系和风格特色，特别注重结构力学的基本理论、基本概念、基本分析方法和工程应用。此外，在本书编写过程中也参考了大量的国内外优秀教材，扬长避短，与时俱进，力求使内容适当更新，并反映数字化、信息化的时代潮流。本书的特色主要体现在：①加强趣味性与可读性，增加了结构力学的发展历史和重要人物的简介；②推陈出新，更换了机动法作超静定力影响线等内容，剔除渐近分析法（如力矩分配法）等内容；③增强教材内容的工程性，增加了应用背景介绍；④从历史观、方法论、审美观和创造性思维的角度审视结构力学，力争融知识、能力、素质教育于一体。

全书由杨迪雄主编。参加本书编写工作的主要有：杨迪雄（第 1 章、第 7 章）、谷俊峰（第 2 章、第 3 章）、杨雷（第 4 章）、杨飏（第 5 章、第 9 章）、陈景杰（第 6 章）、胡小飞（第 8 章）。

在本书编写过程中，程耿东院士、洪明教授和杨春秋教授给予了热情的支持与鼓励，并提出了许多有益的建议，在此深表谢忱。

本书得到大连理工大学教务处教材出版基金的资助，也得到大连理工大学运载工程与力学学部工程力学系的大力支持。承蒙西安理工大学张俊发教授、同济大学陈建兵教授审阅了全部书稿，并提出了宝贵的修改意见，在此致以衷心的感谢！

诚挚欢迎读者批评指正。

编　者

2018 年 7 月

目　　录

第1章　绪论 ·· 1

1.1　结构力学的研究对象和任务 ··· 1

　　1.1.1　研究对象 ·· 1

　　1.1.2　任务 ·· 2

1.2　结构的计算简图 ··· 3

　　1.2.1　结构体系的简化 ·· 3

　　1.2.2　杆件的简化 ··· 3

　　1.2.3　结点的简化 ··· 4

　　1.2.4　支座的简化 ··· 4

　　1.2.5　材料性质的简化 ·· 5

　　1.2.6　荷载的简化 ··· 5

1.3　杆系结构和荷载的分类 ·· 6

　　1.3.1　杆系结构的分类 ·· 6

　　1.3.2　荷载的分类 ··· 7

1.4　结构力学的发展简史 ··· 7

　　1.4.1　能量原理和能量方法 ··· 8

　　1.4.2　力法和位移法 ·· 9

　　1.4.3　矩阵位移法和有限元法 ·· 10

第2章　平面杆件体系的几何构造分析 ·· 13

2.1　几何构造分析的几个概念 ··· 13

　　2.1.1　自由度和约束 ··· 13

　　2.1.2　瞬变体系与常变体系 ·· 15

　　2.1.3　瞬铰 ··· 16

2.2　平面几何不变体系的基本组成规则 ·· 16

　　2.2.1　二元体规则 ·· 17

　　2.2.2　两刚片规则 ·· 17

　　2.2.3　三刚片规则 ·· 17

2.3　平面杆件体系的计算自由度 ·· 21

　　2.3.1　刚片体系的计算自由度 ·· 22

　　2.3.2　铰接体系的计算自由度 ·· 24

　　2.3.3　混合体系的计算自由度 ·· 25

2.4　体系的几何构造与静定性 ··· 25

习题 ·· 26

第 3 章　静定结构的受力分析 ··· 29

3.1　单跨静定梁 ·· 29

3.1.1　单跨静定梁及其内力 ··· 29

3.1.2　荷载与内力之间的关系 ·· 30

3.1.3　分段叠加法 ·· 32

3.2　多跨静定梁 ·· 34

3.3　静定平面桁架 ··· 38

3.3.1　桁架的特点和分类 ··· 38

3.3.2　结点法 ·· 39

3.3.3　截面法 ·· 42

3.3.4　结点法和截面法的联合应用 ··· 43

3.4　静定平面刚架 ··· 45

3.4.1　刚架的特点 ·· 45

3.4.2　支座反力的计算 ·· 45

3.4.3　刚架的内力分析及内力图的绘制 ··· 48

3.4.4　静定刚架弯矩图的快速绘制 ··· 55

3.5　静定组合结构 ··· 57

3.6　三铰拱 ·· 62

3.6.1　三铰拱的支座反力和内力计算 ·· 62

3.6.2　三铰拱的合理轴线 ··· 67

3.7　静定结构的一般性质 ·· 70

习题 ··· 72

第 4 章　虚功原理与结构位移计算 ··· 78

4.1　结构位移计算概述 ··· 78

4.1.1　结构位移的概念 ·· 78

4.1.2　结构位移计算的目的 ·· 79

4.2　变形体的虚功原理 ··· 79

4.2.1　刚体体系的虚功原理 ·· 79

4.2.2　变形体虚功原理的应用条件 ··· 80

4.2.3　变形体虚功方程 ·· 81

4.2.4　虚力原理和虚位移原理 ·· 83

4.3　结构位移计算的单位荷载法 ·· 84

4.4　荷载作用下的位移计算 ··· 87

4.4.1　荷载引起的位移的计算公式 ··· 87

4.4.2　各类结构的位移公式 ·· 88

4.4.3　荷载作用下的位移计算举例 ··· 88

4.5　图乘法 ··· 93
　　4.5.1　图乘法及其应用条件 ··· 94
　　4.5.2　应用图乘法的几个具体问题 ····································· 95
　　4.5.3　图乘法计算示例 ··· 97
4.6　温度变化时的位移计算 ·· 100
4.7　线弹性结构的互等定理 ·· 102
　　4.7.1　功的互等定理 ·· 102
　　4.7.2　位移互等定理 ·· 103
　　4.7.3　反力互等定理 ·· 104
　　4.7.4　位移反力互等定理 ·· 105
习题 ··· 105

第5章　力法 ··· 109
5.1　超静定次数的确定 ·· 109
　　5.1.1　超静定结构的静力平衡特征和几何构造特征 ·················· 109
　　5.1.2　超静定次数和多余约束力个数的确定 ························ 110
5.2　力法的基本概念 ·· 111
　　5.2.1　力法的基本未知量、基本体系和基本方程 ···················· 111
　　5.2.2　多次超静定结构的力法分析 ································· 114
　　5.2.3　力法典型方程 ·· 115
5.3　超静定刚架和排架的计算 ·· 117
5.4　超静定桁架和组合结构的计算 ·· 123
5.5　对称结构的计算和半边结构 ·· 126
　　5.5.1　选取对称的基本体系 ·· 128
　　5.5.2　利用对称性取半边结构 ·· 131
5.6　两铰拱和无铰拱 ·· 135
　　5.6.1　力法求解两铰拱 ·· 135
　　5.6.2　力法求解无铰拱 ·· 139
5.7　支座移动和温度变化时的内力计算 ···································· 142
　　5.7.1　支座移动时的计算 ·· 142
　　5.7.2　温度变化时的计算 ·· 144
5.8　超静定结构的位移计算 ·· 146
5.9　超静定结构计算结果的校核 ·· 150
　　5.9.1　平衡条件的校核 ·· 151
　　5.9.2　变形条件的校核 ·· 151
习题 ··· 152

第6章　位移法 ··· 156
6.1　位移法的基本概念 ·· 156

6.1.1 关于位移法的简例 ···156

6.1.2 位移法的基本未知量和基本方程 ·······························158

6.1.3 位移法计算刚架的基本思路 ······································159

6.1.4 位移法基本未知量的确定 ··159

6.2 等截面直杆的转角位移方程 ···162

6.2.1 由杆端位移求杆端内力 ···163

6.2.2 由荷载求固端内力 ··165

6.3 无侧移刚架的计算 ···167

6.3.1 基本未知量的选取 ··167

6.3.2 基本方程的建立 ···168

6.4 有侧移刚架的计算 ···170

6.5 对称结构的计算 ···176

6.6 位移法的基本体系 ···178

6.6.1 建立位移法的基本体系 ···179

6.6.2 位移法基本方程 ···179

6.6.3 建立位移法基本方程的具体过程 ·································181

6.6.4 位移法典型方程 ···182

6.7 势能原理与位移法 ···183

6.7.1 势能驻值原理 ··183

6.7.2 等截面直杆的线弹性应变能 ·······································184

6.7.3 势能原理与位移法平衡方程 ·······································186

6.8 瑞利-里茨法 ··189

6.9 超静定结构的特性 ···191

习题 ···192

第7章 移动荷载作用下结构的影响线 ···196

7.1 移动荷载和影响线的概念 ···196

7.2 静力法作简支梁内力影响线 ··198

7.3 结点荷载下梁和桁架的内力影响线 ·······································201

7.3.1 结点荷载作用下梁的内力影响线 ·······························201

7.3.2 桁架轴力影响线 ···203

7.4 机动法作静定内力影响线 ···206

7.5 影响线的应用 ··211

7.5.1 求各种荷载作用产生的影响量 ····································211

7.5.2 求荷载的最不利位置 ···212

7.5.3 临界位置的判定——针对影响线为多边形的情况 ··········213

7.5.4 临界位置的判定——针对影响线为三角形的情况 ··········216

7.6 机动法作超静定内力影响线 ··219

习题 ··· 224

第8章　矩阵位移法 ·· 228

8.1　矩阵位移法的基本原理 ··· 228

8.2　单元刚度矩阵 ·· 229

8.2.1　局部坐标系下的单元刚度矩阵 ··· 229

8.2.2　单元刚度矩阵的性质 ··· 231

8.3　单元刚度矩阵的坐标转换 ·· 232

8.3.1　整体坐标系下的单元刚度矩阵 ··· 232

8.3.2　连续梁的单元刚度矩阵 ·· 235

8.3.3　轴力杆件的单元刚度矩阵 ··· 237

8.4　结构的整体刚度矩阵 ··· 239

8.4.1　单元、结点编号 ··· 239

8.4.2　整体刚度矩阵集成的直接刚度法 ··· 240

8.4.3　支承条件的引入 ··· 242

8.4.4　整体刚度矩阵的性质 ··· 243

8.4.5　铰结点的处理 ·· 243

8.5　等效结点荷载 ·· 244

8.5.1　矩阵位移法的基本方程 ·· 244

8.5.2　单元等效结点荷载 ·· 244

8.5.3　结构等效结点荷载 ·· 246

8.6　计算步骤和算例 ··· 248

8.6.1　桁架分析算例 ·· 249

8.6.2　刚架分析算例 ·· 252

8.6.3　组合结构分析算例 ·· 258

8.6.4　忽略轴向变形时矩形刚架的矩阵位移法 ···································· 262

习题 ··· 264

第9章　结构动力分析基础 ·· 267

9.1　结构动力分析的特点和动力自由度 ··· 267

9.1.1　结构动力分析的特点 ··· 267

9.1.2　动力荷载的分类 ··· 267

9.1.3　体系的动力自由度 ·· 269

9.2　单自由度体系的自由振动 ·· 271

9.2.1　自由振动微分方程的建立 ··· 272

9.2.2　自由振动微分方程的解 ·· 273

9.2.3　结构的自振周期 ··· 274

9.3　单自由度体系的强迫振动 ·· 276

9.3.1　简谐荷载下的动力反应——共振现象 ······································· 277

9.3.2　一般动力荷载下的动力反应——杜哈梅积分 ················· 280

9.3.3　几种常见动力荷载下的动力反应 ·············· 282

9.4　阻尼对振动的影响 ·············· 285

9.4.1　有阻尼单自由度体系的自由振动 ·············· 285

9.4.2　有阻尼单自由度体系的强迫振动 ·············· 288

9.5　多自由度体系的自由振动 ·············· 292

9.5.1　刚度法 ·············· 292

9.5.2　柔度法 ·············· 297

9.5.3　主振型的正交性 ·············· 299

9.6　多自由度体系的强迫振动 ·············· 300

9.6.1　简谐荷载作用下的无阻尼强迫振动 ·············· 300

9.6.2　振型叠加法 ·············· 303

9.7　无限自由度体系的振动 ·············· 308

习题 ·············· 311

参考文献 ·············· 315

附录　平面结构分析矩阵位移法 MATLAB 程序 ·············· 316

索引 ·············· 328

主要符号表

A	面积
a	振幅
b	宽度
c	支座广义位移、黏滞阻尼系数
$\boldsymbol{C}$	阻尼矩阵
c_r	临界阻尼系数
d	结间距离
E	弹性模量
f	拱高、频率
F	力、广义力
F_P	集中荷载
F_H	水平推力
F_x、F_y	水平（x）、垂直（y）方向的分力
F_N	轴力
F_{Nx}、F_{Ny}	轴力在水平（x）、垂直（y）方向的分力
F_S	剪力
F_S^L、F_S^R	截面左、右的剪力
F_S^F	固端剪力
F_E	弹性力
F_I	惯性力
F_D	阻尼力
F_R	广义反力、反力合力
$\bar{\boldsymbol{F}}^e$	局部坐标系下单元杆端力向量
$\boldsymbol{F}^e$	整体坐标系下单元杆端力向量
$\bar{\boldsymbol{F}}_P^e$	局部坐标系下单元固端力向量
G	剪切模量
h	高度
i	弯曲线刚度
I	截面惯性矩
$\boldsymbol{I}$	单位矩阵
k	刚度系数、切应力分布不均匀系数
$\bar{\boldsymbol{k}}^e$	局部坐标系下单元刚度矩阵
$\boldsymbol{k}^e$	整体坐标系下单元刚度矩阵

$\boldsymbol{K}$	结构刚度矩阵
l	长度、跨度
m	质量、分布弯矩
$\bar{m}$	线分布质量
$\boldsymbol{M}$	质量矩阵
M	力矩、力偶矩、弯矩
M^{F}	固端弯矩
n	超静定次数
p	均布荷载集度
$\boldsymbol{P}^{e}$	单元结点荷载向量
$\boldsymbol{P}$	结构结点荷载向量
q	均布荷载集度
R	半径
r	半径、反力影响系数
S	静矩
t	时间、温度
T	周期
$\boldsymbol{T}$	坐标转换矩阵
U	应变能
u	水平位移
v	竖向位移、挠度、速度
w	竖向位移
W	功、计算自由度、重量、弯曲截面系数
W_{e}	外虚功
W_{i}	内虚功
X	广义未知力、广义多余未知力
$\boldsymbol{Y}$	位移幅值向量、主振型向量、主振型矩阵
y	位移
$\boldsymbol{y}$	几何坐标、物理坐标
$\dot{y} = \dfrac{\mathrm{d}y}{\mathrm{d}t}$	速度
$\ddot{y} = \dfrac{\mathrm{d}^2 y}{\mathrm{d}t^2}$	加速度
Z	影响线量值
α	线膨胀系数、初始相位角
β	动力系数
$\varDelta$	广义未知位移
$\boldsymbol{\varDelta}$	位移向量

$\boldsymbol{\varDelta}^e$	单元杆端位移向量
δ	柔度系数、位移影响系数
ε	线应变
$\boldsymbol{\eta}$	正则坐标、广义坐标、振型坐标
μ	泊松比
κ	曲率
φ	角位移、弦转角
γ_0	平均切应变
θ	截面转角、干扰力频率
ξ	阻尼比
$\boldsymbol{\xi}$	单元定位向量
ρ	材料密度
ω	圆频率
$\varPi$	总势能

第 1 章 绪 论

人类自古以来建造了各种建筑物和构筑物，如埃及的金字塔，法国境内的加尔德引水桥，中国的万里长城、都江堰、赵州桥、故宫等。随着科学技术的进步，人们对于结构设计的规律以及结构的强度、刚度和稳定性逐渐有了认识，进而根据经验和实验，从不自觉到自觉地形成了专门的结构力学科学，并广泛应用于工程实践。

就基本原理和方法而言，结构力学是与理论力学、材料力学同时发展起来的，所以结构力学在发展的初期是与理论力学和材料力学融合在一起的。19 世纪初，由于新兴工业的发展，人们开始设计各种大规模的工程结构，对于这些结构的设计，要做较精确的分析和计算。因此，工程结构的分析理论和分析方法开始独立出来，至 19 世纪中叶，结构力学开始成为一门独立的学科。进入 20 世纪以来，由于新材料、新结构、新理论、新方法的不断涌现，结构力学学科的内涵不断深化、范围不断扩展，已发展成为包括结构静力学、动力学、稳定理论、计算结构力学、智能材料结构、结构控制和健康监测等诸多分支的学科群，它的应用范围已经拓展至土木工程、水利工程、船舶工程、机械工程、航空航天工程等领域。事实上，结构力学一直是力学理论与工程实践紧密联系的桥梁和纽带，它是一门既古老、又常青、又与时俱进、又不断发展的应用力学学科。

1.1 结构力学的研究对象和任务

1.1.1 研究对象

建筑物、构筑物或其他工程对象中承受和传递荷载而起骨架作用的部分称为工程结构，简称为**结构**。例如，房屋建筑中的梁柱体系，水工建筑物中的大坝和闸门，公路和铁路桥梁、隧道、涵洞，船舶、汽车、飞机、载人飞船中的受力骨架等，都是工程结构的典型例子(图 1-1)。

图 1-1 建筑、桥梁和飞机

结构的受力特性和承载能力与其几何特征具有十分密切的联系。根据几何特征，结构可分为三类。

(1)**杆系结构**——由若干杆件相互连接而成。杆件的几何特征是横截面尺寸要比长度小得多。梁、拱、桁架、刚架是杆系结构的典型形式。

(2)**板壳结构**——也称为薄壁结构(图 1-2(a)、(b))。它的几何特征是厚度远小于长度和宽度。房屋建筑中的楼板和壳体屋盖、飞机和轮船的外壳等均属于板壳结构。

(3)**实体结构**——也称三维连续体结构,其几何特征是结构的长、宽、高三个方向的尺度大小相仿。重力式挡土墙(图 1-2(c))和水工建筑中的重力坝等均属于实体结构。

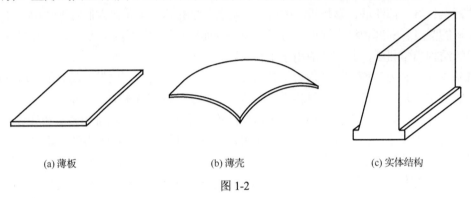

(a) 薄板　　　　　　　　　(b) 薄壳　　　　　　　　　(c) 实体结构

图 1-2

狭义的结构往往指的是杆系结构,而通常所说的结构力学是指杆系结构力学。

结构力学与理论力学、材料力学、弹塑性力学具有密切的关系。理论力学着重讨论质点(系)、刚体(系)机械运动的基本规律,抓主舍次,忽略物体的变形效应,常将物体视为质点或刚体。其余三门力学着重考察物体的变形效应,讨论结构及其构件的强度、刚度、稳定性和动力反应等问题,其中材料力学以单个杆件为主要研究对象,结构力学以杆系结构为主要研究对象,弹塑性力学以实体结构和板壳结构为主要研究对象。

1.1.2　任务

结构力学是研究结构的合理形式(如梁、桁架、刚架、拱等),以及在外力和其他外界因素作用下结构的内力、变形、动力反应和稳定性等方面的规律性的学科。研究目的是使结构满足安全性、适用性和经济性的要求。具体地说,结构力学的基本任务包括以下几个方面。

(1)讨论结构的组成规律、受力性能和合理形式,以及结构计算简图的合理选择。

(2)讨论结构内力和变形的计算方法,进行结构强度和刚度的验算。

(3)讨论结构的稳定性,以及在动力荷载作用下的结构反应和振动控制。

结构力学问题的研究手段包含理论分析、数值计算和实验研究三个方面。结构力学课程重点讲述理论分析和数值计算方面的内容。在结构分析中,首先把实际结构简化成计算模型,称为结构计算简图;然后对计算简图进行计算。结构力学中的计算方法是多种多样的,但这些方法都要考虑下列三类基本方程。

(1)力系的平衡方程或运动方程。

(2)变形的几何连续方程(或称为协调方程)。

(3)应力与变形间的物理方程(或称为本构方程)。

结构力学的基本解法是直接运用上述三类基本方程进行计算分析,可称为**平衡-几何-本构方法**。这些解法如果采用虚功或能量形式来表述,则称为**能量方法**。

过去的结构分析问题比较简单，都是依靠解析方法和"手算"解决的。随着电子计算机的出现和普及，大量的复杂工程分析与设计问题主要依靠"电算"。"电算"提高了结构力学解决问题的能力，同时对结构力学提出了新的要求，即"电算"方法必须适应"电算"的特点。因此，一些与结构计算机分析密切相关的内容，如能量原理、矩阵位移法、有限元法、离散元法、无网格法、等几何分析、结构分析软件、结构优化设计等，已在结构力学中占据越来越重要的地位。在结构力学学科领域，能量原理、数值计算方法和程序软件等形成了一个新的分支学科——计算结构力学。它是借助计算机采用数值方法解决结构力学问题的一个分支学科。

1.2　结构的计算简图

工程结构通常是很复杂的，完全按照实际情况进行力学分析既不可能，也无必要。因此，在对结构进行力学分析计算之前，利用简化和假设的手段，略去不重要的细节，突出其本质和基本特点，将实际结构用一个抽象和简化了的图形来代替，这种图形称为**结构的计算简图**，也称为力学模型。一般而言，结构分析中，首先把实际结构简化成力学模型(计算简图)，然后对计算简图建立数学模型、计算模型与程序进行计算，最后将计算结果运用于工程分析、设计和施工，此过程如图 1-3 所示，其中建立方程和求解方程是两个关键环节。与结构分析密切相关的模型确认与验证是学术界关注的重要研究课题，它要求结构力学的理论方法都应得到物理实验的验证和工程实践的检验。

图 1-3

计算简图的建立是力学计算的基础，极为重要。结构计算简图的建立原则如下。

(1)符合实际——计算简图既要反映实际结构的主要受力和变形特点，又要使计算结果安全可靠。

(2)便于计算——分清主次，略去细节，忽略次要因素，使分析计算过程方便且简单。

构建计算简图时，需要在多方面进行简化，下面简要地说明建立杆系结构计算简图的简化要点。

1.2.1　结构体系的简化

杆系结构可分为平面杆系结构和空间杆系结构。一般结构实际上都是空间结构，各部分相互连接成为一个空间整体，以承受各个方向可能出现的荷载。但在多数情况下，工程结构常可以忽略一些次要的空间约束而将实际结构分解为平面结构，使计算得以简化。本书主要讨论平面结构的计算问题。当然，也有一些结构具有明显的空间特征而不宜简化成平面结构。

1.2.2　杆件的简化

杆件的截面尺寸(宽度、厚度)通常比杆件长度小得多，截面上的应力可根据截面的内力(弯矩、轴力、剪力)来确定。因此，在计算简图中，杆件用其轴线表示，杆件之间的连接区用结点表示，杆长用结点间的距离表示。而荷载的作用点也表示到轴线上。

1.2.3　结点的简化

杆件的相互连接处称为**结点**。结点通常简化为以下两种理想类型。

(1)**铰结点**。被连接的杆件在结点处不能相对移动，但可相对转动，即可以传递力，但不能传递力矩。这种理想情况，在实际工程中很难实现。木屋架的结点比较接近于铰结点(图 1-4(a)、(b))。

(2)**刚结点**。被连接的杆件在结点处既不能相对移动，又不能相对转动；既可以传递力，也可以传递力矩。现浇钢筋混凝土结点通常属于这类情形(图 1-5(a)、(b))。

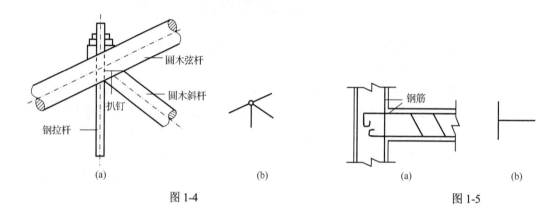

图 1-4　　　　　　　　　　　　　　　　图 1-5

1.2.4　支座的简化

结构与基础的连接处简化为**支座**。按其受力特征，一般简化为以下四种类型。

(1)**活动铰支座**。被支承的部分可以转动和水平移动，不能竖向移动(图 1-6(a))。活动铰支座能提供的反力只有竖向反力 F_y。在计算简图中用一根竖向支杆表示(图 1-6(b))。桥梁结构中所用的辊轴支座及摇轴支座，是活动铰支座的实例。

(2)**固定铰支座**。被支承的部分可以转动，不能移动(图 1-7(a))。固定铰支座能提供两个反力 F_x、F_y，在计算简图中用两根相交的支杆表示(图 1-7(b))。

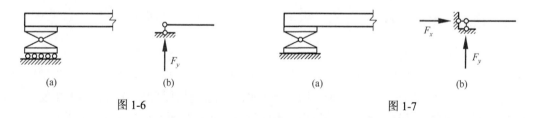

图 1-6　　　　　　　　　　　　　　　　图 1-7

(3)**滑动支座**。滑动支座也称为定向支座。被支承的部分不能转动，但可沿一个方向平行滑动(图 1-8(a))。滑动支座能提供反力矩 M 和一个反力 F_y。在计算简图中用两根平行支杆表示(图 1-8(b))。

(4)**固定支座**。被支承的部分完全被固定(图 1-9(a))。固定支座能提供三个反力：F_x、F_y、M。在计算简图中，固定支座可按图 1-9(b)表示。

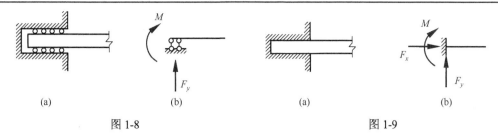

图 1-8   图 1-9

1.2.5 材料性质的简化

工程结构中所用的材料通常为钢、混凝土、砖、石、木材等。在结构计算中，为了简化，对组成各构件的材料一般都假设为连续的、均匀的、各向同性的、弹性或弹塑性的。

上述假设对于金属材料在一定受力范围内是符合实际情况的。对于混凝土、钢筋混凝土、砖、石等材料则带有一定程度的近似性。至于木材，因其顺纹与横纹方向的物理性质不同，故须注意各向异性这一特点。

1.2.6 荷载的简化

结构承受的荷载可分为体积力和表面力两大类。体积力指的是结构的自重或惯性力等；表面力则是由其他物体通过接触面而传给结构的作用力，如土压力、车辆的轮压力等。在杆系结构中把杆件简化为轴线，因此不管是体积力还是表面力都可以简化为作用在杆件轴线上的力。荷载按其分布情况可简化为集中荷载和分布荷载。

为了说明实际结构的简化过程，现以图 1-10(a)所示钢筋混凝土单层工业厂房的实例说明。厂房的梁和柱都是预制的。柱子下端插入基础的杯口内，然后用细石混凝土填实。梁与柱的连接是通过将梁端和柱顶的预埋钢板进行焊接而实现的。在横向平面内，柱与梁组成排架(图 1-10(b))，排架之间由屋面板和牛腿上的吊车梁连接。

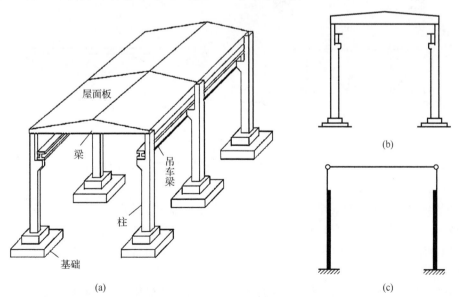

图 1-10

　　对该厂房结构进行受力分析时，可采用图 1-10(c)所示的计算简图。

　　首先，厂房结构虽然是许多排架用屋面板和吊车梁连接起来的空间结构，但各排架在纵向以一定的间距有规律地排列着。作用于厂房上的荷载，如恒载、雪载和风载等一般是沿纵向均匀分布的，通常可把这些荷载分配给每个排架，而将每一个排架看作一个独立的体系，于是实际的空间结构便简化成平面结构(图 1-10(b))。

　　其次，梁和柱都用它们的几何轴线来代表。由于梁和柱的截面尺寸比长度小得多，轴线都可以近似地看作直线。由于截面尺寸不同，柱子截面较粗的部分可用粗实线突出。

　　梁和柱的连接只依靠预埋钢板进行焊接，梁端和柱顶之间虽不能发生相对移动，但仍有发生微小相对转动的可能，因此可取为铰结点。柱底和基础之间可以认为不能发生相对移动和相对转动，因此柱底可取为固定支座。

1.3　杆系结构和荷载的分类

1.3.1　杆系结构的分类

　　结构的分类实际上是指结构计算简图的分类。按照受力特点，杆系结构通常可分为下列几类。

　　(1)**梁**。梁(图 1-11(a))是一种受弯构件，其轴线通常为直线。梁可以是单跨的或多跨的。

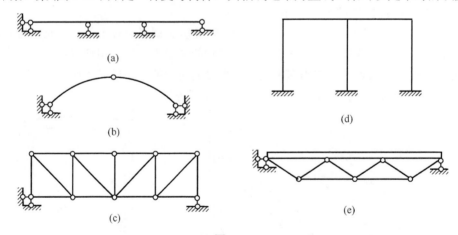

图 1-11

　　(2)**拱**。拱(图 1-11(b))的轴线为曲线，其力学特点是在竖向荷载作用下有水平支座反力(推力)。

　　(3)**桁架**。桁架(图 1-11(c))由直杆组成，所有结点都为铰结点。

　　(4)**刚架**。刚架(图 1-11(d))也由直杆组成，其结点通常为刚结点。

　　(5)**组合结构**。组合结构(图 1-11(e))是桁架和梁或刚架组合在一起形成的结构，其中含有组合结点。

　　按照结构体系的空间位置，杆系结构有平面结构和空间结构之分。在平面结构中，各杆的轴线和外力的作用线都在同一平面内，如图 1-12 为一平面结构的桁架。空间结构则不满足上述条件，如图 1-13 为一空间刚架，各杆的轴线不在同一平面内。大多数结构在设计中通常是按平面结构进行计算的。在有些情况下，必须考虑结构的空间作用。

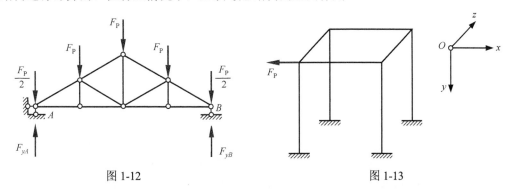

图 1-12　　　　　　　　　　　　　　　图 1-13

除上述分类外，按计算特性，结构又可分为静定结构和超静定结构。如果结构的杆件内力（包括支座反力）可由平衡条件唯一确定，则此结构称为**静定结构**。如果杆件内力和支座反力由平衡条件不能唯一确定，还必须同时考虑变形条件，则此结构称为**超静定结构**。

1.3.2　荷载的分类

荷载是主动作用于结构的外力，如结构的自重，工业厂房结构上的吊车荷载，施加于结构上的水压力和土压力。除外力之外，还有其他因素的作用可以使结构产生内力或变形，如温度变化、基础沉陷、材料收缩等。从广义上来说，这些因素也可以称为荷载。

对结构进行计算以前，须先确定结构所受的荷载。荷载的确定是结构设计中极为重要的工作。荷载若估计过大，则设计的结构会过于笨重，造成浪费；荷载若估计过低，则设计的结构将不够安全。根据荷载作用时间、作用位置和荷载作用的性质，可将荷载作如下的分类。

(1)按荷载作用时间分类。荷载可以分为恒载和活载两类。恒载是长期作用在结构上的不变荷载，如结构的自重或土压力。活载是临时作用在结构上的可变荷载，如列车、吊车荷载，人群荷载、雪载和风载等。

(2)按荷载作用位置分类。对结构进行计算时，恒载和大部分活载(如雪载、风载)在结构上作用的位置可以认为是固定的，这种荷载称为**固定荷载**。有些活载如吊车梁上的吊车荷载、公路桥梁上的汽车荷载，在结构上的位置是移动的，这种荷载称为**移动荷载**。

(3)根据荷载作用的性质分类。可以分为静力荷载和动力荷载两类。**静力荷载**的大小、方向和位置不随时间变化或变化极为缓慢，不使结构产生显著的加速度，因而惯性力的影响可以忽略。**动力荷载**是随时间迅速变化或在短暂时段内突然作用或消失的荷载，使结构产生显著的加速度，因而惯性力的影响不能忽略。结构的自重和其他恒载是静力荷载。动力机械运转时产生的荷载或冲击波的压力是动力荷载的例子。风载和地震作用通常按动力荷载考虑，但有时在设计中可简化为静力荷载。

1.4　结构力学的发展简史

在 17 世纪，人类科学史上的几位巨人奠定了现代科学的基石——经典力学。1609 年和 1619 年，开普勒(J. Kepler, 1571—1630 年)先后著写《新天文学》和《宇宙和谐论》，提出行星运动的开普勒三定律。1632 年，伽利略(G. Galileo, 1564—1642 年)著写的《关于托勒密和哥白尼两大世界体系的对话》出版，支持了地动学说，首先阐明运动的相对性原理；1638 年，他出版《两门新科学的对话》，讨论了材料抗断裂、介质对运动的阻力、惯性原理、自由落体运动、斜面上物体的运动、抛射体的运动等问题，给出了匀速运动和匀加速运动的定义。1687 年，牛顿(I. Newton, 1643—1727 年)集前人之大成，著写了《自然哲学的数学原理》，阐述并建立了牛顿运动定律和万有引力定律，构建了经典力学大厦的基本框架。结构力学就是在经典力学框架体系下逐渐发展起来的。

1.4.1　能量原理和能量方法

能量原理是结构分析的理论基础，由此导出了几个位移计算和内力分析的普遍性方法，即能量方法。虚位移原理由约翰·伯努利(John Bernoulli, 1667—1748 年)在 1717 年提出。英国科学家麦克斯韦(J. C. Maxwell, 1831—1879 年)于 1864 年对只有两个力的简单情况建立了位移互等定理，并提出计算位移的单位荷载法。随后，意大利学者贝蒂(E. Betti, 1823—1892 年)于 1872 年对麦克斯韦位移互等定理加以普遍证明，推广为功的互等定理；卡斯蒂利亚诺(A. Castigliano, 1847—1884 年)于 1879 年提出了卡氏第一定理和卡氏第二定理及最小功原理(应变能极小原理或最小势能原理)；德国学者恩格瑟(F. Engesser, 1848—1931 年)于 1884 年提出了余能的概念，1889 年提出余能方法。

变形体虚功原理的含义为：外虚功＝内虚功，包括虚力原理和虚位移原理两种形式。由变形体虚力原理可以导出计算梁、刚架或桁架指定点位移或转角的通用方法，即单位荷载法。前面述及，1864 年麦克斯韦提出单位荷载法，1874 年德国力学家莫尔(Otto Mohr, 1835—1918 年)也独立地建立了此方法，所以，单位荷载法也称为麦克斯韦-莫尔(Maxwell-Mohr)法。两人都曾将单位荷载法用于静定桁架的位移计算。单位荷载法利用了三个基本条件，即力系平衡条件、变形协调条件和物理条件。由于其物理条件不限于线弹性，它也适用于求解非弹性结构的位移；由于结构类型不限于静定结构，它也可用于超静定结构的位移计算。对于任何一个具有理想约束的平衡刚体体系，系统内虚功为 0，从而刚体体系的主动力(即外力)所做的虚功为 0，这就是刚体虚功原理。由刚体虚位移原理可以得到求解静定结构指定约束力的快速简便方法，即单位位移法。

1879 年，意大利铁路工程师卡斯蒂利亚诺出版了《弹性系统平衡理论》，此书基于虚功原理提出了卡氏第一定理、卡氏第二定理和最小功原理。卡氏第一定理给出了求结构产生位移后某一截面约束力的方法。卡氏第一定理可用于求解超静定结构，而且它的应用与叠加原理无关，可以推广到非线性弹性系统，它相当于结构的力系平衡条件。卡氏第二定理给出了一种求桁架、梁或刚架结构中某一点的位移或转角的方法。卡氏第二定理的应用也可推广到非线性弹性状态，它相当于结构的变形协调条件。根据卡氏第二定理，某一点的位移等于结构中的应变能对作用在此点并沿所求位移方向的力的一次偏导数。用卡氏第二定理求结构某处的位移时，该处需要有与所求位移相应的荷载。若需计算某处的位移，而该处并无与位移相应的荷载，则可采用附加力法。1878 年克罗蒂(F. Crotti)提出计算弹性体位移的定理，1889 年恩格瑟也独立提出了这一定理，称为克罗蒂-恩格瑟(Crotti-Engesser)定理，该定理由虚力原理出发，利用应变余能的概念导出，适用于非线性弹性结构的位移计算。卡氏第二定理是克罗蒂-恩格瑟定理的特例。这样，最小势能原理和最小余能原理就先后建立起来了。

1886 年德国力学家穆勒-布雷斯劳(H. Muller-Breslau, 1851—1925 年)基于虚位移原理, 提出了一种快速确定静定、超静定梁的内力影响线形状的方法, 即某量值的影响线与此量值作用下梁的位移形状相同。该方法称为穆勒-布雷斯劳原理或穆勒-布雷斯劳准则, 也就是教材中所称的机动法。

20 世纪中叶, 能量原理和能量方法取得了突破性进展, 研究者相继提出了迥异于单变量变分原理(即势能原理和余能原理)的二类变量、三类变量的广义变分原理, 为结构分析提供了新的方法。1950 年赖斯纳(E. H. Reissener)提出了弹性力学的二类变量广义变分原理, 展示了在能量法中建立同时近似地满足不同力学性质的方程的前景。1950 年钱令希(1916—2009 年)在《中国科学》发表了论文"余能理论", 开创了我国力学工作者研究变分原理的先河。之后, 我国出现了一些有国际影响的变分原理研究成果, 如 1954 年胡海昌提出的三类变量广义变分原理, 1955 年鹫津久一郎(K. Washizu)在美国也发表了这一原理, 称为胡-鹫津(Hu-Washizu)变分原理, 其中不少工作受到了钱令希论文的启发。2015 年, 杨迪雄等应用虚位移原理, 建立了精确、解析地计算超静定梁结构内力影响线方程的机动法, 克服了过去超静定力影响线计算繁琐的缺陷。

1.4.2　力法和位移法

在力法、位移法出现以前, 人们只能对简单结构的内力和位移进行计算。从 1847 年开始的数十年间, 人们应用图解法(Maxwell 图等)、解析法(结点法和截面法)等来研究静定桁架结构的受力分析, 建立了桁架理论的基础。力法最初由麦克斯韦于 1864 年提出, 后来又被莫尔于 1874 年修正, 并由穆勒-布瑞斯劳于 1886 年作了根本性的发展。力法的基础是变形协调条件, 所以实质上它是相容方法或柔度法。用力法求解超静定结构内力时, 以多余约束力为基本变量, 先选择几何不变的基本体系, 由变形协调条件建立力法方程, 再由单位荷载法求出力法方程中的位移影响系数, 然后解方程得到多余力。当多余力确定后, 超静定结构的其余支座反力和内力可由静力平衡条件求出。

力法的基本原理简单易懂, 但对于比较复杂的超静定结构, 基本体系的选择需要较多的经验和人为干预;对于多层多跨刚架结构, 多余未知力的数目较多, 方程求解难度增大。而位移法可以克服上述困难。位移法的发展分为转角位移法和矩阵位移法两阶段。1826 年法国力学家纳维(C. L. M. H. Navier, 1785—1836 年)提出了弹性力学中的位移法思想, 并用于求超静定桁架的内力。转角位移法的前身——次弯矩法最早由德国的曼德拉(H. Manderla)于 1880 年提出, 用于求解桁架的次弯曲应力, 1892 年莫尔对它进行修改, 并逐渐为人所知。次弯矩法假定弯矩不影响桁架结构的结点位移, 这只对小弯矩效应才能成立。进入 20 世纪, 随着使用钢筋混凝土材料建造的桥梁和高层建筑逐渐增多, 刚接结点引起的弯矩效应变得显著, 而轴力产生的结点位移很小。1914 年丹麦工程师阿克塞尔·本迪克森(Axel Bendixen)将转角位移法用于有侧移刚架内力计算。1915 年, 美国学者威尔逊(W. M. Wilson)和梅尼(G. A. Maney)改造了次弯矩法, 独立地用它求解刚架内力, 并称为转角位移法。1926 年丹麦学者奥斯特菲尔德(A. Ostenfeld)指出了力法和位移法的对偶性。事实上, 他的关于结构中未知位移的典型方程与穆勒-布瑞斯劳的关于多余力的典型方程是互补的。用位移法求解结构内力时, 以独立的结点角位移和线位移为基本变量, 将整体结构分隔成许多单根杆件, 利用杆件的力-位移关系(转角-位移方程)通过结点力矩和截面投影平衡条件建立位移法方程，然后求解方程得到结点位移。最后，将结点位移回代入杆件转角位移方程，获得各杆的杆端内力。位移法无须关心基本体系是否几何不变（力法基本体系不能是可变体系），它适用于静定结构和超静定结构的受力分析。

比较可见，力法和位移法都利用了结构的静力平衡条件、变形协调条件和力-位移关系（可以类比于微元体的应力-应变关系）。不同的是，力法先在基本体系层次上由单位荷载法给出力-位移关系（即单位荷载作用下表示基本体系位移的柔度影响系数），然后在结构层次上满足变形协调条件并建立力法柔度方程，最后由平衡条件解出各杆端内力。而位移法先在杆件单元层次上考虑变形协调条件写出力-位移关系（转角-位移方程或单位位移下表示基本结构内力的刚度影响系数），然后在结构层次上满足静力平衡条件并建立位移法刚度方程，最后利用求出的结点位移，由变形协调条件和力-位移关系求出杆端内力。

有意思的是，力法、位移法与能量原理具有密切的联系。力法方程可由余能原理或卡氏第二定理导出，而位移法方程可由势能原理导出。此外，有限元法的发展与变分原理有更直接而深刻的关系。总的来说，位移法适用于求解超静定和静定结构，而力法一般适用于超静定结构；位移法可以直接求出结构位移和内力，而力法不能直接求出位移；位移法比较容易建立刚度方程，便于计算机自动化求解。因此，位移法是目前结构分析的主要方法。值得指出的是，教材中介绍的力法以多余力为未知量，也有人在努力发展与位移法平行的以全部力为未知量的"完整力法"（integrated force method）。

在计算机和矩阵位移法出现以前，工程师手工解算转角位移法得到的高阶代数方程组十分麻烦。1922 年，卡莉斯伍（Calisev）将无侧移刚架的转角作为未知量，提出逐次近似法，可以避免直接求解高阶方程组。1930 年美国学者哈迪·克罗斯（Hardy Cross）发展了一种渐近的位移法，即力矩分配法，用来近似求解超静定连续梁。其实，逐次近似法和力矩分配法的求解思想几乎相同。力矩分配法的计算过程是：逐个使结点"约束"和"放松"，对结点处弯矩依次进行分配和平衡，重复迭代直到结点的不平衡弯矩或约束力矩接近 0。力矩分配法采用逐次迭代策略求解位移法的联立代数方程组，避免了直接求解高阶方程组的困难。它是求解线性代数方程组的迭代法在结构力学中的一次成功应用，在当时引起了工程界的极大关注，是 20 世纪 30 年代结构分析的最显著进展。但计算机发明以后，力矩分配法和其他的渐近分析法，如力矩迭代法、无剪力分配法、索斯韦尔松弛法等逐渐退出历史舞台，让位于 20 世纪 50 年代兴起的矩阵位移法。

1.4.3　矩阵位移法和有限元法

首先介绍有限元法的发展脉络，然后具体展开叙述。1943 年库朗（R. Courant, 1888—1972 年）已从数学上明确提出过有限元的思想；20 世纪 50 年代，阿吉里斯（J. H. Argyris, 1913—2004 年）、克拉夫（Ray W. Clough, 1920—2016 年）等从飞机结构分析中发展出了有限元方法。1960 年克拉夫首次采用有限元的名称。我国数学家冯康（1920—1993 年）、英国力学家辛克维奇（O. C. Zienkiewicz, 1921—2009 年）和美国学者卞学鐄（1919—2009 年）等许多学者对有限元法的发展作出了重要贡献。

1943 年，库朗第一次尝试应用定义在三角形区域上的分片插值函数，结合最小势能原理求解了圣维南扭转问题。辛克维奇在一篇综述文献中写道："遗憾的是，由于不是一名工程师，他没有将此思想与离散单元网格联系起来，致使他的工作被埋没了许多年。"但后来，人们认识到库朗工作的重大意义，并将 1943 年作为有限元法的诞生之年。

20 世纪 40 年代后，航空工程师需要对金属飞机结构的板、框、梁、桁条等连续体进行详细的应力分析，有限元法就是发源于对这些连续体的结构分析。希腊力学家阿基里斯于 1954 年 10 月～1955 年 5 月在 *Aircraft Engineering* 上发表了一组论文，在 1960 年重印为《能量原理和结构分析》出版，书中的两个主要贡献是：第一，将弹性结构分析的基本能量原理概括、推广和统一；第二，发展了针对航空工程复杂结构分析的实用方法——矩阵分析法，包括矩阵位移法和矩阵力法。矩阵位移法借助转角-位移方程建立单元刚度矩阵，再将它组装成整体刚度矩阵，形成位移法的整体刚度方程，然后求解方程得到结点位移，再回代获得杆端内力。矩阵位移法是有限元法的雏形，利用最小势能原理可将它导出，也可称为杆件有限元法，其特点是：基本体系的建立简单统一，单元和整体刚度矩阵的形成模块化，方程求解程序化，非常符合计算机自动化计算的要求，因其通用性强而被广泛应用。而矩阵力法由于遗传了力法需要选择基本体系和难以自动化的缺点，现在已几乎不再应用。1965 年，铁木辛柯(S. P. Timoshenko, 1878—1972 年)和杨(Young)合著的《结构理论》(第 2 版)介绍了矩阵力法和矩阵位移法。

1952 年夏，克拉夫来到波音公司，在特纳(M. J. Turner)的指导下从事飞机机翼的结构分析，试图计算小高宽比箱形梁的影响系数，但根据 Levy 法获得的位移值与实测值相差 13%～65%。第二年夏天，克拉夫重返波音公司，特纳建议采用更好的办法给蒙皮板建模。克拉夫结合简单应变场提出了 Ritz 分析方法。1956 年特纳和克拉夫等发表应用三角形、四边形、矩形三种单元对连续体离散化后进行 2 维弹性结构分析的著名论文。他们提出有限元法时利用了杆件体系分析的直接刚度法(矩阵位移法)，所采用的有限元为位移元。文中建立了单元刚度矩阵和结构整体刚度方程，这个工作被认为是工程学界有限元法的开端。1960 年，克拉夫首先为有限元命名，为把连续体力学问题化作离散的力学模型开拓了宽广的途径。克拉夫早期的博士研究生威尔逊(E. L. Wilson)为发展结构分析的通用程序作出了重要贡献，研制了目前流行的 SAP 系列软件系统。

20 世纪 60 年代初，冯康并行于西方，独立地发展了有限元法的理论。1964 年，他创立了数值求解偏微分方程的有限元方法，形成了标准的算法形态，编制了通用的工程结构分析计算程序。1965 年发表了"基于变分原理的差分格式"一文，在广泛的条件上证明了方法的收敛性和稳定性，给出了误差估计。冯康是具有国际影响力的计算数学家，他还发展了自然边界元方法，提出了求解 Hamilton 系统的辛几何算法，为动力系统的长时间保结构计算开辟了新途径。

1963—1964 年，贝塞林(J. F. Besseling)、梅洛什(R. J. Melosh)和琼斯(R. E. Jones)等的研究表明有限元法(文中仍称直接刚度法)的基础是变分原理，证明了它是基于变分原理的 Ritz 分析方法的另一种形式，确认了有限元法是处理连续介质问题的一种普遍方法。他们的研究沟通了数学界和工程界对有限元法的认识与理解，使人们认识到有限元法是一种既有严密的理论基础又有普遍的应用价值的数值方法，从而促进了有限元法的发展。

1967 年，辛克维奇和张佑启出版了世界上第一本有限元法著作 *The Finite Element Method in Structural Mechanics*，以后和泰勒(R. L. Taylor)等改编出版三卷本 *The Finite Element Method*，2013 年该书出版第 7 版，为发展和传播有限元法作出了巨大贡献。辛克维奇长期从事有限元法的研究，其主要贡献是：提出分片实验，提出等参元，发展误差估计方法，推动有限元法在流体力学、土木工程中的应用等。

总而言之，有限元法是 20 世纪五六十年代发展的求解连续体力学和物理问题的一种新的数值方法。具体地说，通过有限单元的划分将连续体的无限自由度离散为有限自由度，从而基于变分原理或用其他方法将待求解问题归结为代数方程组求解。有限元法不仅具有理论完整可靠，形式单纯、规范，精度和收敛性得到保证等优点，而且可根据问题的性质构造适用的单元，从而具有比其他数值解法更广的应用范围。有限元法和计算机的结合产生了巨大的威力，它已成为力学的科学研究和工程技术所不可或缺的工具。其应用范围很快从简单的杆、板结构推广到复杂的空间组合结构，使过去不可能进行的一些大型复杂结构的静力分析变成了常规的计算，力学中的动力问题和各种非线性问题也有了各种相应的解决途径。对于力学工作者来说，借助于有限元法的工具，可以得到许多难以求得解析解的问题的可靠数值结果；对于工程技术人员来说，很多复杂工程对象的设计可以不依赖或少依赖于耗资巨大的实验。现在，有限元法成为求解数理方程的重要方法，在计算数学、计算物理、计算力学和电磁学、传热学、气象学、地球物理学、工程学等广泛领域都大显身手。的确，"有限元法真实地革新了今天的工程和科学环境"。

从结构力学波澜壮阔、瑰丽宏伟的发展历史中，我们不仅了解了力学理论方法在工程应用的需求推动下的演变形成过程，更能领略到力学之美和科学创新的力量，从而激发出科学发现与创造的激情。

纳维简介

麦克斯韦简介

莫尔简介

穆勒-布雷斯劳简介

铁木辛柯简介

阿基里斯简介

第2章 平面杆件体系的几何构造分析

多个杆件以某种方式相互连接而构成杆件体系。如果体系中所有的杆件和约束以及外部荷载均处于同一个平面内，则称为平面杆件体系。从几何构造的观点看，杆件体系可分为两大类：几何不变体系和几何可变体系，其区别在于当体系受到任意荷载作用后，在不考虑杆件变形的情况下，体系的几何位置和形状是否可变。如果可变则称为**几何可变体系**，或称几何不稳定体系(图2-1(a)为铰接四边形)，机构就是几何可变体系；否则称为**几何不变体系**，或称几何稳定体系(图2-1(b)增设一根链杆的体系)。通常，几何可变体系是不能作为结构来使用的，只有几何不变体系才能作为结构承受并传递荷载。

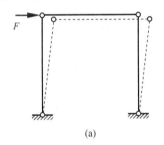
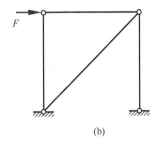

(a)   (b)

图 2-1

体系的**几何构造分析**，又称为几何组成分析或者机动分析，就是按照组成规则对体系的几何稳定性进行分析，其目的在于：①判断某一体系是否为几何不变体系，从而决定它能否作为结构使用；②研究几何不变体系的组成规律，以保证所设计的结构能独立承受、传递荷载；③为静定结构和超静定结构的受力分析提供指导。

本章主要讨论平面杆件体系几何构造分析的基本概念、几何不变体系的基本组成规则和体系计算自由度等内容。

2.1 几何构造分析的几个概念

2.1.1 自由度和约束

要判别一个平面体系是否几何可变，实际上就是判别该体系是否存在刚体运动的自由度。所谓体系的**自由度**，就是确定体系位置所需要的独立参数或者坐标的个数。换句话说，也就是体系运动时，可以独立改变的坐标的数目。

在理论力学中已经学习过，对于图2-2(a)所示平面中的一个质点，确定其位置需要两个独立坐标 x 和 y，所以一个质点在平面内有 2 个自由度。对于图2-2(b)所示平面中的一个刚体，确定其位置除了需要 x 和 y 两个独立坐标，还需要独立坐标 φ 来确定刚体上任意直线 AB 的倾角，所以一个刚体在平面内有 3 个自由度。在平面杆件体系中，当不考虑材料的变形效应时，体系中一个杆或者由多个杆组成的任何一个几何不变的部分都可以看作一个平面刚体，这个刚体就可以称为刚片。那么，刚片同样在平面内有 3 个自由度。

一般工程结构都是几何不变体系，其自由度为零。几何可变体系的自由度都大于零，反之亦然。

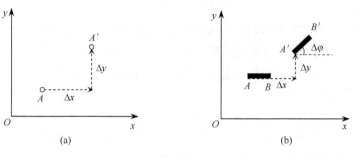

图 2-2

当在点和刚片中加入某些限制装置时，它的自由度会减少，这种减少自由度的装置就称为**约束**，约束数就等于自由度减少的个数。平面体系中杆件之间或者杆件与基础之间常用的约束方式有链杆约束、铰约束和刚性约束。如图 2-3(a) 所示，用一根链杆约束两个刚片。两个独立刚片在平面上有 6 个自由度，通过一根链杆进行约束后，需要三个坐标来确定刚片 I 的位置，然后只需要两个独立的角坐标来确定链杆和刚片 II 的位置，所以此体系有 5 个自由度。由此可知，一根链杆相当于 1 个约束，可以减少 1 个自由度。如图 2-3(b) 所示，两个刚片用一个铰约束。对于此体系，同理，可以用三个坐标来确定刚片 I 的位置，然后只需一个角坐标来确定刚片 II 的位置，所以此体系有 4 个自由度。由此可知，一个铰相当于 2 个约束，可以减少 2 个自由度。图 2-3(c) 给出了两个刚片通过一个刚结点相联系的体系，则此体系变成了一个扩大刚片，有 3 个自由度。因此，一个刚结点相当于 3 个约束，可以减少 3 个自由度。

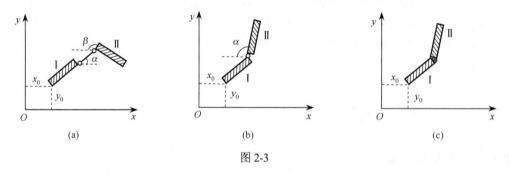

图 2-3

约束可分为单约束和复约束。联结两个点的链杆称为单链杆，相当于 1 个约束。联结两个以上点的链杆约束可以称为复链杆，如图 2-4(a) 所示。三个点在受到链杆约束之前，在平面内有 6 个自由度，约束之后只有 3 个自由度，所以联结三个铰结点的复链杆相当于 3 个约束，即相当于 3 个单链杆。以此类推，从减少自由度的角度来看，联结 l 个点的复链杆相当于 $2l-3$ 个单链杆。

联结两个刚片的铰和刚结点分别称为单铰和单刚结点，联结两个以上刚片的铰和刚结点可分别称为复铰和复刚结点，如图 2-4(b)、(c) 所示。同理，可以得出，联结 l 个刚片的复铰和复刚结点，相当于 $l-1$ 个单铰和单刚结点。也就是说，分别相当于 $2(l-1)$ 和 $3(l-1)$ 个约束。

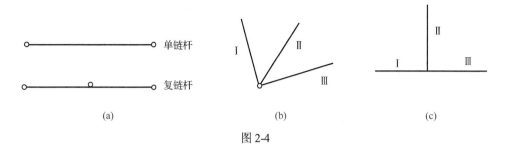

图 2-4

但要注意的是,并不是所有的约束都能减少体系的自由度。如果一个体系中增加一个约束,而体系的自由度并不减少,则该约束称为**多余约束**。如图 2-5 所示,平面内一点 A 有 2 个自由度,可以用两根不共线的链杆 1 和 2 将其与地基相连,此时 A 点被完全固定,自由度等于零。如果再增加一根链杆 3,体系的自由度依旧为零,所以可认为此杆是多余约束。应该注意的是,多余约束的数目是唯一和确定的,但其位置却不唯一确定。此体系中,任一链杆都可分别视为另外两根链杆的多余约束。除了多余约束,其他的约束就称为**必要约束**,也就是使体系变为几何不变体系所需要的最少数目的约束。

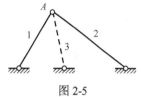

图 2-5

由此可知要判断一个体系是否几何不变,应当分清楚哪些约束是必要约束,哪些约束是多余约束。只有必要约束才对体系的自由度有影响,而多余约束则对体系的自由度没有影响。

杆件构成几何不变体系,一是要有足够的约束或联系,二是要它们布置得当。

2.1.2　瞬变体系与常变体系

几何可变体系可分为瞬变体系和常变体系。瞬变体系是几何可变体系的特殊情况。如图 2-6(a)所示,两根共线的链杆约束把平面上一点 A 固定在地基上。因为两根链杆共线,点 A 可沿两个圆弧的公切线运动,所以实际上只减少了点 A 在一个方向(即水平方向)上的自由度,所以此体系的自由度为 1,为几何可变体系。但是,当 A 沿着可移动方向进行一个微小的运动时,两根链杆就变得不共线,就可以约束点 A 在两个方向上的运动,所以体系的自由度为 0,体系此时变成了几何不变体系。这种本来几何可变,经微小位移后又成为几何不变的体系,称为**瞬变体系**。除此之外,可以发生大刚体位移的可变体系称为**常变体系**,如图 2-6(b)所示。一般来说,瞬变体系必然包括多余约束。瞬变体系在很小的荷载作用下,也会产生非常大的内力,导致体系破坏,所以瞬变体系不能作为工程结构使用。

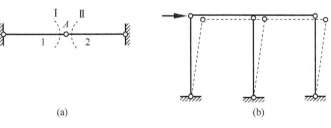

图 2-6

2.1.3　瞬铰

　　如图 2-7 所示，把刚片 Ⅰ 用两根不共线且不平行的链杆固定在刚片 Ⅱ 上。假定刚片 Ⅱ 不动，则刚片 Ⅰ 因为只有 2 个约束，所以还有 1 个自由度。当刚片 Ⅰ 运动时，链杆 AB 将绕 B 点运动，所以 A 点将沿着 AB 杆的切线方向运动。同理，C 点将沿着 CD 杆的切线方向运动。那么，整个刚片 Ⅰ 此时将绕着 AB 和 CD 链杆延长线的交点 O 做微小转动。O 点称为刚片 Ⅰ 和 Ⅱ 的瞬时转动中心。此情形就相当于将刚片 Ⅰ 和 Ⅱ 在 O 点用一个铰相连。因此，从瞬时微小运动来看，联结两个刚片的两根链杆的作用就相当于在其交点处的一个单铰。这个铰的位置因为是随着链杆的运动而改变的，所以称为**瞬铰**。又因为此铰不是真实存在的，所以也称为虚铰。

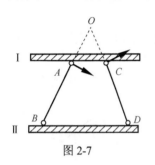

图 2-7

　　有一种特殊的情况，如果用两根平行的链杆固定两个刚片，如图 2-8(a) 所示，则两根链杆可以认为相交在无穷远点，也就是说两根链杆所等效的瞬铰在无穷远处，也称为无穷远瞬铰。瞬铰在无穷远处，因此绕瞬铰的微小转动就退化为平动，即沿两根链杆的正交方向产生平动，如图 2-8(b) 所示，A 点和 C 点的微小位移都垂直于两根链杆。

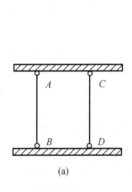
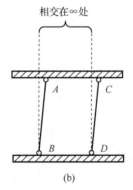

(a)　　　　　　　　　　　　　(b)

图 2-8

　　在几何构造分析中应用无穷远处瞬铰的概念时，可采用射影几何中关于 ∞ 点和 ∞ 线的四点结论。

　　(1)每个方向有一个 ∞ 点（即该方向各平行线的交点）。

　　(2)不同方向有不同的 ∞ 点。

　　(3)各 ∞ 点都在同一直线上，此直线称为 ∞ 线。

　　(4)各有限点都不在 ∞ 线上。

　　这四个结论有助于分析受到多根平行链杆相连的平面杆件体系的组成规律。

2.2　平面几何不变体系的基本组成规则

　　为了分析确定平面杆件体系是否几何不变，首先需研究没有多余约束的几何不变体系的基本组成规则。本节主要讨论平面内点与刚片以及几个刚片之间组成几何不变体系的基本规则，并给出几何构造分析示例。

2.2.1　二元体规则

假设刚片不动，平面上一个点与一个刚片要组成几何不变体系，则只需采用不在同一直线上的两根链杆把点固定在刚片上，如图 2-9 所示，则此体系为无多余约束的几何不变体系。此时，这两根不共线的链杆称为**二元体**。

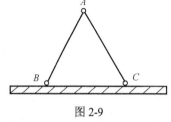

图 2-9

由此可以得出二元体规则：一个点与一个刚片之间用两根链杆相连，且三铰不在同一直线上，则组成无多余约束的几何不变体系。这就是一个点与一个刚片组成无多余约束的几何不变体系的连接方式。

显然，在一个刚片上添加二元体仍为几何不变体系，且无多余约束。据此可知：添加或去掉二元体，不改变体系的几何稳定性。

2.2.2　两刚片规则

固定两个刚片，假设其中一个刚片不动，那么另一刚片相对于不动刚片有 3 个自由度，理论上需三根链杆才能固定此刚片，如图 2-10（a）、（b）所示。需要满足的前提条件是：此三根链杆不能交于一点，也不能全平行，因为这两种情况下三根链杆相当于一个铰（实铰或虚铰）的约束作用，只能减少 2 个自由度。

由此可以得出两刚片规则：两个刚片之间用三根链杆相连，且三根链杆不交于一点，则组成无多余约束的几何不变体系。

因为两个链杆的约束作用相当于一个铰，所以可知：两个刚片之间用一个铰和一根链杆相连，且三铰不在一直线上，则组成无多余约束的几何不变体系，如图 2-10（c）所示。

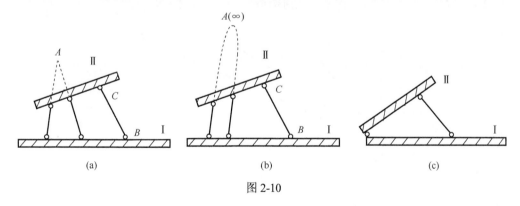

图 2-10

2.2.3　三刚片规则

固定三个刚片，假设其中一个刚片不动，另外两个刚片则有 6 个自由度，理论上需要三个铰才能组成几何不变体系，如图 2-11（a）所示。此时需满足的条件是，三铰不能共处同一条直线上。

由此可以得出三刚片规则：三个刚片之间用三个铰两两相连，且三个铰不在同一直线上，则组成无多余约束的几何不变体系。

　　连接三个刚片的铰可以是实铰，也可以是虚铰。换句话说，将三个铰中的任一个或几个用相应链杆代替，三刚片规则仍然适用，如图 2-11(b) 所示。

　　以上阐明了组成无多余约束几何不变体系的几项基本规则，这些规则自然也可以用来判定一些简单的平面杆件体系是否几何不变，以及有无多余约束，这便是利用这些基本规则进行几何构造分析的具体应用。

　　在介绍这些规则的具体应用之前，再来分析一下这三条规则的共同点。实际上，无论是二元体规则、两刚片规则还是三刚片规则都是基于同一规律，也就是边长给定的铰接三角形的几何形状是唯一确定的。铰接三角形是最简单的无多余约束几何不变体系。因此，平面几何不变体系的基本组成规则可统称为铰接三角形规则。三条规则里面的前提条件包括二链杆不共线、三链杆不共点、三铰不共线，目的都是保证形成稳定的铰接三角形结构。

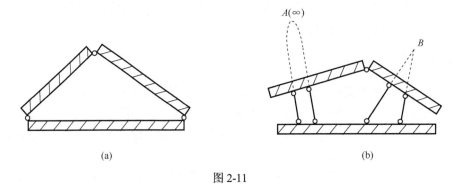

　　　　　　　(a)　　　　　　　　　　　　　　　　　　　　　(b)

图 2-11

　　下面利用给出的三条基本规则，对一些平面杆件体系进行几何构造分析，并分析其中的应用技巧。

　　例 2-1　试分析图 2-12 所示体系的几何构造。

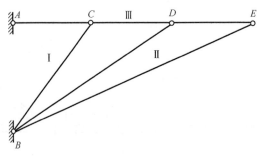

图 2-12

　　解：该体系为简单平面杆件体系，可以应用多种规则对其进行几何构造分析。下面就分别使用本节所述的三种基本组成规则对此体系进行分析。

　　(1) 二元体规则。根据二元体规则及其性质：添加或去掉二元体，不改变体系的几何稳定性，可以用两种方式对此体系进行分析。第一种方式是搭的方式，由于体系内部与地基由 4 个约束(两个单铰)相连，可先从地基开始搭接。图 2-12 体系可以认为是从地基依次添加二元体 C、D、E 而形成的，所以此体系为无多余约束的几何不变体系。第二种方式是拆的方式，对原体系可以依次拆除二元体 E、D、C，最后只剩下地基，那么原体系为几何不变体系，且无多余约束。

(2)两刚片规则。地基为一刚片，加上二元体 C，依然为无多余约束的几何不变体系，所以组成了一个扩大的刚片，把此刚片定义为刚片Ⅰ。此外，铰接三角形 BDE 为由三根链杆相互铰接组成的无多余约束的几何不变体系，可以把它定义为刚片Ⅱ。刚片Ⅰ和刚片Ⅱ通过链杆 CD 和铰 B 相连，且铰 B 没有位于链杆 CD 的延长线上。那么，根据两刚片规则，整个体系为几何不变体系，且无多余约束。

(3)三刚片规则。同理，地基加上二元体 C 定义为刚片Ⅰ，铰接三角形 BDE 定义为刚片Ⅱ。除此之外，链杆 CD 也可以认为是刚片，为刚片Ⅲ。那么，三个刚片之间用三个铰 B、C、D 两两互连。则根据三刚片规则，此体系为无多余约束的几何不变体系。

例 2-2　试分析图 2-13 所示体系的几何构造。

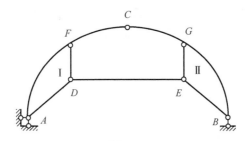

图 2-13

解：该体系为包含曲杆的平面杆件体系，可以先把体系从地基上拆下来进行分析。曲杆 AC 加上二元体 D 得到无多余约束的几何不变体系，定义为刚片Ⅰ。同理，曲杆 BC 加上二元体 E 定义为刚片Ⅱ。两刚片之间以链杆 DE 和铰 C 相连，且三铰不在同一直线，则根据两刚片规则，组成了一个无多余约束的几何不变体系，形成了一个扩大的刚片。扩大刚片通过不共点的三根链杆与地基相连，再次应用两刚片规则，可以得出原体系为几何不变体系，且无多余约束。

不依赖于地基具有的几何不变性的体系称为内部不变体系，否则便称为内部可变体系。由此例题，可以得出一些一般性的结论：①如果体系的内部与地基以三根不共点的链杆相连，那么体系的几何不变性完全由内部所决定；②内部不变体系以不共点的三链杆与地基相连，它仍然几何不变；③内部可变体系以同样方式与地基相连，它仍几何可变。

由以上结论，可以总结一个分析技巧，对于以三根不共点链杆连接于地基所形成的体系，都可以从地基上拆下来进行分析。或者说，内部与地基由 3 个约束(三根不共点链杆)相连的平面杆件体系，可以先从体系内部进行几何构造分析，然后考虑与地基相连。

例 2-3　试分析图 2-14(a)所示体系的几何构造。

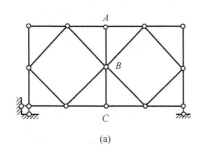

(a)

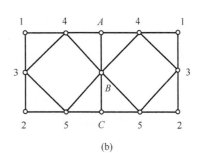

(b)

图 2-14

解:该体系以三根不共线的链杆与地基相连,所以可以从地基上拆掉进行分析,如图 2-14(b)所示。该体系为左右对称体系,依次对称地拆掉二元体 1、2、3、4、5,则只剩下链杆 AB 和 BC。很明显,此体系为几何可变体系。

例 2-4 试分别分析图 2-15 所示两个平面体系的几何构造。

解:先分析图 2-15(a)所示平面体系。此体系内部与地基有 5 个约束(多于 3 个约束),无法从地基上拆除分析,所以必须从地基开始对整体进行几何构造分析。点 A 和点 C 分别以两根链杆与地基相连,组成了一扩大刚片,可以定义为刚片 Ⅰ。T 形杆 BEF 可以定义为刚片 Ⅱ。刚片 Ⅰ 和刚片 Ⅱ 之间通过 B 点链杆以及折杆 ADE 和 CGF 相连。折杆 ADE 和 CGF 的约束作用与连接 AE 和 CF 的链杆等效。因为体系关于 BH 轴对称,三个链杆必交于同一点,该点为刚片 Ⅱ 相对于刚片 Ⅰ 的瞬时转动中心。当刚片 Ⅱ 转动一个微小的角度后,三个链杆便不再共点,该体系变为无多余约束的几何不变体系。因此,此体系为几何瞬变体系。

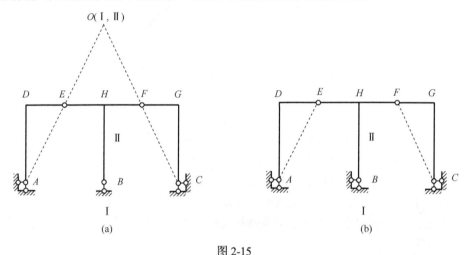

图 2-15

再分析图 2-15(b)所示平面体系。同理,可视点 A、B、C 与地基组成刚片 Ⅰ,T 形杆 BEF 为刚片 Ⅱ,则刚片之间以铰 B 以及折杆 ADE 和 CGF 相连,且折杆的等效链杆均不通过铰 B。所以,体系为几何不变体系,但存在一个多余约束。

例 2-5 试分析图 2-16(a)所示平面体系的几何构造。

解:图示为简单链杆通过铰结所组成的平面杆件体系。在分析其几何构造时,每个链杆既可以视为刚片,又可以视为刚片之间的约束链杆。那么,根据不同的选择,就可以有不同的分析思路。以本题为例,就存在两种方式。

第一种方式,可以把图 2-16(b)所示的三根链杆视为刚片 Ⅰ、Ⅱ、Ⅲ,则剩余的链杆视为刚片之间的约束链杆。任意两个刚片之间都通过两根链杆相连,其约束作用相当于一个虚铰。根据体系的几何对称性,可以很容易判断出三个虚铰在同一条直线上,则体系内部为几何瞬变体系。

第二种方式,选如图 2-16(c)所示三个链杆为刚片,其余的链杆为约束,则任意两个刚片之间都用一对平行的链杆连接,也就是刚片之间的等效虚铰都在无穷远点。根据射影几何中无穷远点的结论:所有的无穷远点都在同一条直线上。因此,该体系内部为几何瞬变体系。

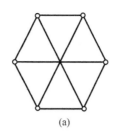

(a)

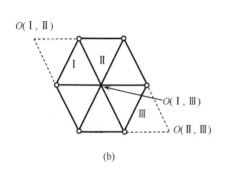

(b)

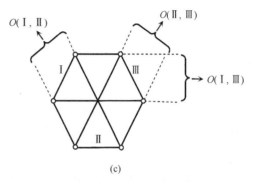

(c)

图 2-16

从以上例题可以看出，对一些简单杆件体系，可以应用几何不变体系的基本组成规则来进行几何构造分析。分析的基本思路一般有两种："搭"和"拆"。对于一些体系，可以采用"搭"的方式，从地基或者刚片中的一个或者几个出发，根据规则，逐步形成整体。对于另外的一些体系，可以采用"拆"的方式，从体系上逐步去掉二元体，或者把体系从地基上拆下来，以减少其分析的复杂度。在用三个基本组成规则分析形式多样的平面体系时，其关键在于选择哪些部分作为刚片，哪些部分作为约束。

2.3　平面杆件体系的计算自由度

运用铰接三角形规则，可以对常见的平面杆件体系进行几何构造分析，并可以回答下面两个问题，以及得出一些结论。

(1)体系是否几何可变？自由度 S 是多少？

(2)体系有无多余约束？多余约束的个数 n 是多少？

如果 $S > 0$，则体系几何可变，不能用作结构，此时若 $n = 0$ 则为常变体系，若 $n > 0$ 则为瞬变或常变体系；如果 $S = 0$，则体系几何不变，此时若 $n = 0$ 则为静定结构，若 $n > 0$ 则为超静定结构。

但对一些较为复杂的杆件体系，很难对其按照铰接三角形规则进行几何构造分析，那么该如何判定体系的几何稳定性，如何求出 S 和 n 呢？体系是由部件(点和刚片)加上约束组成的。体系的自由度 S 等于其各部件在互不连接时自由度的总和减去体系中的必要约束数。但对复杂体系来说，必要约束通常不容易直观地判定。为此，引入计算自由度 W 的概念，然后根据 W 得出关于 S 和 n 的一些有用的结论。

体系计算自由度的定义为体系各部件的总自由度数 a 减去体系中总约束数 d，即

$$W = a - d \qquad (2-1)$$

根据式(2-1)可以看出，W 的求解只需要确定总自由度数和总约束数，这是较容易获得的。下面再讨论计算自由度和自由度之间的关系。根据自由度的定义，可以得到

$$S = a - c \qquad (2-2)$$

其中，c 是体系中的必要约束数目，且多余约束数的表达式为

$$n = d - c \qquad (2-3)$$

式(2-2)与式(2-1)相减，可以推出：

$$S - W = n \qquad (2-4)$$

因此，体系自由度 S 和计算自由度 W 的差值等于多余约束数 n。又因为 S 和 n 的取值总是大于等于 0 的，所以得出

$$S \geqslant W , \ n \geqslant -W \qquad (2-5)$$

以上几式表示了 S、W 和 n 之间的关系，并且 W 是自由度 S 的下限，而 $-W$ 则是多余约束数 n 的下限。根据这些关系，以及算出的 W 值，它可能为正、为负或者为 0，可获得如下一些定性的结论。

(1) $W > 0$，则 $S > 0$，体系几何可变。

(2) $W = 0$，则 $S = n$。如果无多余约束，即 $n = 0$，则体系几何不变，为静定结构；如果有多余约束，即 $n > 0$，则体系几何可变。

(3) $W < 0$，则 $n > 0$，体系有多余约束；如果体系几何不变，则为超静定结构。

进而可知，$W > 0$ 是体系几何可变的充分条件，此时体系总约束数少于总自由度；而 $W \leqslant 0$ 是体系几何不变的必要条件，此时体系总约束数不少于总自由度，只要约束的连接方式是合适的，就能组成几何不变体系。

在求解体系的计算自由度 W 时，需要把体系的一部分看作部件，另一部分看作约束，其中的复约束应折算成相应个数的单约束。平面杆件体系可看作由点和刚片两种部件组成，所以可采用三种体系解算 W，从而有三种算法。第一种是把体系中的刚片看作部件，称为刚片体系。第二种是把体系中的点看作部件，称为铰接体系。第三种是把体系中的一部分点和一部分刚片视为部件的混合体系。下面分别对这三种体系的 W 算法进行介绍。

2.3.1　刚片体系的计算自由度

如前所述，刚片体系以刚片作为部件，则体系可看成刚片受到刚结点、铰结点以及链杆的约束而组成的。设刚片的数量为 m，单刚结点数为 g，单铰结点数为 h，单链杆数为 b，则根据式(2-1)，刚片体系的计算自由度 W 为

$$W = 3m - (3g + 2h + b) \qquad (2-6)$$

需要注意的是，式中的约束数是指单约束的数量，对于体系中的复约束，需把复约束等效为相应个数的单约束。此外，式中的刚片必须是内部不含多余约束的刚片，如果刚片内部含有多余约束，则应把它们计算在总约束数之中。下面举例说明。

例 2-6　试求图 2-17 所示平面杆件体系的计算自由度 W。

解： 体系中的杆件看作刚片，其数量为 4。刚片之间用铰结点约束，数量为 4。此外，还

有 3 个链杆约束把刚片固定在地基之上。按式(2-6)计算，$m=4$，$h=4$，$b=3$。因此，

$$W=3m-2h-b=3\times4-2\times4-3=1$$

则体系的自由度 S 也必然大于 0，体系几何可变。

例 2-7　试求图 2-18 所示体系的计算自由度 W。

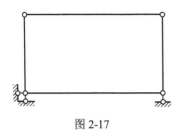

图 2-17

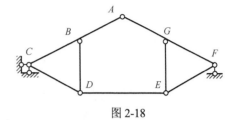

图 2-18

解：可以把体系中的杆件看作刚片，其数量为 7，刚片之间用铰结点约束。不同于例 2-6 的是，体系下方的两个铰结点分别连接了三个刚片，则此铰结点为复铰结点，首先要把它们等效为相应的单铰结点。根据 2.1.1 节可知，连接 n 个刚片的复铰和复刚结点，相当于 $n–1$ 个单铰和单刚结点，所以这两个复铰结点分别相当于 2 个单铰结点。这样，图 2-18 所示体系共有 9 个单铰结点。此外，体系还有 3 个链杆约束。根据式(2-6)，可以得到

$$W=3m-2h-b=3\times7-2\times9-3=0$$

且此体系中无多余约束，则此体系为几何不变体系。

例 2-8　试求图 2-19(a)所示体系的计算自由度 W。

解：图 2-19(a)所示体系为矩形刚片通过三根链杆固定在地基上。那么其计算自由度是否等于 0 呢？答案是否定的。因为矩形刚片是内部包含多余约束的体系，需要先把其转化为无多余约束的刚片以及附加约束。这样，可以把矩形刚片从一杆的中间截断，这样就变为了一个无多余约束的刚片。再把截断处左右两个截面用如图 2-19(b)所示的三根链杆进行约束，限制两个截面的相对水平、垂直以及转动位移，这样体系就等价于原来的矩形刚片。最后，就可以按照式(2-6)来求体系的计算自由度：

$$W=3m-b=3\times1-6=-3$$

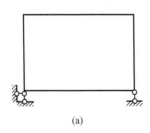

(a)

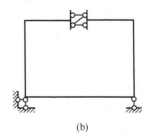

(b)

图 2-19

例 2-9　试求图 2-20 所示体系的计算自由度 W。

解：可以把图 2-20 所示体系中除地基之外部分看作一个刚片，且内部无多余约束。此刚片通过一个刚结点和两个链杆约束与地基固定，那么体系的计算自由度为

$$W=3m-3g-b=3\times1-3\times1-2=-2$$

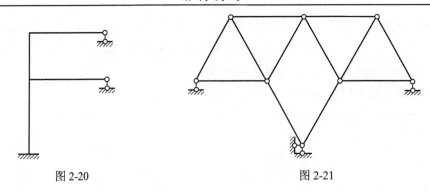

图 2-20　　　　　　　　　　　　　　　　　　图 2-21

也可以把体系中除地基之外部分看作 3 个刚片通过刚结点进行连接，此时体系中总共包含
3 个单刚结点，2 个链杆约束，则体系的计算自由度为

$$W = 3m - 3g - b = 3 \times 3 - 3 \times 3 - 2 = -2$$

2.3.2　铰接体系的计算自由度

铰接体系可以看作结点受到链杆的约束而组成。假设铰接体系中结点的数目为 j，单链杆
的数目为 b，则计算自由度 W 为

$$W = 2j - b \tag{2-7}$$

类似地，式 (2-7) 中链杆约束是指单链杆，如果体系中存在复链杆，需要先把复链杆等效
为相应个数的单链杆。

例 2-10　试求图 2-17 所示体系的计算自由度 W。

解：图 2-17 所示体系已经在例 2-6 里被当作刚片体系求解过。这里，把其作为铰接体系进
行计算。体系中有 4 个铰结点，结点之间有 4 个链杆约束，同时以 3 个链杆固定在地基上，所
以共有 7 个链杆约束。根据公式 (2-7)，体系的计算自由度为

$$W = 2j - b = 2 \times 4 - 7 = 1$$

结果与例 2-6 一致。

例 2-11　试求图 2-21 所示体系的计算自由度 W。

解：图 2-21 所示体系中共有 8 个铰结点，结点之间有 12 个链杆约束，同时以 4 个链杆固
定在地基之上，体系共有 16 个链杆约束，所以

$$W = 2j - b = 2 \times 8 - 16 = 0$$

例 2-12　试求图 2-18 所示体系的计算自由度 W。

解：图 2-18 所示体系中的结点较多，适合于按铰接体系求解 W。体系共有 7 个铰结点，
铰结点之间有 7 个链杆约束。但需要注意的是，体系上方两根链杆分别连接了 3 个铰结点，所
以为复链杆。由 2.1.1 节可知，连接 n 个点的复链杆相当于 $2n–3$ 个单链杆，所以每根链杆相当
于 3 根单链杆。这样，体系中铰结点之间共有 3+3+5 根链杆，且以 3 根链杆固定在地基上，所
以体系的计算自由度为

$$W = 2j - b = 2 \times 7 - 14 = 0$$

求解结果与例 2-7 一致。

2.3.3　混合体系的计算自由度

对于一些体系，应用刚片体系或者铰接体系对其进行求解，都会有复约束存在，在解算的时候都要首先把复约束转化为相应个数的单约束，这增加了计算的复杂度。为了避免这种情况，对于一些体系在求其计算自由度 W 时，可把体系的一部分看作刚片体系，其余部分看作铰接体系。此时的计算自由度为

$$W = 3m + 2j - (3g + 2h + b) \tag{2-8}$$

其中，m 为刚片体系中刚片数；j 为铰接体系中铰结点数；g 和 h 分别为刚片体系中单刚结点和单铰结点的数目；b 为体系中所有单链杆数。

依然以图 2-18 体系为例，此体系包含复铰结点以及复链杆，所以采用刚片体系或者铰接体系，都含有复约束。为此，可以把此体系作为混合体系考虑。把连接多个铰结点的杆件作为刚片部件来考虑，而把连接多个杆件的铰结点当作点部件来考虑。这样，杆 AC、AF 视为刚片体系，两者之间的刚结点数为 0，铰结点数为 1。体系的其余部分视为铰接体系，有 D、E 这 2 个铰结点，铰结点之间以及与刚片之间有 5 个链杆约束。此外，与地基之间有 3 个链杆约束。因此，此体系的计算自由度为

$$W = 3m + 2j - (3g + 2h + b) = 3 \times 2 + 2 \times 2 - (2 \times 1 + 8) = 0$$

求解结果与例 2-7、例 2-12 一致。

例 2-13　试求图 2-22 所示体系的计算自由度 W。

解：图 2-22 所示体系中，同样包含复链杆以及复结点。同理，把连接多个结点的杆件作为刚片体系，则体系中的刚片数目为 2，两个刚片 Ⅰ、Ⅱ 之间的铰结点数目为 1。其余部分看作铰接体系，共有 A、B、C、D 四个铰结点。体系中的链杆约束共有 12 个。因此，体系的计算自由度为

$$W = 3m + 2j - (3g + 2h + b) = 3 \times 2 + 2 \times 4 - (2 \times 1 + 12) = 0$$

从以上示例可以看出，根据需要把体系灵活地看作刚片体系、铰接体系或混合体系，有助于快速、准确地求解平面杆件体系的计算自由度 W，进而进行几何构造分析。

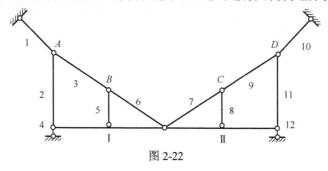

图 2-22

2.4　体系的几何构造与静定性

几何构造分析除了可以判定体系的几何稳定性，还可说明体系的静定性。所谓体系的**静定性**，是指体系在任意荷载作用下的全部反力和内力是否可以根据静力平衡条件确定。本节主要讨论体系几何构造和静定性之间的联系。

对于几何常变体系，在任意荷载作用下一般不能维持平衡，即平衡条件不能成立，因而平衡方程是无解的。常变体系不能用作结构。

对于几何瞬变体系，在 2.1 节中已经分析过，在很小的荷载作用下杆件也会产生趋近于无穷大的内力，平衡方程也是无解的。因此，瞬变体系也不能用作结构，而且在结构设计中要避免采用接近瞬变体系的结构。

如果体系是几何不变的，则在任意荷载作用下均能维持平衡，因而平衡方程必定有解。但对于无多余约束和有多余约束的几何不变体系，其解的情况也有所区别。

图 2-23(a)所示简支梁为无多余约束的几何不变体系，有 3 个未知的支座反力。可以把梁(即刚片)AB 作为隔离体，然后对整体建立 3 个平衡方程来唯一确定反力。梁 AB 任一截面的内力都可在确定反力后由截面法来求解。因此，此体系是静定的。无多余约束的几何不变体系可称为静定结构。图 2-23(b)所示体系在图 2-23(a)几何不变体系的基础上增加了一根链杆约束，体系仍为几何不变体系，且存在多余约束。取梁 AB 作为隔离体时，未知的反力有 4 个，大于平衡方程的数目，这时满足平衡方程的解有无穷多组，或者说解是不能由平衡方程来唯一确定的。因此，有多余约束的几何不变体系是静不定的，可称为静不定结构或者超静定结构。超静定结构的支座反力和内力还需要结合体系的变形协调条件才能确定。

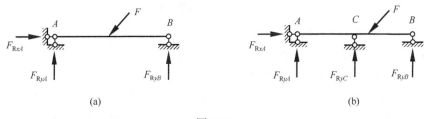

(a)　　　　　　　　　　　　　　　　(b)

图 2-23

综上所述，只有无多余约束的几何不变体系才是静定的。换句话说，静定结构的几何构造特征是几何不变且无多余约束。在静定结构基础上还有多余约束的体系即超静定结构。这样，通过本章的学习，便能判断结构是静定的还是超静定的。

习　　题

2-1　试分析图示体系的几何构造。

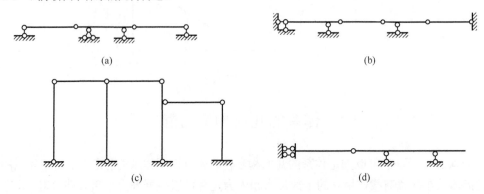

(a)　　　　　　　　　　　　　　　　(b)

(c)　　　　　　　　　　　　　　　　(d)

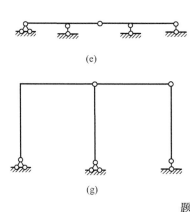

(e)

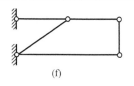

(f)

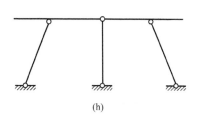

(g)

(h)

题 2-1 图

2-2 试分析图示体系的几何构造。

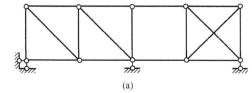

(a)

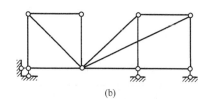

(b)

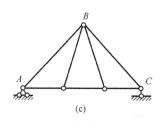

(c)

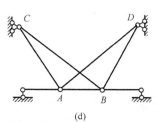

(d)

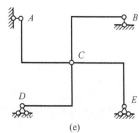

(e)

题 2-2 图

2-3 试分析图示体系的几何构造。

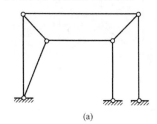

(a)

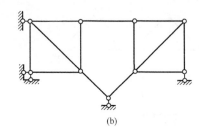

(b)

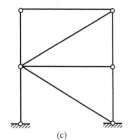

(c)

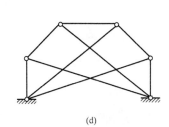

(d)

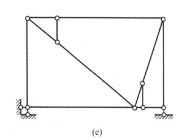

(e)

题 2-3 图

2-4　试分析图示体系的几何构造。

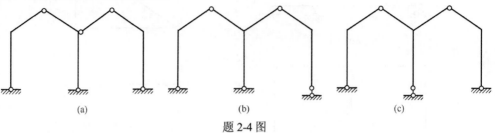

(a)　　　　　　(b)　　　　　　(c)

题 2-4 图

2-5　试分析图示体系的几何构造。

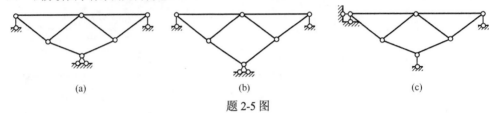

(a)　　　　　　(b)　　　　　　(c)

题 2-5 图

2-6　试求图示体系的计算自由度 W。

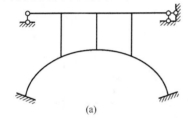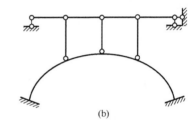

(a)　　　　　　　　　　(b)

题 2-6 图

2-7　试求图示体系的计算自由度 W。

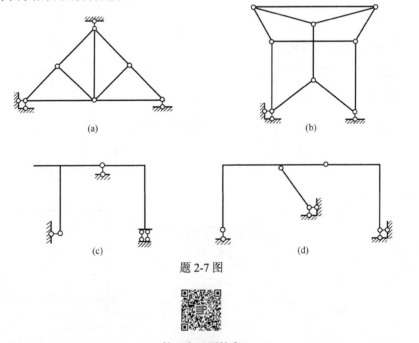

(a)　　　　　　(b)

(c)　　　　　　(d)

题 2-7 图

第 2 章习题答案

第 3 章　静定结构的受力分析

对于**静定结构**，仅由静力平衡条件就能求解其全部的反力和内力。静定结构在实际工程中应用广泛，其原因在于它拥有诸多优点，例如，受力分析简单、结构受力状态不受材料影响、工程构造上无多余构件、节约材料与降低造价等。图 3-1 给出了几种常见的典型结构，分别为火车轮轴、公交站台候车棚、铁路桥梁以及厂房内的吊车桥架，通过近似以及简化均可将其计算简图作为静定结构来进行受力分析。

图 3-1

按照几何构造特点，典型的平面静定结构可大致分为单跨静定梁、多跨静定梁、静定平面桁架、静定平面刚架、静定组合结构以及三铰拱等。尽管不同形式的静定结构的受力分析均可以通过选取隔离体建立平衡方程来求解，但是由于其不同的几何构造性质，受力分析具有不同的特点。掌握了这些特点，就可以针对不同的静定结构，快速而准确地进行受力分析。本章针对前述不同形式的静定结构，讨论其几何构造特点与受力分析的联系，以及各种类型静定结构内力计算的一般次序。内容包括支座反力和内力的求解、内力图的绘制、受力性能的分析等。

3.1　单跨静定梁

梁是工程中常用的一种基本结构，在荷载作用下主要产生弯曲内力，其受力分析是其他结构力学分析的基础。在材料力学中，已经学习过梁内力的定义、内力之间的关系以及内力的求解方法。本节将以单跨静定梁为例，对单根受弯杆件的内力以及求解进行回顾和补充。本节内容是后续章节结构分析的基础，因为复杂的杆件结构可以拆分为多个单根杆件进行受力分析，进而了解其整体受力性能。

3.1.1　单跨静定梁及其内力

常见的单跨静定梁有以下三种，其计算简图如图 3-2 所示。

（1）简支梁。梁的一端为固定铰支座，另一端为活动铰支座，如图 3-2（a）所示。

（2）悬臂梁。梁的一端为固定支座，另一端自由，如图 3-2（b）所示。

（3）简支外伸梁。梁的支座采用简支方式，但有一端或者两端伸出支座之外，如图 3-2（c）、（d）所示。

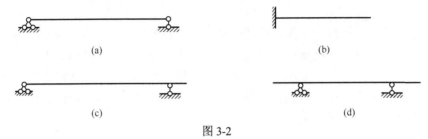

图 3-2

上述单跨静定梁均有 3 个支座反力，且如果只承受竖向荷载，则只发生竖向反力。如果把整根梁作为隔离体，通过平面一般力系的 3 个平衡条件得

$$\sum F_x = 0, \quad \sum F_y = 0, \quad \sum M = 0$$

则 3 个支座反力均可以求解，其中 M 为各力对于力系平面上任何一点的力矩。

如果一个结构在力系作用下是平衡的，那么结构的任何一部分都是平衡的。因此，如果将结构沿拟求内力的截面截开，取截面任一侧的部分为隔离体，利用平衡条件计算所求内力，这种受力分析的基本方法称为**截面法**。

把如图 3-3（a）所示的简支梁从杆件中间截断，取梁左侧为隔离体，则该截面一般存在 3 个内力分量：轴力 F_N、剪力 F_S 和弯矩 M，如图 3-3（b）所示。

图 3-3

杆件截面轴力 F_N 为截面上应力沿杆轴切线方向的合力，在数值上等于截面一侧隔离体上所有外力在该方向的投影代数和，规定以拉力为正。截面剪力 F_S 为截面上应力沿杆轴法线方向的合力，在数值上等于截面一侧隔离体上所有外力在该方向的投影代数和，规定绕隔离体顺时针转动者为正。弯矩 M 为截面上应力对于截面形心的力矩，在数值上等于截面一侧所有外力对截面形心力矩的代数和，规定使梁下侧纤维受拉者为正。

在结构力学中，作杆件轴力图和剪力图要标明正负号，而作弯矩图时，为便于结构分析与设计，习惯绘在杆轴线受拉一侧，不注明正负号，这一点与材料力学中一般将弯矩标在梁受压纤维一侧的规定不同。

3.1.2　荷载与内力之间的关系

1. 荷载与内力之间的微分关系

在荷载连续分布的直梁中，取长为 dx 的微段作为隔离体进行研究，如图 3-4 所示，其中 q

为竖向分布荷载集度，左侧截面剪力为 F_S，弯矩为 M，右侧截面的剪力和弯矩分别为 F_S+dF_S 和 $M+dM$。根据微段的平衡条件，可以得出以下三个荷载与内力之间的微分关系式。

$$\frac{dF_S}{dx} = -q \tag{3-1}$$

$$\frac{dM}{dx} = F_S \tag{3-2}$$

$$\frac{d^2 M}{dx^2} = -q \tag{3-3}$$

这些微分关系式实际上代表微段的平衡方程，反映的是梁的内力和连续分布外力之间的关系。

2. 荷载与内力之间的增量关系

在直梁上取集中荷载作用处的微段为隔离体，如图 3-5 所示。其中，F_P 为垂直方向上的集中力，M_0 为顺时针作用的集中力偶。根据微段的平衡条件，可得出以下两个集中荷载与内力之间的增量关系式。

$$\Delta F_S = -F_P \tag{3-4}$$

$$\Delta M = M_0 \tag{3-5}$$

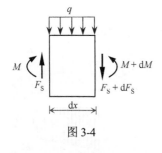

图 3-4

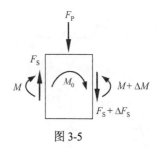

图 3-5

3. 荷载与内力之间的积分关系

在受任意分布荷载的直梁中取出一段 AB，如图 3-6 所示。由式(3-1)和式(3-2)积分可得

$$F_{SB} = F_{SA} - \int_{x_A}^{x_B} q(x)\,dx \tag{3-6}$$

$$M_B = M_A + \int_{x_A}^{x_B} F_S(x)\,dx \tag{3-7}$$

由式(3-6)和式(3-7)可以看出，B 端的剪力等于 A 端的剪力减去此段分布荷载 $q(x)$ 的面积，而 B 端弯矩等于 A 端的弯矩加上该段剪力图的面积。

基于上述荷载与内力之间的关系，进一步得出内力之间以及荷载和内力之间关系的几个推论。

（1）杆件上无垂直方向荷载的区段，其剪力为常数，对应的剪力图形为与杆件平行的直线，而弯矩图形为斜直线，且其斜率在数值上等于杆件剪力。

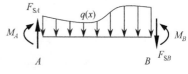

图 3-6

(2)杆件受垂直方向均布荷载,对应剪力图是一条斜直线,斜率在数值上等于单位长度上均布荷载的集度,但正负号相反,而弯矩图为二次抛物线。

(3)当杆件上作用有垂直方向集中荷载或者集中力偶时,杆件的剪力或者弯矩会发生突变,其突变量就等于上述荷载的数值。弯矩图在集中荷载作用的截面处出现尖点,且尖点的方向与集中荷载的方向一致。集中力偶对于杆件的剪力无影响。

(4)在杆件剪力为零的截面,弯矩图的切线与杆件平行,其截面弯矩达到极值。

利用上述关系以及推论,就可以根据受弯杆件上的外力以及反力情况,快速而正确地绘制杆件的内力图并予以校核。

3.1.3　分段叠加法

对结构中的直杆段利用**分段叠加法**作弯矩图,可使绘制工作得到简化,有利于准确、快速地绘制弯矩图。

现在讨论结构中任意直杆段的弯矩图的作法。图 3-7(a)所示为承受复杂荷载的简支梁,在不同的区段承受不同类型的荷载,为了画出整个梁的弯矩图,可把简支梁分为多个区段,然后把不同的区段分别等效为一个承受杆端力偶和外部荷载的简支梁,并绘出等效简支梁在杆端力偶与外部荷载分别作用下的弯矩,将其叠加就能得到该段等效简支梁的弯矩图。最后拼接多个区段,得到整个梁的弯矩图。

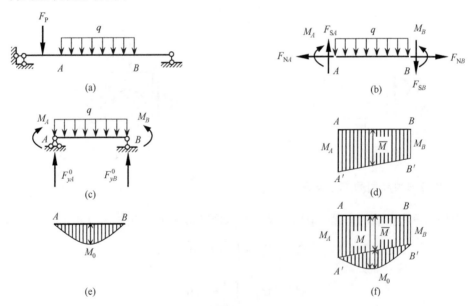

图 3-7

现以简支梁的 AB 段为例对其原理进行说明。AB 段隔离体如图 3-7(b)所示,隔离体上的作用力除均布荷载 q 外,在杆端还有弯矩 M_A、M_B,轴力 F_{NA}、F_{NB} 和剪力 F_{SA}、F_{SB}。为了说明杆段 AB 弯矩图的特性,将它与图 3-7(c)中的简支梁进行比较。设简支梁承受相同的均布荷载 q 和相同的杆端力偶 M_A、M_B,设其支座竖向反力为 F_{yA}^0、F_{yB}^0。应用平衡方程分别求图 3-7(b)、(c)中的 F_{SA}、F_{SB} 和 F_{yA}^0、F_{yB}^0,可知 $F_{SA} = F_{yA}^0$,$F_{SB} = F_{yB}^0$,因此两者的弯矩图也完全一致。这样,作任意直杆段的弯矩图的问题就归结为作等效简支梁弯矩图的问题。下面讨论图 3-7(c)所示等效简支梁弯矩图的作法。简支梁承受的荷载可以分为两个部分：跨间荷载 q 和端部力偶 M_A、M_B。根据叠加法原理：在小变形和材料线弹性的条件下，当梁上有几个荷载共同作用时，任意截面上的内力等于各荷载单独作用时产生的内力的代数和。当端部力偶单独作用时，弯矩图（$\bar{M}$ 图）为直线图形，如图 3-7(d) 所示。当跨间荷载 q 单独作用时，弯矩图（M^0 图）如图 3-7(e) 所示。叠加 $\bar{M}$ 图和 M^0 图，即可得到等效简支梁的总弯矩图（M 图），如图 3-7(f) 所示。需要注意的是，这里所说的弯矩图叠加，是指纵坐标的叠加，而不是指图形的简单拼合。图 3-7(f) 所示的三个纵坐标 $\bar{M}$、M^0 与 M 之间的关系为

$$\bar{M}(x) + M^0(x) = M(x)$$

例 3-1　试作如图 3-8(a) 所示简支梁的内力图。

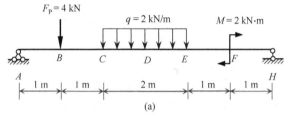

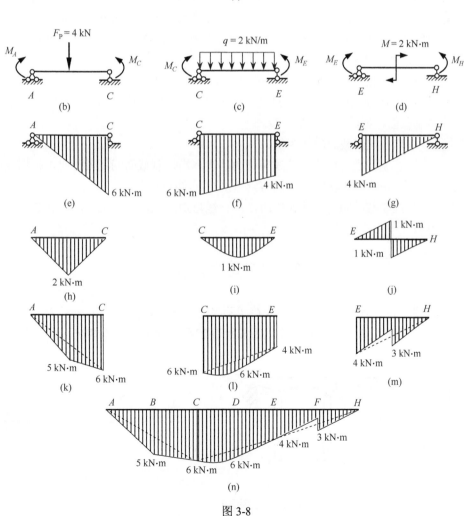

图 3-8

解： 首先，求解简支梁整体平衡方程得到简支梁的支反力为

$$F_{yA} = 5 \text{ kN}(\uparrow)$$

$$F_{yH} = 3 \text{ kN}(\uparrow)$$

利用分段叠加法绘制简支梁的弯矩图。首先，把简支梁 AH 分为三个区段：AC、CE、EH。当然也可以进一步把 AC 以及 EH 分成两个区段。区段 AC、CE 和 EH 可以分别等效为图 3-8(b)～(d) 所示简支梁。

下面分别求出三个简支梁的杆端力偶。图 3-8(b) 中，A 端在原简支梁中为铰支座，所以该点弯矩 $M_A=0$；C 端杆端力偶等于其在原结构中的截面弯矩，以原结构 AC 段为隔离体，并建立其平衡方程，则可以得到

$$M_C = F_{yA} \times 2 \text{ m} - F_P \times 1 \text{ m} = 6 \text{ kN·m}$$

同样，可得到等效简支梁 CE、EH 的杆端力偶为

$$M_H = 0$$

$$M_E = F_{yH} \times 2 \text{ m} - M = 4 \text{ kN·m}$$

当杆端力偶单独作用时，各等效简支梁的弯矩图如图 3-8(e)～(g) 所示。当跨间荷载单独作用时，弯矩图如图 3-8(h)～(j) 所示。则等效简支梁的总弯矩图为两种弯矩图的叠加，如图 3-8(k)～(m) 所示。最后，把 AC、CE、EH 三个等效简支梁的弯矩图叠加到一起，就能得到原简支梁的弯矩图，如图 3-8(n) 所示。

基于上述分段叠加法，可将梁的弯矩图的一般作法归纳如下。

(1) 分段。选定外力的不连续点，如集中力作用点、集中力偶作用点、分布荷载的起点和终点等作为控制截面，将结构分为若干段。

(2) 定点。求出各控制截面的弯矩值。

(3) 连线。各控制截面弯矩值的连线又称为基线。当控制截面间无荷载时，根据控制截面的弯矩值，即可作出杆端力偶单独作用于简支梁时的直线弯矩图。

(4) 叠加。当控制截面间有荷载作用时，在直线弯矩图上还应叠加跨间荷载单独作用于简支梁时的弯矩图。

3.2　多跨静定梁

除了单跨梁，在工程中可用多跨梁来跨越不良地质区域，图 3-9(a) 所示为用于公路桥的混凝土多跨梁。这种类型的桥通常可简化为**多跨静定梁**来分析其受力情况，图 3-9(b) 为其计算简图。

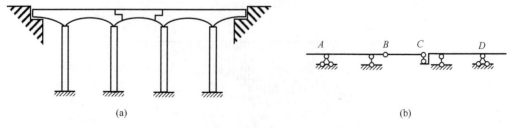

(a)　　　　　　　　　　　　　　　　　　　　(b)

图 3-9

从几何构造上看，多跨静定梁可以分为基本部分和附属部分。基本部分不依赖其他部分而能独立地承受荷载，并维持几何稳定性；相反，附属部分必须依赖其他部分的支承才能承受荷载，并维持几何稳定性。图 3-10 展示了多跨静定梁的两种构造方式。图 3-10(a) 左边伸臂梁 AB 段为基本部分，其余 BC、CD 段各梁则依次为 AB 段的附属部分。图 3-10(b) 由伸臂梁 AB、CD 与支撑于伸臂梁上的挂梁 BC 组成（如屋架木檩条），除伸臂梁 AB 段为基本部分之外，伸臂梁 CD 虽只有两根竖向支座链杆直接与地基相连，但在竖向荷载作用下能独立维持平衡。因此在竖向荷载作用下，伸臂梁 CD 也是基本部分，挂梁 BC 则为附属部分。

为了更清晰地表示各部分之间的支承关系，可以把基本部分画在下层，而把附属部分画在上层，这种图称为层叠图。图 3-11 分别为图 3-10 所示竖向荷载作用下两种多跨静定梁的层叠图。

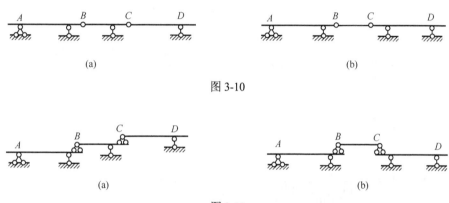

图 3-10

图 3-11

从受力分析来看，应按照荷载传递的顺序（或与几何组成相反的顺序）分析多跨静定梁的内力：先计算附属部分，再计算基本部分。将附属部分的支座反力反其指向，就是加于基本部分的荷载。这样，便把多跨静定梁拆成单跨静定梁，逐个解决，从而避免解算方程组。将各单跨梁的内力图连在一起，就得到多跨静定梁的内力图。

例 3-2　试作图 3-12(a) 所示多跨静定梁的内力图。

解： 首先分析多跨静定梁的几何组成次序。在竖向荷载作用下，梁 AB 和梁 GJ 均能保持几何稳定，是基本部分，而梁 BE 和梁 EG 均需依靠其他部分才能承受荷载，为附属部分，层叠图如图 3-12(b) 所示。计算应该按照层叠图的次序进行，首先分析梁 EG，然后分析梁 BE 和梁 GJ，最后分析梁 AB。

梁 EG 的支座反力求出后，把 E 点的支反力反向作用于梁 BE，G 点的支反力反向作用于 GJ 梁。同理，梁 BE 上 B 点的支座反力反向施加于 AB 梁。荷载的大小以及传递路径如图 3-12(c) 所示。此后，便可利用分段叠加法作出各单跨梁的弯矩图，之后即可根据荷载与内力间的微分关系或平衡条件作出弯矩图和剪力图，如图 3-12(d) 和 (e) 所示。

一般情况下，多跨静定梁内力的求解需要先求出各单跨梁的相互作用力，再分别求出各单跨梁的内力分布。然而，还可以利用弯矩图与荷载、支座及结点之间的对应关系，不求或只求部分约束力，达到快速画出多跨静定梁内力图的目的，如例 3-3 所示。

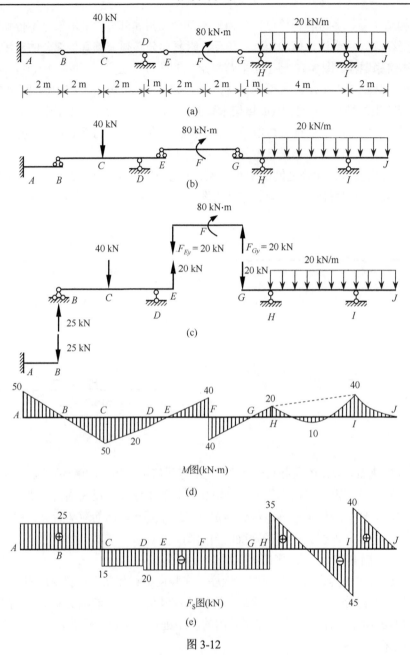

图 3-12

例 3-3 试作图 3-13(a)所示多跨静定梁的弯矩图。

解： 首先观察多跨静定梁的约束、荷载和内力情况。其中，A 点为悬臂自由端，弯矩值为零，很容易求出 B 点的弯矩值为 qa^2，上侧受拉。C、F 和 H 点为铰结点，弯矩值同样为零。梁 FH 等价于中点 G 受集中荷载 qa 作用的简支梁，G 处的弯矩值为 $qa^2/2$，下侧受拉，至此已经确定了 A、B、C、F、G 以及 H 点的弯矩值。梁 AB 段和 GH 段中无荷载作用，所以只需以直线连接 A、B 点，以及 G、H 点的弯矩值，即为两段梁的弯矩图。BD 段和 EG 段同样没有荷载作用，其弯矩图同样应为直线。对于 BD 段，只需连接 B 点和 C 点弯矩值，并延伸到 D 点，根据几何关系，便可确定 D 点的弯矩值为 qa^2，下侧受拉。同理，连接 G 点和 F 点并延伸到 E

点，可确定 E 点的弯矩值为 $qa^2/2$，上侧受拉。最后，D 点和 E 点的弯矩值连线，并利用分段叠加法，叠加 DE 段等效为简支梁受跨间均布荷载 q 作用时的弯矩图，便可得到 DE 段弯矩图，最终画出整个多跨静定梁的弯矩图，如图 3-13(b) 所示。

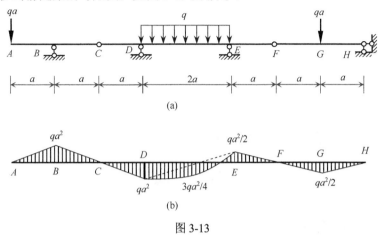

图 3-13

例 3-4 图 3-14(a) 所示为两跨梁，全长承受均布荷载 q。试求铰 D 位于何处时，负弯矩峰值与正弯矩峰值相等。

解： 以 x 表示铰 D 与支座 B 之间的距离。在图 3-14(b) 中，先计算附属部分 AD，求出支座反力为 $\dfrac{q(l-x)}{2}$，并作出弯矩图，跨中弯矩峰值为 $\dfrac{q(l-x)^2}{8}$。

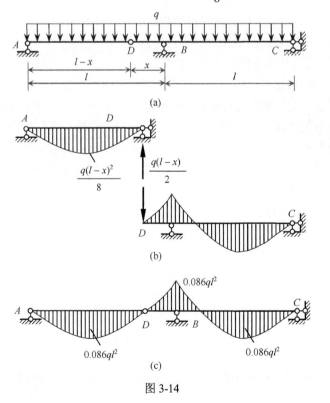

图 3-14

再计算基本部分 DC。将附属部分在 D 点所受的支承反力 $q(l-x)/2$ 反其指向，当荷载加于基本部分时，支座 B 处的负弯矩峰值为

$$\frac{q(l-x)x}{2}+\frac{qx^2}{2}$$

令正负弯矩峰值彼此相等，即

$$\frac{q(l-x)x}{2}+\frac{qx^2}{2}=\frac{q(l-x)^2}{8}$$

得
$$x=0.172l$$

铰的位置确定后，可作弯矩图如图 3-14(c) 所示，其中正负弯矩峰值都等于 $0.086ql^2$。

3.3　静定平面桁架

3.3.1　桁架的特点和分类

梁承受荷载后，主要产生弯矩。但是，梁截面的应力分布是不均匀的，因而材料强度不能充分利用。桁架是由杆件组成的格构体系，当荷载只作用在结点上时，各杆内力为轴力，截面上的应力基本上分布均匀，可以充分利用材料，并能跨越更大的跨度。因此，桁架结构常用于大跨度的厂房、体育馆和桥梁等工程中。这里，主要讨论静定平面桁架的特点和内力分析。

实际桁架在分析时常简化为理想桁架。理想桁架应符合下面三个条件：

(1)桁架的结点是光滑的铰结点，各杆可以绕铰结点微小转动；

(2)各杆的轴线都是直线并通过铰的中心；

(3)荷载和支座反力都作用在铰结点上。

然而，实际工程中的桁架结构与理想条件通常有一定的偏差。例如，钢桁架的结点通常为铆接或者焊接，具有一定的刚性，各杆件间的夹角几乎不能变动。桁架各杆件的轴线也不一定是完全的直线，结点处轴线的交点也不一定都交于一点。此外，杆件的自重和风荷载等并非作用在结点上。但桁架的杆件一般比较细长，在符合桁架几何构造特点时仍以承受轴力为主，因此计算杆件轴力时常可以采用理想桁架的计算简图。在工程设计中，通常将按理想桁架计算的杆件轴力称为主内力，由于实际情况与理想条件不同而产生的附加内力称为次内力(主要为次弯矩)。这里只讨论主内力的求解。

图 3-15 为某静定平面桁架的计算简图，其杆件依据所处位置的不同可以分为弦杆和腹杆两类。弦杆又分为上弦杆和下弦杆，腹杆又分为竖杆和斜杆。弦杆上相邻两个结点间的水平距离称为结间长度。两支座之间的水平距离称为跨度，上、下弦杆结点之间的最大竖向距离称为桁高。

静定平面桁架可按不同的特征进行分类。按照几何构造的特点可分为三类。

(1)简单桁架：由基础或一个基本铰结三角形开始，依次增加二元体而组成的桁架，如图 3-16(a) 和 (b) 所示。

(2)联合桁架：由几个简单桁架，按照几何不变体系的基本组成规则构成的桁架，如图 3-16(c) 所示。

(3) 复杂桁架：不属于前两类的其他静定平面桁架，如图 3-16(d) 所示。

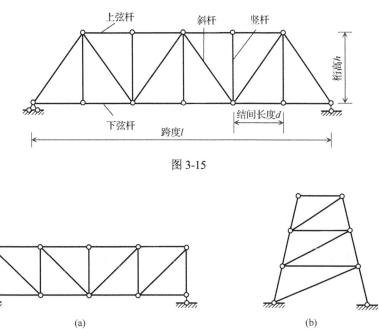

图 3-15

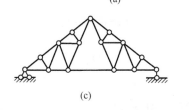

(a)

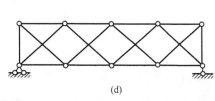

(b)

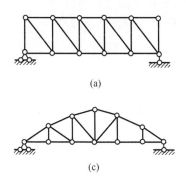

(c)

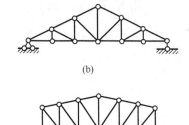

(d)

图 3-16

　　按照外形的特点，还可以分为平行弦桁架(图 3-17(a))、三角形桁架(图 3-17(b))、抛物线桁架(图 3-17(c))、梯形桁架(图 3-17(d))。

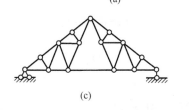

(a)

(b)

(c)

(d)

图 3-17

3.3.2　结点法

　　静定平面桁架的内力分析主要是按需要截取桁架中的一部分作为隔离体，由平衡条件求出杆件的未知轴力(以拉力为正)。如果所取隔离体只包含一个结点，称为结点法；如果所截取的隔离体包含两个及两个以上的结点，则称为截面法。

对于静定桁架，其计算自由度为 0。把桁架的结点作为部件，设其数量为 j，杆件作为约束(包括支座链杆)，设其数量为 b，则由式(2-7)可知

$$W = 2j - b = 0$$

即 $2j=b$。作用在桁架任一结点的所有力，包括荷载、支座反力和杆件轴力，组成一个平衡汇交力系。力系的平衡条件有两个：$\sum F_x = 0$ 和 $\sum F_y = 0$，所以每个结点可列出 2 个平衡方程，j 个结点可列出 $2j$ 个独立的平衡方程，求解方程组便可确定全部 b 个约束杆件的未知力。

结点法以单个桁架结点作为隔离体，只能列出 2 个平衡方程，求解 2 个未知力。因此，当结点隔离体上的未知力不超过两个时，采用结点法才是合适的。否则，就要联立多个结点的平衡方程进行求解。结点法适用于分析简单桁架，因为简单桁架是从一个铰接三角形开始，依次增加二元体组成的，其最后一个结点必定只包含两个杆件。所以对此类杆件的分析，可以根据桁架的整体平衡条件求出支座反力后，以几何构造的最后一个结点作为隔离体开始，按照几何构造分析相反的顺序，依次取结点为隔离体求出所有杆件的轴力，可避免求解联立方程组的麻烦。

例 3-5　图 3-18(a)为一个简单桁架的计算简图。在所示荷载作用下，试求各杆的轴力。

解：(1)求支座反力。

$$F_{yA} = F_{yB} = \frac{1}{2} \times (80 \text{ kN} \times 3) = 120 \text{ kN} \ (\uparrow)$$

(2)该简单桁架可以看作铰接三角形 ACD 依次增加二元体组成的。可从最后一个结点 B 开始按照与几何构造相反的结点顺序依次进行分析。

首先把结点 B 作为隔离体，如图 3-18(b)所示，未知力为 F_{NBH}、F_{NBG}，假设为拉力，并将斜杆轴力 F_{NBG} 用其分力 F_{xBG} 和 F_{yBG} 代替。由 $\sum F_y = 0$，得 120 kN+F_{yBG}=0，所以 F_{yBG}=−120 kN。利用比例关系式，得 F_{xBG}=−120 kN×3/4=−90 kN。最后，由 $\sum F_x = 0$，得 $F_{NBH}+F_{xBG}$=0，得 F_{NBH}= 90 kN(拉力)。

(3)分析结点 H。

结点 H 的隔离体图如图 3-18(c)所示，其中的已知力都按实际方向画出，未知力 F_{NHF}、F_{NHG} 都假设为拉力。由 $\sum F_x = 0$，得 F_{NHF}−90 kN=0，得 F_{NHF}=90 kN(拉力)；由 $\sum F_y = 0$，得 80 kN−F_{NHG}=0，得 F_{NHG}=80 kN(拉力)。

(4)依次分析结点 G、E。

结点 G 隔离体图如图 3-18(d)所示，未知力为 F_{NGE}、F_{NGF}，并将斜杆轴力 F_{NGF} 用分力 F_{xGF}、F_{yGF} 代替。则由 $\sum F_y = 0$，得 F_{yGF}+80 kN −120 kN=0，所以 F_{yGF}=40 kN。再由 F_{xGF} 和 F_{yGF} 的几何比例关系，可得 F_{xGF}=40 kN×3/4=30 kN。最后，由 $\sum F_x = 0$，得 F_{NGE}+ 30 kN + 90 kN=0，F_{NGE}=−120 kN(压力)。

再分析结点 E，由 $\sum F_y = 0$，可以得出 F_{NEF}=−80 kN(压力)。

(5)利用对称性。

由于桁架和荷载都是对称的，根据对称性，桁架中的内力也应该是对称的。因此，其他杆件的轴力可以依照对称性从已经计算出的杆件轴力直接获得。整个桁架的轴力如图 3-18(e)所示。

上述过程为结点法的一般过程。此外，在应用结点法时，还可以利用桁架或者结点的一些特殊性质来加快桁架内力的求解过程。

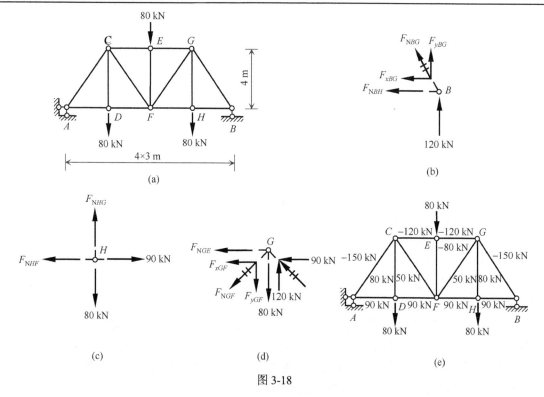

图 3-18

第一是利用结点单杆的性质，直接判定桁架中某些轴力为零的杆件，也就是所谓的零杆，或者直接判断出某些杆件轴力之间的关系。以结点为隔离体，仅用一个平衡方程求出内力的杆件，称为结点单杆。当结点无荷载作用时，单杆的轴力为零。据此，就可以快速判断如图 3-19 所示桁架中的零杆(垂直于杆轴线标记有两短线者为零力杆)，简化轴力的计算。

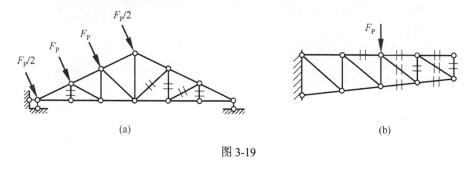

图 3-19

第二是对称性的利用，可利用桁架结构的对称性来简化轴力的求解。对称结构在对称或反对称的荷载作用下，其内力和变形(也称为反应)也必然对称或反对称。在对称性的利用上，除了可以直接减少结构分析的计算量，还可以用于判断一些特殊杆件的受力状态，同样起到简化计算的目的。如图 3-20(a)所示桁架为对称结构，受到对称荷载作用，则其轴力分布也沿着对称轴对称，再结合 D 点的竖向平衡条件，可直接判断出 CD、ED 两杆必然为零杆。图 3-20(b)所示为该对称结构受到反对称荷载作用，则其轴力必沿着对称轴呈反对称分布，从而可以直接判断出 CE 杆必为零杆。

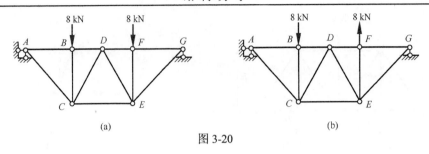

图 3-20

3.3.3　截面法

如上所述，结点法以结点为隔离体，每次只能确定 2 个未知力，而且对于桁架需要按照组成顺序依次进行求解。这样当一个结点包含 3 个及以上未知力时，或者只需要求解桁架中某一根或者某几根杆件的轴力时，不便采用结点法。这时，可采用截面法进行求解。截面法是用截面切断杆件并与其他部分分离形成隔离体，且隔离体包含 2 个或者 2 个以上的结点。这时，作用在隔离体上的各力组成一个平面一般力系，可以建立 3 个独立的平衡方程。这样，如果隔离体上的未知力不超过 3 个，就可以利用这 3 个平衡方程进行求解获得。

截面法适合于简单桁架和联合桁架的计算。首先选择适当的截面，尽量使所截断的杆件不超过 3 根，这样所截取的隔离体的未知轴力均可以求出。其次，在列平衡方程时，尽量使每个方程只包含 1 个未知力，这样便可避免求解方程组。最后，利用截面单杆的性质。截面法取出的隔离体，不管其上有几个轴力，如果某杆的轴力可以通过列一个平衡方程求得，则此杆称为截面单杆。因此，有些情况下也可以同时截断多于三根的杆件，例如，在被截各杆中，除一杆外，其余各杆均相交于一点或者互相平行，则该杆是截面单杆，其轴力仍可通过解算一个平衡方程求出。如图 3-21 所示，杆 a 是截面 m-m 的单杆。

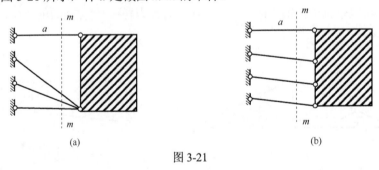

图 3-21

例 3-6　试求图 3-22 中桁架在所示荷载作用下 1、2、3、4 杆的轴力。

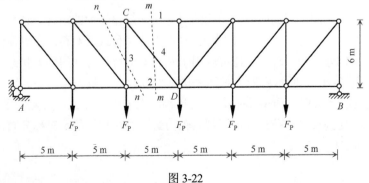

图 3-22

解：首先求出支座反力，根据对称性容易得出两个支座的竖向支反力为 $2.5F_P(\uparrow)$。

截断 1、2、4 杆，作如图 3-22 所示 **m-m** 截面，把桁架分为两部分。取截面以左部分为隔离体。作用力包括支座反力，荷载以及杆件 1、2、4(均为截面单杆)的未知轴力。隔离体可以列 3 个平衡方程，则 3 个未知力可解。但是，在列平衡方程的时候要尽量避免联立方程求解，所以需要选择合适的平衡方程并依次求解。首先，可以以 2、4 杆的交点 D 为中心列力矩平衡方程，这样 2、4 杆的轴力对于 D 点的力矩为零，则平衡方程只剩 1 杆的未知轴力。因此

$$\sum M_D = 0, \quad F_{yA} \times 15 \text{ m} - F_P \times (10 \text{ m} + 5 \text{ m}) + F_{N1} \times 6 \text{ m} = 0$$

已求得 $F_{yA}=2.5F_P$，代入可得 $F_{N1}=-3.75F_P$(压力)。

同理，可以取 1、4 杆的交点 C 为中心列力矩平衡方程，可以求出杆 2 的轴力为

$$\sum M_C = 0, \quad F_{yA} \times 10 \text{ m} - F_P \times 5 \text{ m} - F_{N2} \times 6 \text{ m} = 0$$

求解可得，$F_{N2}=3.33F_P$(拉力)。

求得 F_{N1}、F_{N2} 后，根据隔离体在竖向投影平衡方程，可以求出 F_{N4} 的竖直分量 F_{yN4}，即

$$\sum F_y = 0, \quad F_{yN4} + 2F_P - 2.5F_P = 0$$

所以，$F_{yN4}=0.5F_P$。根据几何关系，可以得出 $F_{N4}=0.65F_P$。

欲求杆 3 的轴力，需要另选择一个如图 3-22 所示的 **n-n** 截面。可以取截面左边部分为隔离体，并列竖向投影平衡方程，可得 $F_{N3}=-0.5F_P$。

3.3.4　结点法和截面法的联合应用

对于部分桁架的内力计算，有时仅单独使用结点法和截面法均无法轻易求出，可以联合使用结点法和截面法，以便快捷地求出拟求杆件的轴力，这种方法称为联合法。

图 3-23(a)所示为一个简单桁架，拟求杆 1、2 的轴力。

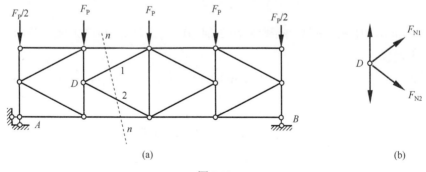

图 3-23

使用截面法求解时，可以取截面 **n-n**，并以左半部分作为隔离体，由 $\sum F_y = 0$ 得到的方程是含 F_{y1} 和 F_{y2} 两个未知量的方程，因此还需要对 F_{y1} 和 F_{y2} 补充另一个方程。这个补充方程可以利用结点法得到。为此，取结点 D 作为隔离体，如图 3-23(b)所示，并由结点平衡方程可以建立包含 F_{y1} 和 F_{y2} 的第二个方程。联立两个方程，则可解杆 1 和杆 2 的轴力。

例 3-7　试求图 3-24(a)所示桁架中 1、2、3 三杆的轴力。

解：先求出支座反力。

这是一个联合桁架，仅用结点法不容易进行求解。

先作截面 *m-m*，求出 F_{N4}。取截面 *m-m* 以右部分为隔离体（隔离体图省去），并以 G 点为力矩中心，得

$$\sum M_G = 0, \quad F_{N4} \times 4 \text{ m} - 6 \text{ kN} \times 8 \text{ m} = 0$$

所以
$$F_{N4} = 12 \text{ kN （拉力）}$$

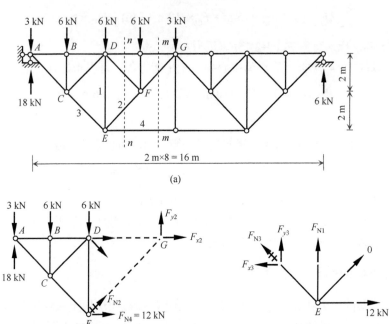

图 3-24

再作截面 *n-n*，取截面左部为隔离体（图 3-24(b)）。以 D 点为力矩中心，并将 F_{N2} 在 G 点分解为 F_{x2} 和 F_{y2}。

$$\sum M_D = 0, \quad 18 \text{ kN} \times 4 \text{ m} - 3 \text{ kN} \times 4 \text{ m} - 6 \text{ kN} \times 2 \text{ m} - 12 \text{ kN} \times 4 \text{ m} - F_{y2} \times 4 \text{ m} = 0$$

所以
$$F_{y2} = 0, \quad F_{x2} = 0, \quad F_{N2} = 0$$

再取结点 E 为隔离体（图 3-24(c)），用投影方程可求出 F_{N1}、F_{N3}。

$$\sum F_x = 0, \quad 12 \text{ kN} - F_{x3} = 0$$

所以
$$F_{x3} = 12 \text{ kN}$$

因此
$$F_{y3} = 12 \text{ kN}, \quad F_{N3} = 12 \text{ kN} \times \sqrt{2} = 16.97 \text{ kN （拉力）}$$

$$\sum F_y = 0, \quad F_{N1} + F_{y3} = 0$$

所以
$$F_{N1} = -F_{y3} = -12 \text{ kN （压力）}$$

3.4 静定平面刚架

3.4.1 刚架的特点

刚架是由梁和柱的全部或部分以刚结点相连组成的杆件结构。当刚架的杆件轴线、荷载和反力均在同一平面，而且没有多余约束时，就称为**静定平面刚架**。从变形角度看，在交汇于刚架结构的刚结点处，各杆端不能发生相对转动，因而各杆之间的夹角保持不变。从受力角度看，刚结点能传递轴力、剪力和弯矩，且刚架中弯矩是主要内力。刚架整体性好、刚度大，内部有效使用空间较大，在工程中应用广泛。

常见的静定平面刚架类型有悬臂刚架（图 3-25(a)）、简支刚架（图 3-25(b)）、三铰刚架（图 3-25(c)）、主从刚架（图 3-25(d)）等。

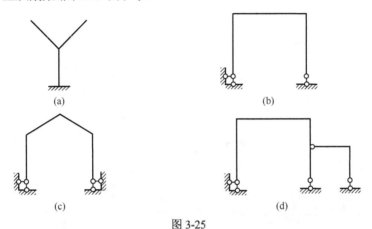

图 3-25

3.4.2 支座反力的计算

在静定平面刚架的受力分析中，通常是先求出支座反力，再求出各杆控制截面的内力，最后绘制刚架的内力图。在刚架支座反力的计算过程中，应尽可能建立独立方程。

如图 3-26 所示的简支刚架，欲求支座反力，可以先建立竖向的投影平衡方程 $\sum F_y = 0$，进而求出 F_{RC}。然后对 F_{RC} 和 F_{RB} 的交点 O 取矩，建立力矩平衡方程 $\sum M_O = 0$，求出 F_{RA}。最后，建立水平方向的平衡方程 $\sum F_x = 0$，求出 F_{RB}。

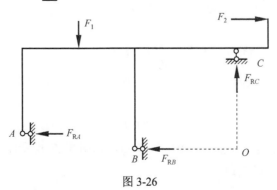

图 3-26

　　如图 3-27(a)所示三铰刚架，其具有 4 个支座反力，则可以利用 3 个整体平衡方程和中间铰结点 C 处弯矩等于零的局部平衡条件，组成 4 个平衡方程，求出 4 个支反力。

　　把三铰刚架与基础分开建立隔离体，以 B 点为中心建立力矩平衡方程得

$$\sum M_B = 0, \quad F_{yA}l + qf \cdot \frac{f}{2} = 0, \quad F_{yA} = -\frac{qf^2}{2l}(\downarrow)$$

　　其次，对隔离体建立竖向投影平衡方程得

$$\sum F_y = 0, \quad F_{yA} + F_{yB} = 0, \quad F_{yB} = \frac{qf^2}{2l} \quad (\uparrow)$$

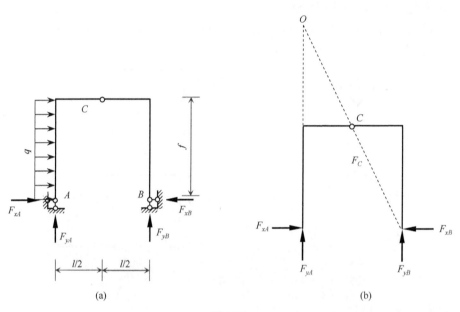

图 3-27

　　再次，对隔离体建立水平投影平衡方程，可得出 F_{xA} 与 F_{xB} 的关系为

$$\sum F_x = 0, \quad F_{xA} + qf - F_{xB} = 0, \quad F_{xA} = F_{xB} - qf$$

　　最后，可以用铰 C 处弯矩为零的平衡方程求出 F_{xA} 与 F_{xB}，如取右半边刚架作为隔离体，则有

$$\sum M_C = 0, \quad F_{xB}f - F_{yB}\frac{l}{2} = 0, \quad F_{xB} = \frac{qf}{4} \quad (\leftarrow)$$

所以

$$F_{xA} = -\frac{3}{4}qf \quad (\leftarrow)$$

　　从以上过程可以看出，在通常情况下三铰刚架的支座反力是两两耦联的，需要通过解方程组来计算支座反力，因此建立相互独立的支座反力的静力平衡方程可减小计算量。在图 3-27(a)所示刚架中，右半边刚架无荷载作用且 C 点弯矩为零，所以支座 B 处的反力的作用线一定通过 C 点。那么 BC 点的连线与 F_{yA} 的作用线交于 O 点，如图 3-27(b)所示，那么以 O 点为中心列力矩平衡方程，便可以求出 F_{xA}。

$$\sum M_O = 0, \ F_{xA} \cdot 2f + qf \cdot \frac{3}{2}f = 0, \ F_{xA} = -\frac{3}{4}qf \ (\leftarrow)$$

图 3-28(a)所示为一个主从刚架，具有四个支座反力。根据几何构造分析，C 点以右是基本部分、以左是附属部分。受力分析按照几何构造相反的次序，应从附属部分到基本部分。先取 C 点以左作为隔离体，如图 3-28(b)所示。以 C 点为中心列力矩平衡方程，可以求出 F_{xD}，即

$$\sum M_C = 0, \ F_{xD} \cdot a + P \cdot \frac{a}{2} + qa \cdot \frac{1}{2}a = 0, \ F_{xD} = -qa$$

然后，根据隔离体水平方向的投影平衡方程，得出

$$\sum F_x = 0, \ F_{xD} + P - F_{xC} = 0, \ F_{xC} = 0$$

再根据隔离体竖向的投影平衡条件，可得

$$\sum F_y = 0, \ F_{yC} - qa = 0, \ F_{yC} = qa$$

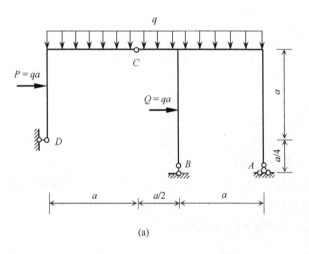

(a)

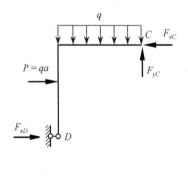

(b)

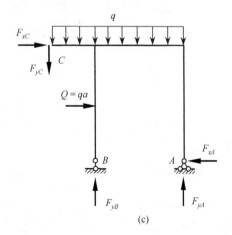

(c)

图 3-28

求出附属部分的支座反力以及附属部分与基本部分的约束力之后，就可以把约束力反向作用在基本部分上，再求出基本部分的支座反力，如图 3-28(c)所示。把基本部分与基础切断，作为隔离体，并列其水平方向的投影平衡方程，可求出 F_{xA}，即

$$\sum F_x = 0, \quad F_{xA} - Q - F_{xC} = 0, \quad F_{xA} = qa$$

然后，以 A 点为中心列力矩平衡方程得

$$\sum M_A = 0, \quad F_{yB} \cdot a + F_{xC} \cdot \frac{5}{4} a + Q \cdot \frac{5}{8} a - F_{yC} \cdot \frac{3}{2} a - q \cdot \frac{3}{2} a \cdot \frac{3}{4} a = 0, \quad F_{yB} = 2qa$$

最后，根据基本部分竖向的投影平衡方程，求出 F_{yA}，即

$$\sum F_y = 0, \quad F_{yA} + F_{yB} - q \cdot \frac{3}{2} a - F_{yC} = 0, \quad F_{yA} = \frac{1}{2} qa$$

3.4.3 刚架的内力分析及内力图的绘制

确定刚架的支座反力之后，就可进行刚架的内力分析和内力图绘制，其步骤通常如下。

(1)分段：根据结点以及荷载不连续点进行分段。

(2)定形：根据每段内的荷载情况，定出内力图的形状。

(3)求值：由截面法或内力算式，求出各控制截面的内力。

(4)画图：根据控制截面内力和横向荷载情况，结合分段叠加法，画刚架内力图。

例 3-8 试求图 3-29(a)所示简支刚架的支座反力，并绘制弯矩图、剪力图和轴力图。

解：(1)先确定该简支刚架的支座反力。

分别利用三个整体平衡条件，求得各支座反力：$F_{xA}=80$ kN，$F_{yA}=20$ kN，$F_{yD}=60$ kN。

(2)求杆端内力并画各杆内力图。

把刚架分成两部分：AB 杆和 BD 杆，然后分别求解，其中的关键问题是确定结点 B 的杆端内力。取 AB 杆作为隔离体，如图 3-29(b)所示。

列隔离体平衡方程，确定 AB 杆 B 端内力。

$$\sum F_x = 0, \quad F_{SBA} + 20 \times 4 - F_{xA} = 0, \quad F_{SBA} = 0$$

$$\sum F_y = 0, \quad F_{NBA} - F_{yA} = 0, \quad F_{NBA} = 20 \text{ kN}$$

$$\sum M_B = 0, \quad M_{BA} + 20 \times 4 \times 2 - F_{xA} \times 4 = 0, \quad M_{BA} = 160 \text{ kN} \cdot \text{m}$$

利用分段叠加法，绘出 AB 段的弯矩图如图 3-29(c)所示。

然后，把结点 B 作为隔离体，如图 3-29(d)所示，根据结点的平衡方程，可以确定 BD 杆 B 端内力。

$$F_{SBD} = -F_{NBA} = -20 \text{ kN}, \quad F_{NBD} = F_{SBA} = 0 \text{ kN}, \quad M_{BD} = M_{BA} = 160 \text{ kN} \cdot \text{m}$$

根据 BD 杆的杆端内力，利用分段叠加法便可以确定 BD 杆各截面内力，进而画出整个简支刚架的弯矩图，如图 3-29(c)所示。刚架的剪力图和轴力图也可以在画出各杆的剪力图和轴力图后连在一起得到，如图 3-29(e)和(f)所示。

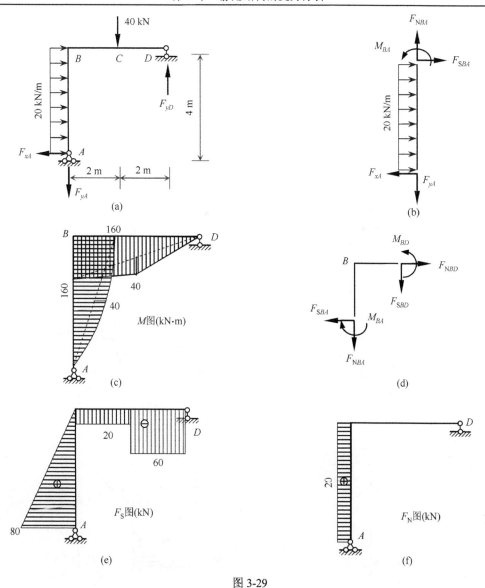

图 3-29

例 3-9　试绘制图 3-30(a)所示悬臂刚架的弯矩图。

解：对于悬臂刚架，可以先计算支座反力，也可以直接从悬臂端开始绘制杆件的弯矩图，本例采用后一种形式。根据几何组成和荷载分布情况，可以把刚架分成 CD、BE、DB、BA 共 4 个杆件，并由外至内依次计算。

(1)先分析杆 CD。以杆 CD 作为隔离体，如图 3-30(b)所示，列平衡方程，确定 D 端内力。

$$F_{SDC}=0,\quad F_{NDC}=0,\quad M_{DC}+2qa^2=0,\quad M_{DC}=-2qa^2$$

(2)分析结点 D，以确定 BD 杆 D 端的内力，如图 3-30(c)所示。

$$F_{SDB}=0,\quad F_{NDB}=0,\quad M_{DB}=-M_{DC}=2qa^2$$

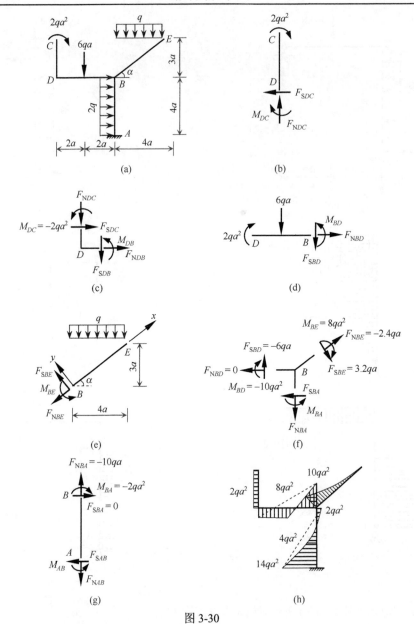

图 3-30

(3) 分析杆 *DB*，以确定 *DB* 杆 *B* 端的内力，如图 3-30(d)所示。

$$F_{NBD} = 0$$

$$F_{SBD} + 6qa = 0, \quad F_{SBD} = -6qa$$

$$\sum M_B = 0, \quad M_{BD} - M_{DB} + 6qa \cdot 2a = 0, \quad M_{BD} = -10qa^2$$

(4) 分析斜杆 *BE*，如图 3-30(e)表示，列平衡方程以确定 *B* 端的内力。

$$\sum F_x = 0, \quad F_{NBE} + q \cdot 4a \cdot \sin\alpha = 0, \quad F_{NBE} = -4qa \cdot 0.6 = -2.4qa$$

$$\sum F_y = 0, \quad F_{SBE} - q \cdot 4a \cdot \cos\alpha = 0, \quad F_{SBE} = 4qa \cdot 0.8 = 3.2qa$$

$$\sum M_B = 0, \quad M_{BE} - q \cdot 4a \cdot 2a = 0, \quad M_{BE} = 8qa^2$$

(5) 分析结点 B，如图 3-30(f)所示，列平衡方程以确定 AB 杆 B 端的内力。

$$\sum F_x = 0, \quad F_{SBA} + F_{NBD} - F_{SBE} \cdot \sin\alpha - F_{NBE} \cdot \cos\alpha = 0, \quad F_{SBA} = 0$$

$$\sum F_y = 0, \quad F_{NBA} - F_{SBD} + F_{SBE} \cdot \cos\alpha - F_{NBE} \cdot \sin\alpha = 0, \quad F_{NBA} = -10qa$$

$$\sum M_B = 0, \quad M_{BA} - M_{BD} - M_{BE} = 0, \quad M_{BA} = -2qa^2$$

(6) 分析杆 AB，如图 3-30(g)所示，求出 AB 杆 A 端的内力。

$$F_{NAB} = F_{NBA} = -10qa$$

$$F_{SAB} - F_{SBA} - 2q \cdot 4a = 0, \quad F_{SAB} = 8qa$$

$$M_{AB} - M_{BA} - 2q \cdot 4a \cdot 2a = 0, \quad M_{AB} = 14qa^2$$

至此，已完成了刚架所有杆件的杆端内力分析，利用分段叠加法，便可画出刚架的内力图。弯矩图如图 3-30(h)所示，剪力图、轴力图也可类似绘制。

例 3-10　试绘制图 3-31(a)所示三铰刚架的弯矩图。

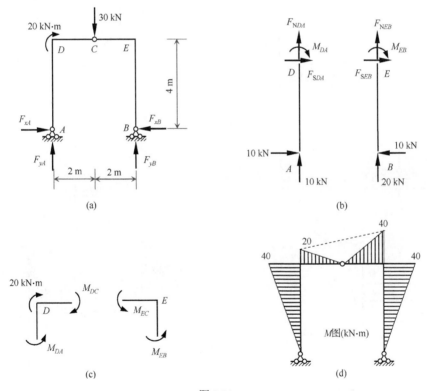

图 3-31

解： (1) 求支座反力。

$$\sum M_B = 0, \quad F_{yA} \cdot 4 + 20 - 30 \cdot 2 = 0, \quad F_{yA} = 10 \text{ kN}$$

$$\sum F_y = 0, \quad F_{yB} = 30 - F_{yA} = 20 \text{ kN}$$

$$\sum M_C = 0, \quad F_{yB} \cdot 2 - F_{xB} \cdot 4 = 0, \quad F_{xB} = 10 \text{ kN}$$

$$\sum F_x = 0, \quad F_{xA} = F_{xB} = 10 \text{ kN}$$

（2）作刚架的弯矩图。关键是确定结点 D 和 E 的杆端弯矩，所以先分析杆 AD 和 BE，如图 3-31（b）所示。对于杆 AD 有

$$\sum M_D = 0, \quad M_{DA} = F_{xA} \cdot 4 = 40 \text{ kN} \cdot \text{m}$$

对于杆 BE，则有

$$\sum M_E = 0, \quad M_{EB} = -F_{xB} \cdot 4 = -40 \text{ kN} \cdot \text{m}$$

然后可以根据结点平衡条件，如图 3-31（c）所示，得出 M_{DC} 和 M_{EC}。

$$M_{DC} = M_{DA} - 20 = 20 \text{ kN} \cdot \text{m}$$

$$M_{EC} = -M_{EB} = 40 \text{ kN} \cdot \text{m}$$

由铰结点的性质可知，C 点的弯矩 $M_C = 0$。根据分段叠加法，可以直接绘出各段的弯矩图，并最终组合得到此三铰刚架的弯矩图，如图 3-31（d）所示。

例 3-11　试绘制图 3-32（a）所示主从刚架的弯矩图。

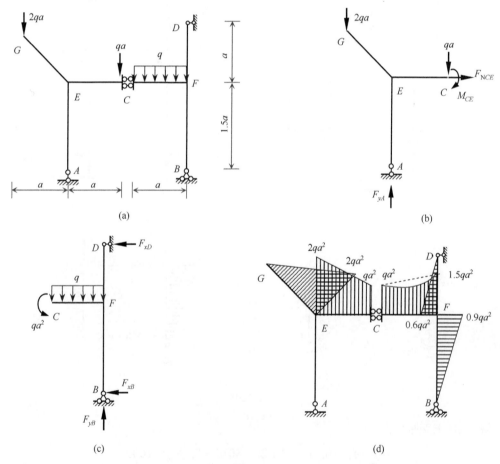

图 3-32

解：对于主从刚架，应该先计算附属部分，再计算基本部分。如图 3-32（a）所示，刚架 $AGEC$ 为附属部分，通过 C 点作用在基础部分 CDB 之上，所以先把 $AGEC$ 作为隔离体进行分析，如图 3-32（b）所示。确定附属部分 C 点的内力后，便可以把内力反作用于基本部分，并把基本

部分作为隔离体进行分析，如图 3-32(c) 所示。之后，便可以把基础部分拆分为单个杆件，以确定关键结点 F 的内力。最后，根据分段叠加法确定并画出整个结构的弯矩图，如图 3-32(d) 所示。

完成弯矩图的绘制后，还可以采用间接法来确定刚架结构的剪力和轴力，其基本思想是取杆件为隔离体，建立力矩平衡方程，由杆端弯矩求杆端剪力，得到剪力图。最后，取结点为隔离体，利用投影平衡由杆端剪力求出杆端轴力，绘制出轴力图。

例 3-12 试绘制图 3-33(a) 所示门式刚架在均布荷载作用下的内力图。

解：(1) 求支座反力。

$$\sum M_A = 0, \quad 6\ \text{kN} \times 3\ \text{m} - F_{yB} \times 12\ \text{m} = 0, \quad F_{yB} = 1.5\ \text{kN} \ (\uparrow)$$

$$\sum M_B = 0, \quad 6\ \text{kN} \times 9\ \text{m} - F_{yA} \times 12\ \text{m} = 0, \quad F_{yA} = 4.5\ \text{kN} \ (\uparrow)$$

$$\sum F_x = 0, \quad F_{xA} - F_{xB} = 0, \quad F_{xA} = F_{xB}$$

由 $\sum M_C = 0$（考虑铰 C 右边部分）得

$$F_{xB} \times 6.5\ \text{m} - F_{yB} \times 6\ \text{m} = 0, \quad F_{xB} = 1.385\ \text{kN} \ (\leftarrow)$$

$$F_{xA} = 1.385\ \text{kN} \ (\rightarrow)$$

(2) 作 M 图。

先求杆端弯矩，画于杆轴受拉一侧并连以直线，再叠加简支梁的弯矩图。

以 DC 杆为例得

$$M_{DC} = -1.385\ \text{kN} \times 4.5\ \text{m} = -6.23\ \text{kN} \cdot \text{m}$$

$$M_{CD} = 0$$

DC 杆的中点弯矩为

$$\frac{1}{2} \times (-6.23\ \text{kN} \cdot \text{m}) + \frac{1}{8} \times 1\ \text{kN/m} \times (6\ \text{m})^2 = 1.385\ \text{kN} \cdot \text{m}$$

M 图如图 3-33(b) 所示。

(3) 作 F_S 图。

杆端剪力可分别采用直接法和间接法求解。

对于 AD 和 BE 两杆，可取截面一边为隔离体，用直接法求出杆端剪力为

$$F_{SAD} = F_{SDA} = -1.385\ \text{kN}$$

$$F_{SBE} = F_{SEB} = 1.385\ \text{kN}$$

对于 CD 和 CE 两杆，可取杆 CD 和 CE 为隔离体（图 3-33(e)、(f)），用间接法求出杆端剪力为

$$F_{SDC} = \frac{1}{6.33\ \text{m}} \times (6.23\ \text{kN} \cdot \text{m} + 6\ \text{kN} \times 3\ \text{m}) = 3.83\ \text{kN}$$

$$F_{SCD} = \frac{1}{6.33\ \text{m}} \times (6.23\ \text{kN} \cdot \text{m} - 6\ \text{kN} \times 3\ \text{m}) = -1.86\ \text{kN}$$

$$F_{SCE} = F_{SEC} = \frac{1}{6.33\ \text{m}} \times (-6.23\ \text{kN} \cdot \text{m}) = -0.985\ \text{kN}$$

F_S 图如图 3-33(c) 所示。

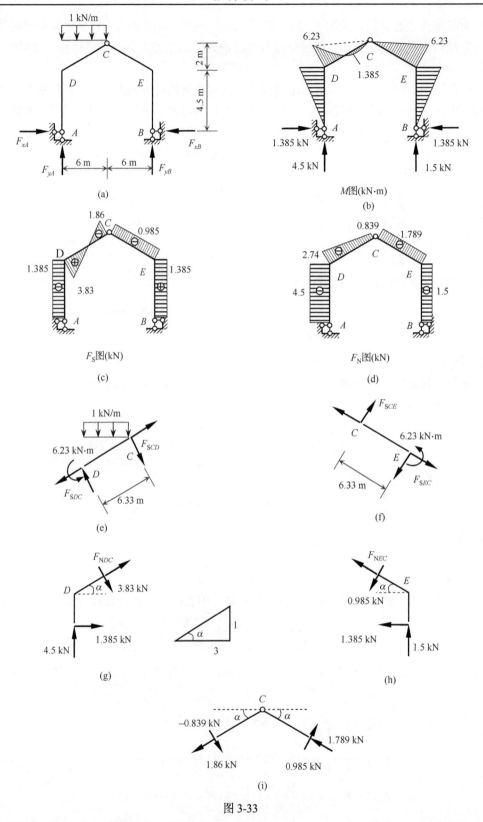

图 3-33

(4)作 F_N 图。

杆端轴力可分别采用直接法和间接法求解。

对于 AD 和 BE 两杆，可取截面一边为隔离体，求出杆端轴力为

$$F_{NAD} = F_{NDA} = -4.5 \text{ kN}$$

$$F_{NBE} = F_{NEB} = -1.5 \text{ kN}$$

至于 DC 和 CE 杆的杆端轴力，则可取结点为隔离体进行计算。取结点 D 为隔离体(图 3-33(g))，沿轴线 DC 列投影方程，可求得 F_{NDC} 为

$$F_{NDC} + 1.385 \text{ kN } \cos\alpha + 4.5 \text{ kN } \sin\alpha = 0$$

$$F_{NDC} = -2.74 \text{ kN}$$

同样，由结点 E 的隔离体图(图 3-33(h))，以 EC 为轴线列投影方程得

$$F_{NEC} = -1.385 \text{ kN } \cos\alpha - 1.5 \text{ kN } \sin\alpha = -1.789 \text{ kN}$$

因为杆 EC 上沿轴线方向没有荷载，所以沿杆长轴力不变，即

$$F_{NCE} = -1.789 \text{ kN}$$

为了求得 F_{NCD}，可利用结点 C 的隔离体图(图 3-33(i))有

$$\sum F_x = 0, \quad -F_{NCD} \cos\alpha + 1.86 \text{ kN } \sin\alpha + 0.985 \text{ kN } \sin\alpha - 1.789 \text{ kN } \cos\alpha = 0$$

$$F_{NCD} = -0.839 \text{ kN}$$

F_N 图如图 3-33(d)所示。

(5)校核。

可以截取刚架的任何部分校核是否满足平衡条件。例如，对结点 C 的隔离体图(图 3-33(i))可以验算 $\sum F_y = 0$。

3.4.4　静定刚架弯矩图的快速绘制

静定刚架的内力分析不仅是强度计算的需要，而且是位移计算和超静定刚架分析的基础，尤其是绘制弯矩图，以后应用很广，需要切实掌握。一些情况下，可根据受力特点快速而准确地绘制静定刚架的弯矩图，起到事半功倍的效果。例如，对于悬臂刚架，通常可以不求其约束力，直接绘出弯矩图。而对于三铰刚架或者主从刚架，通常情况下不用求出全部的支座反力，只需求出与杆件垂直的反力，并从支座开始绘制弯矩图。此外，还可以利用弯矩图与荷载、支承和结点之间的对应关系，以及结构的对称性等快速绘制弯矩图。

例 3-13　试计算图 3-34(a)所示刚架的内力图。

解： 图示为一个三铰刚架，绘制弯矩图的时候不需要求出全部未知支反力，只需求出一个垂直于杆件的支座反力，并从此处开始作图。对于图示刚架，因为刚架左半部分没有荷载作用，且 C 点弯矩为零，所以 A 点支座反力的作用线必通过 C 点，那么以 AC 点连线与 BD 线的交点 O 为中心建立力矩平衡方程，便可以求出 B 点的水平反力 F_{xB}。

$$\sum M_O = 0, \quad F_{xB} \cdot 2a - M = 0, \quad F_{xB} = \frac{M}{2a}$$

因 F_{yB} 不会对 BD 杆产生弯矩，所以由 F_{xB} 便可确定 BD 杆的弯矩，并画出弯矩图如图 3-34(b)

所示。然后，由结点 D 的平衡条件，可以得出 M_{DC}。此外，C 点为铰结点，弯矩为零，而且在 C 结点右侧有大小为 M 的集中力偶作用，所以 M_{CD} 的大小为 M，上侧受拉。又因杆 CD 上无其他荷载作用，所以把 M_{CD} 和 M_{DC} 连以直线就可以画出杆 CD 的弯矩图。然后，可以根据结点性质和荷载与内力的关系确定杆 CE 的弯矩图。M_{CE} 的弯矩大小为零，且 CE 杆的弯矩图为直线且平行于 CD 杆的弯矩图，推出 M_{EC} 的值为 $M/2$。最后，根据结点 E 的平衡条件，可以得出 $M_{EA}=M_{EC}=M/2$，再根据铰支座的性质可知 $M_{AE}=0$，连线便可得到杆 AE 的弯矩图。

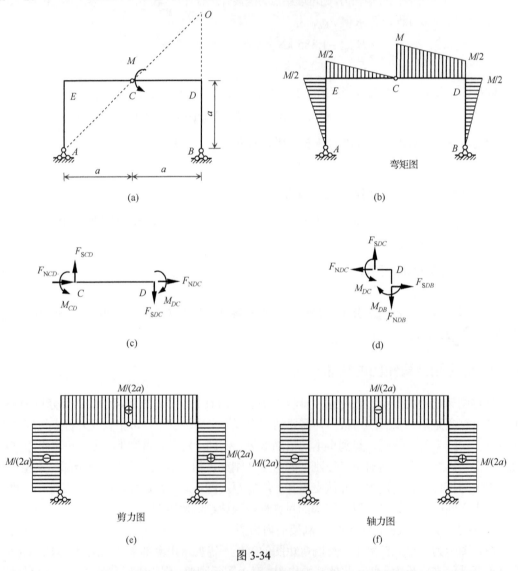

图 3-34

绘制刚架的弯矩图后，便可利用间接法，由刚架的弯矩图绘制其剪力图和轴力图。杆 BD 的剪力图由 F_{xB} 便可绘制。为了画杆 DC 的剪力图，可以取杆 DC 为隔离体，如图 3-34(c)所示。以 C 为中心取矩，可得

$$\sum M_C = 0, \quad M - M_{DC} - F_{SDC} \cdot a = 0, \quad F_{SDC} = \frac{M}{2a}$$

再由结点 D 的平衡关系，如图 3-34(d)所示，可以得出

$$F_{NDB} = F_{SDC} = \frac{M}{2a}, \quad F_{NDC} = F_{SDB} = -F_{xB} = -\frac{M}{2a}$$

绘制出其剪力与轴力图，分别如图 3-34(e) 与 (f) 所示。

例 3-14　试快速绘制图 3-35(a) 所示刚架的弯矩图。

解：在该主从刚架中，AB、CE、FG 杆都为悬臂结构，可以直接画弯矩图。然后根据 B 结点平衡条件，可以确定 M_{BD}，且 M_D 为零，所以连线并延长便可确定杆 BE 的弯矩图。同理，根据 E 点的结点平衡，可以确定 M_{EG}，且 EG 杆铰结点处弯矩为零，可以画出杆 EG 的弯矩图。最后，根据 G 点的结点平衡，可以确定 M_{GH}，且 M_{GF} 相当于在杆 EH 上作用了一个集中力偶，所以 G 点左右的弯矩图应该互相平行，据此便可以确定 GH 杆的弯矩图。刚架的弯矩图如图 3-35(b) 所示。

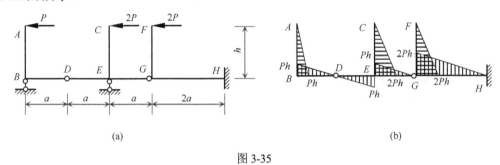

(a)　　　　　　　　　　　　　　　　　　(b)

图 3-35

3.5　静定组合结构

组合结构是指由链杆和梁式杆组成的结构。其中，链杆只受轴力作用，而梁式杆则同时受到弯矩、剪力和轴力的作用。组合结构常用于屋架、吊车梁以及桥梁等承重结构(图 3-36)，其中的梁式杆以受弯为主，一般用钢筋混凝土制作，而链杆以受拉为主，通常采用钢材制作。

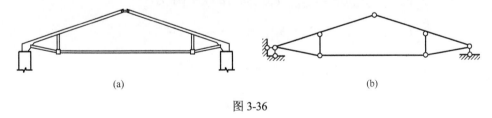

(a)　　　　　　　　　　　　　　　　　　(b)

图 3-36

1. 静定组合结构的受力分析

静定组合结构受力分析的基本原理与一般静定结构相同，通常先求出支座反力，然后计算各链杆的轴力，最后分析受弯杆件的内力。在用截面法分析计算组合结构时，考虑到梁式杆不但有轴力，还有弯矩和剪力，未知数较多，所以要尽量避免截断梁式杆。此外，静定组合结构一般有关键的链杆，可用截面法先求出该链杆的轴力。

例 3-15　试对图 3-37(a) 所示组合结构进行内力分析，求出链杆的轴力，并作梁式杆的弯矩图。图中，a=4 m，h=3 m，q=15 kN/m，F_P=30 kN。

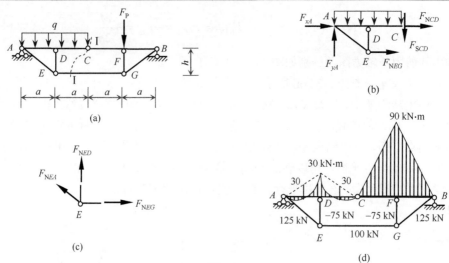

图 3-37

解：首先，根据整体平衡方程，求出支座反力。

$$\sum F_x = 0, \quad F_{xA} = 0$$

$$\sum M_B = 0, \quad F_{yA} \cdot 4a - q \cdot 2a \cdot 3a - F_P \cdot a = 0, \quad F_{yA} = 97.5 \text{ kN}$$

$$\sum F_y = 0, \quad F_{yA} + F_{yB} = q \cdot 2a + F_P, \quad F_{yB} = 52.5 \text{ kN}$$

然后，为了避免截断梁式杆，沿着 C 点取截面 I-I 把组合结构分成两部分，取左半部分作为隔离体，并以 C 点为中心建立力矩平衡方程，求得关键链杆 EG 的轴力 F_{NEG}，如图 3-37(b)所示。

$$\sum M_C = 0, \quad F_{yA} \cdot 2a - q \cdot 2a \cdot a - F_{NEG} \cdot h = 0, \quad F_{NEG} = 100 \text{ kN （拉力）}$$

$$\sum F_x = 0, \quad F_{NCD} = -F_{NEG}, \quad F_{NCD} = -100 \text{ kN （压力）}$$

$$\sum F_y = 0, \quad F_{SCD} + q \cdot 2a = F_{yA}, \quad F_{SCD} = -22.5 \text{ kN}$$

$$M_{DC} = -qa \cdot \frac{a}{2} - F_{SCD} \cdot a = -30 \text{ kN·m （上侧受拉）}$$

再取结点 E 作为隔离体，如图 3-37(c)所示，则

$$F_{xNEA} = F_{NEG}, \quad F_{xNEA} = 100 \text{ kN}$$

所以，$F_{NEA} = 125 \text{ kN}, \quad F_{yNEA} = 75 \text{ kN}$，因而

$$F_{NED} = -F_{yNEA}, \quad F_{NED} = -75 \text{ kN （压力）}$$

同理，如果取 C 点以右作为隔离体，可以求得

$$F_{NCF} = -100 \text{ kN}$$

$$F_{SCF} = -22.5 \text{ kN}$$

$$F_{NGB} = 125 \text{ kN}$$

$$F_{NGF} = -75 \text{ kN}$$

$$M_{FC} = F_{SCF} \cdot a = -90 \text{ kN} \cdot \text{m}（上侧受拉）$$

最后，画出结构的内力图如图 3-37（d）所示。

例 3-16　试作图 3-38（a）所示下撑式五角形组合屋架的内力图。

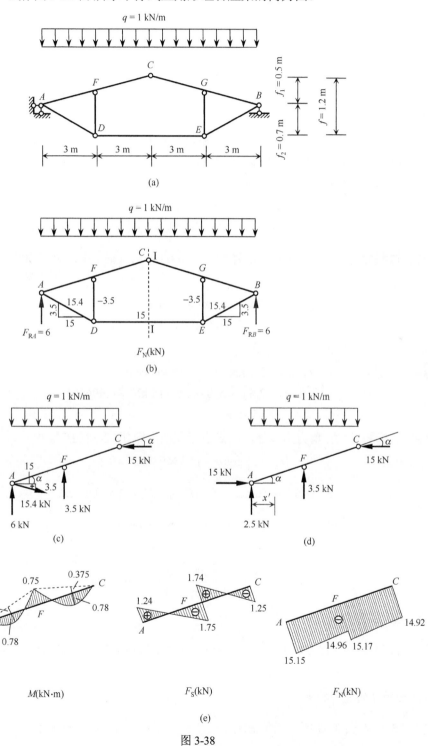

图 3-38

解： (1) 链杆的内力计算。

此结构由左右两个几何不变，且无多余约束的部分 ACD、BCE 用铰 C 和链杆 DE 连接而成。因此，结构是静定的。计算内力时，可先作截面 I-I，截断铰 C 和链杆 DE（图 3-38(b)）。由力矩方程 $\sum M_C = 0$，得

$$6 \text{ kN} \times 6 \text{ m} - 1 \text{ kN/m} \times 6 \text{ m} \times 3 \text{ m} - 1.2 \text{ m} \times F_{NDE} = 0$$

所以

$$F_{NDE} = 15 \text{ kN}$$

再由结点 D 和 E，可求得所有链杆的轴力。计算结果如图 3-38(b) 所示。

(2) 梁式杆的内力图。

杆 AFC 的受力情况如图 3-38(c) 所示。将结点 A 处的竖向力合并后，受力图如图 3-38(d) 所示。内力图如图 3-38(e) 所示。下面进行说明。

任一截面的剪力和轴力，可按下式计算。

$$F_S = F_y \cos\alpha - 15 \text{ kN} \times \sin\alpha$$

$$F_N = -F_y \sin\alpha - 15 \text{ kN} \times \cos\alpha$$

其中，F_y 为该截面所受竖向力的合力。图中 $\sin\alpha = 0.0835$，$\cos\alpha = 0.996$。如杆 A 端的剪力和轴力为

$$
\begin{aligned}
F_{SAF} &= 2.5 \text{ kN } \cos\alpha - 15 \text{ kN } \sin\alpha \\
&= 2.5 \text{ kN } \times 0.996 - 15 \text{ kN } \times 0.0835 \\
&= 1.24 \text{ kN}
\end{aligned}
$$

$$
\begin{aligned}
F_{NAF} &= -2.5 \text{ kN } \sin\alpha - 15 \text{ kN } \cos\alpha \\
&= -2.5 \text{ kN } \times 0.0835 - 15 \text{ kN } \times 0.996 \\
&= -15.15 \text{ kN}
\end{aligned}
$$

跨中最大弯矩发生在剪力为零处，以 x' 表示其横坐标（图 3-38(d)）。由

$$F_S = F_y \cos\alpha - 15 \text{ kN} \times \sin\alpha = 0$$

得

$$F_y = 15 \text{ kN} \times \tan\alpha，\text{在 } AF \text{ 段}，F_y = 2.5 \text{ kN} - qx'$$

即

$$2.5 \text{ kN} - qx' = 15 \text{ kN} \times \tan\alpha$$

所以

$$x' = \frac{2.5 \text{ kN}}{1 \text{ kN/m}} - \frac{15 \text{ kN}}{1 \text{ kN/m}} \times \frac{0.5 \text{ m}}{6 \text{ m}} = 1.25 \text{ m}$$

因此，最大弯矩为

$$M_{x'} = 2.5 \text{ kN} \times 1.25 \text{ m} - 15 \text{ kN} \times \left(\frac{0.5 \text{ m}}{6 \text{ m}} \times 1.25 \text{ m}\right) - \left(1 \text{ kN/m} \times 1.25 \text{ m} \times 1.25 \text{ m} \times \frac{1}{2}\right) = 0.78 \text{ kN} \cdot \text{m}$$

2. 组合屋架的受力特点

现就例 3-16 及图 3-39 所示三种情况（f=1.2 m，但 f_1/f_2 各异）讨论如下。

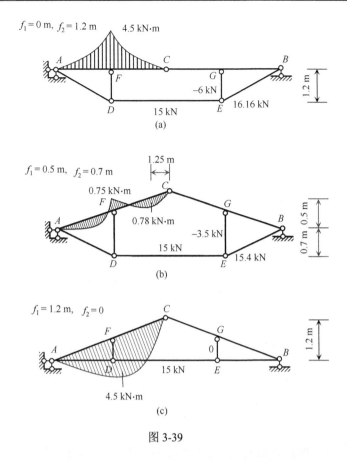

图 3-39

影响下撑式五角形组合屋架的内力状态的主要因素有两个。

(1)高跨比 f/l。

轴力 F_{NDE} 可用三铰拱的推力公式(见下节公式(3-10))计算得

$$F_{NDE} = \frac{M_C^0}{f}$$

可知下弦杆 DE 的轴力 F_{NDE} 与 f 成反比(高跨比越小,轴力 F_{NDE} 越大),而与 f_1 和 f_2 无关(在图 3-39 中, f_1/f_2 虽不同,但 F_{NDE} 为同值)。

(2) f_1 和 f_2 的比值 f_1/f_2。

在图 3-39 中, F_{NDE} 为同值,因此其他弦杆轴力的变化幅度不大,但上弦杆弯矩的变化幅度很大。

当 $f_1=0$ 时,上弦坡度为零,为下撑式平行弦组合结构(图 3-39(a))。此时,上弦全部为负弯矩,上弦杆 AFC 犹如支承在 A 和 F 两点的伸臂梁。

当 $f_2=0$ 时,为一个带拉杆的三铰拱式屋架(图 3-39(c))。此时上弦全部为正弯矩,上弦杆 AFC 犹如支承在 A、C 两点的简支梁。

当 $f_1=0.5$ m、$f_2=0.7$ m 时,上弦结点 F 处的负弯矩与两个结间的最大正弯矩,在数值上大致相等(图 3-39(b)),且数值比图 3-39(a)和(c)两种极限情形小得多。

3.6　三 铰 拱

　　在房屋建筑、水工建筑物及桥梁工程中，拱是一种十分古老而现代仍在大量应用的结构形式。拱式结构的受力特点是：在竖向荷载作用下，拱的支座处产生水平推力。因此，拱式结构也称为推力结构。拱支座存在推力，因而拱体主要承受轴向压力，而截面弯矩和剪力较小。这种受力特性使得拱结构适合采用砖、石、混凝土等抗压强度高而抗拉强度低的相对廉价的天然材料承受荷载，所以拱在古代就得到了广泛的应用。

　　拱的类型很多，从几何构造上可分为无多余约束的三铰拱（图 3-40(a)和(b)），以及有多余约束的两铰拱和无铰拱（图 3-40(c)和(d)）。

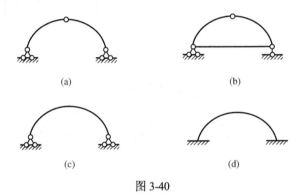

图 3-40

　　三铰拱是一种静定的拱式结构，由于有水平推力的存在，图 3-40(a)所示的三铰拱对地基有一定的要求。当地基水平抵抗力较弱时，便可以采用带有水平拉杆的拉杆拱，如图 3-40(b)所示，此时支座水平推力将由拉杆提供。

　　三铰拱的轴线常用抛物线和圆弧，有时也采用悬链线，在实际应用中可以根据荷载的特点选用合适的轴线形式。拱的力学性能和拱高 f 与跨度 l 的比值很有关系，所以拱的高跨比 f/l 是其基本参数（图 3-41）。实际工程中，拱的高跨比通常为 1/10～1。

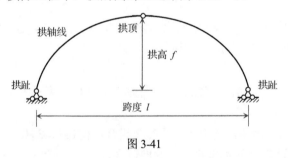

图 3-41

3.6.1　三铰拱的支座反力和内力计算

　　以图 3-42(a)所示承受竖向荷载的三铰拱为例来说明其反力与内力计算过程。为便于比较拱与梁的受力性能，图 3-42(b)所示为一个与三铰拱跨度相同且荷载大小以及作用位置也一致的相应简支梁，并对其同时进行受力分析。

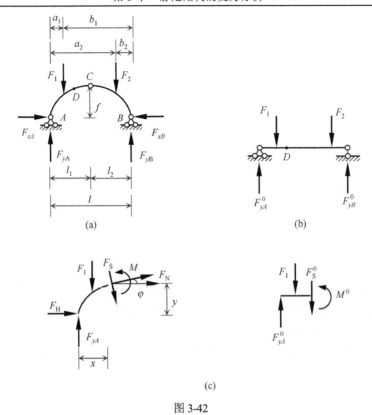

图 3-42

先分析三铰拱的支反力。首先考虑三铰拱的整体平衡。如图 3-42(a)所示，以拱为隔离体并对 A 点和 B 点分别列力矩平衡方程，可以得出 A 点与 B 点的竖向支座反力为

$$\sum M_A = 0, \quad F_{yB} = \frac{1}{l}(F_1 a_1 + F_2 a_2)$$

$$\sum M_B = 0, \quad F_{yA} = \frac{1}{l}(F_1 b_1 + F_2 b_2)$$

(3-8)

同理，可以求出相应简支梁的竖向支座反力，且有

$$F_{yA} = F_{yA}^0$$

$$F_{yB} = F_{yB}^0$$

(3-9)

此外，由隔离体的水平方向的投影平衡方程，可以得出

$$F_{xA} = F_{xB} = F_H$$

这里，F_H 表示三铰拱在荷载作用下的水平支座反力，即推力。为了求得 F_H，可以取拱的左半边为隔离体，且对 C 点列力矩平衡方程，则

$$\sum M_C = 0, \quad F_{yA} \cdot l_1 - F_1 \cdot (l_1 - a_1) - F_H \cdot f = 0$$

$$F_H = \frac{F_{yA} \cdot l_1 - F_1 \cdot (l_1 - a_1)}{f}$$

再分析相应简支梁在三铰拱顶铰所对应位置的截面 C 的弯矩得

$$M_C^0 = F_{yA}^0 \cdot l_1 - F_1 \cdot (l_1 - a_1)$$

所以，可以得出三铰拱的推力为

$$F_H = \frac{M_C^0}{f} \tag{3-10}$$

由此可知，三铰拱的竖向反力与相应简支梁的竖向反力相同。推力 F_H 等于相应简支梁截面 C 的弯矩与拱高 f 的比值，其值只与三个铰的位置有关，而与各铰间拱轴的曲线形状无关，也就是只与拱的高跨比 f/l 有关。当荷载和拱的跨度不变时，推力 F_H 与拱高 f 成反比，拱越低推力越大。如果拱高趋于 0，推力趋于无穷大，此时 A、B、C 三个铰在一条直线上，成为几何可变体系。

支座反力求出后，用截面法即可求出拱上任一截面 D 的内力。但在取截面时，应该注意到拱轴是曲线这一特点，所取截面应与拱轴正交，即与拱轴的切线相垂直。截面上的弯矩为 M，剪力为 F_S（沿截面方向），轴力为 F_N（垂直于截面方向），如图 3-42 (c) 所示。相应简支梁相应截面位置 D 处的弯矩和剪力分别标记为 M^0、F_S^0。

首先求拱截面的弯矩，以 D 截面以左为隔离体，并列力矩平衡方程，则由

$$\sum M_D = F_{yA} \cdot x - F_H \cdot y - F_1 \cdot (x - a_1) - M = 0$$

可以得出拱截面 D 的弯矩为

$$M = F_{yA} \cdot x - F_1 \cdot (x - a_1) - F_H \cdot y$$

又因

$$F_{yA} = F_{yA}^0$$
$$M^0 = F_{yA}^0 \cdot x - F_1 \cdot (x - a_1)$$

所以可得出

$$M = M^0 - F_H \cdot y \tag{3-11}$$

弯矩 M 以使拱内侧受拉为正。由此可以看出，三铰拱任一截面的弯矩等于相应简支梁对应截面的弯矩减去拱的推力所引起的弯矩 $F_H y$，可知由于推力的存在，三铰拱的弯矩比相应简支梁的弯矩小。

再来计算截面剪力和轴力。剪力以使隔离体顺时针转动为正，轴力以受拉为正。令截面拱轴线的切线与水平线的夹角为 φ，在拱的左半部分 φ 为正值，在拱的右半部分 φ 为负值。列出隔离体在截面 D 剪力和轴力方向上的投影平衡方程，有

$$F_S + F_1 \cdot \cos\varphi + F_H \cdot \sin\varphi - F_{yA} \cdot \cos\varphi = 0$$
$$F_N + F_H \cdot \cos\varphi + F_{yA} \cdot \sin\varphi - F_1 \cdot \sin\varphi = 0$$

又因

$$F_S^0 = F_{yA}^0 - F_1$$

所以

$$F_S = F_S^0 \cdot \cos\varphi - F_H \cdot \sin\varphi$$
$$F_N = -F_S^0 \cdot \sin\varphi - F_H \cdot \cos\varphi \tag{3-12}$$

结合截面弯矩计算公式,就得到三铰拱任一截面的内力计算公式。从公式可知,三铰拱的内力不但与三个铰的位置有关,还与拱轴线的形状有关。而且,三铰拱截面内的轴力较大,一般为压力。

例 3-17　试绘制图 3-43(a)所示三铰拱的内力图。当以左支座为坐标原点时,其拱轴为一抛物线,方程为

$$y = \frac{4f}{l^2} x(l - x)$$

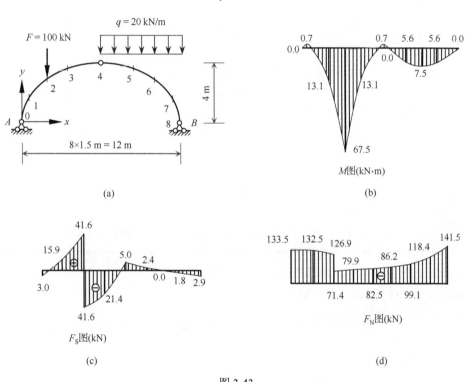

图 3-43

解:先求支座反力。根据式(3-9)、式(3-10)可得

$$F_{yA} = F_{yA}^0 = \frac{100 \times 9 + 20 \times 6 \times 3}{12} = 105\ \text{kN}$$

$$F_{yB} = F_{yB}^0 = \frac{100 \times 3 + 20 \times 6 \times 9}{12} = 115\ \text{kN}$$

$$F_H = \frac{M_C^0}{f} = \frac{105 \times 6 - 100 \times 3}{4} = 82.5\ \text{kN}$$

反力求出后,即可根据三铰拱内力求解公式(3-11)、式(3-12)绘制其内力图。为此,将拱

跨分成八等份，并求出每个等分点截面上的内力值，具体数值如表 3-1 所示。然后，可以根据表中数值绘制三铰拱的内力图，如图 3-43(b)、(c)、(d) 所示。

表 3-1　三铰拱内力的计算

	截面		0	1	2	3	4	5	6	7	8
截面几何参数	y/m		0.0	1.75	3.0	3.75	4.0	3.75	3.0	1.75	0.0
	$\tan\varphi$		1.333	1.000	0.667	0.333	0.000	−0.333	−0.667	−1.000	−1.333
	$\sin\varphi$		0.800	0.707	0.555	0.316	0.000	−0.316	−0.555	−0.707	−0.800
	$\cos\varphi$		0.599	0.707	0.832	0.948	1.000	0.948	0.832	0.707	0.599
	F_S^0/kN	L	105.0	105.0	105.0	5.0	5.0	−25.0	−55.0	−85.0	−115.0
		R			5.0						
弯矩/(kN·m)	M_0		0.00	157.5	315.0	322.5	330.0	315.0	255.0	150.0	0.00
	$-F_H y$		0.00	−144.4	−247.5	−309.4	−330.0	−309.4	−247.5	−144.4	0.00
	M		0.00	13.1	67.5	13.1	0.00	5.6	7.5	5.6	0.00
剪力/kN	$F_S^0\cos\varphi$	L	63.0	74.2	87.4	4.7	5.0	−23.7	−45.8	−60.1	−68.9
		R			4.2						
	$-F_H\sin\varphi$		−66.0	−58.3	−45.8	−26.1	0.00	26.1	45.8	58.3	66.0
	F_S	L	−3.0	15.9	41.6	−21.4	5.0	2.4	0.00	−1.8	−2.9
		R			−41.6						
轴力/kN	$-F_S^0\sin\varphi$	L	−84.0	−74.2	−58.3	−1.6	0.00	−7.9	−30.5	−60.1	−92.0
		R			−2.8						
	$-F_H\cos\varphi$		−49.5	−58.3	−68.6	−78.3	−82.5	−78.3	−68.6	−58.3	−49.5
	F_N	L	−133.5	−132.5	−126.9	−79.9	−82.5	−86.2	−99.1	−118.4	−141.5
		R			−71.4						

现在，以截面 1 和截面 2 为例说明截面的内力计算过程。

在截面 1 处，x_1=1.5 m，由拱轴方程可求得

$$y_1 = \frac{4f}{l^2} x_1(l-x_1) = \frac{4\times 4}{12^2}\times 1.5\times(12-1.5)=1.75 \text{ m}$$

截面 1 处的切线斜率为

$$\tan\varphi_1 = \left(\frac{\mathrm{d}y}{\mathrm{d}x}\right)_1 = \frac{4f}{l^2}(l-2x_1)=\frac{4\times 4}{12^2}(12-2\times 1.5)=1$$

所以切线倾角为 φ_1=45°，于是

$$\sin\varphi_1 = \cos\varphi_1 = 0.707$$

根据内力计算公式，求得该截面的弯矩、剪力和轴力分别为

$$M_1 = M_1^0 - F_H y_1 = 105\times 1.5 - 82.5\times 1.75 = 13.1 \text{ kN}\cdot\text{m}$$

$$F_{S1} = F_{S1}^0\cos\varphi_1 - F_H\sin\varphi_1 = 105\times 0.707 - 82.5\times 0.707 = 15.9 \text{ kN}$$

$$F_{N1} = -F_{S1}^0\sin\varphi_1 - F_H\cos\varphi_1 = -105\times 0.707 - 82.5\times 0.707 = -132.5 \text{ kN}$$

在截面 2，因有集中荷载作用，该截面左、右两边的剪力和轴力发生突变，所以求得

$$F_{S2L} = F_{S2L}^0 \cos\varphi_2 - F_H \sin\varphi_2 = 105 \times 0.832 - 82.5 \times 0.555 = 41.6\,\text{kN}$$

$$F_{S2R} = F_{S2R}^0 \cos\varphi_2 - F_H \sin\varphi_2 = 5.0 \times 0.832 - 82.5 \times 0.555 = -41.6\,\text{kN}$$

$$F_{N2L} = -F_{S2L}^0 \sin\varphi_2 - F_H \cos\varphi_2 = -105 \times 0.555 - 82.5 \times 0.832 = -126.9\,\text{kN}$$

$$F_{N2R} = -F_{S2R}^0 \sin\varphi_2 - F_H \cos\varphi_2 = -5.0 \times 0.555 - 82.5 \times 0.832 = -71.4\,\text{kN}$$

其他各截面的内力计算与以上类似。最后还需指出，图 3-43(c)中 0~1 分段、3~4 分段各有一个截面的剪力为 0，可求出这两个截面的弯矩极小值，均为 0.7 kN·m，如图 3-43(b)所示。

3.6.2　三铰拱的合理轴线

三铰拱因为支座有水平推力，截面弯矩比相应简支梁的弯矩大幅度减小。尽管如此，三铰拱在一般情况下，截面上产生弯矩、剪力和轴力，处于偏心受压状态，其正应力分布不均匀。最理想的情况是，可以设计一个合理的拱轴线，使得在固定荷载的作用下，拱的各截面只承受压力，而弯矩处处为零。此时，任一截面上的正应力分布将是均匀的，而材料的利用最充分、最经济。在固定荷载作用下使拱处于无弯矩状态的轴线称为**合理拱轴线**，此时拱的压力线(即图解法得到的压力多边形)与拱轴线重合。

由式(3-11)可知，在竖向荷载作用下，三铰拱任意截面的弯矩为

$$M = M^0 - F_H \cdot y$$

该式说明，三铰拱的弯矩是由相应简支梁的弯矩 M^0 和 $-F_H y$ 叠加而得的。当拱的跨度和荷载已定时，M^0 是不随拱轴线的变化而变化的。而 $-F_H y$ 中 F_H 如前所述只与三个铰的位置有关，而与轴线无关，但是 y 则与拱的轴线有关。因此，可以在三个铰之间恰当地选择拱的轴线形式，使拱的各个截面都处于无弯矩的状态，即

$$M = M^0 - F_H \cdot y = 0$$

所以得

$$y = \frac{M^0}{F_H} \tag{3-13}$$

由式(3-13)可知，在竖向荷载作用下，三铰拱的合理轴线的纵坐标 y 与相应简支梁的弯矩值成正比。当三铰拱上的竖向荷载已知时，只需求出相应简支梁的弯矩方程，然后除以水平支反力 F_H，便可以得到拱的合理轴线方程。

例 3-18　试求图 3-44(a)所示对称三铰拱承受均匀分布的竖向荷载时的合理轴线。

解：相应简支梁(图 3-44(b))的弯矩方程为

$$M^0 = \frac{q}{2}x(l-x)$$

由式(3-10)可求得拱的推力为

$$F_H = \frac{M_C^0}{f} = \frac{ql^2}{8f}$$

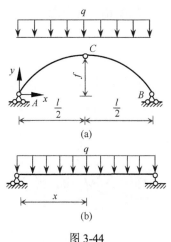

图 3-44

根据式(3-13)，可求得拱的合理轴线为

$$y = \frac{4f}{l^2} x(l - x)$$

由此可知，三铰拱在满跨的竖向均布荷载作用下，合理轴线为抛物线，所以房屋建筑中拱的轴线常用抛物线。在此方程中，拱高 f 是一个未定量，具有不同高跨比的一组抛物线都是拱的合理轴线。

例 3-19 三铰拱承受均匀水压力作用，试证明其合理轴线是圆弧曲线(图 3-45(a))。

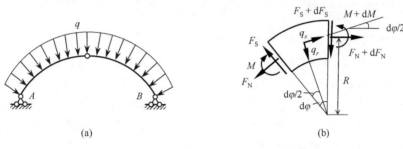

(a)   (b)

图 3-45

证：这里三铰拱承受与拱轴线垂直的均匀水压力作用，所以不能套用式(3-13)求合理拱轴线。先根据平衡条件推导曲杆分布荷载与内力的微分关系，然后给出证明。

从曲杆中取微段为隔离体，如图 3-45(b)所示。设微段杆轴的曲率半径为 R，两端截面的夹角为 $d\varphi$，微段轴线长度为 $ds = Rd\varphi$。用 s 和 r 分别表示杆轴的切线和法线方向。沿 s 和 r 方向的荷载集度分别为 q_s 和 q_r。

由 $\sum F_s = 0$，得

$$\left(F_N + dF_N \right)\cos\frac{d\varphi}{2} - F_N \cos\frac{d\varphi}{2} - (F_S + dF_S)\sin\frac{d\varphi}{2} - F_S \sin\frac{d\varphi}{2} + q_s ds = 0$$

因为 $d\varphi$ 很小，可令 $\cos\dfrac{d\varphi}{2} \approx 1$，$\sin\dfrac{d\varphi}{2} \approx \dfrac{d\varphi}{2}$，并忽略高阶微量，得

$$dF_N - F_S d\varphi + q_s ds = 0$$

除以 ds，并考虑到 $ds = Rd\varphi$，故得

$$\frac{dF_N}{ds} = \frac{F_S}{R} - q_s$$

同理，由 $\sum F_r = 0$，得

$$dF_S + F_N d\varphi + q_r ds = 0$$

即

$$\frac{dF_S}{ds} = -\frac{F_N}{R} - q_r$$

再由 $\sum M = 0$，得

$$dM - F_S ds = 0$$

即

$$\frac{\mathrm{d}M}{\mathrm{d}s} = F_\mathrm{S}$$

综合起来，得

$$\begin{cases} \dfrac{\mathrm{d}F_\mathrm{N}}{\mathrm{d}s} = \dfrac{F_\mathrm{S}}{R} - q_s \\[2mm] \dfrac{\mathrm{d}F_\mathrm{S}}{\mathrm{d}s} = -\dfrac{F_\mathrm{N}}{R} - q_r \\[2mm] \dfrac{\mathrm{d}M}{\mathrm{d}s} = F_\mathrm{S} \end{cases} \tag{3-14}$$

式(3-14)就是曲杆荷载与内力的微分关系，当 $R \to \infty$ 时，曲杆即变为直杆，而曲杆公式 (3-14)即变为直杆的公式。

在本例中，由于拱受均匀水压力 q 作用，故切线荷载 $q_s = 0$，法向荷载 $q_r = q$（常数）。因此，曲杆内力的微分关系式(3-14)可写成：

$$\begin{cases} \dfrac{\mathrm{d}F_\mathrm{N}}{\mathrm{d}s} = \dfrac{F_\mathrm{S}}{R} & \text{(a)} \\[2mm] \dfrac{\mathrm{d}F_\mathrm{S}}{\mathrm{d}s} = -\dfrac{F_\mathrm{N}}{R} - q & \text{(b)} \\[2mm] \dfrac{\mathrm{d}M}{\mathrm{d}s} = F_\mathrm{S} & \text{(c)} \end{cases}$$

设拱处于无弯矩状态，即 $M=0$，将此式代入式(c)，即得

$$F_\mathrm{S} = 0 \tag{d}$$

再将式(d)代入式(a)，即得 $\dfrac{\mathrm{d}F_\mathrm{N}}{\mathrm{d}s} = 0$，因此

$$F_\mathrm{N} = C \text{（常数）} \tag{e}$$

将式(d)代入式(b)，得 $0 = -\dfrac{F_\mathrm{N}}{R} - q$，因此

$$R = -\frac{F_\mathrm{N}}{q} \tag{3-15}$$

由式(e)已知各截面的轴力 F_N 是一个常数，且荷载 q 也是常数，因此各截面的曲率半径 R 也应是一个常数。这就是说，拱的轴线应是圆弧曲线。

由此可以看出，拱在均匀水压力作用下，合理轴线为圆弧，而轴力等于常数。因此，水管、高压隧洞和拱坝常采用圆形截面。

例 3-20　试求出图 3-46 所示对称三铰拱的填土重量下的合理轴线。设填土的密度为 ρ,拱所受的竖向分布荷载为 $q = q_c + \rho g y$。

解：本例的特点是分布荷载集度与拱轴形状有关，是一种依赖于设计的荷载(即设计相关荷载)，所以无法事先求出相应简支梁的弯矩 M^0，不能直接套用公式(3-13)求

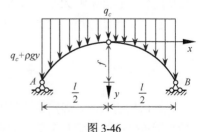

图 3-46

得拱的合理轴线。为此将式(3-13)对 x 微分两次，得

$$\frac{\mathrm{d}^2 y}{\mathrm{d}x^2} = \frac{1}{F_\mathrm{H}} \frac{\mathrm{d}^2 M^0}{\mathrm{d}x^2}$$

当 q 以向下为正时，根据简支梁荷载和内力之间的关系，有

$$\frac{\mathrm{d}^2 M^0}{\mathrm{d}x^2} = -q(x)$$

所以

$$\frac{\mathrm{d}^2 y}{\mathrm{d}x^2} = -\frac{q(x)}{F_\mathrm{H}} \tag{3-16}$$

这就是在竖向荷载作用下拱的合理轴线的微分方程。式中规定 y 向上为正。在图 3-46 中，y 轴是向下的，故式(3-16)右边应该取正号，即

$$\frac{\mathrm{d}^2 y}{\mathrm{d}x^2} = \frac{q(x)}{F_\mathrm{H}} \tag{a}$$

将 $q = q_c + \rho g y$ 代入式(a)，得

$$\frac{\mathrm{d}^2 y}{\mathrm{d}x^2} - \frac{\rho g}{F_\mathrm{H}} y = \frac{q_\mathrm{c}}{F_\mathrm{H}}$$

这是一个二阶常系数线性非齐次微分方程，它的解可用双曲函数表示为

$$y = A \cdot \mathrm{ch}\sqrt{\frac{\rho g}{F_\mathrm{H}}}x + B \cdot \mathrm{sh}\sqrt{\frac{\rho g}{F_\mathrm{H}}}x - \frac{q_\mathrm{c}}{\rho g}$$

常数 A 和 B 可由边界条件求出。

在 $x=0$ 处，$y=0$，得
$$A = \frac{q_\mathrm{c}}{\rho g}$$

在 $x=0$ 处，$\frac{\mathrm{d}y}{\mathrm{d}x}=0$，得
$$B=0$$

因此

$$y = \frac{q_\mathrm{c}}{\rho g}\left(\mathrm{ch}\sqrt{\frac{\rho g}{F_\mathrm{H}}}x - 1\right) \tag{b}$$

式(b)表明：在填土重量作用下，三铰拱的合理轴线是一条悬链线。

由以上算例可知，在不同的荷载作用下，三铰拱有不同的合理轴线。因此根据某一固定荷载所确定的合理轴线并不能保证拱在各种荷载作用下都处于无弯矩状态。在设计中应当尽可能地使拱的受力状态接近无弯矩状态，所以通常是以主要荷载作用下的合理轴线作为拱的轴线。这样，在一般荷载作用下拱仍会产生不大的弯矩。

3.7　静定结构的一般性质

在几何构造方面，静定结构是无多余约束的几何不变体系。在静力平衡方面，仅由静定结构的平衡条件就能确定其全部内力和变形。换句话说，在线弹性范畴内，静定结构满足全部平

衡条件的反力和内力的解答是唯一的。满足平衡条件的内力解答的唯一性，是静定结构的基本静力特性，由此可以推导出静定结构的几个派生性质。

1. 温度变化、支座移动和制造误差等非荷载因素在静定结构中不引起内力

如图 3-47(a)所示，当悬臂梁的上下侧受到不一致的温度变化时，由于可以自由地发生变形(如虚线所示)，所以梁内不会产生内力。图 3-47(b)表示简支梁发生支座下沉时，只会引起杆件的刚体位移(如虚线所示)。因为简支梁上无荷载作用，内力和反力均为零时可以满足所有平衡条件。根据解的唯一性可知，这就是简支梁的真实解。

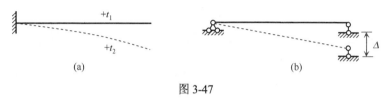

图 3-47

2. 静定结构的局部平衡特性

静定结构在平衡力系作用下，只在其作用的局部最小几何不变体系上产生内力，其他结构构件上不产生内力和变形。

如图 3-48(a)、(b)、(c)所示静定刚架、桁架和三铰拱，各有一组平衡力系作用于静定结构。通过内力分析，可以确定结构只在平衡力系作用的最小几何不变体系上产生内力，而在刚架或者桁架的其他部分，均不产生内力和变形。

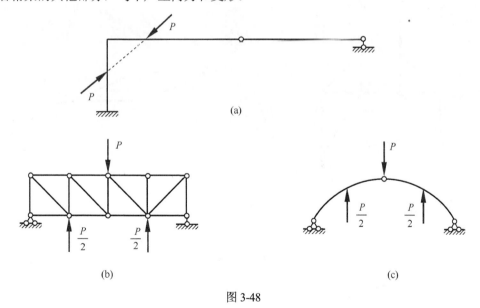

图 3-48

3. 静定结构的荷载等效特性

作用于静定结构某一内部几何不变部分上的荷载作等效变换(荷载分布不同，但合力相等)时，仅有该部分的内力发生变化，其他部分的内力不变。

如图 3-49(a)所示，静定桁架的 AB 杆的中点上作用一个集中荷载 P，并设除 AB 杆外的其余杆件的轴力为 F_{N1}。对荷载进行变换，在 A、B 两端分别作用大小为 P/2 的荷载，如图 3-49(b)所示，其合力与 P 相等，是图 3-49(a)中 P 的等效变换，此时令其余杆件的轴力为 F_{N2}。在桁架上同时作用如图 3-49(c)所示的两组荷载，则其余杆件的轴力为 $F_{N1}- F_{N2}$。两组荷载组成了平衡力系，根据静定结构的局部平衡特性，平衡力系作用之外的结构杆件的内力为零，所以此时其余杆件的轴力为零，也就是 $F_{N1}= F_{N2}$。

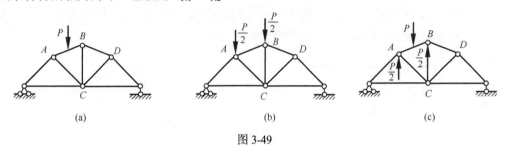

图 3-49

4. 静定结构的构造变换特性

当静定结构的某一内部几何不变部分作构造变换时，其余部分的内力不变。

如图 3-50(a)所示的静定桁架受到荷载 P 的作用，杆 AB 可以用如图 3-50(b)所示小桁架代替。此时，只有杆 AB 的内力有改变，而桁架其余杆件的内力均不变。因为此时其余部分的平衡均能维持，而小桁架在原荷载和约束力构成的平衡力系作用下也能保持平衡，所以上述构造变换后，其余部分的内力状态不变。

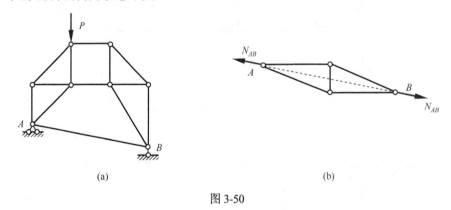

图 3-50

习　　题

3-1　试用分段叠加法作下列静定梁的弯矩图。

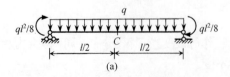

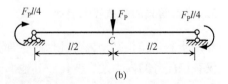

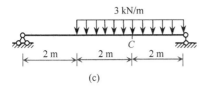

(c)

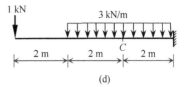

(d)

题 3-1 图

3-2　试作图示三个斜梁的内力图。

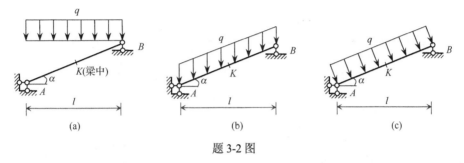

(a)　　　　　　　　　　　　(b)　　　　　　　　　　　　(c)

题 3-2 图

3-3　试作图示单跨梁的弯矩图和剪力图。

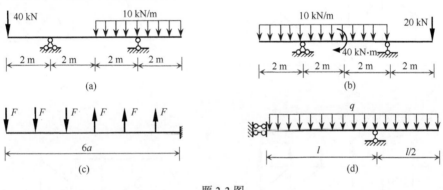

(a)　　　　　　　　　　　　　　　　　　(b)

(c)　　　　　　　　　　　　　　　　　　(d)

题 3-3 图

3-4　试求图示多跨梁的支座反力，并作其内力图。

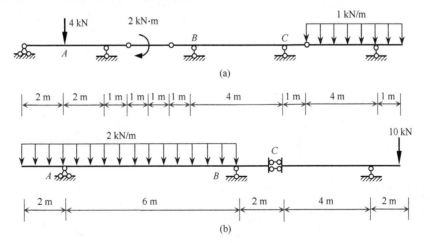

(a)

(b)

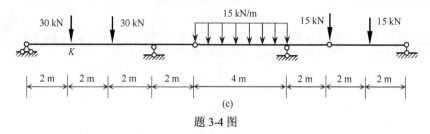

(c)

题 3-4 图

3-5 试选择图示梁中铰的位置 x，使中间一跨的跨中弯矩与支座弯矩绝对值相等。

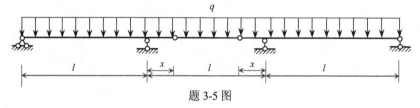

题 3-5 图

3-6 试求出图示桁架中指定杆的内力。

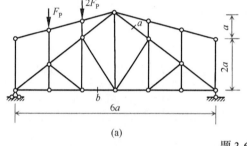

(a)

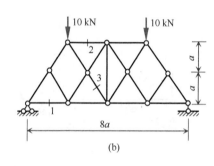

(b)

题 3-6 图

3-7 试求图示桁架各杆的内力。

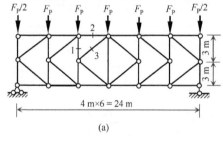

(a)

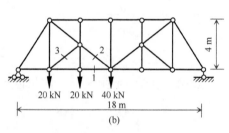

(b)

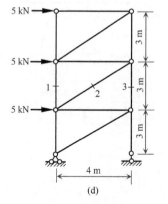

(c)　　　　　　　　　　　　　(d)

题 3-7 图

3-8　试用结点法或者截面法求出图示桁架各杆的内力。

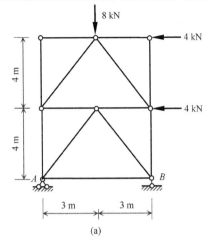

(a)　　　　　　　　　　　　(b)

题 3-8 图

3-9　试快速作下列刚架的弯矩图。

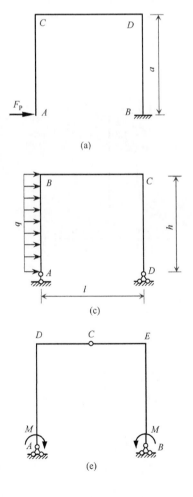

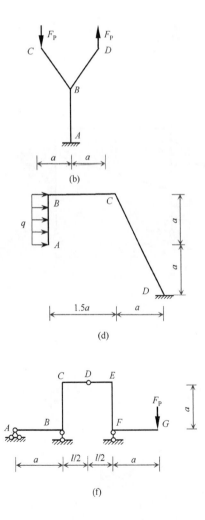

题 3-9 图

3-10 试作下列刚架的弯矩图。

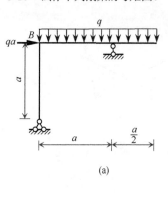

(a)

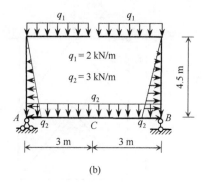

(b)

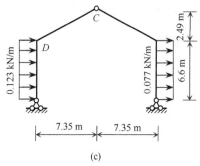

(c)

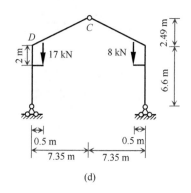

(d)

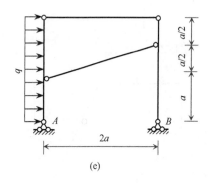

(e)

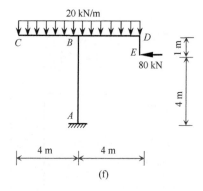

(f)

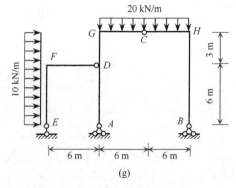

(g)

题 3-10 图

3-11　试作下列组合结构的内力图。

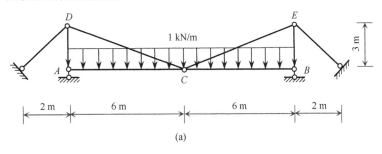

(a)

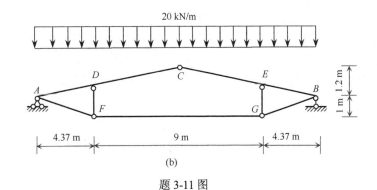

(b)

题 3-11 图

3-12　图示抛物线三铰拱轴线方程为 $y = \dfrac{4f}{l^2}x(l-x)$，$l=16$ m，$f=4$ m。试求：

(a) 支座反力。

(b) 截面 E 的弯矩、剪力、轴力值。

(c) D 点左右两侧截面的剪力和轴力值。

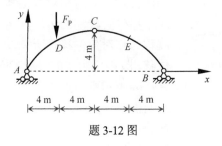

题 3-12 图

3-13　参见习题 3-12 中的三铰拱，试问：

(a) 如果改变拱高 $(f=8$ m$)$，支座反力和弯矩有何变化？

(b) 如果拱高和跨度同时改变，但高跨比保持不变，支座反力和弯矩有何变化？

第 3 章习题答案

第 4 章　虚功原理与结构位移计算

结构分析的两个基本问题是内力分析和位移计算，本章主要讨论静定结构的位移计算问题。首先，讨论杆系结构位移计算的理论基础——变形体虚功原理，它包括变形体虚力原理和虚位移原理两种形式。变形体虚功原理既可用于求位移，也可用于求约束力；既可用于静定结构问题，也可用于超静定结构问题，为能量法解超静定问题奠定了理论基础。基于虚功原理可推导出结构位移计算的单位荷载法，以及静定结构在荷载和温度等因素作用下位移计算的一般公式。然后，引入简便实用的图乘法，用于快速计算结构的位移。最后，简略介绍功的互等定理，以及由此派生的位移互等定理、反力互等定理和位移反力互等定理。

4.1　结构位移计算概述

4.1.1　结构位移的概念

工程结构是由可变形的材料组成的，在荷载或其他外部因素作用下会发生变形，而这种变形会引起结构各处位置的变化，称为结构的**位移**。例如，图 4-1 所示的静定结构，在荷载作用下会发生如虚线所示的变形和位移。结构的位移可以分为线位移和角位移，线位移是指结构上某点沿直线方向相对于原位置移动的距离，结构上两点之间沿两点连线方向相对位置的改变量，称为相对线位移；角位移是指杆件某截面相对于原位置转动的角度，结构上两个截面相对转动的角度称为相对角位移。所有以上这些位移可以统称为**广义位移**。图 4-1 中的 BB' 和 CC' 分别表示 B 点和 C 点的线位移；θ_B 表示刚结点 B 的角位移。而 $\Delta_{\theta C}$ 则表示铰 C 左、右两侧杆件截面之间的相对角位移。因铰 C 以右为附属部分，当荷载作用于基本部分时，附属部分无内力，所以仅发生刚体位移。

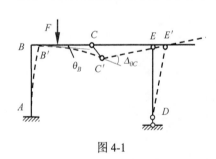

图 4-1

使结构产生位移的外界因素主要包括如下几种。

(1) 荷载作用。结构在荷载作用下发生变形，从而产生位移。

(2) 温度变化。当结构受到温度变化的影响时，由于材料热胀冷缩的特性，会产生位移。

(3) 支座移动。当地基发生沉降时，结构的支座会发生移动或转动，从而使结构产生位移。

(4) 制造误差。结构构件在制造过程中可能出现尺寸和形状误差，从而使结构在组装时产生位移。

除了上述因素，其他如材料收缩等原因也会使结构产生位移。

4.1.2　结构位移计算的目的

1. 校核结构的刚度

工程结构除了应满足设计规范所规定的承载力或强度要求，还应满足结构刚度方面的要求。结构在荷载作用下如果变形过大，即使满足强度要求也不能正常使用。例如，对于受弯杆件和梁式结构(如梁式桁架)，最大挠度与其跨度之比应小于规定的限值。相应于不同的情况，这一限值也是不同的，如屋盖和楼盖梁的挠度限值规定为梁跨度的 1/400~1/200，而吊车梁允许的挠度限值通常规定为跨度的 1/600。

又如，对高层建筑结构，在风荷载或地震作用下，层间位移与层高之比以及结构顶部位移与总高度之比均应小于规定的限值。这种规定保证了高层建筑居住的舒适感，门窗能正常开启，装饰不出现裂缝和破坏，管线的安全性以及电梯的正常运行等使用条件。有时，为了满足设计对结构外形的要求，需要预先计算并考虑结构的位移。例如，对于大跨度的梁和屋架，在制作时常需要预先起拱，这样就可以避免在使用状态下产生明显下挠。

2. 分析超静定结构

对于超静定结构，其内力仅由静力平衡条件无法唯一确定，在求解时还必须同时考虑变形条件，这就需要计算结构的位移。例如，图 4-2(a)所示的梁具有一个多余约束，因此是超静定的。对其隔离体仅用 $\sum F_x = 0$、$\sum F_y = 0$、$\sum M = 0$ 三个平衡方程，无法完全确定图示的四个支座反力。在掌握了结构的位移计算之后，就可以采用图 4-2(b)所示的静定梁作为计算模型，根据梁在外载荷 q 和支座反力 F_{yB} 共同作用下，B 端竖向位移应等于零的变形协调条件，就可以确定 F_{yB} 的数值，进而求得梁的内力。

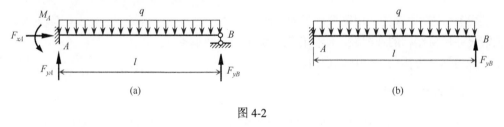

图 4-2

4.2　变形体的虚功原理

虚功原理是力学的普遍原理。根据虚设对象的不同，虚功原理有**虚位移原理**和**虚力原理**两种形式。虚位移原理和虚力原理在结构分析中有多方面的应用。由变形体的虚位移原理可以导出力的平衡条件，由虚力原理可以导出变形的协调条件。引入弹性体的本构关系后，由虚位移原理和虚力原理可以导出一系列能量原理，用于分析弹性结构的各种力学问题。

4.2.1　刚体体系的虚功原理

对于具有理想约束的刚体体系，其虚功原理可表述如下。

设刚体体系上作用有任意的平衡力系，又设体系发生任意符合约束条件的无限小刚体位移，则主动力(外力)在虚位移上所做的虚功总和为零。即

$$W = 0 \qquad (4\text{-}1)$$

这里，有两个彼此无关的状态：一是体系上作用的任意平衡力系，简称平衡力系；二是体系发生的任意符合约束条件的无限小刚体位移，简称可能位移。所谓"虚功"，是指做功的双方(平衡力系和可能位移)彼此独立无关。虚功原理中的平衡力系与可能位移无关，所以既可以把位移看作虚设的，也可把力系看作虚设的，进而有虚位移原理和虚力原理两种形式。

对于理想约束而言，其约束力在可能位移上所做的功恒等于零，光滑铰结与刚性链杆都是理想约束的例子。由于刚体中任意两点之间的距离保持不变，可以将任意两点之间视为由刚性链杆相连。因此，刚体可以看成具有理想约束的质点系，刚体内力在刚体的可能位移上所做的功恒等于零。

4.2.2 变形体虚功原理的应用条件

在刚体体系的虚功原理中，由于内力所做的功恒为零，因此只需考虑外力所做的功。而在变形体体系中，由于变形体中存在应变，因而虚功原理既要考虑外力，也要考虑内力所做的功。换句话说，还要补充考虑应力在变形上所做的内虚功，这是变形体体系虚功原理与刚体体系虚功原理重要的不同之处。

变形体的虚功原理可表述为：设变形体在力系作用下处于平衡状态，又设变形体由于其他因素产生符合约束条件的微小连续变形，则外力在位移上所做的外虚功 W_e 恒等于各个微段的应力合力在变形上所做的内虚功 W_i(也称为变形虚功或虚应变能)。

因此，变形体的虚功原理可表示为

$$W_e = W_i \qquad (4\text{-}2)$$

变形体虚功原理的应用需要满足如下两个条件：力系应当满足平衡条件；位移应当符合支承情况并保持结构的连续性，即位移应当满足变形协调条件。

下面对这两方面的条件加以说明。

1. 力系的平衡条件

以图 4-3(a)所示承受沿杆长分布的轴向荷载(集度为 p)和法向荷载(集度为 q)的梁 AB 为例。设 A 端外力为 M_A、F_{NA}、F_{SA}，B 端外力为 M_B、F_{NB}、F_{SB}。如果杆件处于平衡状态，则图 4-3(b)所示微段隔离体应满足平衡条件，即截面内力 M、F_N、F_S 与分布荷载 p、q 之间应满足下列平衡微分方程：

$$\begin{cases} \mathrm{d}F_N + p\mathrm{d}x = 0 \\ \mathrm{d}F_S + q\mathrm{d}x = 0 \\ \mathrm{d}M - F_S\mathrm{d}x = 0 \end{cases} \qquad (4\text{-}3)$$

2. 变形协调条件

梁 AB 的位移和变形情况如图 4-4(a)所示。任一截面的位移可用三个位移分量来描述，即截面形心的轴向位移 u 和横向位移 w、截面的角位移 θ。梁轴切线的角位移 φ 可由 w 得出

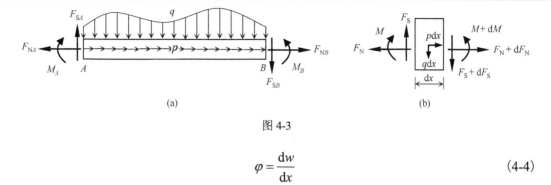

图 4-3

$$\varphi = \frac{\mathrm{d}w}{\mathrm{d}x} \tag{4-4}$$

微段 $\mathrm{d}x$ 的变形可用三个应变分量来描述，即轴线的线应变 ε、截面平均切应变 γ_0 和两端截面的相对转角 $\mathrm{d}\theta$（图 4-4(b)）。

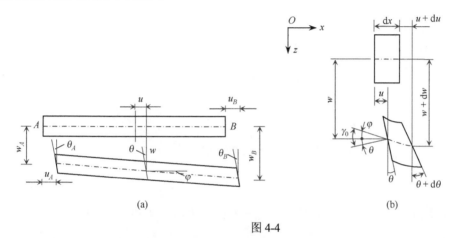

图 4-4

应变分量与位移分量之间满足

$$\varepsilon = \frac{\mathrm{d}u}{\mathrm{d}x} \tag{4-5}$$

$$\gamma_0 = \theta + \varphi = \theta + \frac{\mathrm{d}w}{\mathrm{d}x} \tag{4-6}$$

除此之外，在梁的端部还应满足静力平衡或几何方面的边界条件。以 A 端为例，若为固定端，则截面 A 的 u、w、θ 应与支座 A 给定的位移 u_A、w_A、θ_A 相等；若为铰支端，则截面 A 的 u、w、M 应与 A 端给定的 u_A、w_A、M_A 相等；若为自由端，则截面 A 的 F_N、F_S、M 应与 A 端给定的外力 $F_{\mathrm{N}A}$、$F_{\mathrm{S}A}$、M_A 相等。上述应变-位移关系式和几何边界条件合在一起称为变形协调条件。

4.2.3　变形体虚功方程

为了推导出变形体虚功方程，令图 4-3 中的平衡受力状态在图 4-4 所示的连续变形状态上做虚功，则外力在位移上所做的外虚功为

$$W_\mathrm{e} = (M_B\theta_B + F_{\mathrm{N}B}u_B + F_{\mathrm{S}B}w_B) - (M_A\theta_A + F_{\mathrm{N}A}u_A + F_{\mathrm{S}A}w_A) + \int_A^B (pu + qw)\,\mathrm{d}x \tag{4-7}$$

其中，等号右边的前两项是杆端力做的虚功，第三项是分布荷载做的虚功。

　　微段 dx 两侧面的应力合力在变形上做的内虚功为

$$dW_i = Md\theta + F_N\varepsilon dx + F_S\gamma_0 dx$$

将上式在梁 AB 上积分，从而得到整个变形体的内虚功为

$$W_i = \int_A^B \left(Md\theta + F_N\varepsilon dx + F_S\gamma_0 dx \right) \tag{4-8}$$

　　将式(4-7)和式(4-8)代入式(4-2)，就得到变形体的虚功方程为

$$(M_B\theta_B + F_{NB}u_B + F_{SB}w_B) - (M_A\theta_A + F_{NA}u_A + F_{SA}w_A) + \int_A^B (pu + qw)\,dx$$
$$= \int_A^B \left(Md\theta + F_N\varepsilon dx + F_S\gamma_0 dx \right) \tag{4-9}$$

　　下面对变形体虚功方程式(4-9)进行证明。

　　首先，根据平衡微分方程式(4-3)，可以得

$$\int_A^B \left[(dF_N + pdx)u + (dF_S + qdx)w + (dM - F_S dx)\theta \right] = 0$$

将上式改写为

$$\int_A^B \left(udF_N + wdF_S + \theta dM \right) + \int_A^B \left(pu + qw - F_S\theta \right)dx = 0 \tag{a}$$

　　由于

$$udF_N + wdF_S + \theta dM = d\left(uF_N + wF_S + M\theta \right) - \left(F_N du + F_S dw + Md\theta \right)$$

故式(a)又可改写为

$$(uF_N + wF_S + M\theta)\Big|_A^B - \int_A^B (F_N du + F_S dw + Md\theta) + \int_A^B (pu + qw - F_S\theta)dx = 0 \tag{b}$$

　　由应变-位移关系式(4-5)、式(4-6)，可知

$$du = \varepsilon dx, \quad dw + \theta dx = \gamma_0 dx$$

代入式(b)，得

$$(F_{NB}u_B + F_{SB}w_B + M_B\theta_B) - (F_{NA}u_A + F_{SA}w_A + M_A\theta_A) + \int_A^B (pu + qw)dx$$
$$= \int_A^B (F_N\varepsilon dx + F_S\gamma_0 dx + Md\theta)$$

　　这就是式(4-9)。于是，变形体虚功方程得证。

　　如果梁上除了分布荷载，还有集中荷载 F_P，只需在外虚功 W_e 中加上集中荷载所做的虚功 $\sum F_P\Delta$（Δ 是与 F_P 相应的位移），便可得到推广的变形体虚功力方程。实际上，引入狄拉克 δ 函数，离散的集中荷载可视为连续的分布荷载，进而可求得集中荷载所做的虚功为 $\sum F_P\Delta$。

　　不过，变形体虚功方程式(4-9)中只讨论了单个杆件的情况。对于杆系结构，只需要对结构中的每个杆件分别应用式(4-9)，然后进行叠加，即得

$$\sum (M\theta + F_{\mathrm{N}}u + F_{\mathrm{S}}w)\Big|_A^B + \sum \int_A^B (pu + qw)\,\mathrm{d}s + \sum F_{\mathrm{P}}\varDelta$$
$$= \sum \int_A^B (M\mathrm{d}\theta + F_{\mathrm{N}}\varepsilon\mathrm{d}s + F_{\mathrm{S}}\gamma_0\mathrm{d}s) \tag{4-10}$$

其中，左边三项分别是所有各杆的杆端力、分布荷载和集中荷载所做的虚功总和，右边是所有各杆的内力在变形上所做的虚功总和。

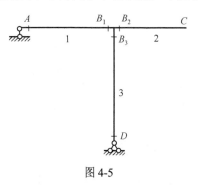

图 4-5

根据受力状态的不同，所有各杆的杆端截面可分为两类：第一类是结构内部结点处的杆端截面(如图 4-5 中杆件 1、2、3 的截面 B_1、B_2 和 B_3)。这类结点由于本身处于平衡状态，即在该结点周围各杆的杆端力组成一个平衡力系，因此它们在结点位移上所做的虚功总和等于零。第二类是结构的边界截面(如图 4-5 中的截面 A、C、D)。这些杆端力的虚功总和就是结构边界外力的虚功，包括边界荷载和支座反力的虚功。其中，支座反力的虚功记为 $\sum F_{RK}c_K$，F_{RK} 表示支座反力，c_K 是与 F_{RK} 相应的支座位移。

通常，可将结构边界荷载所做虚功与各杆集中荷载的虚功统一表示为 $\sum F_{\mathrm{P}}\varDelta$，从而可得杆系结构虚功方程的一般形式：

$$\sum F_{\mathrm{P}}\varDelta + \sum \int (pu + qw)\mathrm{d}s + \sum F_{RK}c_K = \sum \int (M\mathrm{d}\theta + F_{\mathrm{N}}\varepsilon\mathrm{d}s + F_{\mathrm{S}}\gamma_0\mathrm{d}s) \tag{4-11}$$

其中，左边第一项和第二项分别表示集中荷载和分布荷载所做的虚功，也可以合成一项，仍记为 $\sum F_{\mathrm{P}}\varDelta$，则式(4-11)可进一步简化为(令 $\mathrm{d}\theta = \kappa\mathrm{d}s$，$\kappa$ 为轴线曲率)

$$\sum F_{\mathrm{P}}\varDelta + \sum F_{RK}c_K = \sum \int (M\kappa + F_{\mathrm{N}}\varepsilon + F_{\mathrm{S}}\gamma_0)\,\mathrm{d}s \tag{4-12}$$

在理解和应用变形体的虚功原理时，应注意以下基本概念。

(1)虚功原理中涉及的力系平衡状态与位移协调状态之间是相互独立的，不存在因果关系。即位移并非是由原平衡状态的内力或外力引起，而是由其他任意原因引起的可能位移，所以将所做的功称为虚功。

(2)可能位移必须是任意的和无限小的，若将可能位移取为有限小量，则虚功原理不再成立。或者说，此时至多只能视作虚功原理的近似应用。

(3)变形体虚功原理的表述并未涉及变形体结构的类型、材料的性质和变形或位移的大小。虽然在前述证明中为简化起见采用了小变形假设，但实际上虚功原理适用于任何类型的结构，并可适用于材料非线性和几何非线性问题。

4.2.4　虚力原理和虚位移原理

虚功原理中涉及平衡力系与可能位移这两个彼此独立的状态，根据不同的需要，可分别选择力系或位移是虚设的。根据虚设对象的不同，虚功原理可改造成虚力原理和虚位移原理两种形式，且改造后的虚力方程和虚位移方程可分别成为变形协调方程和力系平衡方程的充分必要条件。虚力原理和虚位移原理可用来解决两类问题：虚设力系，求位移，如结构位移计算的单位荷载法；虚设位移，求未知力，如结构支座反力计算的单位支座位移法、以及作移动荷载作用下结构内力影响线的机动法。

1. 虚力原理及其虚力方程

虚设任意的平衡力系，然后考察变形状态是否满足变形协调方程。按照外虚功和内虚功相等的条件，写出虚功方程，如下：

$$\sum \bar{F}_\text{P} \varDelta + \sum \bar{F}_{\text{R}K} c_K = \sum \int \left(\bar{M} \kappa + \bar{F}_\text{N} \varepsilon + \bar{F}_\text{S} \gamma_0 \right) \mathrm{d}s \tag{4-13}$$

其中，$\bar{F}_\text{P}$、$\bar{F}_{\text{R}K}$、$\bar{M}$、$\bar{F}_\text{N}$、$\bar{F}_\text{S}$ 组成任意虚设的平衡力系；$\varDelta$、c_K、κ、ε、γ_0 是待考察的变形状态各物理量。式(4-13)称为变形体虚力方程。

变形体虚力原理可描述为：在虚设力系满足平衡方程并具有任意性的前提下，如果虚力方程(4-13)成立，则待考察的变形状态必满足变形协调方程。反之，在上述前提下，如果已知该变形状态满足变形协调方程，则虚力方程(4-13)必成立。综合起来，在上述前提下，虚力方程(4-13)是变形协调方程的充分必要条件。换句话说，式(4-13)与变形协调方程是等价方程；亦即式(4-13)是借用虚功形式表示的变形协调方程。

2. 虚位移原理及其虚位移方程

虚设任意的协调变形状态，再考察力系是否满足平衡方程。按照外虚功和内虚功相等的条件，写出虚功方程，如下：

$$\sum F_\text{P} \bar{\varDelta} + \sum F_{\text{R}K} \bar{c}_K = \sum \int \left(M \bar{\kappa} + F_\text{N} \bar{\varepsilon} + F_\text{S} \bar{\gamma}_0 \right) \mathrm{d}s \tag{4-14}$$

其中，$\bar{\varDelta}$、$\bar{c}_K$、$\bar{\kappa}$、$\bar{\varepsilon}$、$\bar{\gamma}_0$ 组成任意虚设的协调变形状态；F_P、$F_{\text{R}K}$、M、F_N、F_S 是待考察的力系各物理量。式(4-14)称为变形体虚位移方程。

变形体虚位移原理可描述为：在虚设变形状态满足变形协调方程并具有任意性的前提下，如果虚位移方程(4-14)成立，则待考察的力系必满足平衡方程。反之，在上述前提下，如果已知该力系满足平衡方程，则虚位移方程(4-14)必成立。综合起来，在上述前提下，虚位移方程(4-14)是力系平衡方程的充分必要条件。换句话说，式(4-14)与力系平衡方程是等价方程；即式(4-14)是借用虚功形式表示的力系平衡方程。

在变形体力学中，位移与力是一对对偶量，虚功原理反映了位移和力两者间的对偶互补关系。对偶性、对称性思想在力学、数学和物理学理论方法的发展中都起着重要作用。关于变形体虚力原理和虚位移原理的证明，可参阅相关书籍。

4.3　结构位移计算的单位荷载法

本节将利用平面杆系结构的虚力方程，推导出结构位移计算的一般公式，并建立求结构指定截面位移的单位荷载法。

如图 4-6(a)所示，一个刚架结构在荷载、支座位移和温度变化等作用下发生实际变形如虚线所示。结构上某一点 G 在变形后移动到未知位置 G'。若需求得实际变形状态中 G 点沿

任一指定方向 g-g 的位移，可虚设图 4-6(b)所示的平衡受力状态，即在 G 点沿拟求位移 $\varDelta_G$ 的 g-g 方向施加一个单位荷载 $F_{PG}=1$。记此时结构的内力为 $\bar{M}$、$\bar{F}_N$ 和 $\bar{F}_S$，反力为 $\bar{F}_R$。

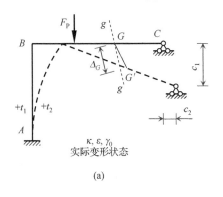
(a)

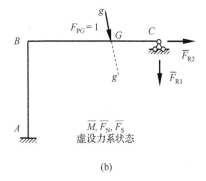
(b)

图 4-6

虚设力系状态的外力在实际变形状态的相应位移上所做的外虚功为

$$W_e = F_{PG}\varDelta_G + \bar{F}_{R1}c_1 + \bar{F}_{R2}c_2 = 1 \times \varDelta_G + \sum \bar{F}_{RK}c_K$$

虚设力系状态的应力合力（内力）在实际变形状态的相应应变上所做的内虚功为

$$W_i = \sum \int \left(\bar{M}\kappa + \bar{F}_N\varepsilon + \bar{F}_S\gamma_0\right) ds$$

根据变形体虚力方程 $W_e = W_i$，可得

$$\varDelta_G = \sum \int \left(\bar{M}\kappa + \bar{F}_N\varepsilon + \bar{F}_S\gamma_0\right) ds - \sum \bar{F}_{RK}c_K \tag{4-15}$$

其中，κ、ε 和 γ_0 依次为实际状态下结构杆件的曲率、轴向应变和平均剪切应变。

式(4-15)便是杆系结构位移计算的一般公式，既适用于静定结构，也适用于超静定结构。因此，只要求得虚设力系状态的内力 $\bar{M}$、$\bar{F}_N$、$\bar{F}_S$ 和反力 $\bar{F}_{RK}$，又已知了实际变形状态的支座位移和杆件的轴向应变、平均剪切应变和曲率，就可以利用式(4-15)计算出位移 $\varDelta_G$。若计算结果为正，表示单位荷载所做虚功为正，因此拟求位移 $\varDelta_G$ 的实际指向与所虚设的单位荷载 $F_{PG}=1$ 的指向相同，为负则相反。

由以上分析可知，利用虚力原理求结构指定截面的位移，关键是虚设恰当的平衡力系状态，其巧妙之处在于在拟求位移处沿拟求位移方向虚设一个单位荷载，这样虚功恰好等于待求位移。这种基于虚功原理计算结构位移的方法称为**单位荷载法**，它是一种能量方法。

为便于虚设单位荷载，引入与广义位移相应的广义力的概念。线位移、角位移、相对线位移、相对角位移以及某一组位移等，可统称为广义位移；而集中力、力偶、一对集中力、一对力偶以及某一力系等，则统称为**广义力**。这样在求任何广义位移时，虚设力系状态所加的荷载就应是与所求广义位移相应的单位广义力。这里的"相应"，也称为"共轭"，是指力 F 与位移 $\varDelta$ 在做功（$W=F\varDelta$）的关系上的对应，如集中力与线位移对应、力偶与角位移对应等；此时，力是位移的共轭力，位移是力的共轭位移，力和位移是一对对偶量。

在实际应用中，除了计算结构的线位移，有时还要计算角位移、相对位移等广义位移。所以，若拟求绝对线位移，则应在拟求位移处沿拟求线位移方向虚设相应的单位集中力；

若拟求绝对角位移，则应在拟求角位移处沿拟求角位移方向虚设相应的单位集中力偶；若拟求相对位移，则应在拟求相对位移处沿拟求位移方向虚设相应的一对反向单位力或力偶（广义力）。

以图 4-7(a)所示的刚架为例，如果要求 E 点的竖向或水平位移分量，虚设力系状态中的单位荷载应分别如图 4-7(b)或(c)所示，即在 E 点施加竖向或水平方向的单位力；若需求 E 截面的角位移，则虚设状态中应在 E 点施加一个单位力偶（图 4-7(d)）。而如果要计算 F、G 两点在其连线方向的相对线位移和 F、G 两截面之间的相对角位移，则虚设状态的单位荷载分别如图 4-8(e)和(f)所示。

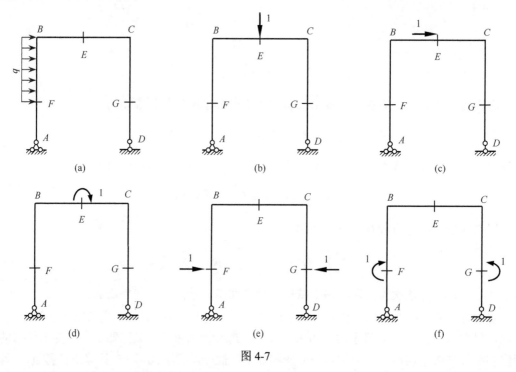

图 4-7

在求桁架结点的线位移时，同样按照上述方法虚设单位荷载。以图 4-8(a)所示桁架为例，若需求 C 结点的竖向位移或 E、F 两结点距离的变化，应分别施加图 4-8(b)或(c)所示的单位力。在求桁架 CF 杆的角位移时，由于杆件只承受轴力，应在该杆件的两端施加一对作用线与杆件垂直、大小等于杆长倒数而指向相反方向的集中力，以构成虚设单位力偶，如图 4-8(d)所示。而图 4-8(e)所示的虚设单位广义力，可用于计算桁架 CF 杆与 CG 杆之间的相对角位移。

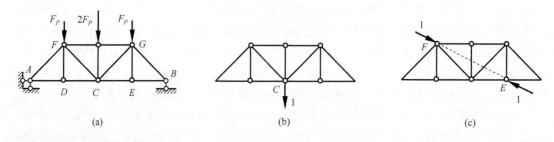

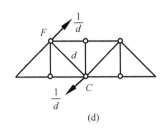
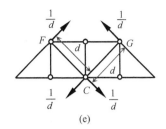

(d)　　　　　　　　　　　　　　(e)

图 4-8

4.4　荷载作用下的位移计算

本节讨论荷载作用下线弹性平面杆系结构指定截面的位移计算问题，然后以静定结构为例着重介绍解析积分方法。

4.4.1　荷载引起的位移的计算公式

当仅有荷载作用时，结构位移计算的一般公式 (4-15) 便简化为

$$\Delta = \sum \int \left(\bar{M}\kappa + \bar{F}_N \varepsilon + \bar{F}_S \gamma_0 \right) \mathrm{d}s \tag{4-16}$$

其中，$\bar{M}$、$\bar{F}_N$ 和 $\bar{F}_S$ 为虚设力系状态中由单位荷载引起的结构内力；κ、ε 和 γ_0 为实际变形状态中由荷载引起的杆件微段的曲率、轴向应变和平均剪切应变，即弯曲、拉伸、剪切应变。

设以 M_P、F_{NP} 和 F_{SP} 表示实际变形状态中弯曲杆件中的弯矩、轴力和剪力。这里，内力是由荷载引起的，故用下标 P 来表示。内力又引起应力，进而产生应变。根据材料力学，可知线弹性杆件截面的应变分量为

$$\kappa = \frac{M_P}{EI}, \quad \varepsilon = \frac{F_{NP}}{EA}, \quad \gamma_0 = k\frac{F_{SP}}{GA} \tag{4-17}$$

其中，E 和 G 分别为材料的弹性模量和剪切模量；I 和 A 分别是杆件截面的惯性矩和面积；EI、EA、GA 分别代表杆件截面的抗弯、抗拉、抗剪刚度；k 是因切应力沿截面分布不均匀而引入的与截面形状有关的系数，称为截面形状系数，其计算公式为

$$k = \frac{A}{I^2} \int_A \frac{S^2}{b^2} \mathrm{d}A \tag{4-18}$$

其中，b 为切应力取值点处的截面宽度；S 为切应力取值点以下 (或以上) 面积对截面中性轴的静矩。表 4-1 中列出了几种常见截面形式的 k 值。

表 4-1　切应变的截面形状系数 k

截面形式	系数 k
矩形	6/5
圆形	10/9
薄壁圆环形	2
工字形或箱形	A/A_1 (A_1 为腹板面积)[*]

*该值为近似值

将式(4-17)代入式(4-16)，即得到平面杆系结构在荷载作用下位移计算的一般公式为

$$\Delta = \sum \int \frac{\bar{M}M_P}{EI} \mathrm{d}s + \sum \int \frac{\bar{F}_N F_{NP}}{EA} \mathrm{d}s + \sum \int \frac{k\bar{F}_S F_{SP}}{GA} \mathrm{d}s \qquad (4\text{-}19)$$

在式(4-19)中包含两类内力：

M_P、F_{NP} 和 F_{SP}——实际荷载引起的弯矩、轴力、剪力；

$\bar{M}$、$\bar{F}_N$ 和 $\bar{F}_S$——虚设单位荷载引起的弯矩、轴力、剪力。

其中内力的正负号可规定如下：

弯矩 M_P，$\bar{M}$——只规定乘积 $\bar{M}M_P$ 的正负号。当 $\bar{M}$ 与 M_P 使杆件同侧受拉时，其乘积取正值；

轴力 F_{NP}，$\bar{F}_N$——以拉力为正；

剪力 F_{SP}，$\bar{F}_S$——使微段顺时针转动者为正。

4.4.2　各类结构的位移公式

式(4-19)是计算平面杆系结构在荷载作用下弹性位移的一般公式，对静定结构和超静定结构都适用。公式右边的第一、二、三项分别表示弯曲、拉伸、剪切变形的影响。实际上，不同的结构形式其受力和变形特点不同，上述三种变形对位移的贡献也不同。通常，对不同结构常忽略对位移贡献较小的项，这样既满足工程精度要求，又能使计算简化。

(1)梁和刚架。在梁和刚架中，位移主要是由杆件的弯曲变形引起的，拉伸和剪切变形的影响一般很小，可以略去。因此位移公式可简化为

$$\Delta = \sum \int \frac{\bar{M}M_P}{EI} \mathrm{d}s \qquad (4\text{-}20)$$

(2)桁架。在桁架中，各杆只受轴力，且每根杆的截面面积 A、轴力 F_{NP} 和 $\bar{F}_N$ 沿杆长一般都是常数，因此位移公式可简化为

$$\Delta = \sum \int \frac{\bar{F}_N F_{NP}}{EA} \mathrm{d}s = \sum \frac{\bar{F}_N F_{NP} l}{EA} \qquad (4\text{-}21)$$

(3)组合结构。在桁梁组合结构中，梁式杆件应计入弯曲变形的影响，链杆则只考虑拉伸变形的影响，故位移公式可简化为

$$\Delta = \sum \int \frac{\bar{M}M_P}{EI} \mathrm{d}s + \sum \int \frac{\bar{F}_N F_{NP}}{EA} \mathrm{d}s \qquad (4\text{-}22)$$

(4)拱。对于拱，当忽略拱轴曲率的影响时，其位移仍可近似按式(4-19)计算。计算表明，通常只需考虑弯曲变形的影响。但当拱轴线与压力线相近(即两者的距离与杆件的截面高度相当)，或者是计算扁平拱($f/l < 1/5$)中的水平位移时，还应考虑拉伸变形的影响，即

$$\Delta = \sum \int \frac{\bar{M}M_P}{EI} \mathrm{d}s + \sum \int \frac{\bar{F}_N F_{NP}}{EA} \mathrm{d}s \qquad (4\text{-}23)$$

4.4.3　荷载作用下的位移计算举例

例 4-1　试求图 4-9(a)所示悬臂梁 A 端的竖向位移 Δ，并比较弯曲变形与剪切变形对位移的影响。设梁的截面为矩形。

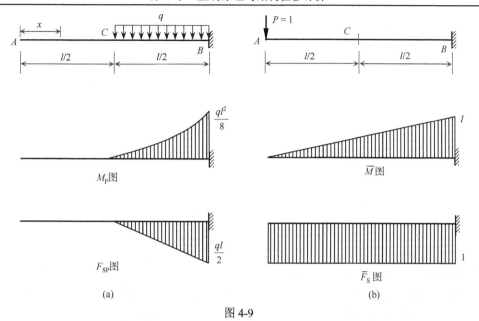

图 4-9

解: 本节算例采用解析积分方法计算结构的位移。先求实际荷载(图 4-9(a))作用下的内力,再求虚设单位荷载(图 4-9(b))作用下的内力,取 A 点为坐标原点,任意截面 x 的内力为

实际荷载   虚设单位荷载

AC 段 $\left(0 \leqslant x \leqslant \dfrac{l}{2}\right)$

$$M_P = 0 \qquad\qquad \bar{M} = -x$$
$$F_{NP} = 0 \qquad\qquad \bar{F}_N = 0$$
$$F_{SP} = 0 \qquad\qquad \bar{F}_S = -1$$

CB 段 $\left(\dfrac{l}{2} \leqslant x \leqslant l\right)$

$$M_P = -\frac{q}{2}\left(x - \frac{l}{2}\right)^2 \qquad\qquad \bar{M} = -x$$
$$F_{NP} = 0 \qquad\qquad\qquad \bar{F}_N = 0$$
$$F_{SP} = -q\left(x - \frac{l}{2}\right) \qquad\qquad \bar{F}_S = -1$$

AC 段,在荷载作用下的内力均为零,故积分也为零。

CB 段,弯曲变形引起的位移为

$$\varDelta_M = \int_{\frac{l}{2}}^{l} \frac{\bar{M} M_P}{EI}\,\mathrm{d}x = \int_{\frac{l}{2}}^{l} -x\left[-\frac{q}{2}\left(x - \frac{l}{2}\right)^2\right]\frac{\mathrm{d}x}{EI} = \frac{q}{2EI}\cdot\frac{7l^4}{192} = \frac{7ql^4}{384EI}(\downarrow)$$

剪切变形引起的位移为(对于矩形截面,$k=1.2$)

$$\varDelta_S = \int_{\frac{l}{2}}^{l} \frac{k\bar{F}_S F_{SP}}{GA}\,\mathrm{d}x = \int_{\frac{l}{2}}^{l} 1.2 \times (-1)\left[-q\left(x - \frac{l}{2}\right)\right]\frac{\mathrm{d}x}{GA} = \frac{3ql^2}{20GA}(\downarrow)$$

由于梁的轴力为零,故总位移为

$$\Delta = \Delta_M + \Delta_S = \frac{7ql^4}{384EI} + \frac{3ql^2}{20GA}$$

现在再比较剪切变形与弯曲变形对位移的影响。两者的比值为

$$\frac{\Delta_S}{\Delta_M} = \frac{\dfrac{3ql^2}{20GA}}{\dfrac{7ql^4}{384EI}} = 8.23 \frac{EI}{GAl^2}$$

设材料的泊松比 $\mu = 1/3$，由材料力学公式 $E/G = 2(1+\mu) = 8/3$，对于矩形截面，$I/A = h^2/12$（h 为截面高度），代入上式，得

$$\frac{\Delta_S}{\Delta_M} = 1.83\left(\frac{h}{l}\right)^2$$

当梁的高跨比 h/l 是 1/10 时，$\Delta_S/\Delta_M = 1.83\%$，剪切变形影响约为弯曲变形影响的百分之二，故对于一般的梁可以忽略剪切变形对位移的影响。但是，当梁的高跨比 h/l 增大为 1/3 时，Δ_S/Δ_M 增大约为 1/5；因此，对于深梁，剪切变形对位移的影响不可忽略。

例 4-2　图 4-10(a)所示为一屋架，屋架的上弦杆和其他压杆采用钢筋混凝土杆，下弦杆和其他拉杆采用钢杆。图 4-10(b)是屋架的计算简图。设屋架承受均布荷载 q 作用，试求顶点 C 的竖向位移。

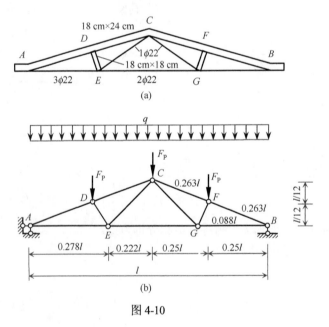

图 4-10

解：(1)求 F_{NP}。

先将均布荷载 q 化为结点荷载 $F_P = ql/4$。

求结点荷载作用下的 F_{NP}。

为了简便计算，结点荷载取为单位值(图 4-11)，图中给出的内力数值乘以 F_P 后，即为轴力 F_{NP}。

(2) 求 $\bar{F}_{\mathrm{N}}$。

在 C 点虚设单位竖向荷载，相应的轴力 $\bar{F}_{\mathrm{N}}$ 如图 4-12 所示。

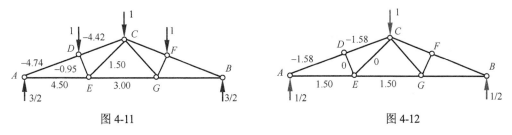

图 4-11　　　　　　　　　　图 4-12

(3) 求 $\varDelta_C$。

根据桁架位移公式 (4-21)，得

$$\varDelta_C = \sum \frac{\bar{F}_{\mathrm{N}} F_{\mathrm{NP}} l}{EA}$$

具体计算过程见表 4-2。由于对称性，计算总和时，在表中只计算了半个桁架，杆 EG 的长度只取 1/2。表 4-2 中，A_{h} 是钢筋混凝土上弦杆的截面面积：$A_{\mathrm{h}} = 18\ \mathrm{cm} \times 24\ \mathrm{cm} = 432\ \mathrm{cm}^2$。$A_{\mathrm{g}}$ 是 $\phi 22$ 钢筋的截面面积：$A_{\mathrm{g}} = 3.8\ \mathrm{cm}^2$。

表 4-2　求位移 $\varDelta_C$ 的列表计算过程

材料	杆件	F_{NP}	l	A	$\bar{F}_{\mathrm{N}}$	$\dfrac{\bar{F}_{\mathrm{N}} F_{\mathrm{NP}} l}{EA}$
钢筋混凝土	AD	$-4.74 F_{\mathrm{P}}$	$0.263l$	A_{h}	-1.58	$1.97 F_{\mathrm{P}} l / (E_{\mathrm{h}} A_{\mathrm{h}})$
	DC	$-4.42 F_{\mathrm{P}}$	$0.263l$	A_{h}	-1.58	$1.84 F_{\mathrm{P}} l / (E_{\mathrm{h}} A_{\mathrm{h}})$
	DE	$-0.95 F_{\mathrm{P}}$	$0.088l$	$0.75 A_{\mathrm{h}}$	0	0
						$\sum = \dfrac{3.81 F_{\mathrm{P}} l}{E_{\mathrm{h}} A_{\mathrm{h}}}$
钢筋	CE	$1.50 F_{\mathrm{P}}$	$0.278l$	A_{g}	0	0
	AE	$4.50 F_{\mathrm{P}}$	$0.278l$	$3 A_{\mathrm{g}}$	1.50	$0.63 F_{\mathrm{P}} l / (E_{\mathrm{g}} A_{\mathrm{g}})$
	EG	$3.00 F_{\mathrm{P}}$	$0.222l$	$2 A_{\mathrm{g}}$	1.50	$0.5 F_{\mathrm{P}} l / (E_{\mathrm{g}} A_{\mathrm{g}})$
						$\sum = \dfrac{1.13 F_{\mathrm{P}} l}{E_{\mathrm{g}} A_{\mathrm{g}}}$

根据表中结果，即得

$$\varDelta_C = 2 F_{\mathrm{P}} l \left(\frac{3.81}{E_{\mathrm{h}} A_{\mathrm{h}}} + \frac{1.13}{E_{\mathrm{g}} A_{\mathrm{g}}} \right) \tag{a}$$

设原始数据给定如下。

跨度　　　　　　　　　　　　$l = 12\ \mathrm{m}$

荷载　　　　　　　$q = 13000\ \mathrm{N/m}, \quad F_{\mathrm{P}} = ql/4 = 39000\ \mathrm{N}$

混凝土的弹性模量　　　　　　$E_{\mathrm{h}} = 3.0 \times 10^4\ \mathrm{MPa}$

钢筋的弹性模量　　　　　　　$E_{\mathrm{g}} = 2.0 \times 10^5\ \mathrm{MPa}$

代入式 (a)，可得

$$\varDelta_C = 1.66\ \mathrm{cm}\ (\downarrow)$$

例 4-3　图 4-13(a)所示为一 1/4 圆弧形等截面曲杆 AB，圆弧半径为 R，截面为矩形。在 B 端作用有竖直向下的集中荷载 P。试求 B 点的竖向位移 Δ。

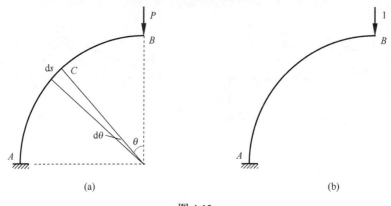

图 4-13

解：求 Δ 时，可在 B 点虚设单位竖向荷载(图 4-13(b))。分别求实际荷载和虚设单位荷载作用下的内力。取 B 点为坐标原点，任一点 C 的圆心角为 θ。

实际荷载	虚设单位荷载
$M_P = -PR\sin\theta$	$\overline{M} = -R\sin\theta$
$F_{NP} = -P\sin\theta$	$\overline{F}_N = -\sin\theta$
$F_{SP} = P\cos\theta$	$\overline{F}_S = \cos\theta$

位移公式为

$$\Delta = \sum \int \frac{\overline{M}M_P}{EI}ds + \sum \int \frac{\overline{F}_N F_{NP}}{EA}ds + \sum \int \frac{k\overline{F}_S F_{SP}}{GA}ds$$

用 Δ_M、Δ_N、Δ_S 分别表示 M、F_N、F_S 所引起的位移，得

$$\Delta = \left(\frac{PR^3}{EI} + \frac{PR}{EA}\right)\int_0^{\frac{\pi}{2}}\sin^2\theta d\theta + \frac{kPR}{GA}\int_0^{\frac{\pi}{2}}\cos^2\theta d\theta$$

$$= \frac{\pi}{4}\frac{PR^3}{EI} + \frac{\pi}{4}\frac{PR}{EA} + \frac{\pi}{4}\frac{kPR}{GA}$$

$$= \Delta_M + \Delta_N + \Delta_S$$

结合例 4-1 讨论如下：在例 4-1 中，弯曲变形对位移 Δ 的影响是主要的。为便于比较，求出 Δ_N/Δ_M 和 Δ_S/Δ_M 这两个比值。

设曲杆为钢筋混凝土结构，则 G≈0.4E；截面为矩形，$I/A = h^2/12$（h 为截面高度），k=1.2，因此

$$\frac{\Delta_N}{\Delta_M} = \frac{1}{12}\left(\frac{h}{R}\right)^2$$

$$\frac{\Delta_S}{\Delta_M} = k\frac{EI}{GAR^2} = \frac{1}{4}\left(\frac{h}{R}\right)^2$$

当 h/R 为 1/10 时，$\Delta_N/\Delta_M=1/1200$，$\Delta_S/\Delta_M=1/400$。可见在给定的条件下，轴向变形和剪切变形引起的位移与弯曲变形引起的位移相比可以忽略不计。

例 4-4　图 4-14(a) 所示简支梁受集中荷载 F_P 作用。求梁两端截面 A、B 的相对转角 Δ。

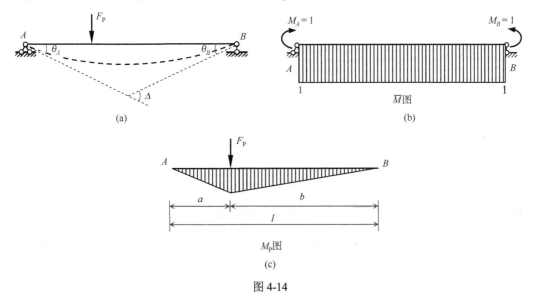

图 4-14

解：由图 4-14(a) 可见，相对转角 $\Delta = \theta_A + \theta_B$。因此，虚设力系时，在截面 A、B 处施加一对反向的单位力偶，$\overline{M}$ 图如图 4-14(b) 所示。

求得实际荷载作用下简支梁的弯矩表达式为

$$M_P = \frac{F_P b}{l} x \quad (0 < x < a)$$

$$M_P = F_P a \left(1 - \frac{x}{l}\right) \quad (a < x < l)$$

弯矩图如图 4-14(c) 所示。

虚设单位荷载作用下，简支梁的弯矩为

$$\overline{M} = 1 \quad (0 < x < l)$$

代入式(4-20)，得到相对转角 Δ 为

$$\Delta = \sum \int \frac{\overline{M} M_P}{EI} ds = \int_0^a \frac{F_P b}{EIl} x dx + \int_a^l \frac{F_P a}{EI}\left(1 - \frac{x}{l}\right) dx = \frac{F_P ab}{2EI} \quad (\circlearrowleft)$$

求得结果为正值，表明相对转角 Δ 的方向与所设的一对单位力偶方向相同。

4.5　图　乘　法

从 4.4 节可知，计算荷载作用下梁和刚架结构的位移时，需要求积分：

$$\int \frac{\overline{M} M_P}{EI} ds \tag{a}$$

　　当结构杆件数量较多而荷载情况又比较复杂时，进行解析积分运算相当烦琐。但是，实际工程结构大多由等截面的直杆组成，此时，可以采用快速方便的图乘法来代替解析积分运算获得准确的积分解，从而简化计算工作。

4.5.1　图乘法及其应用条件

　　如图 4-15 所示，设等截面直杆 AB 上的两个弯矩图中，其中一个弯矩图（$\bar{M}$ 图）为直线，另一个弯矩图（M_P 图）为任意形状。以杆轴为 x 轴，以 $\bar{M}$ 图的延长线与 x 轴的交点 O 作为坐标原点，以 α 表示 $\bar{M}$ 图直线的倾角，则 $\bar{M}$ 图上任一点的竖距（纵坐标）可写为

$$\bar{M} = x\tan\alpha \tag{b}$$

　　将式（b）代入梁和刚架结构位移计算的公式（a）可得

$$\Delta = \int \frac{\bar{M}M_\mathrm{P}}{EI}\mathrm{d}s = \tan\alpha \int_A^B \frac{xM_\mathrm{P}}{EI}\mathrm{d}x \tag{c}$$

其中，$M_\mathrm{P}\mathrm{d}x$ 可看作 M_P 图的微分面积（图 4-15 中阴影部分）；$x \cdot M_\mathrm{P}\mathrm{d}x$ 是该微分面积对 y 轴的面积矩。于是，$\int_A^B xM_\mathrm{P}\mathrm{d}x$ 就是 M_P 图的面积 A 对 y 轴的面积矩。以 x_C 表示 M_P 图的形心 C 到 y 轴的距离，则

$$\int_A^B xM_\mathrm{P}\mathrm{d}x = Ax_C \tag{d}$$

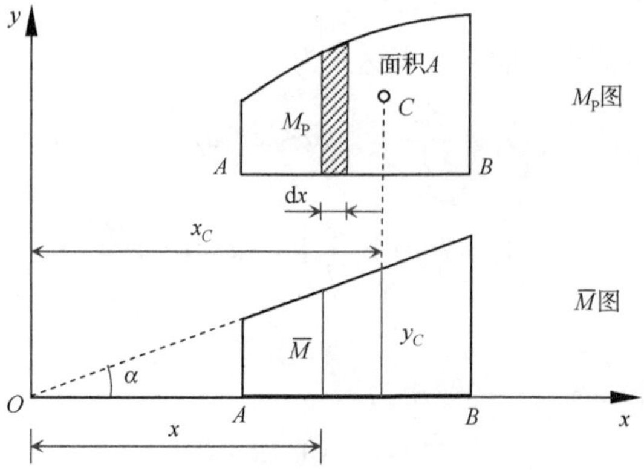

图 4-15

　　如果在 AB 段内该杆截面抗弯刚度 EI 为一常数，将式（d）代入式（c），得

$$\Delta = \frac{1}{EI}\tan\alpha \int_A^B xM_\mathrm{P}\mathrm{d}x = \frac{1}{EI}\tan\alpha \cdot Ax_C = \frac{1}{EI}Ay_C \tag{4-24}$$

其中，y_C 是 M_P 图的形心 C 所对应的 $\bar{M}$ 直线图的竖距；A 是 AB 段内 M_P 图的面积。

　　这种将结构位移的积分运算问题转化为两个弯矩图形的面积和竖距乘积运算问题的方法，称为**图乘法**。式（4-24）是计算单个等截面直杆的位移的图乘法公式。

　　如果结构中所有各杆都可以图乘，则位移计算公式可写为

$$\Delta = \sum \frac{1}{EI}Ay_C \tag{4-25}$$

根据上述推导过程可知，在应用图乘法时应注意以下两点。

(1)应用条件：杆段应是直杆段，而且是等截面均质杆；两个图形中至少应有一个是直线；竖距 y_C 只能取自直线图中。

(2)正负号规则：面积 A 与竖距 y_C 在杆的同侧时，乘积 Ay_C 取正号；异侧取负号。

在图 4-16 中，给出了位移计算中几种常见图形的面积公式和形心位置。

应当注意，在所示的各次抛物线图形中，抛物线顶点处的切线都是与基线(杆轴)平行的，这种图形可称为标准抛物线图形。应用图中有关公式时，应注意标准图形的这个特点。

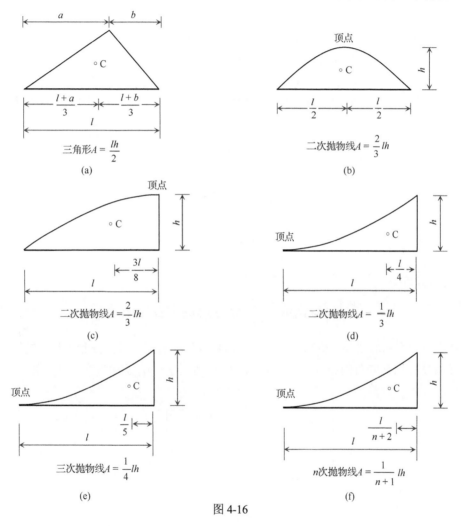

图 4-16

4.5.2　应用图乘法的几个具体问题

(1)如果两个图形都是直线图形，则竖距 y_C 可取自其中任意一个图形。

(2)如果一个图形是由几段直线组成的折线，另一个图形是曲线，则可分段考虑。例如，对于图 4-17 所示的情形，有

$$\frac{1}{EI}\int \bar{M}M_{\mathrm{P}}\mathrm{d}s = \frac{1}{EI}\left(A_1 y_1 + A_2 y_2 + A_3 y_3\right)$$

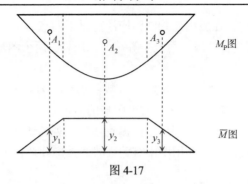

图 4-17

(3) 当图形比较复杂, 其面积或形心位置不易确定时, 可按积分运算的规则将其分解为几个简单图形, 分别与另一图形相乘, 其代数和即为两图相乘的结果。

例如, 考虑图 4-18 中的两个梯形相乘, 可以不求梯形的面积和形心, 而将其中一个梯形 (M_P 图) 分解为两个三角形(或分解为一个矩形和一个三角形), 再应用图乘法。于是有

$$\frac{1}{EI}\int \overline{M}M_\mathrm{P}\mathrm{d}s = \frac{1}{EI}\left(A_1 y_1 + A_2 y_2\right) \tag{e}$$

其中

$$A_1 = \frac{1}{2}al, \quad A_2 = \frac{1}{2}bl$$

$$y_1 = \frac{2}{3}c + \frac{1}{3}d, \quad y_2 = \frac{1}{3}c + \frac{2}{3}d$$

将其代入式(e)可得

$$\frac{1}{EI}\int \overline{M}M_\mathrm{P}\mathrm{d}s = \frac{l}{6EI}(2ac + 2bd + ad + bc) \tag{4-26}$$

式(4-26)就是两个梯形图乘的位移计算公式。括号内各项的正负号应按照在基线同侧竖标相乘取正、异侧竖标相乘取负的原则确定。式(4-26)也适用于一端竖标为零, 即图形为三角形的情况。

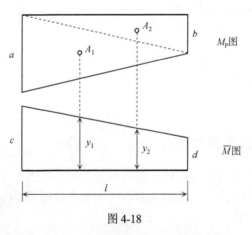

图 4-18

另外, 如果抛物线为非标准图形, 也可将其处理为标准图形。

如图 4-19(a)所示是结构中的一段直杆 AB 在均布荷载 q 作用下的 M_P 图, 这是一个非标准

抛物线图形。在采用图乘法计算时，可以将此 M_P 图分解为由两端弯矩 M_A、M_B 组成的梯形图（图 4-19(b) 中的 M' 图）和相应简支梁在均布荷载 q 作用下标准二次抛物线形的弯矩图（图 4-19(c) 中的 M^0 图）。因此，将上述两个图形分别与 $\bar{M}$ 图相乘，其代数和就是所求的结果。

值得指出，所谓弯矩图的叠加是指其竖距的叠加。所以，尽管叠加后的抛物线图形与原标准抛物线在形状上并不相同，但在同一横坐标 x 处，两者的竖距是相等的，微段 dx 的微小面积（图中阴影部分面积）也相同。因此，两图的面积大小和形心位置都是相同的。理解了这一道理，有利于分解复杂的弯矩图形。

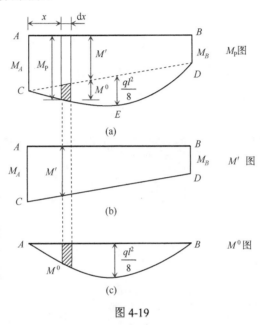

图 4-19

4.5.3　图乘法计算示例

例 4-5　图 4-20(a) 所示为一悬臂梁，在 A 点作用集中荷载 F_P。试求中点 C 的挠度 Δ_C。

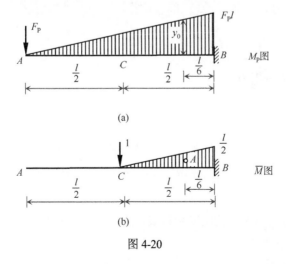

图 4-20

解：为求中点 C 的挠度，在 C 点虚设一个向下的单位荷载。作 M_P 图与 $\bar{M}$ 图分别如

图 4-20(a)、(b)所示。应用图乘法，$\bar{M}$ 图中三角形面积为

$$A = \frac{1}{2} \times \frac{l}{2} \times \frac{l}{2} = \frac{l^2}{8}$$

M_P 图中相应的竖距为

$$y_0 = \frac{5}{6} F_P l$$

求得

$$\Delta_C = \frac{1}{EI} \int \bar{M} M_P \mathrm{d}s = \frac{1}{EI} \times \frac{l^2}{8} \times \frac{5}{6} F_P l = \frac{5 F_P l^3}{48 EI} \ (\downarrow)$$

例 4-6　试求图 4-21(a)所示刚架结点 B 的水平位移 Δ。各杆截面均为 $b \times h$ 的矩形，抗弯刚度均为 EI，计算时可只考虑弯曲变形的影响。

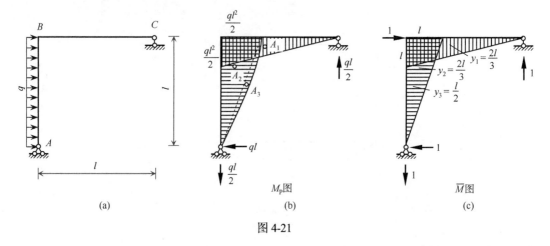

图 4-21

解： 为求 B 点的水平位移，在 B 点虚设一个向右的单位荷载。作 M_P 图和 $\bar{M}$ 图，如图 4-21(b)、(c)所示。

M_P 图的面积可分为 A_1、A_2、A_3 三部分计算。

$$A_1 = \frac{1}{2} \times \frac{q l^2}{2} \times l = \frac{q l^3}{4}, \quad A_2 = \frac{q l^3}{4}, \quad A_3 = \frac{2}{3} \times \frac{q l^2}{8} \times l = \frac{q l^3}{12}$$

$\bar{M}$ 图上相应的竖距分别为

$$y_1 = y_2 = \frac{2l}{3}, \quad y_3 = \frac{l}{2}$$

因此

$$\Delta = \frac{1}{EI} \int \bar{M} M_P \mathrm{d}s = \frac{1}{EI} \times \left(\frac{q l^3}{4} \times \frac{2l}{3} + \frac{q l^3}{4} \times \frac{2l}{3} + \frac{q l^3}{12} \times \frac{l}{2} \right) = \frac{3 q l^4}{8 EI} \ (\rightarrow)$$

例 4-7　图 4-22(a)所示为一变刚度悬臂梁，受均匀分布荷载 q 的作用。试求 B 点的竖向位移 Δ_{yB}。

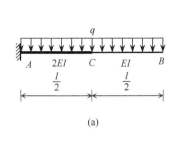

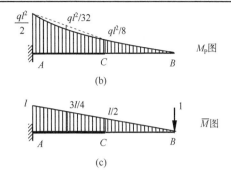

图 4-22

解：为求 B 点的竖向位移，在 B 点虚设一个向下的单位荷载。作 M_P 图与 $\overline{M}$ 图如图 4-22(b)、(c)所示。由于 AC 段和 CB 段的刚度不同，在应用图乘法时，应分段处理。但分段后，左半部分为非标准抛物线，可以视为一个梯形减去一个标准抛物线，如图 4-22(b)所示。

因此

$$
\begin{aligned}
\Delta_{yB} = & \frac{1}{EI} \times \left(\frac{1}{3} \times \frac{ql^2}{8} \times \frac{l}{2} \right) \times \left(\frac{3}{4} \times \frac{l}{2} \right) \\
& + \frac{1}{2EI} \times \frac{l/2}{6} \times \left(2 \times \frac{ql^2}{2} \times l + 2 \times \frac{ql^2}{8} \times \frac{l}{2} + \frac{ql^2}{2} \times \frac{l}{2} + \frac{ql^2}{8} \times l \right) \\
& - \frac{1}{2EI} \times \left(\frac{2}{3} \times \frac{ql^2}{32} \times \frac{l}{2} \right) \times \frac{3l}{4} = \frac{17ql^4}{256EI} \quad (\downarrow)
\end{aligned}
$$

这里的计算过程中用到了两个梯形图乘的计算公式(4-26)。此题应用图乘法可有几种图乘方式，而且利用积分法计算 B 的竖向位移也很方便。

例 4-8　试求图 4-23(a)所示刚架 A、B 两点的相对水平位移 Δ_{AB}。

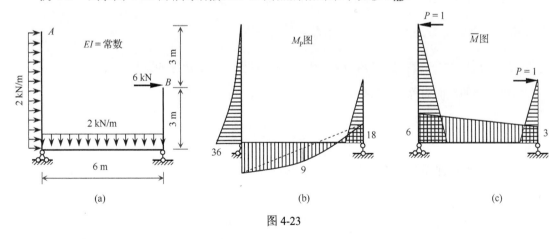

图 4-23

解：为求 A、B 两点的相对水平位移，在 A、B 两点处虚设一对方向相反的水平单位力。作 M_P 图和 $\overline{M}$ 图，如图 4-23(b)、(c)所示。

根据图乘法，可得

$$\Delta_{AB} = \frac{1}{EI}\left[\frac{6}{6}\times\left(-2\times36\times6+2\times18\times3-36\times3+18\times6\right)-\frac{2}{3}\times6\times9\times\frac{3+6}{2}\right]$$

$$+\frac{1}{EI}\left(-\frac{1}{3}\times36\times6\times\frac{3}{4}\times6+\frac{18\times3}{2}\times\frac{2}{3}\times3\right)=\frac{-756}{EI}(\rightarrow\leftarrow)$$

4.6 温度变化时的位移计算

当静定结构的温度发生变化时，材料热胀冷缩会使结构产生变形和位移。但是，静定结构的各杆件能自由变形，因此不会产生内力。本节讨论温度变化时的静定结构位移计算。

如图 4-24(a)所示，设结构杆件的外侧温度上升 t_1，内侧温度上升 t_2。为简化计算，假定温度沿杆截面高度呈线性变化。此时，杆件上微段的变形如图 4-24(b)中虚线所示，截面在变形后仍将保持为平面。可见，由温度变化引起的杆件变形可分解为沿杆件轴线方向的伸缩和截面绕中性轴的转动两部分，此时杆件不存在剪切变形。

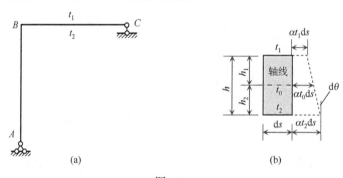

图 4-24

由几何关系可知，杆件中性轴处温度的变化 t_0 为

$$t_0 = \frac{h_1 t_2 + h_2 t_1}{h}$$

其中，h 是杆件截面高度；h_1 和 h_2 分别是杆件中性轴至上、下边缘的距离。

如果杆件的截面对称于中性轴，即 $h_1 = h_2 = \frac{1}{2}h$，则上式变为

$$t_0 = \frac{t_1 + t_2}{2}$$

设材料的线膨胀系数为 α，则微段因温度变化而引起的轴向应变和曲率可分别表达为

$$\varepsilon = \alpha t_0 \tag{a}$$

$$\kappa = \frac{\mathrm{d}\theta}{\mathrm{d}s} = \frac{\alpha(t_2 - t_1)\mathrm{d}s}{h\,\mathrm{d}s} = \frac{\alpha\Delta t}{h} \tag{b}$$

其中，杆件上、下边缘的温度变化之差 $\Delta t = t_2 - t_1$。将式(a)、(b)代入式(4-16)，且平均切应变 $\gamma_0 = 0$，得

$$\Delta = \sum\int \overline{F}_N \alpha t_0 \mathrm{d}s + \sum\int \overline{M}\frac{\alpha\Delta t}{h}\mathrm{d}s \tag{4-27}$$

式(4-27)就是计算静定结构由温度变化引起位移的一般公式,积分号为沿杆件全长积分,总和号为对结构各杆求和。等式右边第一项表示平均温度变化引起的位移,第二项表示杆件上下边缘温度变化之差引起的位移。

如果杆件沿长度温度变化相同且截面高度不变,则式(4-27)可改写为

$$\Delta = \sum \alpha t_0 \int \bar{F}_N \mathrm{d}s + \sum \frac{\alpha \Delta t}{h} \int \bar{M} \mathrm{d}s \tag{4-28}$$

在应用式(4-27)或式(4-28)时,应注意右边各项正负号的确定。轴力 $\bar{F}_N$ 以拉伸为正,t_0 以升高为正。弯矩 $\bar{M}$ 和温差 Δt 引起的弯曲为同一方向时(即 $\bar{M}$ 和 Δt 使杆件的同侧产生拉伸变形时),其乘积取正值,反之取负值。

对于梁和刚架,在计算温度变化所引起的位移时,一般不能忽略轴向变形的影响。

对于桁架,当温度变化时,其位移计算公式为

$$\Delta = \sum \bar{F}_N \alpha t_0 l \tag{4-29}$$

例 4-9　如图 4-25(a)所示刚架,梁下侧和柱右侧温度升高 10 ℃,梁上侧和柱左侧温度无变化,试求 C 点的竖向位移 Δ_C。各杆截面为矩形,截面高度 $h = 60$ cm,$a = 6$ m,$\alpha = 10^{-5}$ ℃$^{-1}$。

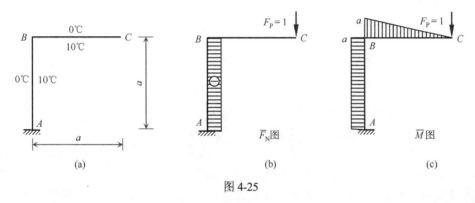

图 4-25

解: 为求 C 点的竖向位移,在 C 点施加单位竖向荷载。作相应的 $\bar{F}_N$ 图和 $\bar{M}$ 图,分别如图 4-25(b)、(c)所示。

杆件轴线处的温度升高值为

$$t_0 = \frac{10\,^\circ\mathrm{C} + 0\,^\circ\mathrm{C}}{2} = 5\,^\circ\mathrm{C}$$

上、下(左、右)边缘的温差为

$$\Delta t = 10\,^\circ\mathrm{C} - 0\,^\circ\mathrm{C} = 10\,^\circ\mathrm{C}$$

代入式(4-28),得

$$\Delta_C = \sum \alpha t_0 \int \bar{F}_N \mathrm{d}s + \sum \frac{\alpha \Delta t}{h} \int \bar{M} \mathrm{d}s$$

$$= 5\alpha \times (-a) - \frac{10\alpha}{h} \times \frac{3}{2} a^2 = -5\alpha a \times \left(1 + \frac{3a}{h}\right)$$

因 Δt 与 $\bar{M}$ 所产生的弯曲方向相反,故上式第二项取负号。将 $\alpha = 10^{-5}$ ℃$^{-1}$,$a = 600$ cm,

$h = 60\ \text{cm}$ 代入，得

$$\Delta_C = -0.93\ \text{cm}\ (\uparrow)$$

4.7　线弹性结构的互等定理

本节讨论线弹性结构的四个普遍定理——**互等定理**。其中最基本的为功的互等定理，其他三个定理都可由此推导出来。这些定理在力法、位移法等章节中需要用到。

互等定理只适用于线性变形结构，其应用条件如下。

(1) 材料处于弹性阶段，应力与应变成正比。

(2) 结构变形很小，不影响力的作用。

4.7.1　功的互等定理

图 4-26(a)、(b)所示为一线弹性结构分别受外力 $F_{\text{P}i}$ 和 $F_{\text{P}j}$ 作用时的两种状态，分别称为状态 i 和状态 j。现考虑这两种力按不同的顺序先后作用于该结构时所做的功。如果先加 $F_{\text{P}i}$ 后加 $F_{\text{P}j}$，结构的变形情况如图 4-26(c)所示。此时，外力所做的总功为

$$W_1 = \frac{1}{2}F_{\text{P}i}\Delta_{ii} + F_{\text{P}i}\Delta_{ij} + \frac{1}{2}F_{\text{P}j}\Delta_{jj}$$

其中，位移 Δ_{ij} 的第一个下标 i 表示位移的地点和方向，即该位移是在 i 点沿 $F_{\text{P}i}$ 方向上的位移；第二个下标 j 表示引起该位移的原因，即该位移是由 $F_{\text{P}j}$ 所引起的。

若先加 $F_{\text{P}j}$ 后加 $F_{\text{P}i}$，则变形状态如图 4-26(d)所示，外力所做的总功为

$$W_2 = \frac{1}{2}F_{\text{P}j}\Delta_{jj} + F_{\text{P}j}\Delta_{ji} + \frac{1}{2}F_{\text{P}i}\Delta_{ii}$$

在上述两种加载过程中，虽然外力作用的先后顺序不同，但最终荷载却是相同的。根据线弹性结构解的唯一性定理，结构的最终变形情况也是相同的。因此，两种加载情况使结构所储存的应变能也应相同。根据能量守恒，上述两种加载情况下外力所做的总功应相等，即外力所做总功与加载顺序无关。故有

$$W_1 = W_2$$

也就是

$$\frac{1}{2}F_{\text{P}i}\Delta_{ii} + F_{\text{P}i}\Delta_{ij} + \frac{1}{2}F_{\text{P}j}\Delta_{jj} = \frac{1}{2}F_{\text{P}j}\Delta_{jj} + F_{\text{P}j}\Delta_{ji} + \frac{1}{2}F_{\text{P}i}\Delta_{ii}$$

由此可得

$$F_{\text{P}i}\Delta_{ij} = F_{\text{P}j}\Delta_{ji} = W \tag{4-30}$$

式(4-30)表明：状态 i 的外力在状态 j 的位移上所做的功，等于状态 j 的外力在状态 i 的位移上所做的功。这就是**功的互等定理**。

需要注意的是，以上的推导过程中运用了叠加原理，即认为结构在 $F_{\text{P}i}$ 和 $F_{\text{P}j}$ 共同作用下的位移等于它们单独作用时所引起的位移之和。这就限定了功的互等定理只适用于线弹性结构。此外，$F_{\text{P}i}$ 和 $F_{\text{P}j}$ 可以是广义力，包括是一组外力的情况，此时位移 Δ_{ij} 和 Δ_{ji} 就是与之相应的广义位移。除了杆系结构，功的互等定理还适用于线弹性连续体，如板壳和实体结构。

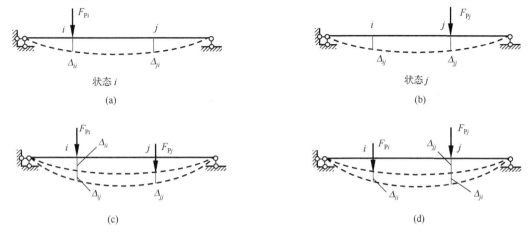

图 4-26

4.7.2　位移互等定理

现在应用功的互等定理来研究一种特殊情况。如果作用在结构上的荷载都是单位力，即 $F_{Pi} = F_{Pj} = 1$，如图 4-27 所示。用 δ 表示由单位力所引起的位移，则由功的互等定理即式 (4-30) 可得

$$1 \cdot \delta_{ij} = 1 \cdot \delta_{ji}$$

即

$$\delta_{ij} = \delta_{ji} \tag{4-31}$$

这就是**位移互等定理**。它表明：由第 j 个单位力引起的与第 i 个单位力相应的位移，等于由第 i 个单位力引起的与第 j 个单位力相应的位移。$\delta_{ij} = \Delta_{ij} / F_{Pj}$ 称为位移影响系数，其量纲就是 $W/(F_{Pi}F_{Pj})$ 的量纲。显然，位移互等定理只是功的互等定理在 $F_{Pi} = F_{Pj} = 1$ 时的一种特殊形式。

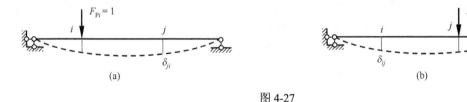

图 4-27

这里的荷载也可以是广义荷载，而位移则是相应的广义位移。例如，在图 4-28 所示的两个状态中，根据位移互等定理，应有 $\theta_A = \delta_C$。实际上，由材料力学可知

$$\theta_A = \frac{Fl^2}{16EI} , \quad \delta_C = \frac{Ml^2}{16EI}$$

现在 $F = 1$，$M = 1$，故有 $\theta_A = \delta_C = \dfrac{l^2}{16EI}$。可见，虽然 θ_A 代表单位力引起的角位移，δ_C 代表单位力偶引起的线位移，含义不同，但此时两者在数值上是相等的，量纲也相同（即 $W/(FM)$

的量纲)。或者说，两个广义位移的量纲可能是不相同的，但它们的影响系数在数值和量纲上仍然保持相同。因此，严格地说，位移互等定理应该称为位移影响系数互等定理。但在习惯上，仍称为位移互等定理。

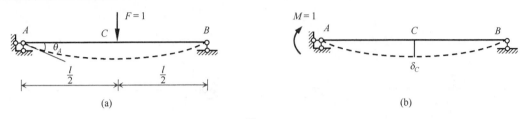

图 4-28

4.7.3　反力互等定理

反力互等定理也是功的互等定理的一种特殊形式。它说明超静定结构的两个支座分别产生单位位移时，引起的反力具有互等关系。

图 4-29 所示为同一线弹性结构的两种变形状态。在图 4-29(a)中，由于支座 i 发生单位位移 $\Delta_i = 1$，而在支座 i 和 j 引起的反力分别为 r_{ii} 和 r_{ji}；在图 4-29(b)中，由于支座 j 发生单位位移 $\Delta_j = 1$，在支座 i、j 分别引起反力 r_{ij} 和 r_{jj}。这里，反力 r_{ij} 的两个下标中，第一个下标 i 表示反力是与单位位移 Δ_i 相应的，第二个下标 j 表示反力是由单位位移 Δ_j 引起的。

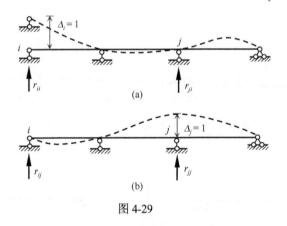

图 4-29

对上述两种状态应用功的互等定理，得

$$r_{ii} \times 0 + r_{ji} \times 1 = r_{ij} \times 1 + r_{jj} \times 0$$

即

$$r_{ij} = r_{ji} \tag{4-32}$$

这就是**反力互等定理**，即由第 j 个单位支座位移引起的与第 i 个单位支座位移相应的反力，等于由第 i 个单位支座位移引起的与第 j 个单位支座位移相应的反力。r_{ij}、r_{ji} 称为反力影响系数，且其数值和量纲(即 $W/(\Delta_i \Delta_j)$ 的量纲)都相同。这一定理对结构中任意两个支座都适用，但应注意反力与位移在做功关系上的对应，即力对应于线位移，力偶对应于角位移。

4.7.4 位移反力互等定理

位移反力互等定理是功的互等定理的又一种特殊情况。例如，图 4-30 所示为同一线弹性结构的两种变形状态。设在截面 i 处作用一单位力 $F_{Pi}=1$ 时，支座 j 处的反力矩为 r'_{ji}，并设其指向如图 4-30(a) 所示。然后，再设在支座 j 处沿 r'_{ji} 的方向发生一单位转角 $\theta_j = 1$ 时，截面 i 处沿 F_{Pi} 作用方向的位移为 δ'_{ij}，如图 4-30(b) 所示。

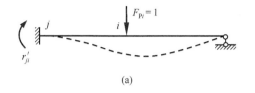
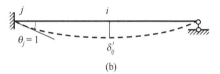

(a)　　　　　　　　　　　　　　　　　(b)

图 4-30

对于上述两种状态应用功的互等定理，可得

$$r'_{ji} \times 1 + 1 \times \delta'_{ij} = 0$$

即

$$\delta'_{ij} = -r'_{ji} \tag{4-33}$$

这就是**位移反力互等定理**，即由第 j 个单位支座位移引起的与第 i 个单位力相应的位移，等于由第 i 个单位力引起的与第 j 个单位支座位移相应的反力，但符号相反。式(4-33)中两个影响系数的数值和量纲均相同。同样，这里的力可以是广义力，位移为对应的广义位移。

习　题

4-1　求图示桁架中 B 点的水平位移，设各杆 EA 相同。

4-2　试求图示桁架结点 C 的竖向位移，设各杆的 EA 相等。

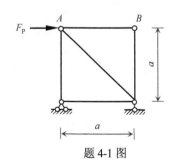
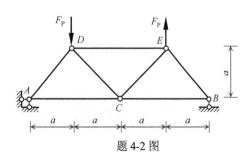

题 4-1 图　　　　　　　　　　　　　题 4-2 图

4-3　求图示桁架 A、B 两点间相对线位移 Δ_{AB}，设各杆的 EA 相等。

4-4　如图所示的平面桁架，已知各杆截面积均为 $A = 0.4 \times 10^{-2}\,\mathrm{m}^2$，弹性模量 $E = 200\,GPa$，试求 B 点和 D 点的竖向位移。

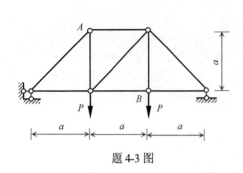

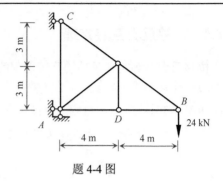

题 4-3 图　　　　　　　　　　　　　题 4-4 图

4-5　试用积分法求图示梁的跨中挠度(忽略剪切变形的影响)。

4-6　试求图示简支梁中点 C 的竖向位移 Δ_C，并将剪力和弯矩对位移的影响加以比较。设截面为矩形，h 为截面高度，$G = \dfrac{3}{8}E, k = 1.2, \dfrac{h}{l} = \dfrac{1}{10}$。

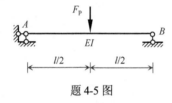

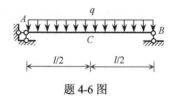

题 4-5 图　　　　　　　　　　　　　题 4-6 图

4-7　试用积分法求图示结构 B 点的竖向位移。EI = 常数。

4-8　试求图示曲梁 B 点的水平位移 Δ_{xB}，已知曲梁轴线为抛物线，方程为

$$y = \frac{4f}{l^2} x(l - x)$$

EI 为常数，承受均布荷载 q。计算时可只考虑弯曲变形。设拱比较平，可取 $\mathrm{d}s = \mathrm{d}x$。

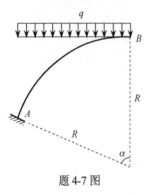

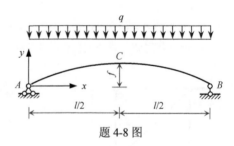

题 4-7 图　　　　　　　　　　　　　题 4-8 图

4-9　试用图乘法求图示梁的最大挠度 $f_{\max}$。

4-10　试求图示梁 C 点的挠度，已知 F_P=9000 N，q=15000 N/m，梁为 18 号工字钢，I =1660 cm^4，h =18 cm，E =2.1×10^5 MPa。

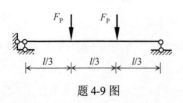

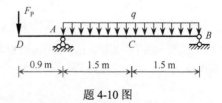

题 4-9 图　　　　　　　　　　　　　题 4-10 图

4-11　试求图示结构 B 点的水平位移。

4-12　试求图示刚架 C 点的竖向位移 Δ_{yC}。$EI=$ 常数。

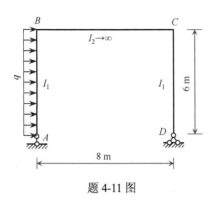

题 4-11 图

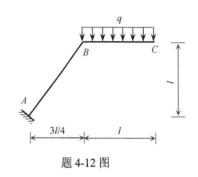

题 4-12 图

4-13　求图示刚架 D 点的竖向位移。$EI=$ 常数。

4-14　试求图示刚架 C 点的竖向位移 Δ_{yC}。$EI=$ 常数。

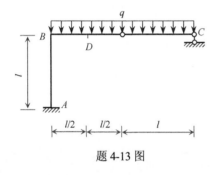

题 4-13 图

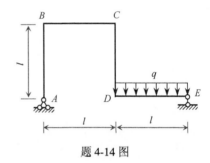

题 4-14 图

4-15　图示桁架 AD、AC 杆温度升高 t℃，材料线膨胀系数为 α，求 C 点的竖向位移。

4-16　设图示刚架内部升温 30℃，各杆截面为矩形，高度 h 相同。试求 C 点的竖向位移。

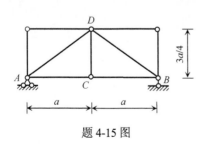

题 4-15 图

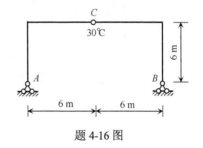

题 4-16 图

4-17　图示刚架杆件截面为矩形，截面厚度为 h，$h/l=1/20$，求 C 点的竖向位移 Δ_{yC}。

4-18　在图示简支梁两端作用一对力偶 M，同时梁上边温度升高 t_1，下边温度下降 t_1。试求端点的转角 θ。如果 $\theta=0$，问力偶 M 应是多少？设梁为矩形截面，截面尺寸为 $b \times h$。

4-19　已知等截面简支梁在图(a)所示跨中集中荷载作用下的挠曲线方程为 $y(x)=\dfrac{F_{\mathrm{P}}x}{48EI}(3l^2-4x^2)$，$0 \leqslant x \leqslant \dfrac{l}{2}$。试利用功的互等定理求在图(b)所示均布荷载作用下的跨中挠度 Δ。

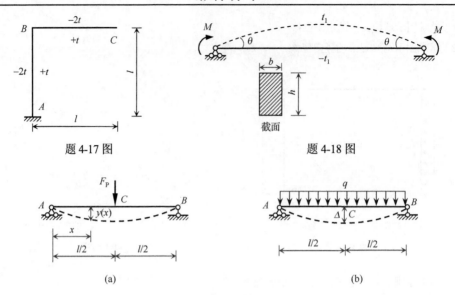

题 4-17 图　　　　　　　　题 4-18 图

题 4-19 图

第 4 章习题答案

第5章 力　　法

与静定结构相比，超静定结构存在多余约束，使得其抵御连续破坏的能力更强，在实际工程中应用更为广泛。超静定结构与静定结构的主要区别在于：静定结构的内力可根据静力平衡条件直接求出，而不必考虑结构的变形协调条件，因此其内力是静定的；超静定结构的内力则不能根据静力平衡条件直接求出，还必须考虑变形协调条件，其内力是超静定的。结构分析的内容包括计算内力和位移，用以校核强度和刚度。求解这些内力和位移所依据的条件包括静力平衡条件、变形协调条件和物理条件。

根据基本未知量选择的不同，超静定结构分析方法可分为力法和位移法两类，前者以多余约束力为基本未知量，后者以独立的结点位移作为基本未知量。**力法**是提出较早、发展完备的超静定结构计算方法，同时也是更为基本的方法。用力法求解超静定结构内力时，基本未知量为多余约束力，先选择基本体系和基本结构，由变形协调条件建立力法方程，再由单位荷载法求出力法方程中的位移影响系数，然后解方程得到多余力。当多余力确定后，超静定结构的其余支座反力和内力可由静力平衡条件求出。对于同一个问题来说，力法基本结构的选取可以有多种方式，但对于不同的基本结构来说，力法基本未知量的数目是相同的。对应于每一个多余约束力，都有一个相应的变形协调条件。因为基本结构的选取有多种方式，所以力法求解很灵活，也富有技巧性。

本章介绍力法的基本原理，以及各种形式的超静定结构在荷载、支座移动和温度变化等作用下的内力计算。同时，注意分析各种结构的受力和变形特点。

5.1　超静定次数的确定

5.1.1　超静定结构的静力平衡特征和几何构造特征

若一个结构的支座反力和各截面的内力都可以用静力平衡条件唯一地确定，就称为静定结构，如图 5-1(a)所示的简支梁。如果仅仅根据静力平衡条件不能求出结构的各截面内力和支座反力，则该结构为**超静定结构**，如图 5-1(b)所示的**连续梁**。

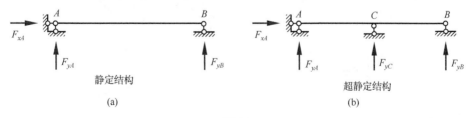

图 5-1

从几何构造看，简支梁和连续梁都是几何不变的。如果从简支梁中去掉支杆 B，则结构变成了几何可变体系；而从连续梁中去掉支杆 C，结构仍是几何不变的。因此，对连续梁来说，支杆 C 是多余约束。由此引出如下结论：静定结构是没有多余约束的几何不变体系，而超静定结构则是有多余约束的几何不变体系。可见，超静定结构区别于静定结构的两个主要特征是：内力是超静定的，约束有多余的。

5.1.2 超静定次数和多余约束力个数的确定

事实上，一个超静定结构有多少个多余约束，相应地便有多少个多余约束力，也就需要建立同样数目的变形协调方程，才能把多余约束力计算出来。因此，用力法计算超静定结构时，首先必须确定多余约束的数目，这一数目就称为结构的**超静定次数**。超静定结构是几何不变体系，由 2.3 节可知，其超静定次数 n 等于负的计算自由度 W，即

$$n = -W \tag{a}$$

超静定结构可以看作在静定结构的基础上增加若干多余约束而构成的。因此，确定超静定次数最直接的方法就是在原结构上去除多余约束，使之变成一个静定的结构，而所去除多余约束的数目，就是原结构的超静定次数。从静力分析看，超静定次数等于根据平衡方程计算未知力时所缺少的方程的个数，也就是多余未知力即多余约束力的个数。

例如，如图 5-2(a)、(b)、(c)、(d)所示的超静定结构，在撤去或切断多余约束后，即变为图 5-3(a)、(b)、(c)、(d)中的静定结构，在图中同时还标明了去掉多余约束后暴露出来的相应的多余约束力 X。这些结构的超静定次数分别为 2、3、6、3。

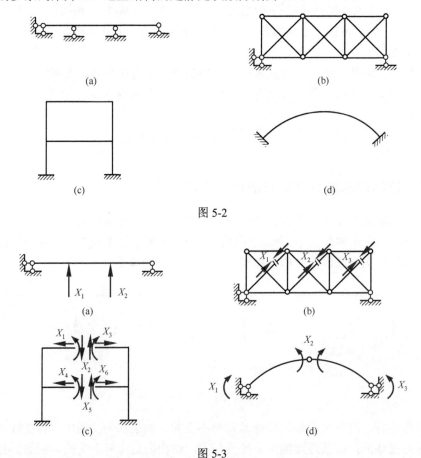

(a)

(b)

(c)

(d)

图 5-2

(a)

(b)

(c)

(d)

图 5-3

对于平面结构，从超静定结构上去除多余约束得到静定结构，应注意以下几点。

(1)撤除一根支杆或切断一根链杆，相当于去除 1 个约束(图 5-3(a)、(b))。

(2)撤除一个铰支座或撤除一个单铰，相当于去除 2 个约束。

(3)撤除一个固定支座或切断一个梁式杆，相当于去除 3 个约束(图 5-3(c))。

(4)将固定支座改为固定铰支座或滑动支座，或是在连续杆中加入一个单铰，或是将固定铰支座或滑动支座改为活动铰支座，均相当于去除 1 个约束(图 5-3(d))。

(5)不要把原结构拆成一个几何可变体系，也就是说，不能拆除必要约束。例如，如果把图 5-2(a)所示梁中的水平支杆拆掉，它就变成了几何可变体系。

(6)要把全部多余约束都拆除。例如，图 5-4(a)中的结构，如果只拆去一根竖向支杆，如图 5-4(b)所示，则其中的闭合框仍然具有 3 个多余约束。必须把闭合框再切开一个截面，如图 5-4(c)所示，这时才成为静定结构。因此，原结构总共有 4 个多余约束，1 个多余约束来自于支座，另外 3 个多余约束来自于结构内部。

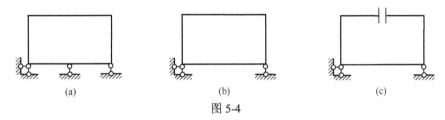

图 5-4

5.2　力法的基本概念

采用力法解超静定结构问题时，是把超静定问题与静定问题联系起来，加以比较，从中找到由静定过渡到超静定的途径。用力法分析超静定结构，是以多余约束力为基本未知量，再根据变形协调条件来求解多余约束力。然后，将多余约束力与原荷载一起作用于基本结构，按照静力平衡条件求解结构的反力和内力。由此可见，用力法计算超静定结构的关键在于建立变形协调方程，并由此解得多余约束力。这种变形协调方程即为力法方程。

5.2.1　力法的基本未知量、基本体系和基本方程

下面结合图 5-5(a)所示的一次超静定结构说明力法中的三个基本概念。

1. 力法的基本未知量

将图 5-5(a)中的超静定结构与图 5-5(b)中的静定结构加以比较，结果如下。

在图 5-5(b)中有 3 个未知反力 F_{xA}、F_{yA} 和 M_A，可由 3 个平衡方程全部求出。

在图 5-5(a)中，在支座 B 处多了 1 个未知约束力 X_1。此时，体系共包含 4 个未知约束反力，由 3 个平衡方程无法全部求出。因此，求解超静定结构遇到的新问题就是计算多余未知力 X_1 的问题。如果能求出 X_1，剩下的就是静定问题了。

将结构中的多余约束去掉，代之以未知力，此未知力即为**力法的基本未知量**。力法正是将多余未知力的计算问题当作超静定结构分析的关键问题，把多余约束力作为处于关键地位的未知力。力法这个名称就是由此而来的。

由于只要 X_1 能求出，其余的未知力都可迎刃而解，因此，在力法中，以计算出基本未知量 X_1 作为首要目标。值得指出，在图 5-5(a) 中，也可以把 F_{yA} 或 M_A 取作基本未知量，但不能把 F_{xA} 取作基本未知量。

2. 力法的基本体系

把图 5-5(a) 中的多余约束支座 B 去掉，代之以多余未知力 X_1，形成如图 5-5(c) 所示的含有多余未知力的静定结构，称为**力法的基本体系**。而把图 5-5(a) 中超静定结构的多余约束(支座 B)和荷载都去掉后得到的静定结构称为**力法的基本结构**(图 5-5(d))。

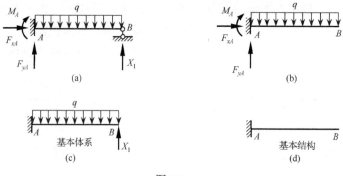

图 5-5

由于基本体系保留了原结构的多余约束反力 X_1，因此基本体系的受力状态与原结构完全相同。由此可见，基本体系既可代表静定结构，又可代表原来的超静定结构，是静定结构过渡到超静定结构之间的桥梁。

3. 力法的基本方程

由于图 5-5(a) 中的基本未知量 X_1 无法仅通过静力平衡条件求出，必须补充新的条件。在图 5-5(c) 所示的静定结构中，原结构 B 点处为活动铰支座，不可能产生竖向位移。因此，基本结构在原荷载和多余约束力的作用下，也必须符合这样的变形协调条件，即在 B 点沿多余约束力 X_1 方向的位移 Δ_1 应该等于零，这时基本体系才能真正等效为原来的超静定结构。

因此，基本体系转化为原来超静定结构的条件是：基本体系沿多余未知力 X_1 方向的位移 Δ_1 应与原结构相同，即

$$\Delta_1 = 0 \qquad\qquad\qquad\text{(a)}$$

这个转化条件是一个变形协调条件，也就是计算多余未知力时所需的补充条件。

针对线性变形体系，并结合叠加原理，可以把变形条件 (a) 写成含有多余未知力 X_1 的展开式，称为**力法的基本方程**。

图 5-6(a) 所示基本体系承受荷载 q 和未知力 X_1 的共同作用。根据叠加原理，图 5-6 中状态 (a) 等于状态 (b) 与 (c) 之和，这里状态 (b) 和 (c) 分别表示基本结构在 q 和 X_1 单独作用下的状态，如图 5-6(b)、(c) 所示。因此，变形协调条件 (a) 可表示如下：

$$\Delta_1 = \Delta_{1P} + \Delta_{11} = 0 \qquad\qquad\qquad\text{(b)}$$

其中，Δ_1 是基本体系在荷载与未知力 X_1 共同作用下沿 X_1 方向的总位移(图 5-6(a) 中 B 点的竖向位移)

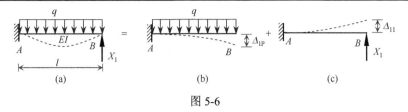

图 5-6

Δ_{1P} 是基本结构在荷载单独作用下沿 X_1 方向的位移（图 5-6(b)）。Δ_{11} 是基本结构在未知力 X_1 单独作用下沿 X_1 方向的位移（图 5-6(c)）。位移 Δ_1、Δ_{1P}、Δ_{11} 的方向如果与未知力 X_1 的正方向相同，则规定为正。

当 $X_1=1$ 单独作用于基本结构时，B 点沿 X_1 方向的位移记为 δ_{11}。则根据叠加原理，当 X_1 作用于基本结构上时，未知力 X_1 引起的位移 Δ_{11} 可写成

$$\Delta_{11}=\delta_{11}X_1 \tag{c}$$

可见系数 δ_{11} 的物理含义为：基本结构在单位力 $X_1=1$ 单独作用下沿 X_1 方向发生的位移（图 5-7(b)）。将式(c)代入式(b)，即得

$$\delta_{11}X_1 + \Delta_{1P}=0 \tag{5-1}$$

这就是在线性变形条件下一次超静定结构的力法基本方程。

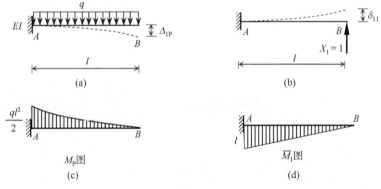

图 5-7

力法基本方程中的系数 δ_{11} 和自由项 Δ_{1P} 都是静定基本结构的位移。为了计算 δ_{11} 和 Δ_{1P}，首先作出基本结构在荷载作用下的弯矩图 M_P（图 5-7(c)）和在单位力 $X_1=1$ 作用下的弯矩图 $\overline{M}_1$，（图 5-7(d)）。然后，应用结构位移计算中单位荷载法的快速积分方法，即图乘法，可得

$$\Delta_{1P}=\int\frac{\overline{M}_1 M_P}{EI}dx=-\frac{1}{EI}\times\left(\frac{1}{3}\times\frac{ql^2}{2}\cdot l\right)\times\frac{3l}{4}=-\frac{ql^4}{8EI}$$

$$\delta_{11}=\int\frac{\overline{M}_1\overline{M}_1}{EI}dx=\frac{1}{EI}\times\left(\frac{l\cdot l}{2}\times\frac{2l}{3}\right)=\frac{l^3}{3EI}$$

代入力法基本方程(5-1)后，可得

$$\frac{l^3}{3EI}X_1-\frac{ql^4}{8EI}=0$$

可以求出

$$X_1 = \frac{3}{8}ql$$

求得的未知力是正号，表示 X_1 的方向与初始假设的方向相同。

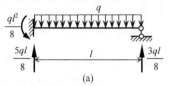

(a)

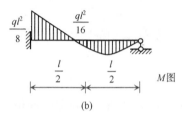

M图

(b)

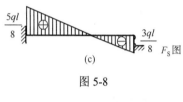

F_S图

(c)

图 5-8

多余未知力求出以后，就可以按照静定结构内力求解方法，利用平衡条件求原结构的支座反力和各控制截面内力、作内力图，计算结果如图 5-8(a)、(b)、(c) 所示。

根据叠加原理，结构任一截面的弯矩 M 也可以用下列公式表示：

$$M = \overline{M}_1 X_1 + M_P \tag{5-2}$$

其中，$\overline{M}_1$ 是单位力 $X_1=1$ 在基本结构中产生的弯矩；M_P 是荷载在基本结构中产生的弯矩。

5.2.2　多次超静定结构的力法分析

这里结合图 5-9(a) 所示的一个两次超静定刚架，说明用力法分析多次超静定结构的要点和主要过程。如果取 B 支座两根支杆的反力 X_1 和 X_2 为基本未知量，则基本体系如图 5-9(b) 所示，相应的基本结构如图 5-9(c) 所示。

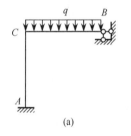

(a)

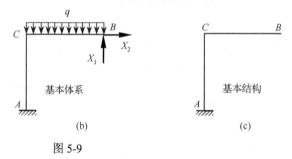

基本体系

(b)

基本结构

(c)

图 5-9

利用多余约束处的变形协调条件求解多余未知力 X_1 和 X_2。变形协调条件为：基本体系在 B 点沿 X_1 和 X_2 方向的位移应与原结构相同，即应等于零。因此有

$$\begin{cases} \Delta_1 = 0 \\ \Delta_2 = 0 \end{cases} \tag{d}$$

其中，Δ_1 是基本体系沿 X_1 方向的位移，即 B 点的竖向位移；Δ_2 是基本体系沿 X_2 方向的位移，即 B 点的水平位移。

利用叠加原理将变形条件式(d)展开。首先，分别计算荷载、未知力 X_1 和未知力 X_2 单独作用下基本结构的位移。

（1）荷载单独作用时，B 点竖直方向和水平方向的位移分别为 Δ_{1P} 和 Δ_{2P}（图 5-10(a)）。

（2）单位力 $X_1=1$ 单独作用时，B 点竖直方向和水平方向的位移分别为 δ_{11} 和 δ_{21}（图 5-10(b)）；未知力 X_1 单独作用时，B 点竖直方向和水平方向的位移分别为 $\delta_{11}X_1$ 和 $\delta_{21}X_1$。

（3）单位力 $X_2=1$ 单独作用时，B 点竖直方向和水平方向的位移分别为 δ_{12} 和 δ_{22}（图 5-10(c)）；未知力 X_2 单独作用时，B 点竖直方向和水平方向的位移分别为 $\delta_{12}X_2$ 和 $\delta_{22}X_2$。

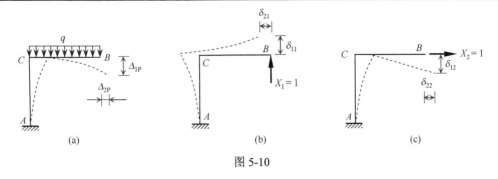

图 5-10

然后，由叠加原理可得：在荷载和未知力共同作用下，B 点沿竖直方向和水平方向的总位移分别为

$$\Delta_1 = \delta_{11}X_1 + \delta_{12}X_2 + \Delta_{1P}$$

$$\Delta_2 = \delta_{21}X_1 + \delta_{22}X_2 + \Delta_{2P}$$

因此，变形条件(d)即为

$$\begin{cases} \delta_{11}X_1 + \delta_{12}X_2 + \Delta_{1P} = 0 \\ \delta_{21}X_1 + \delta_{22}X_2 + \Delta_{2P} = 0 \end{cases} \tag{5-3}$$

式(5-3)为两次超静定结构的力法基本方程。

由基本方程求出多余未知力 X_1、X_2 以后，利用平衡条件按照静定结构内力求解方法可求出原结构的支座反力和内力。此外，也可分别求出荷载、未知力 X_1 和未知力 X_2 分别作用于基本结构时产生的内力，再利用叠加原理求解原结构内力，例如，任一截面的弯矩 M 为

$$M = \overline{M}_1 X_1 + \overline{M}_2 X_2 + M_P$$

其中，M_P 是荷载在基本结构中产生的弯矩；$\overline{M}_1$ 和 $\overline{M}_2$ 分别是单位力 $X_1=1$ 和 $X_2=1$ 在基本结构中产生的弯矩。

同一结构可以按不同方式选取力法的基本体系和基本未知量，但最终结果是一致的。例如，图 5-9(a)所示结构，其基本体系也可采用图 5-11(a)或(b)所示体系。这时，力法基本方程在形式上与式(5-3)相同，但由于不同基本体系中 X_1 和 X_2 的含义不同，因而相应的变形条件的含义也不同。值得注意的是，基本体系应是几何不变的，因此图 5-11(c)所示瞬变体系不能取作基本体系。

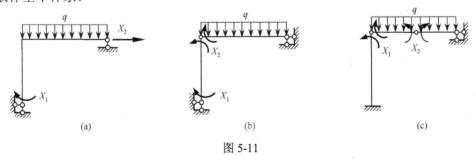

图 5-11

5.2.3　力法典型方程

对于 n 次超静定结构，它有 n 个多余约束，每一个多余约束都对应一个力法的基本未

知量——未知约束力，同时又提供了一个变形条件，相应地就可以建立力法基本体系的 n 个变形协调方程，即力法基本方程，进而可解出 n 个未知约束力。这 n 个方程可写为

$$\begin{cases} \delta_{11}X_1 + \delta_{12}X_2 + \cdots + \delta_{1n}X_n + \Delta_{1P} = \Delta_1 \\ \delta_{21}X_1 + \delta_{22}X_2 + \cdots + \delta_{2n}X_n + \Delta_{2P} = \Delta_2 \\ \qquad\qquad \cdots\cdots \\ \delta_{n1}X_1 + \delta_{n2}X_2 + \cdots + \delta_{nn}X_n + \Delta_{nP} = \Delta_n \end{cases} \tag{5-4a}$$

当原结构在解除多余约束处的真实位移 Δ_i 为零时，有

$$\begin{cases} \delta_{11}X_1 + \delta_{12}X_2 + \cdots + \delta_{1n}X_n + \Delta_{1P} = 0 \\ \delta_{21}X_1 + \delta_{22}X_2 + \cdots + \delta_{2n}X_n + \Delta_{2P} = 0 \\ \qquad\qquad \cdots\cdots \\ \delta_{n1}X_1 + \delta_{n2}X_2 + \cdots + \delta_{nn}X_n + \Delta_{nP} = 0 \end{cases} \tag{5-4b}$$

式(5-4)就是在荷载作用下 n 次超静定结构力法基本方程的一般形式。无论结构是什么形式，基本结构如何选取，其力法方程的形式是不变的，故式(5-4)常称为**力法典型方程**，其实质是一组变形协调方程。

在力法典型方程中，系数 δ_{ij} 是基本结构由单位力 $X_j=1$ 产生的沿 X_i 方向的位移，常称为**柔度系数**，即 4.7 节介绍的位移影响系数。自由项 Δ_{iP} 表示基本结构由荷载产生的沿 X_i 方向的位移。当这些位移与所设基本未知量的方向一致时为正，反之为负。位移符号中的第一个下标表示位移发生的沿相应多余未知力的方向，第二个下标则表示产生该项位移的原因。位于力法方程左上方 δ_{11} 至右下方 δ_{nn} 的一条主对角线上的系数 δ_{ii} 称为主系数，主对角线两侧的其他系数 $\delta_{ij}(i \neq j)$ 则称为副系数。主系数 δ_{ii} 是恒正的，而副系数 $\delta_{ij}(i \neq j)$ 可能为正、为负或为零。根据位移互等定理，有

$$\delta_{ij} = \delta_{ji} \tag{5-5}$$

式(5-4)的力法典型方程也可写成如下的矩阵形式：

$$\boldsymbol{\delta X} + \boldsymbol{\Delta}_\mathrm{P} = \boldsymbol{\Delta} \tag{5-6a}$$

和

$$\boldsymbol{\delta X} + \boldsymbol{\Delta}_\mathrm{P} = \boldsymbol{0} \tag{5-6b}$$

其中，$\boldsymbol{\delta}$ 称为**柔度矩阵**，其矩阵元素由式(5-4)中的全部柔度系数 δ_{ij} 构成，由式(5-5)可知，$\boldsymbol{\delta}$ 是对称矩阵，而且柔度矩阵与非零的力向量构成的二次型代表结构的应变余能，恒为正，所以 $\boldsymbol{\delta}$ 还是正定矩阵；$\boldsymbol{X}$ 为基本未知力向量；$\boldsymbol{\Delta}_\mathrm{P}$ 为荷载引起的位移向量。力法典型方程表示变形协调条件，也称为结构的柔度方程；力法也称**柔度法**。

力法方程是一个线性代数方程组，求解该方程组可以得到全部基本未知量，即求得了全部多余约束力。此时，结构的内力可根据平衡条件求出，也可依据叠加原理用式(5-7)更方便地计算：

$$\begin{cases} M = \bar{M}_1 X_1 + \bar{M}_2 X_2 + \cdots + \bar{M}_n X_n + M_\mathrm{P} \\ F_\mathrm{S} = \bar{F}_{\mathrm{S}1} X_1 + \bar{F}_{\mathrm{S}2} X_2 + \cdots + \bar{F}_{\mathrm{S}n} X_n + F_{\mathrm{SP}} \\ F_\mathrm{N} = \bar{F}_{\mathrm{N}1} X_1 + \bar{F}_{\mathrm{N}2} X_2 + \cdots + \bar{F}_{\mathrm{N}n} X_n + F_{\mathrm{NP}} \end{cases} \tag{5-7}$$

其中，$\overline{M}_i$、$\overline{F}_{Si}$ 和 $\overline{F}_{Ni}$ 是基本结构由于 $X_i=1$ 单独作用而产生的内力；M_P、F_{SP} 和 F_{NP} 是基本结构由于荷载作用而产生的内力。在应用式(5-7)第一式画出原结构的弯矩图后，也可以直接应用平衡条件求出 F_S 和 F_N，并画出 F_S 图和 F_N 图。

5.3 超静定刚架和排架的计算

根据力法基本原理，超静定结构的受力分析可按如下步骤进行。

(1)确定结构的超静定次数，选取合理的基本结构，并将荷载和作为力法基本未知量的多余约束力作用于基本结构。

(2)建立力法方程，求出各柔度系数 δ_{ij} 和自由项 Δ_{iP}。此时，需要分别作出各单位未知力以及荷载单独作用于基本结构时的单位内力图和荷载内力图，再按照静定结构位移计算的方法求出系数和自由项。

(3)求解力法方程，得基本未知量，即多余约束力。

(4)利用叠加原理作出荷载和多余约束力共同作用下基本结构的内力图，这实际上就是原结构的内力图。

基本结构选取不同时，超静定结构的求解步骤和最终结果虽然相同，但计算工作量可能有较大差异。因此，基本结构的合理选取在力法中具有重要意义。合理选取基本结构总的原则是使计算简单。例如，对于梁和刚架结构来说，应该使单位弯矩图和荷载弯矩图的图形比较简单，甚至仅发生于局部，以便于图乘法的运用，或是使方程的某些副系数或自由项等于零。若是对称结构，一般宜取对称的基本结构。对于有弹性支座的情况，去除多余约束时通常可将弹性支座切断，运算较为简单。

对于一般的刚架和排架杆件来说，轴力和剪力对变形的影响比弯矩要小得多。因此，在进行超静定刚架和排架力学分析时，通常可忽略轴向变形和剪切变形的影响。轴力的影响在高层刚架的柱中比较大，剪力的影响当杆件短而粗时比较大，当遇到这种情况时要作特殊处理。

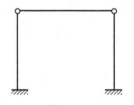

图 5-12

图 5-12 所示为装配式单层单跨厂房的排架计算简图。其中的柱是阶梯形变截面杆件，柱底为固定端，柱顶与横梁(屋架)为铰接。计算时常忽略横梁的轴向变形。

例 5-1 图 5-13(a)所示为一超静定刚架，梁和柱的截面惯性矩分别为 I_1 和 I_2，I_1：$I_2=2$：1。当横梁承受均布荷载 $q=20$ kN/m 作用时，试作刚架的内力图。

解：(1)选取基本体系。

该刚架是一次超静定的。若取 B 点的水平反力为多余未知力。撤去 B 点水平支杆而代以未知力 X_1 后，可得到图 5-13(b)所示的基本体系。

(2)列出力法方程。

原结构在 B 点处无水平位移，据此变形条件可建立力法方程：

$$\delta_{11}X_1 + \Delta_{1P} = 0$$

(3)求系数和自由项。

系数 δ_{11} 和自由项 Δ_{1P} 都是静定基本结构的位移。计算时忽略轴力和剪力，只考虑弯矩对刚架位移的影响。绘制基本结构在荷载作用下的弯矩图，即 M_P 图(称为荷载弯矩图)；在单位力 $X_1 = 1$ 作用下的弯矩图，即 $\overline{M}_1$ 图(称为单位弯矩图)，分别如图 5-13(c)、(d)所示。

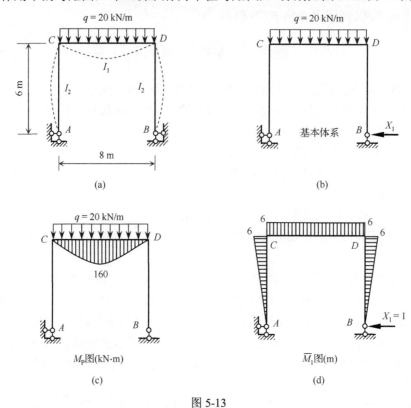

图 5-13

计算位移时采用图乘法得

$$\Delta_{1P} = \sum \int \frac{\overline{M}_1 M_P}{EI} \mathrm{d}x = -\frac{1}{EI_1} \times \left(\frac{2}{3} \times 160\,\mathrm{kN \cdot m} \times 8\,\mathrm{m} \right) \times 6\,\mathrm{m}$$

$$= -\frac{5120\ \mathrm{kN \cdot m^3}}{EI_1}$$

这里由于横梁的 M_P 图与 $\overline{M}_1$ 图不在同一边，两图图乘乘积为负值。

$$\delta_{11} = \sum \int \frac{\overline{M}_1 \overline{M}_1}{EI} \mathrm{d}x = \frac{1}{EI_1} \times \left(6\,\mathrm{m} \times 8\,\mathrm{m} \right) \times 6\,\mathrm{m} + \frac{2}{EI_2} \times \left(\frac{1}{2} \times 6\,\mathrm{m} \times 6\,\mathrm{m} \right) \times \left(\frac{2}{3} \times 6\,\mathrm{m} \right)$$

$$= \frac{288\ \mathrm{m^3}}{EI_1} + \frac{144\ \mathrm{m^3}}{EI_2}$$

因 $I_1 : I_2 = 2 : 1$，故

$$\delta_{11} = \frac{576\ \mathrm{m^3}}{EI_1}$$

(4)求多余未知力。

将 δ_{11} 和 Δ_{1P} 代入力法方程，得

$$\frac{576 \text{ m}^3}{EI_1} X_1 - \frac{5120 \text{ kN} \cdot \text{m}^3}{EI_1} = 0$$

所以

$$X_1 = \frac{80}{9} \text{kN}$$

计算结果为正号，表示基本未知力的实际方向与原设定方向相同；否则相反。由于力法方程的各项都含有 EI_1 项，可以消去。由此可见，计算超静定刚架在荷载作用下的内力时，只需要知道各杆 EI 的相对值，而不需要知道各杆 EI 的绝对值。也可以说，在荷载作用下超静定结构的内力和反力与结构刚度的绝对值无关。当各杆的刚度比值改变时，超静定力将会改变。而只要各杆的刚度相对值保持不变，结构的材料、截面尺寸等对结构内力都没有影响。值得注意，这个结论仅适用于荷载作用的情况，由支座移动或温度变化产生的超静定结构内力则与杆件刚度的绝对值有关。

(5) 作内力图。

多余未知力求出后，可根据平衡条件求出结构内力并绘制内力图，这属于静定结构分析问题。通常作内力图的次序如下：首先，利用已经作好的 $\overline{M}_1$ 图和 M_P 图作最后弯矩图；然后，利用弯矩图作剪力图；最后，利用剪力图作轴力图。现分述如下。

· 作弯矩图

弯矩叠加公式为

$$M = \overline{M}_1 X_1 + M_P$$

将 $X_1 = 80/9$ kN 乘 $\overline{M}_1$ 图后，再与 M_P 图相加，得出 M 图（图 5-14（a））。

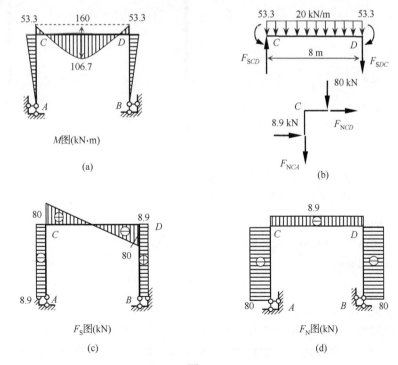

图 5-14

·作剪力图

作杆件的剪力图时,取杆件为隔离体,利用已知的杆端弯矩,由平衡条件求出杆端剪力,然后作剪力图。

以 CD 杆为例,隔离体图如图 5-14(b)所示(由于杆端轴力对截面弯矩没有贡献,所以未将它画出)。求出杆端剪力后,即可在图 5-14(c)中作杆 CD 的 F_S 图。最后的 F_S 图如图 5-14(c)所示。

·作轴力图

作杆件的轴力图时,可取结点为隔离体,利用已知的杆端剪力,由平衡条件求出杆端轴力,然后作轴力图。

以结点 C 为例,隔离体图如图 5-14(b)所示(隔离体上作用的力矩未画出),每个结点有两个投影方程。按照适当的次序截取结点,就可以求出所有杆端轴力。轴力图如图 5-14(d)所示。

该超静定刚架的变形如图 5-13(a)中的虚线所示。从刚架结构弯矩图 5-14(a)可知,两根竖柱截面外侧纤维受拉,所以变形曲线应是外凸的,而横梁两端截面外侧受拉,其变形外凸,横梁中间截面内侧受拉,其变形内凸,可见由刚架弯矩图推论得到的变形模式与实际的变形曲线是一致的。反之,由刚架结构的变形曲线,结合荷载形式也能推定其弯矩图的形状。如同本例一样,定性地分析超静定结构的受力和变形行为对快速判断结构内力图的正确性,以及进行工程结构概念设计都很有裨益。

例 5-2　图 5-15 为两跨厂房排架的计算简图,试求在所示吊车荷载作用下的内力。计算条件如下。

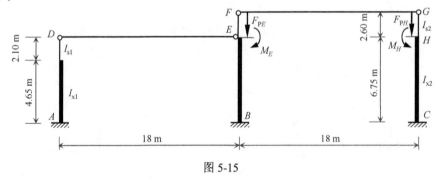

图 5-15

(1)截面惯性矩。

左柱:上段 $I_{s1}=10.1\times10^4\,\mathrm{cm^4}$,下段 $I_{x1}=28.6\times10^4\,\mathrm{cm^4}$。

右柱及中柱:上段 $I_{s2}=16.1\times10^4\,\mathrm{cm^4}$,下段 $I_{x2}=81.8\times10^4\,\mathrm{cm^4}$。

(2)右跨吊车荷载。

竖向荷载为 $F_{PH}=108\,\mathrm{kN}$,$F_{PE}=43.9\,\mathrm{kN}$。由于 F_{PH}、F_{PE} 与下柱轴线有偏心距 $e=0.4\,\mathrm{m}$,因此在 H、E 点的力偶荷载为

$$M_H=F_{PH}\cdot e=43.2\,\mathrm{kN\cdot m},\quad M_E=F_{PE}\cdot e=17.6\,\mathrm{kN\cdot m}$$

解:该排架是二次超静定的。横梁 FG 和 DE 是两端铰接的杆件,在吊车荷载作用下起链杆作用,只受轴力。吊车荷载的作用除 E、H 两截面有力偶 M_E、M_H 外,还有竖向的压力;因为竖向压力只使下柱产生轴力,故在图 5-16(a)计算弯曲内力的基本体系中,未将竖向力 F_{PE}、F_{PH} 标出。

　　取链杆 FG 和 DE 的轴力 X_1 和 X_2 为多余未知力。截断两个链杆的轴向约束,在切口处加上轴力 X_1 和 X_2,可得基本体系如图 5-16(a)所示。值得注意的是:多余未知力 X_1 和 X_2 都是内力,它们在基本体系中是广义力,是由数值相等、方向相反的一对力组成的。而且,切断一根杆件,一般是指在切口处把与结构在此处的对轴力、剪力、弯矩的 3 个约束全部切断。在本算例中是指切断杆件中的轴向约束,即只切断与轴力相应的那一个约束。图 5-16(b)所示为杆 FG 在切口处的情形,只切断了轴向约束,也就只会暴露出一对轴向内力。

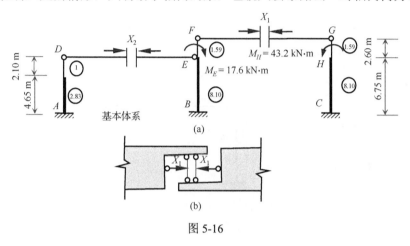

图 5-16

　　力法基本方程为

$$\Delta_1 = \delta_{11}X_1 + \delta_{12}X_2 + \Delta_{1P} = 0$$

$$\Delta_2 = \delta_{21}X_1 + \delta_{22}X_2 + \Delta_{2P} = 0$$

其中,Δ_1 和 Δ_2 分别表示与轴力 X_1 和 X_2 相应的广义位移,即切口处两个截面的轴向相对位移。因此,这里力法基本方程所表示的变形协调条件为:切口处两个截面沿轴向应仍保持接触,即沿轴向的相对位移应为零。

　　绘制基本结构的 M_P、$\overline{M}_1$、$\overline{M}_2$ 图(图 5-17(a)、(b)、(c)),求出自由项和系数如下(图 5-16(a)中圆圈内的数字是各杆 EI 的相对值,由此求得的位移也是相对值而非真实值)。

$$\Delta_{1P} = \sum \int \frac{\overline{M}_1 M_P}{EI} ds = \frac{1}{8.10} \times \frac{2.60 + 9.35}{2} \times 6.75 \times (43.2 + 17.6) = 303$$

$$\Delta_{2P} = \sum \int \frac{\overline{M}_2 M_P}{EI} ds = -\frac{1}{8.10} \times \frac{6.75 \times 6.75}{2} \times 17.6 = -49.5$$

$$\delta_{11} = \sum \int \frac{\overline{M}_1^2}{EI} ds = \frac{1}{1.59} \times \frac{2.6 \times 2.6}{2} \times \frac{2}{3} \times 2.6 \times 2$$

$$+ \frac{1}{8.10} \times \left(2.6 \times 6.75 \times 5.98 + \frac{6.75 \times 6.75}{2} \times 7.10 \right) \times 2 = 73.4$$

$$\delta_{22} = \sum \int \frac{\overline{M}_2^2}{EI} ds = \frac{1}{8.10} \times \frac{6.75 \times 6.75}{2} \times \frac{2}{3} \times 6.75 + \frac{1}{1} \times \frac{2.1 \times 2.1}{2} \times \frac{2}{3} \times 2.1$$

$$+ \frac{1}{2.83} \times \left(2.1 \times 4.65 \times 4.43 + \frac{4.65 \times 4.65}{2} \times 5.20 \right) = 50.9$$

$$\delta_{12} = \delta_{21} = -\frac{1}{8.10} \times \frac{6.75 \times 6.75}{2} \times 7.10 = -20$$

得到力法方程为

$$\begin{cases} 73.4X_1 - 20X_2 + 303 = 0 \\ -20X_1 + 50.9X_2 - 49.5 = 0 \end{cases}$$

解方程，得

$$X_1 = -4.33\,\text{kN}, \quad X_2 = -0.73\,\text{kN}$$

　　求得排架的多余约束力后，可根据叠加公式 $M = \bar{M}_1 X_1 + \bar{M}_2 X_2 + M_\text{P}$ 绘制结构的 M 图（图 5-17(d)）。

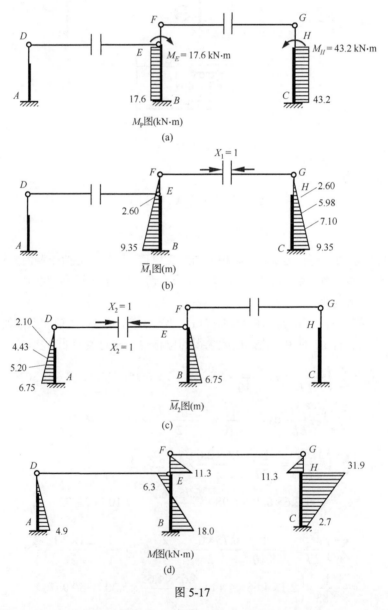

图 5-17

5.4 超静定桁架和组合结构的计算

对于理想桁架,杆件截面只有轴力。在计算桁架的位移时,只需考虑杆件轴向变形的影响。组合结构既有梁式杆也有链杆,采用这种结构形式常可以节约用材。一般地说,组合结构中的梁式杆截面既有弯矩和剪力又有轴力,用力法计算时可忽略梁式杆轴向变形和剪切变形的影响。

例 5-3 试求图 5-18(a)所示超静定桁架的内力。各杆截面面积如表 5-1 所示。

解: 该桁架可以看作体系内部有 1 个多余约束的一次超静定结构。基本结构可以为切断一根斜杆后的剩余结构,基本体系如图 5-18(b)所示。根据切口处杆件的相对位移等于零的变形协调条件,可建立力法方程为

$$\delta_{11} X_1 + \Delta_{1P} = 0$$

分别求出基本结构在单位轴力和荷载单独作用下的各杆轴力 $\overline{F}_{N1}$ 和 F_{NP},如图 5-18(c)、(d)所示。力法方程柔度系数和自由项的计算公式为

$$\delta_{11} = \sum \frac{\overline{F}_{N1}^2 l}{EA}, \quad \Delta_{1P} = \sum \frac{\overline{F}_{N1} F_{NP} l}{EA}$$

据此可列表进行计算,如表 5-1 所示。将系数和自由项代入力法方程后,解得

$$X_1 = -\frac{\Delta_{1P}}{\delta_{11}} = -\frac{-1082 \text{kN/cm} \cdot E}{89.4 \text{cm}^{-1} \cdot E} = 12.1 \text{kN}$$

各杆轴力可用式 $F_N = \overline{F}_{N1} X_1 + F_{NP}$ 计算。

计算结果列在表 5-1 中。

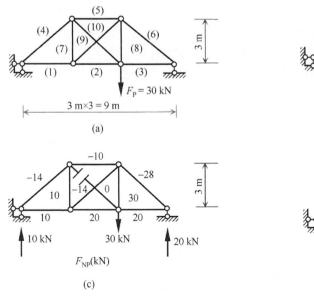

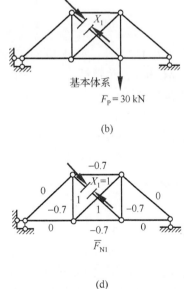

图 5-18

表 5-1　δ_{11}、Δ_{1P} 和轴力 F_N 的计算

杆件	l/cm	A/cm^2	F_{NP}/kN	$\overline{F}_{N1}$	$\left(\dfrac{\overline{F}_{N1}^2 l}{A}\right)$/cm^{-1}	$\left(\dfrac{\overline{F}_{N1}F_{NP}l}{A}\right)$/(kN/cm)	$[F_N = (\overline{F}_{N1}X_1 + F_{NP})]$/kN
1	300	15	10	0	0	0	10.0
2	300	20	20	−0.7	7.4	−210	11.5
3	300	15	20	0	0	0	20.0
4	424	20	−14	0	0	0	−14.0
5	300	25	−10	−0.7	6	84	−18.5
6	424	20	−28	0	0	0	−28.0
7	300	15	10	−0.7	10	−140	1.5
8	300	15	30	−0.7	10	−420	21.5
9	424	15	−14	1	28	−396	−1.9
10	424	15	0	1	28	0	12.1
Σ	—				89.4	−1082	—

例 5-4　试求图 5-19(a)所示一次超静定组合结构在荷载作用下的内力。各杆的刚度给定如下：

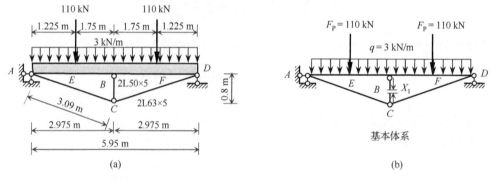

图 5-19

杆 AD 为梁式杆，$EI = 1.40 \times 10^4$ kN·m^2，$EA = 1.99 \times 10^6$ kN；

杆 AC 和 CD 为链杆，$EA = 2.56 \times 10^5$ kN；

杆 BC 为链杆，$EA = 2.02 \times 10^5$ kN。

解：（1）基本体系和力法方程。

该加劲式吊车梁组合结构为一次超静定结构，切断多余链杆 BC，在切口处代以一对大小相等、方向相反的未知轴力 X_1，得到图 5-19(b)所示基本体系。基本体系在切口处两截面的相对位移应为零。由此得到力法方程为

$$\delta_{11}X_1 + \Delta_{1P} = 0$$

（2）系数和自由项。

在基本结构截断处施加单位力 $X_1=1$。各杆轴力可由结点法求得，如图 5-20(a)所示。杆 AD 为梁式杆，有弯矩，$\overline{M}_1$ 如图 5-20(c)所示。

在荷载作用下基本结构各杆没有轴力，只有杆 AD 有弯矩，集中力和均布荷载分别作用下的两个弯矩图如图 5-20(b)、(d)所示。

$$\delta_{11} = \int \frac{\bar{M}_1^2}{EI} ds + \sum \frac{\bar{F}_{N1}^2 l}{EA}$$

$$= \frac{1}{1.4 \times 10^4 \ \text{kN} \cdot \text{m}^2} \times \left[\frac{1.49 \ \text{m} \times 2.975 \ \text{m}}{2} \times \left(\frac{2}{3} \times 1.49 \ \text{m} \right) \right] \times 2 + \frac{1}{1.99 \times 10^6 \ \text{kN}} \times (1.86^2 \times 5.95 \ \text{m})$$

$$+ \frac{1}{2.56 \times 10^5 \ \text{kN}} \times (1.93^2 \times 3.09 \ \text{m}) \times 2 + \frac{1}{2.02 \times 10^5 \ \text{kN}} \times (1^2 \times 0.80 \ \text{m}) = 0.000419 \ \text{m/kN}$$

$$\Delta_{1P} = \int \frac{\bar{M}_1 M_P}{EI} ds = \frac{1}{1.4 \times 10^4 \ \text{kN} \cdot \text{m}^2} \times \left[\left(\frac{2}{3} \times 13.25 \ \text{kN} \cdot \text{m} \times 2.975 \ \text{m} \right) \times \left(\frac{5}{8} \times 1.49 \ \text{m} \right) \times 2 \right.$$

$$\left. + \left(\frac{1}{2} \times 135 \ \text{kN} \cdot \text{m} \times 1.225 \ \text{m} \right) \times \left(\frac{2}{3} \times 0.61 \ \text{m} \right) \times 2 + (135 \ \text{kN} \cdot \text{m} \times 1.75 \ \text{m}) \times \left(\frac{0.61 \text{m} + 1.49 \text{m}}{2} \right) \times 2 \right]$$

$$= 0.0438 \ \text{m}$$

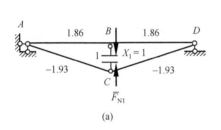

(a)

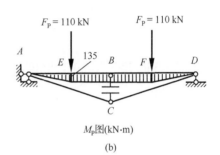

(b)

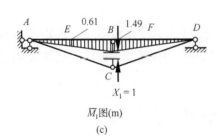

$\bar{M}_1$图(m)

(c)

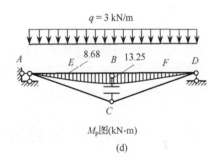

M_P图(kN·m)

(d)

图 5-20

(3) 求多余未知力。

$$X_1 = -\frac{\Delta_{1P}}{\delta_{11}} = -\frac{0.0438 \ \text{m}}{0.000419 \ \text{m/kN}} = -104.5 \ \text{kN (压力)}$$

(4) 求内力。

$$F_N = \bar{F}_{N1} X_1 + F_{NP}$$

$$M = \bar{M}_1 X_1 + M_P$$

各杆轴力及横梁 AD 的弯矩图如图 5-21(a)、(b)所示。

(5) 讨论。

由加劲梁的弯矩图 5-21(b)可以看出，横梁 AD 在中点 B 受到下部桁架的支承反力为

104.5 kN，这时横梁最大弯矩为 79.9 kN·m，如果没有下部桁架的支承，则横梁 *AD* 为一简支梁，其弯矩图如图 5-22(a)所示，其最大弯矩为 148.3 kN·m。由此可见，由于桁架的支承，横梁的最大弯矩减少了 46%。但在工程设计中同时应注意：安装下部加劲杆后梁上出现了负弯矩；集中荷载作用点至 *B* 结点之间的杆段截面上的剪力将明显增大。另外竖杆可能出现因受压失稳破坏问题。这些问题在横梁的截面、构造设计以及竖杆的设计中均应当充分考虑。实际上，结构的合理性还取决于受力性能之外的许多因素。在解决一个方面的问题时，需注意处理好由此引起的其他问题。

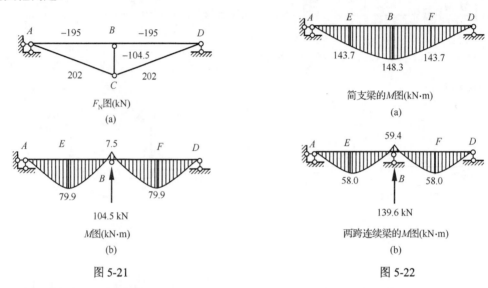

图 5-21　　　　　　　　　　　　　　　　图 5-22

还需指出，这个超静定结构的内力分布与横梁和桁架的相对刚度有关。如果下部链杆的截面很小，则横梁的 *M* 图接近于简支梁的 *M* 图(图 5-22(a))。如果下部链杆的截面很大，则横梁的 *M* 图接近于两跨连续梁的 *M* 图(图 5-22(b))。

5.5　对称结构的计算和半边结构

在实际工程中，许多结构具有对称性。利用对称性常可以简化结构的受力分析。图 5-23(a)为一对称单跨刚架，有一根对称轴。所谓**对称结构**，就是指：

(1)结构的几何形式和支承情况对某几何轴线对称。

(2)杆件截面和材料性质也对此轴对称(因此杆件的截面刚度 *EI* 对此轴对称)。

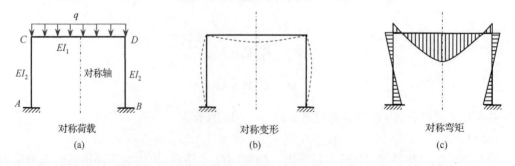

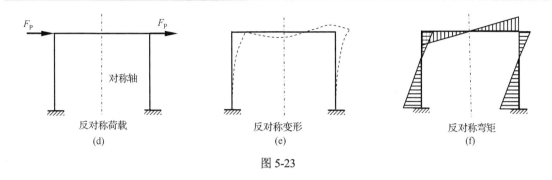

图 5-23

对称结构具有如下基本受力特点：在**对称荷载**作用下，结构的变形和内力都是对称的；在**反对称荷载**作用下，结构的变形和内力则都是反对称的。其中，对称荷载是指绕对称轴对折后，轴线两侧荷载的作用点、大小和方向彼此重合；反对称荷载则是指绕对称轴对折后，轴线两侧荷载的作用点和大小重合，但方向却相反。结构变形和内力的对称或反对称也是按上述原则定义的。图 5-23 为对称刚架分别受对称荷载和反对称荷载作用时的变形和弯矩图形。

作用于对称结构上的任意荷载，都可以分解为一组对称荷载和另一组反对称荷载。例如，图 5-24 所示为一对称刚架，受到集中荷载和三角形分布荷载作用，可将荷载分解为对称荷载和反对称荷载的情况。图 5-24(b)、(c)所示荷载叠加后即得原结构所承受的荷载。根据叠加原理，原结构的变形和内力就等于上述两组荷载分别作用的结果之和。由此可见，只要结构是对称的，对称性的利用就成为可能，求解时应充分利用对称结构在对称荷载和反对称荷载作用下的基本受力特点，简化计算过程。

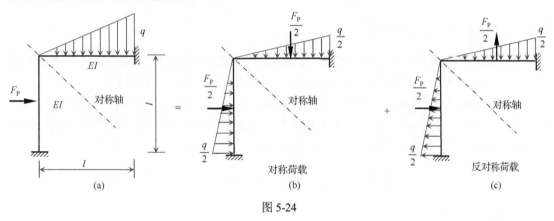

图 5-24

位于对称结构对称轴位置上的荷载、位移和杆件截面内力，其对称或反对称的属性应按如下方法进行判定。结合图 5-25(a)所示的对称刚架进行分析。作用于对称轴位置上的竖向荷载 F_{P1} 明显属于对称荷载，而水平荷载 F_{P2} 和力矩 M 则属于反对称荷载。要理解这一点，不妨将原荷载视为无限靠近对称轴的两个半荷载，然后绕对称轴对折后，根据荷载的方向相同与否即可判定其对称性或反对称性。同理，该刚架对称轴截面上的竖向位移属于对称位移，而水平位移和转角则属于反对称位移。杆件的截面内力属于作用力与反作用力，如图 5-25(b)所示，按内力绕对称轴对折后方向相同与否可以判定，对称轴位置上的轴力属于对称内力，剪力属于反对称内力，横梁跨中截面处的弯矩属于对称内力；而中间竖杆的截面弯矩则属于反对称内力。以上所述可以归结为表 5-2。

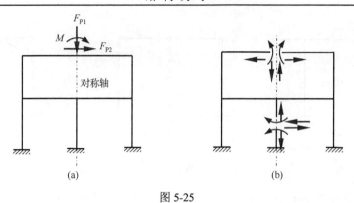

图 5-25

由此可知，在对称荷载作用下，对称轴位置上杆件（包括横杆和竖杆）的剪力和沿对称轴杆件的截面弯矩必定为零；在反对称荷载作用下，对称轴位置上杆件的轴力和垂直对称轴杆件的截面弯矩必定为零。

表 5-2　对称轴位置荷载、位移和内力属性

类别	对称	反对称
荷载	沿对称轴的力	垂直对称轴的力、力矩
位移	沿对称轴的线位移	垂直对称轴的线位移、转角
内力	轴力、横杆截面弯矩	剪力、竖杆截面弯矩

以下来讨论如何利用对称结构的上述特性，简化力法的分析计算。

5.5.1　选取对称的基本体系

力法的基本体系是将原结构的多余约束撤除，代以相应未知力后得到的体系。选取对称的基本体系可以使力法方程中的部分副系数和自由项数值为零，从而简化计算。

图 5-26（a）表示一对称门式刚架，若采用图 5-26（b）所示的对称基本体系，各单位弯矩图分别如图 5-26（c）、（d）、（e）所示。其中由对称未知力 $X_1=1$ 和 $X_2=1$ 引起的 $\bar{M}_1$ 图和 $\bar{M}_2$ 图是对称的；由反对称未知力 $X_3=1$ 引起的 $\bar{M}_3$ 图是反对称的。于是，有

$$\delta_{13}=\delta_{31}=\sum\int\frac{\bar{M}_1\bar{M}_3}{EI}\mathrm{d}s=0 \qquad \delta_{23}=\delta_{32}=\sum\int\frac{\bar{M}_2\bar{M}_3}{EI}\mathrm{d}s=0$$

于是，力法方程可简化为

$$\begin{cases} \delta_{11}X_1+\delta_{12}X_2+\Delta_{1P}=0 \\ \delta_{21}X_1+\delta_{22}X_2+\Delta_{2P}=0 \\ \delta_{33}X_3+\Delta_{3P}=0 \end{cases} \tag{5-8}$$

由此可以看出，对称结构若选取对称的基本体系，则力法方程自然就分解成两组。一组只包含对称未知力；另一组只包含反对称未知力。这是因为对称未知力不会引起反对称的位移；同样，反对称未知力也不会引起对称的位移，这就使得相关的副系数为零。于是，原力法方程组自然就分解为两个非耦联的低阶方程组，使计算得到简化。此时，若荷载对称，则力法方程中的反对称未知力必等于零（由于其对应的自由项为 0）；若荷载反对称，则对称未知力必等于

零。这样，就可进一步简化计算。对于一般荷载作用的情况，可以根据求解的需要分解为对称荷载和反对称荷载分别计算，而后叠加。

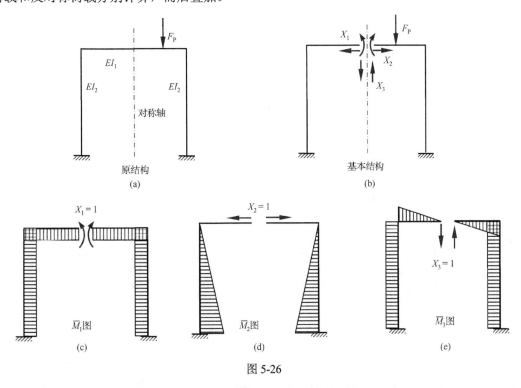

图 5-26

以上对称性利用的基本原理，可以通过选取成对未知力的方法，推广应用到力法基本未知量不位于对称轴上的情况。例如，对于图 5-27(a)所示的对称超静定刚架，若取图 5-27(b)的基本体系，则相应的单位弯矩图将不具有对称或反对称性质。若取图 5-27(c)的基本体系，将支

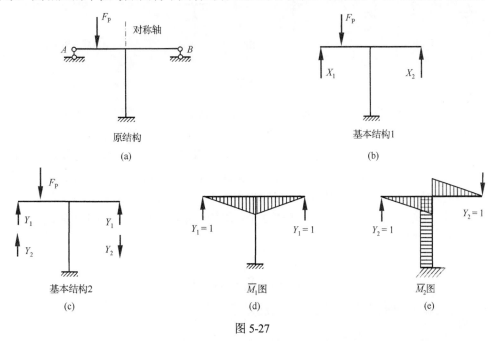

图 5-27

座 A 和 B 处的未知竖向反力视为一组对称未知力 Y_1 与另一组反对称未知力 Y_2 叠加的结果，此时，单位弯矩图如图 5-27(d) 和 (e) 所示，分别具有对称或反对称性。于是，力法方程的副系数 $\delta_{12}=\delta_{21}=0$，力法方程可简化为两个非耦联的独立方程：

$$\delta_{11}Y_1 + \Delta_{1P} = 0$$

$$\delta_{22}Y_2 + \Delta_{2P} = 0$$

以上 Y_1 和 Y_2 均为成对的未知广义力，而力法方程表示与广义力相应的广义位移应等于零。解出 Y_1 和 Y_2 之后，原结构 A、B 支座的反力 X_1 和 X_2 可按叠加法求得，即

$$X_1 = Y_1 + Y_2 \qquad X_2 = Y_1 - Y_2$$

例 5-5　试求图 5-28(a) 所示对称刚架的弯矩图。设各杆 $EI=$ 常数。

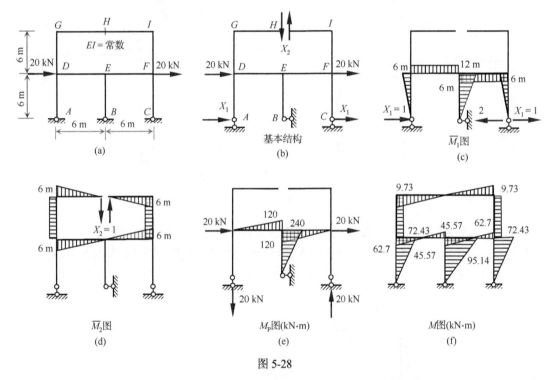

图 5-28

解： 这是一个 6 次超静定的对称刚架，受反对称荷载作用。分析时，可将位于对称轴上 H 截面处的刚性约束撤除，并撤除支座 A、C 处的水平约束和支座 B 处的竖向约束，得基本体系如图 5-28(b) 所示。支座 A、C 处的未知水平约束力采用成对未知力，因为荷载是反对称的，所以对称约束力为零，仅存在反对称约束力 X_1。支座 B 位于对称轴上，竖向约束反力属于对称力，因此必定为零。同理，位于对称轴上 H 截面切口处只存在反对称内力 X_2。因此，在利用了对称性之后，力法基本未知量的数目仅剩 2 个，单位弯矩图和荷载弯矩图分别如图 5-28(c)、(d) 和 (e) 所示。此时，力法方程为

$$\delta_{11}X_1 + \delta_{12}X_2 + \Delta_{1P} = 0$$

$$\delta_{21}X_1 + \delta_{22}X_2 + \Delta_{2P} = 0$$

力法方程的系数和自由项可以采用图乘法计算，结果为

$$\delta_{11} = \frac{864}{EI} \, \mathrm{m}^3, \quad \delta_{22} = \frac{720}{EI} \, \mathrm{m}^3, \quad \delta_{12} = \delta_{21} = -\frac{216}{EI} \, \mathrm{m}^3$$

$$\Delta_{1P} = \frac{10080}{EI} \, \mathrm{kN \cdot m^3}, \quad \Delta_{2P} = -\frac{1449}{EI} \, \mathrm{kN \cdot m^3}$$

将上述系数和自由项代入力法方程，化简后得

$$864X_1 - 216X_2 + 10080 \, \mathrm{kN} = 0$$
$$-216X_1 + 720X_2 - 1449 \, \mathrm{kN} = 0$$

解此方程组得

$$X_1 = -12.07 \, \mathrm{kN}, \quad X_2 = -1.62 \, \mathrm{kN}$$

得到多余约束力 X_1、X_2 之后，即可根据平衡条件，或是按照式(5-7)的叠加法计算杆件弯矩，并绘出刚架弯矩如图 5-28(f)所示。

一般而言，利用对称性进行结构简化计算的要点如下：

(1)选择对称的基本结构，并选用对称力或反对称力作为基本未知量；

(2)在对称荷载作用下，只考虑对称未知力(因为按照对称性原理，反对称未知力和反对称位移均等于零)；

(3)在反对称荷载作用下，只考虑反对称未知力(对称未知力和对称位移均等于零)；

(4)非对称荷载可分解为对称荷载和反对称荷载。

5.5.2 利用对称性取半边结构

利用对称结构在对称荷载和反对称荷载作用下的基本受力特点，可以按照变形和内力与原结构等价的原则，先截取**半边结构**分析计算，再根据对称性得到整个结构的内力。一般来说，半边结构的超静定次数常低于原结构，这样就可以简化计算。下面分别针对奇数跨和偶数跨对称结构，说明取半边结构的分析方法。

图 5-29(a)所示为一单跨对称刚架，受对称荷载作用。此时，刚架的变形和内力应是对称的，故位于对称轴上的 K 截面处无水平位移和转角发生(即反对称位移为 0)，仅可发生竖向位移；同样，K 截面处仅可能有弯矩和轴力，而无剪力发生(即反对称内力为 0)。因此，在取半边结构计算时，在该截面处应采用滑动支座代替原有的刚性约束，得到如图 5-29(b)所示的计算简图，其变形和内力与原结构中的情况是相同的。

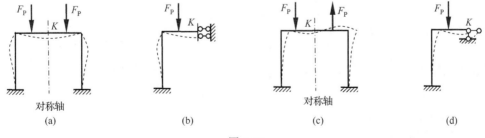

图 5-29

若上述刚架受反对称荷载作用，如图 5-29(c)所示，则变形和内力应是反对称的，此时位于对称轴上的 K 截面处无竖向位移发生(即对称位移为 0)，但可以有水平位移和转角；同样，

K 截面处仅可有剪力，而无弯矩和轴力(即对称内力为 0)。因此，在取半边结构计算时，在该截面处应采用竖向链杆代替原有的联系，得到如图 5-29(d)所示的计算简图。

对于奇数跨刚架，均可以按照上述原则取半边结构，以简化计算。以下再讨论偶数跨刚架。

图 5-30(a)所示为一两跨对称刚架，受对称荷载作用。位于对称轴上的 K 结点应无水平位移和转角发生，在忽略杆件的轴向变形后也没有竖向位移，但在 K 结点两侧有弯矩、剪力和轴力存在；在取半边结构计算时，可将该处用固定支座代替，得到如图 5-30(b)所示的计算简图。此时，刚架的中柱仅有轴力而无弯矩和剪力(即反对称内力为 0)，轴力的数值应等于 K 处固定支座竖向反力的 2 倍。

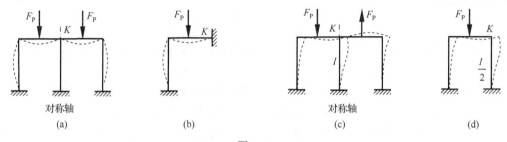

图 5-30

若上述刚架受反对称荷载作用，如图 5-30(c)所示，在取半边结构计算时假想沿结构所在平面将中柱对剖为相距无限近的左、右两根分柱，分柱的横截面惯性矩各为原截面的 1/2，分别参与到左、右两个半刚架中，得到如图 5-30(d)所示的计算简图。但在按反对称原则将半边结构的内力延伸至全结构时，应注意刚架的中柱所承受的弯矩和剪力应为按半结构计算时所得结果的 2 倍，而中柱的轴力因属于对称内力，两半结构叠加的结果中柱轴力必定为零。

无论是奇数跨或偶数跨的对称刚架，若有荷载作用在对称轴位置，则在取半边结构时应取该荷载值的 1/2，另一半荷载将由另一个半边结构承受。

例 5-6 试分析图 5-31(a)所示对称刚架，并绘制弯矩图。设各杆 EI 相同。

解: 此刚架是 4 次超静定结构，有竖向和横向两根对称轴，两个方向上刚架分别为偶数跨和奇数跨的。根据刚架在对称荷载作用下的变形和内力特点，可以取其 $\frac{1}{4}$ 进行分析，注意到两侧竖杆中点均为铰结，计算简图应如图 5-31(b)所示。此时，超静定次数已降低为一次，可以取基本体系如图 5-31(c)所示，并用力法求得弯矩图如图 5-31(d)所示。

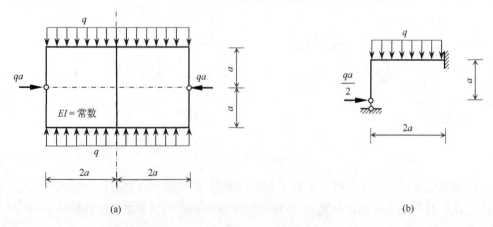

(a)   (b)

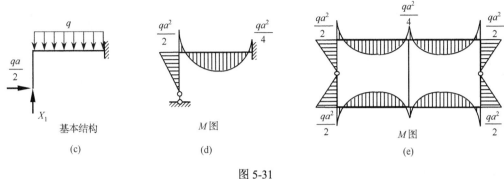

图 5-31

在求得 1/4 刚架的弯矩图后，可以根据内力对称的原则绘制出图 5-31(e)所示原刚架的弯矩图。此时，位于对称轴上的刚架竖杆无弯矩和剪力作用，其轴向压力等于计算简图中固定支座竖向反力的 2 倍。

以下讨论与例 5-6 相关的基本概念。首先，若需要考虑杆件(轴向刚度 EA 为常数)轴向变形的影响，计算简图应如何选取。此时，位于对称轴上的刚架竖杆会发生压缩变形，该竖杆端部显然不能再视作固定支座，而应该用滑动支座，并应保留竖杆的作用。在取半边结构时该竖杆的抗拉刚度应取原值的 1/2，其计算简图如图 5-32(a)或(b)所示。

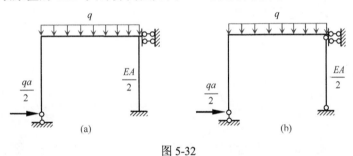

图 5-32

例 5-7 试分析图 5-33(a)所示对称刚架，并绘制弯矩图。设各杆 EI=常数。

解：此刚架是 4 次超静定的对称结构，为利用对称性，可将荷载按对称和反对称分解，如图 5-33(b)、(c)所示。

在对称结点荷载作用下，忽略杆件的轴向变形后，该刚架结点处无线位移和角位移。由于结点荷载是由杆件的轴力平衡的，则刚架中无弯矩和剪力发生；在反对称荷载作用下，位于对称轴上的二力杆的轴力必定为零，半边结构的计算简图如图 5-33(d)所示，为一次超静定结构。可以取图 5-33(e)所示的基本体系，并用力法求出半边结构的弯矩图如图 5-33(f)所示。然后，按内力反对称的原则绘出原刚架的弯矩图，如图 5-33(g)所示。

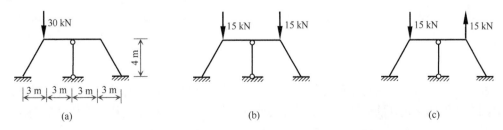

(a)　　　　　　　　　　　(b)　　　　　　　　　　　(c)

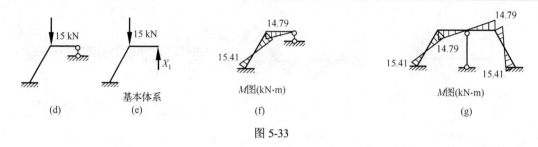

图 5-33

　　例 5-7 的刚架若对称荷载中包括非结点荷载，则在对称荷载作用下刚架一般也将有弯矩产生。此时，刚架的弯矩图将由对称荷载和反对称荷载作用下的弯矩图叠加得到。

　　超静定桁架也可以利用对称性简化计算。例如，对于图 5-34(a)所示的一次超静定对称桁架，因荷载是反对称的，即可以判定 CD 杆的内力为零，且 A、B 支座的反力具有反对称性质。于是，可按图 5-34(b)所示的静定桁架计算。

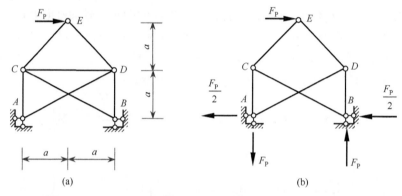

图 5-34

　　若几何和材料性质对称的结构含有不对称的支座，在利用对称性时可将不对称的支座反力分解为对称力和反对称力，在取半边结构时应注意其变形和内力情况需与原结构一致。例如，图 5-35(a)所示刚架，荷载和 D 支座的反力可如图 5-35(b)、(c)所示分解为一组对称、一组反对称的力。对称力作用下(图 5-35(b))刚架仅有横梁轴力；反对称力作用下(图 5-35(c))可取图 5-35(d)所示的半边结构计算简图。注意，此时水平支杆应加在 C 结点处。刚架的最终内力可以通过叠加得到。

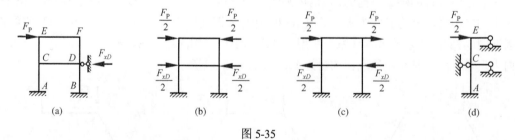

图 5-35

　　在利用计算机进行对称结构分析时，也常可采用半边结构的计算简图。此外，对称性利用的原则在杆件体系之外的连续体力学以及其他各类结构数值分析中同样有广泛的应用。合理利用对称性的关键在于：保证力学模型的变形、受力特性与原结构完全一致。

5.6 两铰拱和无铰拱

拱结构在工程中应用很广。在桥梁方面，历史上有著名的赵州石拱桥。过去一段时间，双曲拱桥曾被广泛采用。在建筑方面，除采用落地式拱顶结构外，常采用带拉杆的拱式屋架(在图 5-36(a) 中，曲杆为钢筋混凝土构件，拉杆为角钢，吊杆是为了防止拉杆下垂而设的附件，图 5-36(b) 为计算简图)。水利工程和地下建筑中的隧洞衬砌也是一种拱式结构(图 5-36(c)、(d))。

超静定拱多数是无铰拱或两铰拱(图 5-36(e)、(f))，闭合环形结构可看作无铰拱的特殊情形。

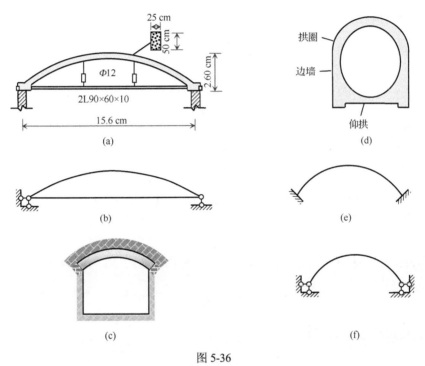

图 5-36

5.6.1 力法求解两铰拱

两铰拱是一次超静定结构(图 5-37(a))。可选取与其相应的简支曲梁为基本体系，如图 5-37(b) 所示。将支座处的水平推力 X_1 作为力法的基本未知量，根据原结构在支座 B 处的水平位移为零的变形协调条件，可建立力法方程为

$$\delta_{11} X_1 + \Delta_{1P} = 0$$

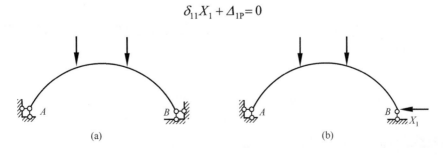

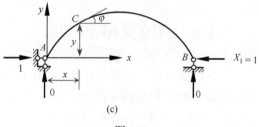

图 5-37

由于拱是曲杆，求位移 δ_{11} 和 Δ_{1P} 时不能采用图乘法，需要直接采用积分计算。

因为基本结构是一个简支曲梁，计算 Δ_{1P} 时一般只考虑弯曲变形的影响；计算 δ_{11} 时，对较平的扁拱且截面较厚时要考虑轴向变形。因此，

$$\begin{cases} \Delta_{1P} = \int \dfrac{\overline{M}_1 M_P}{EI} \mathrm{d}s \\[3mm] \delta_{11} = \int \dfrac{\overline{M}_1^2}{EI} \mathrm{d}s + \int \dfrac{\overline{F}_{N1}^2}{EA} \mathrm{d}s \end{cases} \tag{a}$$

基本结构在 $X_1=1$ 作用下（图 5-37(c)），竖向支座反力为零，任意截面 C 的弯矩和轴力为

$$\begin{cases} \overline{M}_1 = -y \\ \overline{F}_{N1} = -\cos\varphi \end{cases} \tag{b}$$

其中，y 表示拱轴上任意截面 C 的纵坐标，向上为正；φ 表示截面 C 处拱轴切线与 x 轴所成的锐角，左半拱的 φ 为正，右半拱的 φ 为负；弯矩 M 以使拱的内缘受拉为正；轴力 F_N 以拉力为正。

如果两铰拱只承受竖向荷载，则简支曲梁任意截面的弯矩 M_P 与同跨度同荷载的简支水平梁相应截面的弯矩 M^0 相等，即

$$M_P = M^0 \tag{c}$$

将式(b)和式(c)代入式(a)，得

$$\begin{cases} \Delta_{1P} = -\int \dfrac{M^0 y}{EI} \mathrm{d}s \\[3mm] \delta_{11} = \int \dfrac{y^2}{EI} \mathrm{d}s + \int \dfrac{\cos^2\varphi}{EA} \mathrm{d}s \end{cases}$$

δ_{11} 和 Δ_{1P} 求出后，由力法方程可求出 X_1（即推力 F_H）为

$$X_1 = F_H = -\frac{\Delta_{1P}}{\delta_{11}}$$

推力 F_H 求出后，内力的计算方法和计算公式与三铰拱完全相同。在竖向荷载作用下，两铰拱的内力计算公式为

$$\begin{cases} M = M^0 - F_H y \\ F_S = F_S^0 \cos\varphi - F_H \sin\varphi \\ F_N = -F_S^0 \sin\varphi - F_H \cos\varphi \end{cases} \tag{5-9}$$

从两铰拱的分析计算过程可看出以下两点。

(1)采用力法计算两铰拱和两铰刚架的思路基本相同,只是由于拱轴线是曲线,两铰拱的位移影响系数 δ_{11} 和自由项 Δ_{1P} 需按相关公式积分计算,不能采用图乘法。

(2)两铰拱与三铰拱的受力特性基本相同。内力计算式(5-9)在形式上与三铰拱完全相同,只是其中的 F_H 值不同。在三铰拱中,推力 F_H 是由平衡条件求得的;在两铰拱中,推力 F_H 则是由变形条件求得的。

在屋盖结构中采用的两铰拱,通常带拉杆(图 5-38(a))。设置拉杆的目的,一方面是使砖墙或立柱不受推力,从而在砖墙或立柱中不产生弯矩;另一方面是使拱肋承受推力,从而减小了拱肋的弯矩。

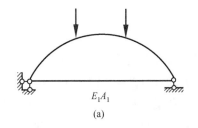
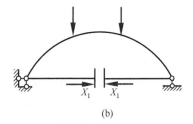

(a)　　　　　　　　　　　　　　(b)

图 5-38

计算**带拉杆的两铰拱**时,可切断拉杆,基本体系如图 5-38(b)所示。力法的基本未知量是拉杆内的拉力 X_1,也就是拱肋所受的推力 F_H。根据拉杆切口两侧相对线位移等于零的变形协调条件,可建立力法方程:

$$\delta_{11}X_1 + \Delta_{1P} = 0$$

其形式与无拉杆的两铰拱相同。但是在计算 δ_{11} 时,应当考虑拉杆轴向变形的影响,即

$$\delta_{11} = \int \frac{\overline{M}_1^2}{EI}\,\mathrm{d}s + \int \frac{\overline{F}_{N1}^2}{EA}\,\mathrm{d}s + \frac{\overline{F}_{N1}^2 l}{E_1 A_1} \tag{d}$$

其中,前两项是拱肋的变形项,末一项是拉杆的变形项;E_1 和 A_1 分别表示拉杆的弹性模量和截面面积;l 表示拉杆的长度。基本结构在 $X_1=1$ 作用下,拉杆的轴力为 $\overline{F}_{N1}=1$。因此

$$\delta_{11} = \int \frac{\overline{M}_1^2}{EI}\,\mathrm{d}s + \int \frac{\overline{F}_{N1}^2}{EA}\,\mathrm{d}s + \frac{l}{E_1 A_1} \tag{e}$$

基本结构在荷载作用下,拉杆的轴力为零。因此,计算 Δ_{1P} 时只对拱肋积分,即

$$\Delta_{1P} = \int \frac{\overline{M}_1 M_P}{EI}\,\mathrm{d}s \tag{f}$$

该式与无拉杆的两铰拱是一样的。其余的解法与前面相同。

下面对有拉杆的两铰拱和无拉杆的两铰拱的分析进行对比。由式(e)和式(f),可得出无拉杆两铰拱的位移 δ_{11}、Δ_{1P} 与有拉杆两铰拱的位移 δ_{11}^*、Δ_{1P}^* 之间的关系为

$$\delta_{11}^* = \delta_{11} + \frac{l}{E_1 A_1}$$

$$\Delta_{1P}^* = \Delta_{1P}$$

由此可得出无拉杆两铰拱的推力 F_H 和有拉杆两铰拱的推力 F_H^* 的计算式为

$$F_H = -\frac{\Delta_{1P}}{\delta_{11}} \tag{g}$$

$$F_H^* = -\frac{\Delta_{1P}^*}{\delta_{11}^*} = -\frac{\Delta_{1P}}{\delta_{11} + \dfrac{l}{E_1 A_1}} \tag{h}$$

由式(g)和式(h)可以看出:

(1) 有拉杆两铰拱的推力(即拉杆的拉力)一般比相应的无拉杆两铰拱的支座水平推力小;

(2) 当拉杆的抗拉刚度 $E_1 A_1 \to \infty$ 时,有 $F_H^* = F_H$,表明有拉杆两铰拱的受力状态与无拉杆的两铰拱相同;

(3) 有拉杆两铰拱的推力与拉杆和拱肋曲杆的刚度比有直接关系。当拉杆的刚度 $(E_1 A_1)/l$ 比拱肋曲杆的刚度 $(k_{11} = 1/\delta_{11})$ 小很多,即 $(E_1 A_1)/l \ll k_{11}$ 时,$F_H^* \to 0$(如当 $(E_1 A_1)/l \leqslant 0.1 k_{11}$ 时,$F_H^* \leqslant 0.0909 F_H$)。这时,有拉杆的两铰拱转化成了简支曲梁而丧失了拱的静力特征,拱肋的受力状态是很不利的。因此,设计拉杆拱时应适当加大拉杆的轴向刚度,以减小拱肋的弯矩。

例 5-8　图 5-39(a)所示为一抛物线两铰拱,承受半跨均布荷载。试求其水平推力 F_H。设拱的截面尺寸为常数,以左支点为原点,拱轴方程为

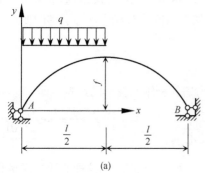

$$y = \frac{4f}{l^2} x(l-x)$$

解:计算时采用以下两个假设进行简化。

(1) 忽略拱的轴向变形,只考虑曲弯变形影响。

(2) 当拱比较平时(如 $\dfrac{f}{l} < \dfrac{1}{5}$),可近似地取 $ds = dx$,$\cos\varphi = 1$。因此,位移的简化公式为

$$\delta_{11} = \frac{1}{EI} \int_0^l y^2 \, dx$$

$$\Delta_{1P} = -\frac{1}{EI} \int_0^l y M^0 \, dx$$

计算 δ_{11} 得

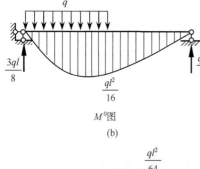

M^0 图

(b)

$$\delta_{11} = \frac{1}{EI} \int_0^l \left[\frac{4f}{l^2} x(l-x) \right]^2 dx = \frac{8f^2 l}{15EI}$$

计算 Δ_{1P} 时,先求相应简支梁的弯矩 M^0。M^0 图如图 5-39(b)所示,弯矩方程分两段表示为

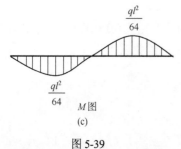

M 图

(c)

图 5-39

左半跨 $\left(0 < x < \dfrac{l}{2}\right)$, $M^0 = \dfrac{3}{8}qlx - \dfrac{1}{2}qx^2$

右半跨 $\left(\dfrac{l}{2} < x < l\right)$, $M^0 = \dfrac{1}{8}ql(l-x)$

因此

$$\Delta_{1P} = -\frac{1}{EI}\int_0^{\frac{l}{2}} y\left(\frac{3}{8}qlx - \frac{1}{2}qx^2\right)\mathrm{d}x - \frac{1}{EI}\int_{\frac{l}{2}}^{l} y\frac{ql}{8}(l-x)\mathrm{d}x = -\frac{ql^3 f}{30EI}$$

由力法方程可得

$$F_{\mathrm{H}} = -\frac{\Delta_{1P}}{\delta_{11}} = \frac{ql^2}{16f}$$

这个结果与三铰拱在半跨均布荷载作用下的推力结果一样。

F_{H} 求出以后，利用公式

$$M = M^0 - F_{\mathrm{H}}y$$

可作出 M 图，如图 5-39(c) 所示。这个弯矩图也与三铰拱的弯矩图相同。

　　然而应该说明，算例计算得到两铰拱的推力与三铰拱的推力相等的结论并不是普适性的。若荷载改变，或者在计算位移时不忽略轴向变形的影响，则两铰拱的推力不一定与三铰拱的推力相等。在一般荷载作用下，两铰拱与三铰拱的推力通常比较接近。

5.6.2　力法求解无铰拱

　　下面用力法求解常见的对称无铰拱。图 5-40(a) 为对称**无铰拱**，是 3 次超静定结构。采用如下两项措施进行计算简化。

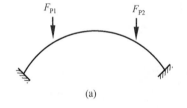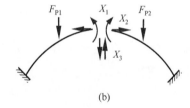

图 5-40

　　首先，利用结构的对称性。选取对称的基本体系，在拱顶对称轴处截开，取拱顶的弯矩 X_1、轴力 X_2 和剪力 X_3 为多余未知力（图 5-40(b)）。X_1 和 X_2 是对称未知力，X_3 是反对称未知力，则力法方程可简化为

$$\begin{cases} \delta_{11}X_1 + \delta_{12}X_2 + \Delta_{1P} = 0 \\ \delta_{21}X_1 + \delta_{22}X_2 + \Delta_{2P} = 0 \\ \delta_{33}X_3 + \Delta_{3P} = 0 \end{cases} \qquad \text{(i)}$$

　　其次，利用刚臂。若能使式(i)中的副系数 $\delta_{12}=\delta_{21}=0$，则上述力法方程将简化为三个相互独立的一元一次方程，内力可以很容易求得。为此，可设想将作用在拱顶截面上单位未知力的作用点进行上下平行移动。此时，$X_1=1$ 和 $X_3=1$ 所引起的单位弯矩图形不会发生改变，其中 $\bar{M}_1$ 图为拱肋内缘受拉的等值弯矩图；$X_2=1$ 所引起的 $\bar{M}_2$ 图原为全拱内缘受拉且截断截面处弯矩为零，若 $X_2=1$ 的作用点往下移动则使中间拱肋外缘受拉、两边拱肋内缘受拉，即拱肋弯矩 $\bar{M}_2$ 有正有负、符号发生了改变。可见，欲使 $\delta_{12}=0$，则 $X_2=1$ 的作用位置应下移。

　　基于上述考虑，可以设想将无铰拱在拱顶 C 处沿对称轴切开后，在切口两侧接上两根长度

为 y 且刚度为无穷大的**刚臂**，并将刚臂下端 O 点处刚结，如图 5-41(a)所示。由于刚臂本身不变形，在任意荷载作用下，切口 C 左右截面之间不会发生任何相对位移(包括相对线位移和相对转角)。这样，带刚臂的无铰拱与原无铰拱完全等效，可以互相替代。

将带刚臂的无铰拱在刚臂下端 O 点处切开，以对称的两个带刚臂的悬臂曲梁为基本结构(图 5-41(b))，取切口处的弯矩 X_1、水平力 X_2 和竖向力 X_3 为基本未知量，由 O 点处相对位移为零的变形协调条件可以建立力法方程同式(i)。

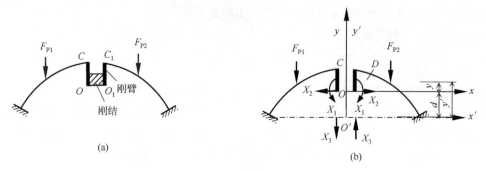

图 5-41

现在，需要确定刚臂的长度，也就是确定刚臂端点 O 的位置。其目的是使力法方程的副系数 $\delta_{12}=\delta_{21}=0$。所以，据此条件可反推出 O 点的位置。为此，先写出 δ_{12} 的算式如下：

$$\delta_{12} = \int \frac{\overline{M}_1 \overline{M}_2}{EI} \mathrm{d}s + \int \frac{k\overline{F}_{S1}\overline{F}_{S2}}{GA} \mathrm{d}s + \int \frac{\overline{F}_{N1}\overline{F}_{N2}}{EA} \mathrm{d}s \qquad (j)$$

并且，在单位力 $X_1=1$ 作用下，内力的算式为

$$\begin{cases} \overline{M}_1 = 1 \\ \overline{F}_{N1} = 0 \\ \overline{F}_{S1} = 0 \end{cases} \qquad (k)$$

在单位力 $X_2=1$ 作用下，内力的算式为

$$\begin{cases} \overline{M}_2 = -y \\ \overline{F}_{N2} = -\cos\varphi \\ \overline{F}_{S2} = -\sin\varphi \end{cases} \qquad (l)$$

将式(k)和式(l)代入式(j)，得

$$\delta_{12} = -\int \frac{y}{EI} \mathrm{d}s \qquad (m)$$

在图 5-41(b)中，另取一个参考坐标轴 $x'y'$：y' 轴与 y 轴重合，x' 轴与 x 轴间的距离为 d。拱轴上任一点 D 的新坐标 y' 与坐标 y 有如下关系：

$$y' = y + d \qquad (n)$$

将式(n)代入式(m)，得

$$\delta_{12} = -\int \frac{y'-d}{EI} \mathrm{d}s = \int -\frac{y'}{EI} \mathrm{d}s + d\int \frac{1}{EI} \mathrm{d}s$$

令 $\delta_{12}=0$，得

$$d = \frac{\int \dfrac{y'}{EI}\,\mathrm{d}s}{\int \dfrac{1}{EI}\,\mathrm{d}s} \tag{5-10}$$

当已知拱轴方程和拱肋的截面惯性矩变化规律时，刚臂长度即刚臂端点 O 的位置就可由式(5-10)确定，此时作用在 O 点切口左右的三对未知力之间的副系数将全部为零。点 O 即称为无铰拱的**弹性中心**，它的位置取决于结构本身的几何参数和物理特性。图 5-42(a)所示为实际给定的无铰拱，图 5-42(b)是设想沿拱轴曲线作出的宽度为 $1/EI$ 的带状图形，$\mathrm{d}s/(EI)$ 代表微元的面积，而式(5-10)是该图形心坐标的计算公式。由于该平面图形的面积与结构的弹性性质 EI 有关，故称它为弹性面积，刚臂的端点即该平面图形的形心，称为弹性中心。

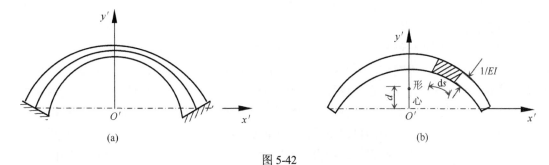

图 5-42

因此，对称无铰拱的求解可先由式(5-10)确定弹性中心的位置；然后取对称的两个带刚臂的悬臂曲梁为基本结构，刚臂下端即为弹性中心，以刚臂端点的水平力、竖向力和弯矩作为基本未知量；最后按力法方程求解基本未知量。这种方法称为**弹性中心法**。

此时，力法方程简化为

$$\begin{cases} \delta_{11}X_1 + \Delta_{1P} = 0 \\ \delta_{22}X_2 + \Delta_{2P} = 0 \\ \delta_{33}X_3 + \Delta_{3P} = 0 \end{cases} \tag{5-11}$$

计算位移 Δ_{iP} 和 δ_{ii} 时，通常只考虑弯矩的影响；但计算 δ_{22} 时，有时需要考虑轴力的影响。因此，计算位移时通常采用：

$$\begin{cases} \Delta_{1P} = \int \dfrac{\overline{M}_1 M_P}{EI}\,\mathrm{d}s, & \delta_{11} = \int \dfrac{\overline{M}_1^2}{EI}\,\mathrm{d}s \\[2mm] \Delta_{2P} = \int \dfrac{\overline{M}_2 M_P}{EI}\,\mathrm{d}s, & \delta_{22} = \int \dfrac{\overline{M}_2^2}{EI}\,\mathrm{d}s + \int \dfrac{\overline{F}_{N2}^2}{EA}\,\mathrm{d}s \\[2mm] \Delta_{3P} = \int \dfrac{\overline{M}_3 M_P}{EI}\,\mathrm{d}s, & \delta_{33} = \int \dfrac{\overline{M}_3^2}{EI}\,\mathrm{d}s \end{cases} \tag{5-12}$$

将 $\overline{M}_1$、$\overline{M}_2$、$\overline{M}_3$ 和 $\overline{F}_{N2}$ 的表达式代入式(5-12)，则得

$$\begin{cases} \varDelta_{1P} = \displaystyle\int \frac{M_P}{EI} \mathrm{d}s, & \delta_{11} = \displaystyle\int \frac{1}{EI} \mathrm{d}s \\[3mm] \varDelta_{2P} = -\displaystyle\int \frac{yM_P}{EI} \mathrm{d}s, & \delta_{22} = \displaystyle\int \frac{y^2}{EI} \mathrm{d}s + \int \frac{\cos^2 \varphi}{EA} \mathrm{d}s \\[3mm] \varDelta_{3P} = \displaystyle\int \frac{xM_P}{EI} \mathrm{d}s, & \delta_{33} = \displaystyle\int \frac{x^2}{EI} \mathrm{d}s \end{cases} \tag{5-13}$$

最后指出，由于超静定拱(含两铰拱和无铰拱)许多是变截面的，且轴线为曲线，因此在求主系数 δ_{ij} 和自由项 $\varDelta_{iP}$ 时一般采用数值积分法分段求和计算。

5.7　支座移动和温度变化时的内力计算

工程结构除了承受荷载，还常受到支座位移、温度变化、材料收缩或者是装配式结构构件制造误差等因素的作用，可统称为非荷载因素作用。结构在非荷载因素作用下是否产生内力，完全取决于它在受到这些因素作用时，变形是否为充分自由的。若可以自由地变形，则不会引起结构的内力，否则将使结构产生内力。在静定结构中，这些非荷载因素虽然会产生位移和变形，但不会产生内力。而在超静定结构中，这些因素均会产生内力。这也是超静定结构和静定结构的重要差异。超静定结构在支座移动和温度变化等因素作用下产生的内力，称为**自内力**。

用力法分析非荷载因素作用下的超静定结构，其基本原理以及分析步骤与在荷载作用下相同，差别只是力法典型方程中的自由项不再是由荷载引起的，而是由支座位移、温度变化或制造误差等因素引起的基本结构在多余约束力方向上的位移。工程结构受非荷载因素的作用常会产生很大的内力，甚至可造成结构破坏。在工程设计中，一般应该按照有关设计规范的要求采取必要的措施，减小非荷载因素的作用，如对于超长结构设置伸缩缝、不同的结构、区段间设置沉降缝等，并需对非荷载因素的影响予以充分的考虑。

下面说明支座位移、温度变化时超静定结构自内力分析的详细计算过程，并着重讨论与荷载作用下的不同点。

5.7.1　支座移动时的计算

在计算支座位移作用下 n 次超静定结构的内力时，力法典型方程中第 i 个方程的一般形式可写为

$$\sum_{j=1}^{n} \delta_{ij} X_j + \varDelta_{ic} = \varDelta_i \tag{5-14}$$

其中，δ_{ij} 为柔度系数；$\varDelta_{ic}$ 表示基本结构在支座位移作用下在 X_i 方向的位移；$\varDelta_i$ 表示原结构在 X_i 方向的位移。以上均以与所设未知力方向一致为正，反之则为负。上述力法方程的物理含义同样是：基本结构在各多余约束力以及支座位移共同作用下，在多余约束力方向上的位移应符合于原结构。

例 5-9　等截面梁 AB 如图 5-43(a)所示，左端为固定端，右端为滚轴支承。如果已知左端支座转动角度为 θ，右端支座下沉位移为 a，试求梁中的自内力。

解：此梁为一次超静定的，取支座 B 的竖向反力为多余未知力 X_1，基本体系为悬臂梁(图 5-43(b))。

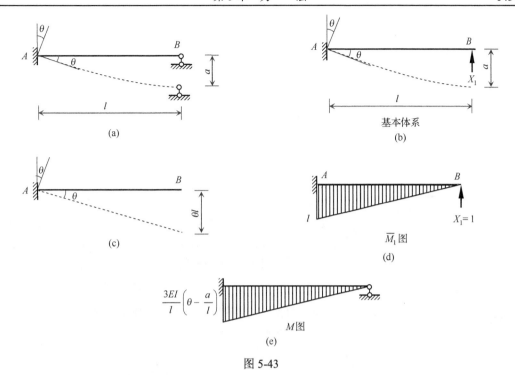

图 5-43

变形协调条件为基本体系在 B 点的竖向位移 $\varDelta_1$ 应与原结构相同。由于原结构在 B 点的竖向位移已知为 a，方向与 X_1 相反，故变形条件应为

$$\varDelta_1 = -a \tag{a}$$

考虑到基本体系的位移 $\varDelta_1$ 是由未知力 X_1 和支座 A 的转角 θ 共同作用产生的，因此式(a)可写成

$$\delta_{11}X_1 + \varDelta_{1c} = -a \tag{b}$$

其中，式左边自由项 $\varDelta_{1c}$ 的物理含义是：当支座 A 产生转角 θ 时，在基本结构产生的沿 X_1 方向的位移。由图 5-43(c)得

$$\varDelta_{1c} = -\theta l \tag{c}$$

系数 δ_{11} 可由图 5-43(d)中的 $\overline{M}_1$ 图求得

$$\delta_{11} = \frac{1}{EI}\int \overline{M}_1^2 \mathrm{d}x = \frac{l^3}{3EI} \tag{d}$$

将式(c)和式(d)代入式(b)，得

$$\frac{l^3}{3EI}X_1 - \theta l = -a \tag{e}$$

由此可得

$$X_1 = \frac{3EI}{l^2}\left(\theta - \frac{a}{l}\right) \tag{f}$$

因为基本结构是静定结构，支座移动在基本结构中不引起内力，内力都是由多余未知力引起的。弯矩叠加公式为

$$M = \bar{M}_1 X_1 \qquad\qquad (g)$$

M 图如图 5-43(e)所示。

下面说明两点。

(1)支座移动时的计算特点。

与荷载作用时的计算相比，由式(a)或式(b)看出，力法方程的右边项可不为零。由式(b)、式(c)看出，力法方程的自由项 Δ_{1c} 是基本结构由支座移动产生的。而由式(g)看出，内力全部是由多余未知力引起的。进一步由式(f)和式(g)看出，内力与杆件刚度 EI 的绝对值有关。

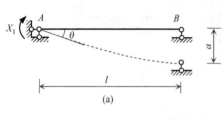

(a)

(2)取不同的基本结构计算。

如果取简支梁作基本体系，取支座 A 的反力偶矩作为多余未知力 X_1（图 5-44(a)），则变形条件为简支梁在 A 点的转角应等于给定值 θ。力法方程变为

$$\delta_{11} X_1 + \Delta_{1c} = \theta$$

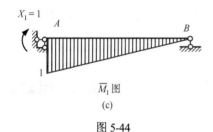

(b)

自由项 Δ_{1c} 是简支梁由于支座 B 下沉位移 a 而在 A 点产生的转角。由图 5-44(b)可知

$$\Delta_{1c} = \frac{a}{l}$$

系数 δ_{11} 可由图 5-44(c)中的 $\bar{M}_1$ 图求得

$$\delta_{11} = \frac{l}{3EI}$$

$\bar{M}_1$ 图

(c)

图 5-44

则力法方程为

$$\frac{l}{3EI} X_1 + \frac{a}{l} = \theta \qquad\qquad (h)$$

由此求得

$$X_1 = \frac{3EI}{l}\left(\theta - \frac{a}{l}\right)$$

同样，可求出结构的 M 图如图 5-43(e)所示。

对于同一超静定结构，选取两种不同的基本结构，得出两个不同的力法方程(e)和(h)。每个力法方程中都出现两个支座位移参数 θ 和 a。但是，在式(e)中，θ 在左边，a 在右边；而在式(h)中，θ 在右边，a 在左边。一般说来，凡是与多余未知力相应的支座位移参数都出现在力法方程的右边项，而其他的支座位移参数都出现在左边的自由项中。

如果按图 5-45 选取基本体系，这时，支座位移参数 θ 和 a 都不是与 X_1 相应的位移，因此它们都出现在力法方程的左边自由项中，而力法方程的右边项为零。

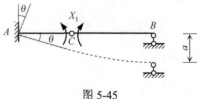

图 5-45

5.7.2　温度变化时的计算

例 5-10　混凝土刚架结构如图 5-46(a)所示。浇注混凝土时温度为 15℃，冬季混凝土外皮

温度为–35℃，内皮温度为 15℃。试求此时由于温度变化在刚架中引起的内力。各杆 EI 为常数，截面尺寸如图 5-46(a)所示。混凝土的弹性模量为 $E=2\times10^{10}$ MPa；线膨胀系数为 $\alpha=1\times10^{-5}$℃$^{-1}$。

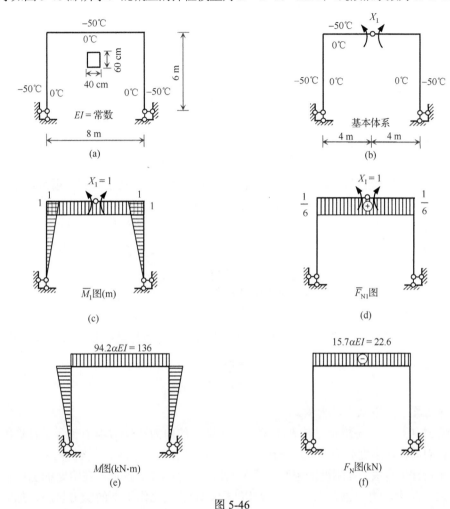

图 5-46

解：(1)基本体系。

此刚架为一次超静定的，取基本体系如图 5-46(b)所示。

(2)力法方程。

变形条件为：基本体系在铰 C 处的相对转角应等于零。这个位移是由温度变化和未知力 X_1 共同产生的，即

$$\delta_{11}X_1+\Delta_{1t}=0$$

其中，自由项 Δ_{1t} 是温度变化在基本结构中沿 X_1 方向引起的位移。

(3)计算系数和自由项。

系数 δ_{11} 的求法与荷载作用时相同，但自由项 Δ_{1t} 的求法不同。

根据施工温度和冬季温度，可得到刚架杆件外侧的温度变化值为：–35℃–15℃ = –50℃，内侧的温度变化值：15℃–15℃ = 0℃。

轴线平均温度变化为 $t_0=0.5\times(0℃–50℃)=–25℃$，内外侧温差为 $\Delta t=0℃–(–50℃)=50℃$。

Δ_{1t} 的计算公式为

$$\Delta_{1t} = \sum \alpha \frac{\Delta t}{h} \int \overline{M}_1 \mathrm{d}s + \sum \alpha t_0 \int \overline{F}_{\mathrm{N1}} \mathrm{d}s \tag{i}$$

其中，两个积分分别为 $\overline{M}_1$ 图和 $\overline{F}_{\mathrm{N1}}$ 图的面积。

作 $\overline{M}_1$ 图和 $\overline{F}_{\mathrm{N1}}$ 图(图 5-46(c)、(d))，利用位移公式求得

$$\delta_{11} = \sum \int \frac{\overline{M}_1^2}{EI} \mathrm{d}s = \frac{1}{EI} \times \left[(1 \times 8) \times 1 + 2 \times \left(\frac{1}{2} \times 1 \times 6 \right) \times \frac{2}{3} \right] = \frac{12}{EI}$$

$$\Delta_{1t} = \alpha \times \frac{50}{0.6} \times \left(1 \times 8 + \frac{1 \times 6}{2} \times 2 \right) - \alpha \times 25 \times \left(\frac{1}{6} \times 8 \right) = 1166\alpha - 33\alpha = 1133\alpha$$

在 $\overline{M}_1$ 图中，杆内侧纤维受拉，温差 Δt 也是内部温度较高，故上式第一项为正号。在 $\overline{F}_{\mathrm{N1}}$ 图中，横梁受拉，温度变化 t_0 为负，故上式第二项为负号。

(4)解力法方程。

由力法方程，解得

$$X_1 = -\frac{\Delta_{1t}}{\delta_{11}} = -\frac{1133\alpha}{12 / EI} = -94.2\alpha EI$$

(5)作内力图。

因为基本结构是静定结构，温度变化不引起内力，故内力都是由多余未知力引起的，即

$$\begin{cases} M = \overline{M}_1 X_1 \\ F_{\mathrm{N}} = \overline{F}_{\mathrm{N1}} X_1 \end{cases}$$

内力图如图 5-46(e)、(f)所示。

从计算结果可见，超静定结构在温度变化作用下的内力和反力项中包含了杆件的截面刚度，说明它们与杆件刚度的绝对值成正比。这与荷载作用下，超静定结构的内力和反力仅与杆件刚度的相对比值有关，与刚度的绝对值无关的情况是不同的。因此，在给定的温度变化条件下，截面尺寸越大，内力也越大。为了改善结构在温度变化作用下的受力状态，加大截面尺寸并不是一个有效的途径。此外，当杆件有温差 Δt 时，弯矩图的竖标出现在降温面一边，使升温面产生压应力，降温面产生拉应力。因此，在钢筋混凝土结构中，要特别注意降温可能出现裂缝。

5.8 超静定结构的位移计算

作为变形体虚功原理的一种应用的单位荷载法，不仅可用于计算静定结构的位移，也适用于计算**超静定结构的位移**。

以图 5-47(a)所示的超静定梁为例，用单位荷载法求在均布荷载作用下梁中点 C 的挠度 f。

首先，在采用力法进行超静定结构分析时，需建立任意的静定基本体系。这个基本体系承受荷载及多余约束力共同作用，如图 5-47(b)所示。然后，建立力法方程、求解内力，并绘制其弯矩图 M(图 5-47(c))。这个基本体系的受力和变形情况与原超静定结构完全一致，因此，基本体系的位移即为原超静定结构的位移。最后，用单位荷载法求基本体系的位移。除了已作

出的超静定结构的荷载弯矩图，还要作出虚拟状态的单位弯矩图 $\overline{M}$，虚设单位力施加在基本结构上，且与拟求的位移对应。该单位力也可以施加在原超静定结构，但是求作其单位弯矩图比求作前述基本结构上的单位弯矩图要烦琐很多，所以一般不采用此方式计算位移。

本例要求 C 点处的竖向位移，则在基本结构（简支梁）的 C 点施加单位竖向荷载，并容易作出单位弯矩图 $\overline{M}$，如图 5-47（d）所示。将 $\overline{M}$ 和 M 这两个弯矩图图乘后，就得到了拟求的结构某截面的位移。

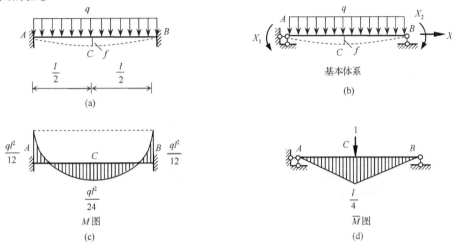

图 5-47

利用基本结构求得的原结构 C 点的挠度 f 为

$$f = \int \frac{\overline{M}M}{EI}\mathrm{d}s = \frac{2}{EI} \times \left[-\left(\frac{ql^2}{12} \times \frac{l}{2} \right) \times \left(\frac{1}{2} \times \frac{l}{4} \right) + \left(\frac{2}{3} \times \frac{ql^2}{8} \times \frac{l}{2} \right) \times \left(\frac{5}{8} \times \frac{l}{4} \right) \right] = \frac{ql^4}{384EI} \ (\downarrow)$$

值得注意的是，求解超静定结构时可以采用不同的基本结构，因此计算超静定结构位移时，可选用的单位内力图可有多种。例如，求两端固定梁的跨中位移 f 时，也可以采用图 5-48（a）或（b）所示的单位弯矩图。所采用的单位弯矩图虽然不同，但求得的位移结果是相同的。

图 5-48

平面杆件结构位移计算的一般公式为

$$\Delta = \sum \int (\overline{M}\kappa + \overline{F}_{\mathrm{N}}\varepsilon + \overline{F}_{\mathrm{S}}\gamma_0)\mathrm{d}s - \sum \overline{F}_{\mathrm{R}K}c_K$$

对于静定结构和超静定结构同样适用。下面分别给出计算超静定结构在荷载作用、支座移动和温度变化等因素作用下位移的计算公式。

1. 荷载作用

设超静定结构在荷载作用下的内力为 M、F_{N}、F_{S}，这时杆件微段的变形为

$$\kappa = \frac{M}{EI}, \quad \varepsilon = \frac{F_N}{EA}, \quad \gamma_0 = \frac{kF_S}{GA}$$

因此，位移公式为

$$\Delta = \sum \int \frac{\overline{M}M}{EI} ds + \sum \int \frac{\overline{F}_N F_N}{EA} ds + \sum \int \frac{k\overline{F}_S F_S}{GA} ds \tag{5-15}$$

式(5-15)与静定结构的位移计算公式在形式上完全相同。但这里的 $\overline{M}$、$\overline{F}_N$、$\overline{F}_S$ 可以是任一基本结构(也可以是原计算超静定结构内力时选取的基本结构)在单位力作用下的内力。

2. 支座移动

设支座移动时超静定结构的内力为 M、F_N、F_S，这时杆件微段的变形仍为

$$\kappa = \frac{M}{EI}, \quad \varepsilon = \frac{F_N}{EA}, \quad \gamma_0 = \frac{kF_S}{GA}$$

因此，位移公式为

$$\Delta = \sum \int \frac{\overline{M}M}{EI} ds + \sum \int \frac{\overline{F}_N F_N}{EA} ds + \sum \int \frac{k\overline{F}_S F_S}{GA} ds - \sum \overline{F}_{RK} c_K \tag{5-16}$$

3. 温度变化

设温度变化时超静定结构的内力为 M、F_N、F_S，这时，除内力引起弹性变形外，还有微段在自由膨胀的条件下由温度引起的变形，即

$$\kappa = \frac{M}{EI} + \frac{\alpha \Delta t}{h}, \quad \varepsilon = \frac{F_N}{EA} + \alpha t_0, \quad \gamma_0 = \frac{kF_S}{GA}$$

因此，位移公式为

$$\Delta = \sum \int \frac{\overline{M}M}{EI} ds + \sum \int \frac{\overline{F}_N F_N}{EA} ds + \sum \int \frac{k\overline{F}_S F_S}{GA} ds + \sum \int \frac{\overline{M}\alpha \Delta t}{h} ds + \sum \int \overline{F}_N \alpha t_0 ds \tag{5-17}$$

4. 综合影响下的位移公式

如果超静定结构是在荷载作用、支座移动、温度变化等因素的共同作用下，则位移计算的一般公式为

$$\begin{aligned}
\Delta = &\sum \int \frac{\overline{M}M}{EI} ds + \sum \int \frac{\overline{F}_N F_N}{EA} ds + \sum \int \frac{k\overline{F}_S F_S}{GA} ds \\
&+ \sum \int \frac{\overline{M}\alpha \Delta t}{h} ds + \sum \int \overline{F}_N \alpha t_0 ds - \sum \overline{F}_{RK} c_K
\end{aligned} \tag{5-18}$$

其中，M、F_N、F_S 是超静定结构在全部因素影响下的内力；$\overline{M}$、$\overline{F}_N$、$\overline{F}_S$ 和 $\overline{F}_R$ 则是基本结构在单位力作用下的内力和支座反力。

例 5-11 试求如图 5-49(a)所示的超静定刚架 C 点的水平位移。

解： 基本体系如图 5-49(b)所示，力法的基本未知量为 X_1 和 X_2。可求得 $X_1 = -2.67$ kN，$X_2 = 1.11$ kN。超静定刚架的荷载弯矩图 M 如图 5-49(c)所示。

求 C 点水平位移时，在基本结构的 C 点施加水平单位荷载，得到基本结构的单位弯矩图如图 5-49(d)所示。此时，将图 5-49(c)与图 5-49(d)图乘，可通过如下公式得到 C 点的水平位移为

$$\Delta_C^H = \sum \int \frac{M\overline{M}}{EI}\mathrm{d}x$$

$$\Delta_C^H = \frac{1}{EI}\frac{1}{2}\times 3\,\mathrm{m}\times 3\,\mathrm{m}\times\left(\frac{2}{3}\times 5.66\,\mathrm{kN\cdot m}-\frac{1}{3}\times 4.33\,\mathrm{kN\cdot m}\right)=\frac{10.485\,\mathrm{kN\cdot m^3}}{EI}(\rightarrow)$$

若选择如图 5-49(e)所示的基本体系，作出相应的单位弯矩图，与原结构弯矩图图乘后，求得 C 点的水平位移，与选用前面的基本体系时计算结果一致。

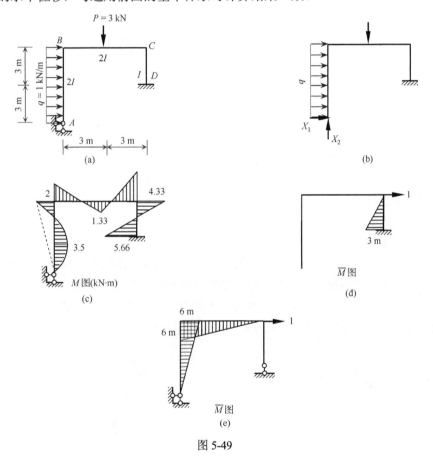

图 5-49

例 5-12　试求例 5-9 中的超静定梁由于支座位移引起的跨中挠度。

解： 支座位移时在超静定梁中引起的弯矩 M 图如图 5-43(e)所示。

作单位弯矩图时，选取如下两种基本结构。

(1)取简支梁作基本结构，图 5-50(a)所示为单位力作用下的 $\overline{M}$ 图和支座反力。

$$\Delta = \int \frac{\overline{M}M}{EI}\mathrm{d}s - F_{yB}(-a)$$

$$= \frac{1}{EI}\times\left(\frac{1}{2}\times\frac{l}{4}\times l\right)\times\left[\frac{1}{2}\times\frac{3EI}{l}\left(\theta-\frac{a}{l}\right)\right]-\frac{1}{2}(-a)=\frac{3}{16}\theta l+\frac{5}{16}a$$

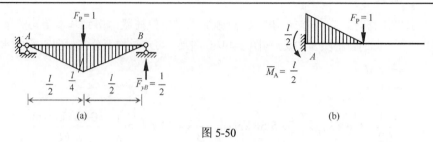

图 5-50

(2) 取悬臂梁作基本结构，图 5-50(b) 所示为单位力作用下的 $\overline{M}$ 图和支座反力。

$$\Delta = \int \frac{\overline{M}M}{EI} \mathrm{d}s - \overline{M}_A(-\theta)$$

$$= \frac{-1}{EI} \times \left(\frac{1}{2} \times \frac{l}{2} \times \frac{l}{2} \right) \times \left[\frac{5}{6} \times \frac{3EI}{l} \left(\theta - \frac{a}{l} \right) \right] - \frac{l}{2}(-\theta) = \frac{3}{16}\theta l + \frac{5}{16}a$$

以上两种算法得到的结果相同。

5.9　超静定结构计算结果的校核

结构的内力是工程结构设计的依据，其准确性至关重要。而超静定结构的计算过程较长，数字运算较烦琐，所以在计算求得内力后应该进行校核，以保证其正确性。从全局的角度讲，内力校核首先应检查结构的计算简图是否合理，原始数据是否正确，选用的参数是否合适，基本体系是否几何可变等。只有在计算简图、原始数据和所选用的参数都正确无误的前提下，结构的内力计算结果才是有意义的。

同时，内力计算的校核需要运用力学的基本概念，或采用简化的估算方法，或根据相关的工程经验对计算过程和结果的合理性进行定性的分析判断。当这些定性分析均未发现问题时，可以通过平衡条件和变形条件，对结构的内力计算和内力图形作进一步的定量校核。

下面以图 5-51(a)、(b)、(c) 所示内力图为例加以说明。

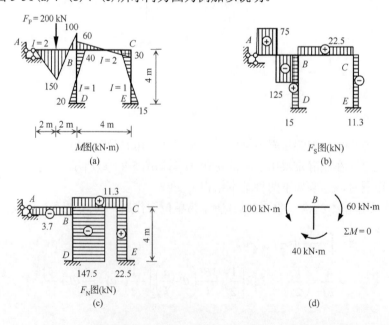

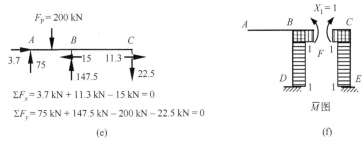

$$\Sigma F_x = 3.7 \text{ kN} + 11.3 \text{ kN} - 15 \text{ kN} = 0$$

$$\Sigma F_y = 75 \text{ kN} + 147.5 \text{ kN} - 200 \text{ kN} - 22.5 \text{ kN} = 0$$

(e)　　　　　　　　　　　　　　　(f)

图 5-51

5.9.1 平衡条件的校核

静定结构和超静定结构的内力与反力都必须满足静力平衡条件。从结构上任意截取一部分形成的隔离体，都应满足平衡方程。一般可以取刚架结点为隔离体，检查是否满足力矩平衡条件。取横贯刚架各柱的截面以上部分为隔离体，检查是否满足水平投影方向力的平衡条件等。

例如，如图 5-51(d) 所示，截取结点 B，检查是否满足平衡条件 $\sum M = 0$；如图 5-51(e) 所示，截取杆件 ABC，检查是否满足平衡条件 $\sum F_x = 0$，$\sum F_y = 0$。从图中可以看出，以上的平衡条件是满足的。

校核结构隔离体的平衡条件时，一般只能选择其中的若干情况进行。此时，只要发现某一种情况下隔离体平衡条件不能满足，则说明内力计算存在错误。或者说，所选择的校核均满足隔离体平衡条件，是内力计算无误的必要条件。

对于超静定结构来说，满足平衡条件的内力有无穷多组。因为内力图是在多余约束力求得之后按平衡条件得出的，所以用平衡条件进行校核，只是对求得多余约束力之后运算正确性的判断有效，而不能判定多余约束力的数值正确与否。为此，还必须进行变形条件的校核。

5.9.2 变形条件的校核

由于多余约束力是根据变形条件求得的，因此其计算是否有误，可通过变形条件的校核来检查。实际上，在计算超静定结构的位移时，虚拟的平衡状态可以建立在其对应的任意一个基本结构之上。因此，变形条件的校核一般是任意选取基本结构，任意选取一个多余未知力 X_i，然后根据最后的内力图算出沿 X_i 方向的位移 Δ_i，并检查 Δ_i 是否与原结构中的相应位移(如给定值 a)相等，即

$$\Delta_i = a \tag{5-19}$$

如果按式(5-19)求位移 Δ_i，则有

$$\begin{aligned}
&\sum \int \frac{\overline{M} M}{EI} \mathrm{d}s + \sum \int \frac{\overline{F}_{\mathrm{N}} F_{\mathrm{N}}}{EA} \mathrm{d}s + \sum \int \frac{k \overline{F}_{\mathrm{S}} F_{\mathrm{S}}}{GA} \mathrm{d}s \\
&+ \sum \int \frac{\overline{M} \alpha \Delta t}{h} \mathrm{d}s + \sum \int \overline{F}_{\mathrm{N}} \alpha t_0 \mathrm{d}s - \sum \overline{F}_{\mathrm{RK}} c_K = a
\end{aligned} \tag{5-20}$$

其中，$\overline{M}$、$\overline{F}_{\mathrm{N}}$、$\overline{F}_{\mathrm{S}}$ 和 $\overline{F}_{\mathrm{R}}$ 为基本结构在单位力 $X_i{=}1$ 作用下的内力和支座反力。

如果原结构只受荷载作用，则有

$$\sum \int \frac{\overline{M} M}{EI} \mathrm{d}s + \sum \int \frac{\overline{F}_{\mathrm{N}} F_{\mathrm{N}}}{EA} \mathrm{d}s + \sum \int \frac{k \overline{F}_{\mathrm{S}} F_{\mathrm{S}}}{GA} \mathrm{d}s = 0 \tag{5-21}$$

值得指出的是，对于具有封闭框格的刚架，最为简捷的校核方法是利用封闭框格上任一截面的相对转角为零这一变形条件来进行弯矩图的校核。例如，为了校核图 5-51(a)所示的 M 图，可选用图 5-51(f)所示的基本结构，并取杆 BC 中任一截面 F 的弯矩作为多余未知力 X_1。这时，在单位力 $X_1=1$ 作用下，只有封闭框形 $DBCE$ 部分产生弯矩 $\overline{M}=1$。因此，变形条件(5-21)可简化为

$$\oint \frac{\overline{M}}{EI}\,\mathrm{d}s = 0 \tag{5-22}$$

由此得出结论，当结构只受荷载作用时，沿封闭框形的 (M/EI) 图形的总面积应等于零。

现在利用这个结论来检查图 5-51(a)中的 M 图。沿 $DBCE$ 部分进行积分，其值为

$$
\begin{aligned}
\oint \frac{\overline{M}}{EI}\,\mathrm{d}s =\;& \frac{1}{1}\times\left(-\frac{20\ \mathrm{kN\cdot m}\times4\ \mathrm{m}}{2}+\frac{40\ \mathrm{kN\cdot m}\times4\ \mathrm{m}}{2}\right) \\
&+\frac{1}{2}\times\left(-\frac{60\ \mathrm{kN\cdot m}\times4\ \mathrm{m}}{2}+\frac{30\ \mathrm{kN\cdot m}\times4\ \mathrm{m}}{2}\right) \\
&+\frac{1}{1}\times\left(-\frac{15\ \mathrm{kN\cdot m}\times4\ \mathrm{m}}{2}+\frac{30\ \mathrm{kN\cdot m}\times4\ \mathrm{m}}{2}\right) \\
=\;& -130\ \mathrm{kN\cdot m^2}+170\ \mathrm{kN\cdot m^2}\neq 0
\end{aligned}
$$

可见，该 M 图未能满足变形条件，因此计算结果是错误的。

习　　题

5-1　试确定下列图示结构的超静定次数。

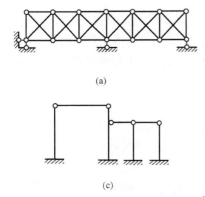

题 5-1 图

5-2　试用力法计算图示刚架结构，作 M 图。

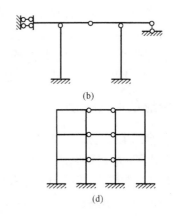

题 5-2 图

5-3 试用力法计算下列图示排架，作 M 图。

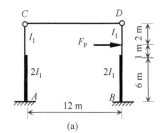 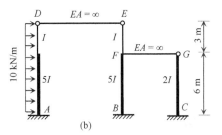

题 5-3 图

5-4 试用力法计算下列图示桁架的轴力。各杆 EA=常数。

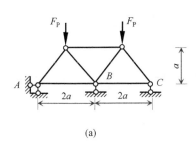 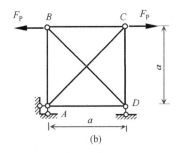

题 5-4 图

5-5 图示连续两跨悬挂式吊车梁，承受吊车荷载 F_P =4.5 kN，考虑吊杆的轴向变形。试计算吊杆的拉力和伸长，画出梁的 M、F_S 图。Φ20 钢筋每根截面积 A=3.14 cm², I20a 钢梁 I=2370 cm⁴。

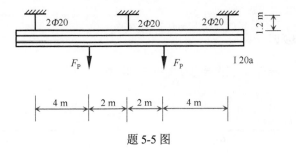

题 5-5 图

5-6 试作下列图示对称刚架的 M 图。

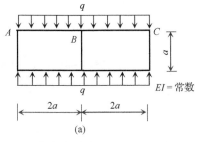 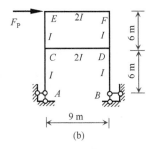

题 5-6 图

5-7 为使图示梁截面 B 的弯矩为零，试问弹性支座刚度 k 应取多大？并求此时 B 点的挠度。

5-8　试求图示等截面半圆形两铰拱的支座水平推力，并画出 M 图。设 EI=常数，并只考虑弯曲变形对位移的影响。

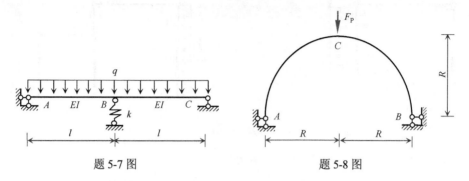

题 5-7 图　　　　　　　　　　　　　　　题 5-8 图

5-9　试推导图示带拉杆抛物线两铰拱在均布荷载作用下拉杆内力的表达式。拱截面 EI 为常数，拱轴方程为 $y = \dfrac{4f}{l^2} x(l-x)$。计算位移时，拱身只考虑弯矩的作用，并假设 $ds=dx$。

5-10　试绘出图示结构因支座移动产生的弯矩图。设各杆 EI 相同。

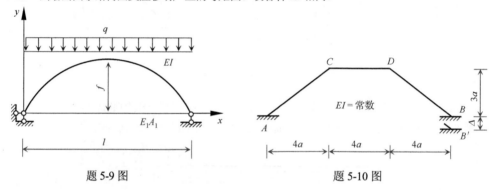

题 5-9 图　　　　　　　　　　　　　　　题 5-10 图

5-11　设图示梁 A 端有转角 α，试作梁的 M 图和 F_S 图；对每一个梁选用两种基本体系计算，并求梁的挠曲线方程和最大挠度。

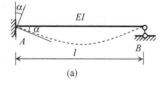
　　　　(a)

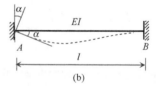
　　　　(b)

题 5-11 图

5-12　设图示梁 B 端下沉 c，试作梁的 M 图和 F_S 图。

5-13　图示梁上、下侧温度变化分别为 $+t_1$ 与 $+t_2$（$t_2 > t_1$），梁截面高 h，温度膨胀系数为 α。试求作 M 图及挠曲线方程。

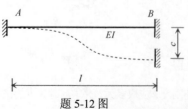

题 5-12 图　　　　　　　　　　　　　　　题 5-13 图

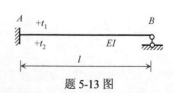

5-14 图示门式刚架，梁的 I_2 是柱的 I_1 的 s 倍，即 $I_2=sI_1$，s 值分三种情况：$s=0.2$、1、5；屋顶矢高有四种取值：$f=0$ m、0.6 m、2 m、4 m。试求：

(a)固定 $f=2$ m，各种 s 值时内力的变化。

(b)固定 $s=1$，各种 f 值时内力的变化。

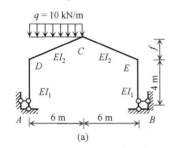 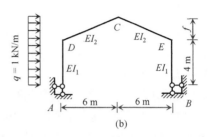

题 5-14 图

第 5 章习题答案

第6章 位 移 法

力法是分析超静定结构的历史最悠久的基本方法，它建立在静定结构受力分析的基础之上。力法的基本未知量数就是结构超静定的次数。随着近代工业的发展，结构的冗余度越来越大，采用力法求解这些高次超静定结构的内力越来越困难。在此背景下，多层多跨刚架结构分析的**位移法**应运而生。

位移法的发展分为**转角位移法**和**矩阵位移法**两阶段。实际上，1826 年法国的力学家纳维(C. L. M. H. Navier, 1785—1836 年)提出了弹性力学中的位移法思想，并用于求超静定桁架的内力。1914年，丹麦工程师 Axel Bendixen 将转角位移法用于有侧移刚架的内力计算。1915 年，美国学者 W. M. Wilson 和 G. A. Maney 改造了次弯矩法，独立地用它求解刚架内力，并称为转角位移法。1926 年，丹麦学者 A. Ostenfeld 建立了位移法的典型方程(即基本方程)形式。20 世纪 50 年代，利用计算机的强大运算能力，阿基里斯(J. H. Argyris，希腊，1913—2004 年)在转角位移法的基础上结合矩阵代数，提出了复杂结构分析的计算机求解方法——矩阵位移法。从此，对于大规模复杂结构力学分析，传统的力法和位移法等手算方法都退出历史舞台。尽管如此，为了理解和掌握矩阵位移法以及发展其他新方法，对超静定结构分析的基本方法(力法、位移法)的学习仍十分重要和必要。

表 6-1　力法和位移法的比较

	基本未知量	基本体系	基本方程	适用范围
力法(1886 年提出)	多余约束力	静定结构	变形协调条件，柔度方程	超静定结构
位移法(1915 年提出)	独立结点位移	杆件组合体	力平衡条件，刚度方程	静定、超静定结构

位移法和力法是一对对偶的方法，求解过程在形式上具有相同点，都以基本未知量、基本体系、基本方程为主线，但在实质内容上有所不同，彼此相异，形成对偶，如表 6-1 所示。力法是以多余约束力为基本未知量，根据变形协调条件建立力法基本方程(也称为柔度方程)，然后求解多余约束力和内力，进行超静定结构分析；而位移法是以独立结点位移为基本未知量，根据静力平衡条件建立位移法基本方程(也称为刚度方程)，求解结点位移和杆端内力，进行超静定结构分析。建立位移法基本方程有两种方式：一种是利用弯曲杆件的转角位移方程，根据结点力矩平衡条件和截面投影平衡条件建立基本方程的方式，即直接写平衡方程的方式；另一种是通过位移法基本体系和平衡条件，建立基本方程的方式。

本章将先对第一种方式的位移法的基本概念、基本原理、求解过程进行详细的介绍，这种方式的位移法更易理解。然后介绍第二种方式的位移法：位移法基本体系和基本方程。最后讨论从势能原理推导位移法基本方程以及近似求解结构位移的能量法——瑞利-里茨法。

6.1　位移法的基本概念

6.1.1　关于位移法的简例

先举一个简单的桁架例子，以便更具体地了解位移法的基本思路。

图 6-1(a)所示为一个对称结构，承受对称荷载 F_P。结点 B 只发生竖向位移 Δ，水平位移为零。如果采用力法，利用结构的对称性，该桁架结构有 2 个基本未知量：2 个多余未知力。而在位移法中，则只有一个基本未知量——竖向位移 Δ。这是因为：如果能设法把位移 Δ 求出，那么各杆的伸长变形即可求出，从而各杆的内力就可求出，整个结构分析问题也就迎刃而解了。由此看出，位移 Δ 是一个关键的未知量。

如何求解基本未知量 Δ 的问题，是利用位移法进行结构分析的关键，在此分为两步。

第一步——拆，即从结构中取出单根杆件进行分析。如图 6-2(a)中杆 AB，若已知杆端 B 沿杆轴向的位移为 u_i（即杆的伸长），则杆端力 F_{Ni} 应为

$$F_{Ni} = \frac{EA_i}{l_i} u_i \tag{6-1}$$

其中，E、A_i、l_i 分别为杆件的弹性模量、截面面积和长度。系数 $(EA_i)/l_i$ 是使杆端产生单位位移时所需施加的杆端力，称为轴力杆件的刚度系数。式(6-1)表明了杆件的杆端力 F_{Ni} 与杆端位移 u_i 之间的关系，称为轴力杆件的刚度方程。

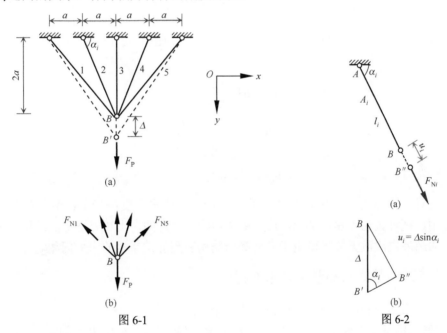

图 6-1   图 6-2

第二步——搭，把各杆件搭建成结构。搭建时各杆在 B 端的位移是相同的，即都由 B 改变到 B'，此为变形协调条件。根据变形协调条件，各杆端位移 u_i 与基本未知量 Δ 间的关系为（图 6-2(b)）

$$u_i = \Delta \sin \alpha_i \tag{a}$$

再考虑结点 B 的平衡条件 $\sum F_y = 0$，得（图 6-1(b)）

$$\sum_{i=1}^{5} F_{Ni} \sin \alpha_i = F_P \tag{b}$$

其中，各杆的轴力 F_{Ni} 由式(6-1)表示，再利用式(a)，u_i 可用基本未知量 Δ 表示，代入式(b)，即得

$$\sum_{i=1}^{5} \frac{EA_i}{l_i} \sin^2 \alpha_i \Delta = F_P \tag{c}$$

这就是位移法的基本方程。它代表平衡方程，是用位移表示的平衡方程。由此可求出基本未知量为

$$\Delta = \frac{F_P}{\displaystyle\sum_{i=1}^{5} \frac{EA_i}{l_i} \sin^2 \alpha_i} \tag{d}$$

至此，完成了位移法计算中的关键一步。

基本未知量 Δ 求出以后，其余问题就迎刃而解了。例如，为了求各杆的轴力，可将式(d)代入式(a)，再代入式(6-1)，可得

$$F_{Ni} = \frac{\dfrac{EA_i}{l_i} \sin \alpha_i}{\displaystyle\sum_{i=1}^{5} \dfrac{EA_i}{l_i} \sin^2 \alpha_i} F_P \tag{e}$$

设各杆 EA 相同，根据图 6-1(a)中各杆件尺寸及式(d)和式(e)，可得基本未知量和各杆内力为

$$\Delta = 0.637 \frac{F_P}{EA}$$

$$F_{N1} = F_{N5} = 0.159 F_P$$

$$F_{N2} = F_{N4} = 0.255 F_P$$

$$F_{N3} = 0.319 F_P$$

从上述计算过程可见，用位移法计算时，计算工作量不受超静定次数的影响，如果在图 6-1(a)中，把杆数由 5 减少为 2，这时桁架结构是静定的，上述方法仍然适用。所以位移法与结构的超静定次数无关，可用于求解静定结构和超静定结构的内力问题。

6.1.2　位移法的基本未知量和基本方程

根据上述桁架简例，可归纳出位移法的 4 个要点如下。

(1)**位移法的基本未知量**是结构的独立结点位移(如图 6-1(a)中 B 点的竖向位移 Δ)。

(2)**位移法的基本方程**是用位移表示的平衡方程(如 B 点的竖向投影平衡方程式(c))。

(3)建立基本方程的过程分为两步：第一步，把结构拆成杆件单元，进行杆件分析，得出杆件的**刚度方程**；第二步，把杆件单元搭建、综合成结构，进行整体分析，得到位移法基本方程。

这个过程是一拆一搭，拆了再搭的过程。然后，从位移法基本方程解出基本未知位移，最后把该位移代回单元刚度方程求得杆件内力。可见，位移法的基本思路是把复杂结构的分析计算问题转变为简单杆件的分析与综合问题。

(4)杆件分析是结构分析的基础，杆件单元的刚度方程是位移法基本方程的基础。因此，位移法也称为**刚度法**。

6.1.3　位移法计算刚架的基本思路

本章主要讨论用位移法分析计算超静定梁和超静定刚架的内力，现在再结合刚架结构对位移法的基本思路作进一步的介绍。在刚架分析中，通常只考虑弯曲变形，忽略剪切和拉伸变形，这样可减少位移法的基本未知量，且仍有很高的计算精度。

图 6-3(a) 所示为一刚架，因忽略拉伸变形，在给定荷载下结点 A 将发生角位移 θ_A 和水平线位移 Δ，而无竖向线位移；结点 C 的水平线位移与结点 A 相同。因 A 处是刚结点，当它发生角位移 θ_A 时，按照变形协调，与之相连的各杆端截面的转角均应等于 θ_A。采用位移法计算刚架内力时，取独立的结点位移参数 θ_A 和 Δ 作为基本未知量。一旦基本未知量 θ_A 和 Δ 被求出，那么刚架整体的计算问题就转化为杆件的计算问题，如图 6-3(b)、(c) 所示。其中杆 AB 相当于 B 端固定、A 端有已知位移 θ_A 和 Δ，并承受已知荷载 q 的作用。杆 AC 相当于 C 端为简支、A 端有已知位移 θ_A，并承受已知荷载 F_P 的作用。

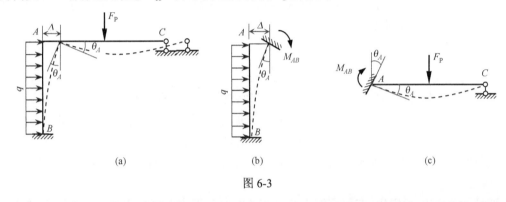

图 6-3

由此可见，用位移法计算刚架时，独立的结点位移参数是处于关键地位的未知量，只要这个关键问题解决了，余下的问题就是杆件的计算问题。用位移法计算刚架的基本思路仍然是拆了再搭。首先，是把刚架拆成杆件，进行杆件单元分析——杆件在已知端点位移和已知荷载作用下的计算。其次，是把杆件单元再搭建成刚架，进行整体分析——利用刚架平衡条件建立位移法基本方程，借以求出基本未知量。与桁架结构相比，求解刚架结构的内力要复杂一些，后续将详细讨论。

6.1.4　位移法基本未知量的确定

和力法一样，位移法首先需要确定基本未知量的数目。力法的基本未知量是多余约束力。位移法的基本未知量是独立的结点位移，可分为角位移和线位移。在力法中，为了对超静定梁和刚架进行简化计算，在计算柔度系数和自由项时，通常不计轴力和剪力引起的变形。在位移法中，平面刚架的每个刚结点有 1 个转角位移和 2 个水平与竖直方向的线位移共计 3 个独立位移。但是，为了减少基本未知量的个数，使计算得到简化，通常在位移法中对于受弯杆件忽略其轴向变形，并设弯曲变形是微小的。于是，可认为受弯杆件两端结点之间的距离在变形后仍保持不变，这样每一受弯直杆就相当于一个链杆约束，从而减少了有侧移刚架结构中独立的结点线位移数目。下面分别介绍刚架分析的位移法中角位移和线位移数的确定。

图 6-4(a) 所示为一个无侧移的超静定刚架，在图示外力作用下，由忽略轴力且弯曲变形是

微小的假定可知，结构的变形如图中虚线所示。在刚结点 B 处，由变形协调条件可知：与其相连接的 3 根杆件的转角相同，因此刚结点 B 处只有一个独立的角位移 θ_B。同理在刚结点 C 处，有一个独立的角位移 θ_C。在铰结点 D 处还有一个未知角位移 θ_D。

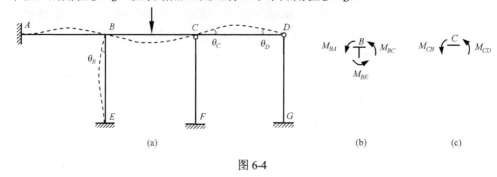

图 6-4

由于刚结点处各杆的杆端弯矩一般不为零，如图 6-4(b)、(c)所示，故在刚结点 B、C 两处可以写出力矩平衡条件如下：

$$\begin{cases} M_{BC} + M_{BA} + M_{BE} = 0 \\ M_{CB} + M_{CD} = 0 \end{cases} \tag{a}$$

因为铰结点处各杆的杆端弯矩一定为零，所以铰结点 D 处的力矩平衡条件为零等于零的恒等式。由于式(a)的两个平衡条件只能求出两个未知量，所以本问题的基本未知量是刚结点 B、C 处的角位移 θ_B 与 θ_C。而 θ_D 虽为未知量，但它是非独立的结点位移，不能作为基本未知量。故在平衡条件或称基本方程式(a)中，应把各杆端弯矩表达成 θ_B 与 θ_C 的函数，该函数形式将在 6.2 节讨论。

通过以上分析，可看出：在位移法中并不需要将所有结点位移均作为基本未知量，如图 6-4 中 D 点的转角位移属于非独立的结点位移，就没必要作为基本未知量。位移法中独立角位移的数目等于结构中可转动刚结点的数目。

这里以图 6-5(a)中有侧移的刚架为例，讨论线位移数的确定问题。由于各杆两端距离假设不变，因此在微小位移的情况下，结点 C 和 D 都没有竖向位移，而且结点 C 和 D 的水平位移也彼此相等，可用一个符号 Δ 来表示。因此，原来两个结点的 4 个线位移现在归结为一个独立的结点线位移 Δ。全部基本未知量只有三个，即 θ_C、θ_D 和 Δ。

对于一般刚架，独立结点线位移的数目常可由观察判定。如图 6-5(b)、(c)所示的两个例子，虚线表示变形后杆的曲线。在图 6-5(b)中，只有一个独立线位移 Δ，因为结点 D、E、F 之间有水平梁相连，在忽略拉伸变形的情况下，其水平线位移必然相同。图 6-5(c)所示为由水平梁与立柱组成的两层刚架，4 个刚结点 C、D、E、F 有 4 个转角；此外，还有两个独立的结点线位移 Δ_1 和 Δ_2。显然，每层有一个线位移，因而独立结点线位移的数目等于刚架的层数。

对于图 6-5(b)所示的线位移 Δ，应截取图 6-5(d)所示的局部结构，建立水平力的截面投影平衡条件，即

$$F_{SDA} + F_{SEB} + F_{SFC} - F_P = 0 \tag{b}$$

式(b)即为图 6-5(b)结构的位移法基本方程。其中各杆端剪力 F_{SDA}、F_{SEB}、F_{SFC} 应是基本未知量 Δ 的函数。该杆端位移-内力间的函数关系将在 6.2 节讨论。

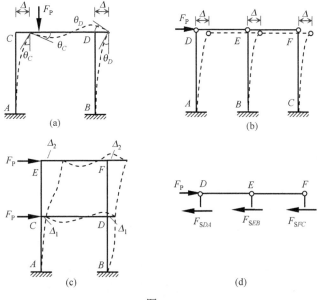

图 6-5

由于在刚架分析计算中，有些结构比较复杂，很难通过观察判断出刚架的线位移，需利用几何构造分析的方法确定结构中独立线位移数。

以图 6-6(a) 所示刚架为例，由于每一个结点可能有 2 个线位移，而每一受弯直杆提供一个两端距离不变的约束条件，这就与第 2 章分析平面铰结体系的几何构造性质的规则相似(平面铰结体系的每一个结点有 2 个自由度，而每根链杆为 1 个约束)。因此，确定独立的结点线位移数时，可把刚架中所有刚结点和固定支座都改为铰结点，从而得到图 6-6(b) 所示的铰结体系。添加 4 个链杆约束后，体系就由几何可变成为几何不变。由此可知，图 6-6(a) 中的刚架有 4 个独立结点线位移。同样，将图 6-6(c) 中的所有刚结点改成铰结点，得到图 6-6(d) 所示的铰结体系为几何不变体系，因此图 6-6(c) 中的刚架没有线位移。综上分析可知：位移法中的独立结

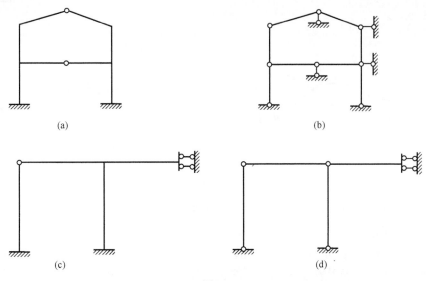

图 6-6

点线位移个数，等于把结构中所有的刚结点(包括固定支座)都改为铰结点后，该铰结体系的自由度数，或等于为了使此铰结体系成为几何不变而需添加的链杆数。

总体来看，用位移法计算超静定刚架时，基本未知量包括独立的结点角位移和线位移。结点角位移的数目等于可转动的刚结点个数，结点线位移的数目等于铰结体系的自由度的数目。位移法的基本未知量数目就是动不定次数，而力法的基本未知量数目就是静不定(超静定)次数。在选取位移法的基本未知量时，由于既保证了刚结点处各杆杆端转角彼此相等，又保证了各杆杆端距离保持不变。因此，在拆了再搭的过程中，能够保证各杆位移的彼此协调，因而能够满足变形连续条件。相应地，位移法的基本方程是用角位移和线位移表示的平衡方程，包括结点的力矩平衡方程，以及截面的力投影平衡方程。

6.2　等截面直杆的转角位移方程

为了给位移法计算刚架结构做好准备，以便通过基本方程求出基本未知量，需要建立杆端力与杆端位移间的物理关系。本节将讨论等截面弯曲直杆计算的两个问题：一是在已知杆端位移下求杆端弯矩，二是在已知荷载作用下求固端弯矩。

如图 6-7(a)所示的刚架结构，在荷载作用下，变形如图中虚线所示。其中 AB 杆既有杆端转角 θ_A 和 θ_B，又有杆端相对线位移，也称杆端侧移 Δ。相对于结构中其他杆件，AB 杆就成为一般弯曲杆件。

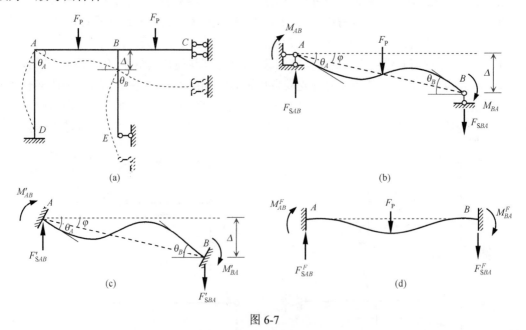

图 6-7

截出变形后的 AB 杆如图 6-7(b)所示，其中杆端弯矩 M_{AB}、M_{BA} 与杆端剪力 F_{SAB}、F_{SBA} 统称杆端力，杆端转角 θ_A 和 θ_B 与两端垂直杆轴的相对位移 Δ，统称为杆端位移。在小变形的前提下，设 AB 杆长 l，由 Δ 可得出弦转角，$\varphi = \Delta/l$。

为了运算方便，在位移法中采用如下的正负号规则：结点转角 θ_A、θ_B，弦转角 φ，杆端弯矩 M_{AB}、M_{BA}，一律以顺时针转向为正。杆端剪力的符号仍与以前的规定相同。值得注意的是，这里关于杆端弯矩的正负号规则与通常关于截面弯矩的正负规则（例如，梁中弯矩使梁下部纤维受拉者规定为正）有所不同。第一，这里的规则是针对杆端弯矩，而不是针对杆中任一截面的弯矩。第二，当取杆件（或取结点）为隔离体时，杆端弯矩是隔离体上的外力，建立隔离体平衡方程时，本章力矩一律以顺时针转向为正。因此，这里的规则是把杆端弯矩看作杆件的外力，为了便于建立平衡方程（位移法的基本方程）而规定的。另外，在作弯矩图时，把弯矩看作杆件的内力，因此仍应遵守通常的正负号规则。总之，杆端弯矩有双重身份：既是杆件的内力，又是隔离体外力，要注意在不同场合按相应的正负号规则取用。

图 6-7(b) 中各量均设为正向。为了把 AB 杆的杆端力表达为杆端位移以及荷载的函数，可以将变形前的 AB 杆视为两端固定的单跨超静定梁，图 6-7(b) 简支梁的受力、变形性质与原两端固定的超静定梁相同，然后分三步求解其杆端力。

第一步，先让杆端位移作用于该单跨静定梁，形成图 6-7(c) 所示的变形，并产生杆端弯矩 M'_{AB}、M'_{BA} 与杆端剪力 F'_{SAB}、F'_{SBA}，建立由杆端位移求杆端力的公式。

第二步，再让荷载 F_P 单独作用于该单跨超静定梁，形成图 6-7(d) 所示的变形，并产生固端弯矩 M^F_{AB}、M^F_{BA} 与固端剪力 F^F_{SAB}、F^F_{SBA}。该固端力可通过力法求得。

第三步，叠加图 6-7(c) 的杆端力与图 6-7(d) 的固端力，即为图 6-7(b) 中由 θ_A、θ_B、Δ 与 F_P 共同作用下引起的总杆端力，即

$$\begin{cases} M_{AB} = M'_{AB} + M^F_{AB} \\ M_{BA} = M'_{BA} + M^F_{BA} \\ F_{SAB} = F'_{SAB} + F^F_{SAB} \\ F_{SBA} = F'_{SBA} + F^F_{SBA} \end{cases} \tag{a}$$

6.2.1　由杆端位移求杆端内力

下面讨论第一步由杆端位移求杆端力。图 6-8 所示为一等截面弯曲直杆 AB，截面惯性矩 I 为常数。已知端点 A 和 B 的角位移分别为 θ_A 和 θ_B，两端垂直杆轴的相对位移为 Δ，拟求杆端弯矩 M_{AB} 和 M_{BA}。应该指出：如果杆件沿平行或垂直杆轴方向平行移动，则不引起杆端弯矩。因此，只需考虑两端在垂直杆轴方向发生相对位移 Δ 的情形。此外，由 Δ 可得出弦转角，$\varphi = \Delta/l$。

首先，计算简支梁在两端力偶 M_{AB}、M_{BA} 作用下产生的杆端转角（图 6-9(a)）。由单位荷载法，得

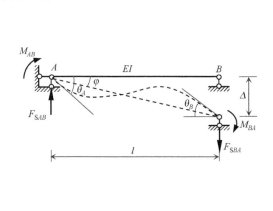

图 6-8　　　　　　　　　　　　　　　　　　　　　　图 6-9

$$\begin{cases} \theta'_A = \dfrac{1}{3i}M_{AB} - \dfrac{1}{6i}M_{BA} \\[3mm] \theta'_B = -\dfrac{1}{6i}M_{AB} + \dfrac{1}{3i}M_{BA} \end{cases} \tag{6-2}$$

其中， $i = \dfrac{EI}{l}$ 称为杆件的线刚度。

其次，当简支梁两端有相对竖向位移 Δ 时（图 6-9（b）），杆端转角应为

$$\theta''_A = \theta''_B = \frac{\Delta}{l} \tag{6-3}$$

综合起来，当两端有力偶 M_{AB}、M_{BA} 作用，而两端又有相对竖向位移 Δ 时，杆端转角为

$$\begin{cases} \theta_A = \dfrac{1}{3i}M_{AB} - \dfrac{1}{6i}M_{BA} + \dfrac{\Delta}{l} \\[3mm] \theta_B = -\dfrac{1}{6i}M_{AB} + \dfrac{1}{3i}M_{BA} + \dfrac{\Delta}{l} \end{cases} \tag{6-4}$$

解联立方程，则得

$$\begin{cases} M_{AB} = 4i\theta_A + 2i\theta_B - 6i\dfrac{\Delta}{l} \\[3mm] M_{BA} = 2i\theta_A + 4i\theta_B - 6i\dfrac{\Delta}{l} \end{cases} \tag{6-5}$$

式（6-5）就是由杆端位移 θ_A、θ_B、Δ 求杆端弯矩的公式（习惯上称为**转角位移方程**）。这一方程也可由力法求解两端固定的等截面直杆得到。通常将关注的一端称为近端，另外一端称为远端。从式（6-5）可见杆端弯矩由近端转角、远端转角和杆端弦转角三部分引起的弯矩组成，可将其总结为"近 4 远 2 弦–6"。此外，由平衡条件还可求出杆端剪力如下：

$$F_{SAB} = F_{SBA} = -\frac{1}{l}(M_{AB} + M_{BA})$$

再将式（6-5）代入，即得

$$F_{SAB} = F_{SBA} = -\frac{6i}{l}\theta_A - \frac{6i}{l}\theta_B + \frac{12i}{l^2}\Delta \tag{6-6}$$

为了紧凑起见，可以把式（6-5）和式（6-6）写成矩阵的形式：

$$\begin{bmatrix} M_{AB} \\[3mm] M_{BA} \\[3mm] F_{SAB} \end{bmatrix} = \begin{bmatrix} 4i & 2i & -\dfrac{6i}{l} \\[3mm] 2i & 4i & -\dfrac{6i}{l} \\[3mm] -\dfrac{6i}{l} & -\dfrac{6i}{l} & \dfrac{12i}{l^2} \end{bmatrix} \begin{bmatrix} \theta_A \\[3mm] \theta_B \\[3mm] \Delta \end{bmatrix} \tag{6-7}$$

式（6-7）与式（6-1）具有类似的性质，称为弯曲杆件的刚度方程。其中

$$\begin{bmatrix} 4i & 2i & -\dfrac{6i}{l} \\[3mm] 2i & 4i & -\dfrac{6i}{l} \\[3mm] -\dfrac{6i}{l} & -\dfrac{6i}{l} & \dfrac{12i}{l^2} \end{bmatrix}$$

称为弯曲杆件的**刚度矩阵**，其中的系数称为**刚度系数**。刚度系数是只与杆件的长度、截面尺寸和材料性质有关的常数，习惯上也称为**形常数**。

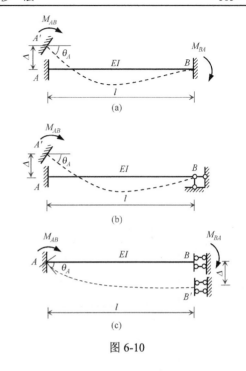

图 6-10

下面讨论杆件一端 A 固定、另一端 B 具有三种常见的不同支座约束时杆件的转角位移方程。

(1) B 端为固定支座 (图 6-10(a))。

在式 (6-5) 中令 $\theta_B = 0$，得

$$\begin{cases} M_{AB} = 4i\theta_A - 6i\dfrac{\Delta}{l} \\ M_{BA} = 2i\theta_A - 6i\dfrac{\Delta}{l} \end{cases} \tag{6-8}$$

(2) B 端为铰支座 (图 6-10(b))。

在式 (6-4) 第一式中令 $M_{BA}=0$，得

$$\theta_B = \frac{3}{2}\frac{\Delta}{l} - \frac{1}{2}\theta_A$$

可见铰支座角位移不是独立的。再代入式 (6-5)，得

$$M_{AB} = 3i\theta_A - 3i\frac{\Delta}{l} \tag{6-9}$$

(3) B 端为滑动支座 (图 6-10(c))。

在式 (6-6) 中令 $\theta_B=0$ 和 $F_{SAB}= F_{SBA}=0$，得

$$\frac{\Delta}{l} = \frac{1}{2}\theta_A$$

可见滑动支座相对侧移不是独立的。再代入式 (6-5)，得

$$\begin{cases} M_{AB} = \ \ i\theta_A \\ M_{BA} = -i\theta_A \end{cases} \tag{6-10}$$

6.2.2 由荷载求固端内力

代表性的等截面弯曲杆件有三种：①两端固定的梁；②一端固定、另一端铰支的梁；③一端固定、另一端滑动支承的梁。表 6-2 给出了三种弯曲杆件在几种常见荷载作用下的杆端弯矩和杆端剪力，称为**固端弯矩**和**固端剪力**。因为它们是只与荷载形式有关的常数，所以又称为**载常数**。固端弯矩用 M_{AB}^{F} 和 M_{BA}^{F} 表示，固端剪力用 F_{SAB}^{F} 和 F_{SBA}^{F} 表示。

在两端固定的梁中，表 6-2 中编号 3 的公式是基本公式，利用这个公式，根据叠加原理，可得出在集中力系 F_{Pi} 和分布荷载 $q(a)$ 共同作用下的固端弯矩如下 (图 6-11)：

$$\begin{cases} M_{AB}^{F} = -\sum F_{Pi}\dfrac{a_i(l-a_i)^2}{l^2} - \displaystyle\int_0^l \dfrac{q(a)a(l-a)^2}{l^2}\mathrm{d}a \\ M_{BA}^{F} = \ \ \sum F_{Pi}\dfrac{a_i^2(l-a_i)}{l^2} - \displaystyle\int_0^l \dfrac{q(a)a^2(l-a)}{l^2}\mathrm{d}a \end{cases} \tag{6-11}$$

其中，a_i 表示集中荷载 F_{Pi} 与 A 端的距离；a 表示微段荷载 $q(a)\mathrm{d}a$ 与 A 端的距离。

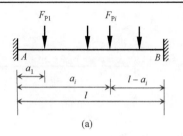

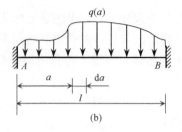

图 6-11

表 6-2　等截面杆件的固端弯矩和固端剪力

	编号	简图	固端弯矩(以顺时针转向为正)	固端剪力
两端固定	1		$M_{AB}^{F} = -\dfrac{ql^2}{12}$ $M_{BA}^{F} = \dfrac{ql^2}{12}$	$F_{SAB}^{F} = \dfrac{ql}{2}$ $F_{SBA}^{F} = -\dfrac{ql}{2}$
	2		$M_{AB}^{F} = -\dfrac{ql^2}{30}$ $M_{BA}^{F} = \dfrac{ql^2}{20}$	$F_{SAB}^{F} = \dfrac{3ql}{20}$ $F_{SBA}^{F} = -\dfrac{7ql}{20}$
	3		$M_{AB}^{F} = -\dfrac{F_{P}ab^2}{l^2}$ $M_{BA}^{F} = \dfrac{F_{P}a^2b}{l^2}$	$F_{SAB}^{F} = \dfrac{F_{P}b^2}{l^2}\left(1+\dfrac{2a}{l}\right)$ $F_{SBA}^{F} = -\dfrac{F_{P}a^2}{l^2}\left(1+\dfrac{2b}{l}\right)$
	4		$M_{AB}^{F} = -\dfrac{F_{P}l}{8}$ $M_{BA}^{F} = \dfrac{F_{P}l}{8}$	$F_{SAB}^{F} = \dfrac{F_{P}}{2}$ $F_{SBA}^{F} = -\dfrac{F_{P}}{2}$
一端固定另一端铰支	5		$M_{AB}^{F} = -\dfrac{ql^2}{8}$	$F_{SAB}^{F} = \dfrac{5}{8}ql$ $F_{SBA}^{F} = -\dfrac{3}{8}ql$
	6		$M_{AB}^{F} = -\dfrac{ql^2}{15}$	$F_{SAB}^{F} = \dfrac{2}{5}ql$ $F_{SBA}^{F} = -\dfrac{1}{10}ql$
	7		$M_{AB}^{F} = -\dfrac{7ql^2}{120}$	$F_{SAB}^{F} = \dfrac{9}{40}ql$ $F_{SBA}^{F} = -\dfrac{11}{40}ql$
	8		$M_{AB}^{F} = -\dfrac{F_{P}b(l^2-b^2)}{2l^2}$	$F_{SAB}^{F} = \dfrac{F_{P}b(3l^2-b^2)}{2l^3}$ $F_{SBA}^{F} = \dfrac{F_{P}a^2(3l-a)}{2l^3}$
	9		$M_{AB}^{F} = -\dfrac{3F_{P}l}{16}$	$F_{SAB}^{F} = \dfrac{11}{16}F_{P}$ $F_{SBA}^{F} = -\dfrac{5}{16}F_{P}$

	编号	简图	固端弯矩(以顺时针转向为正)	固端剪力
一端固定另一端滑动支承	10	q 作用于 AB 梁，长 l	$M_{AB}^{F} = -\dfrac{ql^2}{3}$ $M_{BA}^{F} = -\dfrac{ql^2}{6}$	$F_{SAB}^{F} = ql$ $F_{SBA}^{F} = 0$
	11	F_P 作用，a、b	$M_{AB}^{F} = -\dfrac{F_P a}{2l}(2l - a)$ $M_{BA}^{F} = -\dfrac{F_P a^2}{2l}$	$F_{SAB}^{F} = F_P$ $F_{SBA}^{F} = 0$
	12	F_P 作用，a、b	$M_{AB}^{F} = M_{BA}^{F} = -\dfrac{F_P l}{2}$	$F_{SAB}^{F} = F_P$ $F_{SBA}^{LF} = F_P$ $F_{SBA}^{RF} = 0$

此外，三种梁的固端弯矩是有联系的，例如，第二、三种梁的固端弯矩可利用第一种梁的结果导出。

如果等截面弯曲杆件既有已知荷载作用，又有已知的杆端位移，则根据叠加原理，杆端弯矩的一般公式(对照式(6-5))为

$$\begin{cases} M_{AB} = 4i\theta_A + 2i\theta_B - 6i\dfrac{\Delta}{l} + M_{AB}^{F} \\ M_{BA} = 2i\theta_A + 4i\theta_B - 6i\dfrac{\Delta}{l} + M_{BA}^{F} \end{cases} \tag{6-12}$$

杆端剪力的一般公式(对照式(6-6))为

$$\begin{cases} F_{SAB} = -\dfrac{6i}{l}\theta_A - \dfrac{6i}{l}\theta_B + \dfrac{12i}{l^2}\Delta + F_{SAB}^{F} \\ F_{SBA} = -\dfrac{6i}{l}\theta_A - \dfrac{6i}{l}\theta_B + \dfrac{12i}{l^2}\Delta + F_{SBA}^{F} \end{cases} \tag{6-13}$$

6.3　无侧移刚架的计算

如果刚架的各结点(不包括支座和边界结点)只有角位移而没有线位移，这种刚架称为**无侧移刚架**。

本节讨论利用弯曲杆件的转角位移方程进行无侧移刚架的分析计算。连续梁的计算也属于这类问题。

6.3.1　基本未知量的选取

图 6-12(a)所示为一连续梁，在荷载作用下，结点 B 只有角位移 θ_B，没有线位移，属于无侧移的问题。

采用位移法计算时，取**结点角位移** θ_B 作为基本未知量。需要说明，铰支座 C 处虽有角位移，但属于非独立位移，不选作基本未知量。

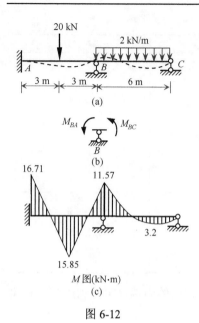

M_{BA}　M_{BC}

B

(b)

16.71

11.57

3.2

15.85

M 图(kN·m)

(c)

图 6-12

由表 6-2 可求出各杆的固端弯矩为

$$-M_{AB}^{F} = M_{BA}^{F} = \frac{20 \text{ kN} \times 6 \text{ m}}{8} = 15 \text{ kN} \cdot \text{m}$$

$$M_{BC}^{F} = -\frac{2 \text{ kN/m} \times (6 \text{ m})^2}{8} = -9 \text{ kN} \cdot \text{m}$$

再利用转角位移方程式(6-8)和式(6-9)(其中令 $\Delta=0$），可列出各杆杆端弯矩如下(设各杆的线刚度 i 相等)：

$$\begin{cases} M_{AB} = 2i\theta_B - 15 \text{ kN} \cdot \text{m} \\ M_{BA} = 4i\theta_B + 15 \text{ kN} \cdot \text{m} \\ M_{BC} = 3i\theta_B - 9 \text{ kN} \cdot \text{m} \end{cases} \qquad \text{(a)}$$

由此看出，一旦求出 θ_B，杆端弯矩即可求出。

6.3.2　基本方程的建立

下面建立位移法基本方程，以便求出基本未知量 θ_B。为此，取结点 B 为隔离体(图 6-12(b))，可列出力矩平衡方程为

$$\sum M_B = 0, \quad M_{BA} + M_{BC} = 0 \qquad \text{(b)}$$

利用式(a)，此平衡方程可写为

$$7i\theta_B + 6 \text{ kN} \cdot \text{m} = 0 \qquad \text{(c)}$$

式(c)就是用位移 θ_B 表示的平衡方程，即位移法的基本方程，由此可求出基本未知量为

$$\theta_B = -\frac{6 \text{ kN} \cdot \text{m}}{7i} \qquad \text{(d)}$$

至此，已解决了位移法的关键问题。将式(d)代入式(a)，即可求出各杆杆端弯矩为

$$M_{AB} = 2i \times \left(-\frac{6 \text{ kN} \cdot \text{m}}{7i}\right) - 15 \text{ kN} \cdot \text{m} = -16.71 \text{ kN} \cdot \text{m}$$

$$M_{BA} = 4i \times \left(-\frac{6 \text{ kN} \cdot \text{m}}{7i}\right) + 15 \text{ kN} \cdot \text{m} = 11.57 \text{ kN} \cdot \text{m}$$

$$M_{BC} = 3i \times \left(-\frac{6 \text{ kN} \cdot \text{m}}{7i}\right) - 9 \text{ kN} \cdot \text{m} = -11.57 \text{ kN} \cdot \text{m}$$

据此，可作弯矩图，如图 6-12(c)所示。

用位移法解超静定连续梁和无侧移刚架时，在每个刚结点处有一个结点转角——基本未知量；与此相应，在每个刚结点处又可写出一个力矩平衡方程——基本方程。因此，基本方程的个数与基本未知量的个数恰好相等，因而可解出全部基本未知量。

位移法的基本作法是先拆散，后组装。组装的原则有二：首先，在结点处各个杆件的变形要协调一致；其次，装配好的结点要满足平衡条件。关于第一个要求，在选定位移法的基本未知量时已经考虑到。因为在每个刚结点处只规定了一个结点转角，也就是说，规定了刚结点处的各杆杆端转角都彼此相等，这样就保证了结点处的**变形连续条件**。关于第二个要求，

是在建立位移法的基本方程时才考虑的，因为基本方程就是根据结点的平衡条件列出的。从这里不仅看到了位移法的解答已经满足平衡条件和变形连续条件，而且看到了经过什么途径才使这两方面的条件得到满足。

例 6-1　试作图 6-13(a)所示刚架的弯矩图。

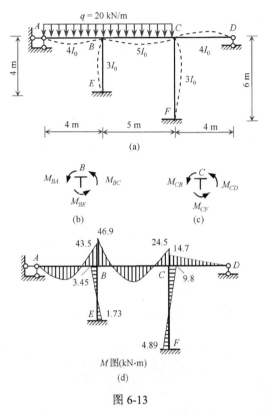

图 6-13

解：（1）基本未知量。

共有两个基本未知量：θ_B、θ_C。

（2）杆端弯矩。

固端弯矩查表 6-2 求得

$$M_{BA}^{F} = \frac{ql^2}{8} = \frac{20 \text{ kN}/\text{m} \times (4 \text{ m})^2}{8} = 40.0 \text{ kN} \cdot \text{m}$$

$$M_{BC}^{F} = -\frac{ql^2}{12} = -\frac{20 \text{ kN}/\text{m} \times (5 \text{ m})^2}{12} = -41.7 \text{ kN} \cdot \text{m}$$

$$M_{CB}^{F} = 41.7 \text{ kN} \cdot \text{m}$$

各杆刚度取相对值计算，设 $EI_0 = 1$，则

$$i_{AB} = \frac{4EI_0}{4} = 1 , \quad i_{BC} = \frac{5EI_0}{5} = 1$$

$$i_{CD} = \frac{4EI_0}{4} = 1 , \quad i_{BE} = \frac{3EI_0}{4} = \frac{3}{4}$$

$$i_{CF} = \frac{3EI_0}{6} = \frac{1}{2}$$

由转角位移方程式(6-5)、式(6-8)、式(6-9)，再叠加固端弯矩，可列出各杆杆端弯矩为

$$M_{BA} = 3i_{AB}\theta_B + M_{BA}^{F} = 3\theta_B + 40.0$$

$$M_{BC} = 4i_{BC}\theta_B + 2i_{BC}\theta_C + M_{BC}^{F} = 4\theta_B + 2\theta_C - 41.7$$

$$M_{CB} = 2i_{BC}\theta_B + 4i_{BC}\theta_C + M_{CB}^{F} = 2\theta_B + 4\theta_C + 41.7$$

$$M_{CD} = 3i_{CD}\theta_C = 3\theta_C$$

$$M_{BE} = 4i_{BE}\theta_B = 3\theta_B，\quad M_{EB} = 2i_{BE}\theta_B = 1.5\theta_B$$

$$M_{CF} = 4i_{CF}\theta_C = 2\theta_C，\quad M_{FC} = 2i_{FC}\theta_C = \theta_C$$

(3)位移法方程。

由结点 B 平衡(图 6-13(b))得

$$\sum M_B = 0，\quad M_{BA} + M_{BC} + M_{BE} = 0$$

将上步结果代入得

$$10\theta_B + 2\theta_C - 1.7 = 0 \qquad\qquad\qquad (a)$$

由结点 C 平衡(图 6-13(c))得

$$\sum M_C = 0，\quad M_{CB} + M_{CD} + M_{CF} = 0$$

将上步结果代入得

$$2\theta_B + 9\theta_C + 41.7 = 0 \qquad\qquad\qquad (b)$$

(4)求基本未知量。

解式(a)、(b)所示的两个线性代数方程，得

$$\theta_B = 1.15，\quad \theta_C = -4.89$$

(5)求杆端弯矩。

将求得的杆端位移代入上述各杆杆端弯矩公式，得

$$M_{BA} = 43.50 \text{ kN·m}$$

$$M_{BE} = 3.45 \text{ kN·m}，\quad M_{EB} = 1.73 \text{ kN·m}$$

$$M_{BC} = -46.90 \text{ kN·m}，\quad M_{CB} = 24.50 \text{ kN·m}$$

$$M_{CD} = -14.70 \text{ kN·m}$$

$$M_{CF} = -9.80 \text{ kN·m}，\quad M_{FC} = -4.89 \text{ kN·m}$$

最后指出，因为各杆用的是相对刚度，因而例题中求出的位移并不是真值。如果要求位移的真值，则刚度也应采用真值。

6.4　有侧移刚架的计算

刚架分为无侧移和有侧移两类。本节讨论有侧移刚架的内力分析。在**有侧移刚架**中，基本未知量通常有独立刚结点角位移和**结点线位移**两类。因此，与无侧移刚架计算相比，用位移

法进行有侧移刚架计算时在建立基本方程方面有所不同，除了建立与结点角位移对应的基本方程(即结点力矩平衡方程)，还要根据与独立结点线位移对应的静力平衡条件补充建立基本方程(即截面投影平衡方程)。下面举例说明有侧移刚架的位移法基本方程是如何建立的。

图 6-14(a)所示刚架，柱的线刚度为 i，梁的线刚度为 $2i$。忽略杆件的轴向变形，位移法的基本未知量为刚结点 B 的转角 θ_B 和柱顶的水平位移 Δ，如图 6-14(b)所示。

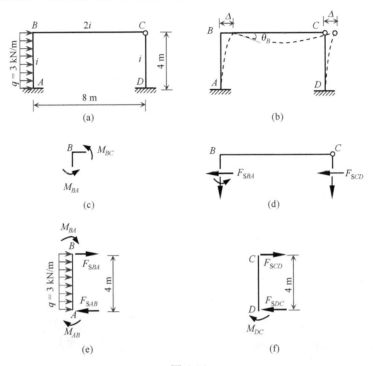

图 6-14

进行刚架杆件计算时，要注意 AB 和 CD 两杆的两端结点有相对侧移 Δ，但杆 BC 的两端结点只有整体的水平位移，而没有竖向位移，从而也没有横向相对位移。利用转角位移方程式 (6-8)、式 (6-9)，并叠加固端弯矩后，可列出各杆的杆端弯矩如下：

$$
\begin{cases}
M_{AB} = 2i\theta_B - 6i\dfrac{\Delta}{4} - \dfrac{1}{12} \times 3 \times 4^2 \\[2mm]
M_{BA} = 4i\theta_B - 6i\dfrac{\Delta}{4} + \dfrac{1}{12} \times 3 \times 4^2 \\[2mm]
M_{BC} = 3 \times (2i)\theta_B \\[2mm]
M_{DC} = -3i\dfrac{\Delta}{4}
\end{cases}
\tag{a}
$$

下面建立位移法的基本方程。首先，与结点 B 角位移 θ_B 对应，取结点 B 为隔离体(图 6-14(c))，可列出力矩平衡方程为

$$
\sum M_B = 0 , \qquad M_{BA} + M_{BC} = 0 \tag{b}
$$

利用式(a)，此平衡方程可写为

$$
10i\theta_B - 1.5i\Delta + 4 = 0 \tag{6-14a}
$$

其次，与横梁水平位移 Δ 对应，取柱顶以上横梁 BC 部分为隔离体（图 6-14(d)），可列出截面水平投影平衡方程为

$$\sum F_x = 0 , \quad F_{SBA} + F_{SCD} = 0 \qquad\qquad (\text{c})$$

式(c)中的杆端剪力可先换成杆端弯矩。为此，取柱 AB 作隔离体（图 6-14(e)，图中杆端轴力未画出），得

$$\sum M_A = 0 , \quad F_{SBA} = -\frac{1}{4}(M_{AB} + M_{BA}) - 6$$

再取柱 CD 作隔离体（图 6-14(f)），得

$$\sum M_D = 0 , \quad F_{SCD} = -\frac{1}{4}M_{DC}$$

将以上两剪力的表达式代入式(c)，得

$$M_{AB} + M_{BA} + M_{DC} + 24 = 0 \qquad\qquad (\text{d})$$

再利用式(a)，得

$$6i\theta_B - 3.75i\Delta + 24 = 0 \qquad\qquad (6\text{-}14\text{b})$$

解联立线性代数方程(式(6-14a)和式(6-14b))，就可求出结点位移 θ_B 和 Δ，然后代入式(a)可求出杆端弯矩，进而可以作刚架的内力图。

一般说来，位移法的基本方程都是根据平衡条件得出的。位移法的基本未知量中每一个转角有一个相应的结点力矩平衡方程，每一个独立结点线位移有一个相应的截面投影平衡方程。平衡方程的个数与基本未知量的个数彼此相等，正好解出全部基本未知量。

例 6-2　试作图 6-15(a)所示刚架的弯矩图，忽略横梁的轴向变形。

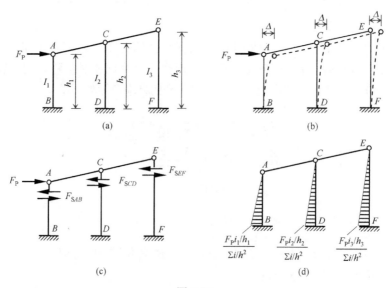

图 6-15

解：(1)确定基本未知量。

柱 AB、CD、EF 是平行的，因而变形时横梁只有水平移动，横梁在变形前后保持平行

(图 6-15(b)),所以各柱顶的水平位移是相等的,只有一个独立线位移 Δ。本例没有刚结点,没有转角基本未知量。

(2)各杆的杆端弯矩和剪力。

各柱的线刚度为

$$i_1 = \frac{EI_1}{h_1}, \quad i_2 = \frac{EI_2}{h_2}, \quad i_3 = \frac{EI_3}{h_3}$$

由转角位移方程式(6-9)可知杆端弯矩为

$$M_{BA} = -3i_1 \frac{\Delta}{h_1}, \quad M_{DC} = -3i_2 \frac{\Delta}{h_2}, \quad M_{FE} = -3i_3 \frac{\Delta}{h_3}$$

由每柱的平衡求得杆端剪力为

$$F_{SAB} = 3i_1 \frac{\Delta}{h_1^2}, \quad F_{SCD} = 3i_2 \frac{\Delta}{h_2^2}, \quad F_{SEF} = 3i_3 \frac{\Delta}{h_3^2}$$

(3)位移法方程。

取柱顶以上横梁部分为隔离体(图 6-15(c)),由水平方向的平衡条件 $\sum F_x = 0$,得

$$F_P - (F_{SAB} + F_{SCD} + F_{SEF}) = 0$$

$$F_P - 3\Delta \left(\frac{i_1}{h_1^2} + \frac{i_2}{h_2^2} + \frac{i_3}{h_3^2} \right) = 0$$

求得

$$\Delta = \frac{F_P}{3\left(\dfrac{i_1}{h_1^2} + \dfrac{i_2}{h_2^2} + \dfrac{i_3}{h_3^2} \right)} = \frac{F_P}{3\sum \dfrac{i}{h^2}}$$

其中,$\sum \dfrac{i}{h^2}$ 为各立柱 $\dfrac{i}{h^2}$ 之和。

(4)杆端弯矩和剪力。

将 Δ 代入第(2)步各式得

$$M_{BA} = -3i_1 \frac{\Delta}{h_1}, \quad M_{DC} = -3i_2 \frac{\Delta}{h_2}, \quad M_{FE} = -3i_3 \frac{\Delta}{h_3}$$

$$F_{SAB} = 3i_1 \frac{\Delta}{h_1^2}, \quad F_{SCD} = 3i_2 \frac{\Delta}{h_2^2}, \quad F_{SEF} = 3i_3 \frac{\Delta}{h_3^2}$$

(5)根据杆端弯矩可画出 M 图,如图 6-15(d)所示。

(6)讨论。

计算结果表明,排架仅在柱顶荷载作用时,各柱柱顶剪力 F_S 与侧移刚度 i/h^2 成正比。据此,可以用下述剪力分配法求该排架的内力:荷载 F_P 作为各柱总剪力,按各柱侧移刚度 i/h^2 的比例分配给各柱,得各柱剪力,根据柱顶剪力,即可画出弯矩图(图 6-15(d))。

例 6-3 试作图 6-16(a)所示刚架的内力图。

解:(1)基本未知量。

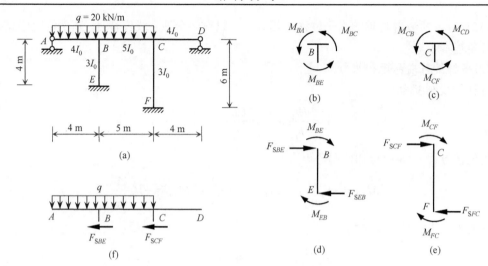

图 6-16

本例与例 6-1 不同处是结点 B、C 除转角 θ_B 和 θ_C 外，还有水平线位移 Δ。

(2) 杆端弯矩。

固端弯矩在例 6-1 中已求出。仍假设各杆刚度取相对值，由转角位移方程式(6-5)、式(6-8)、式(6-9)叠加固端弯矩后，各杆杆端弯矩为

$$M_{BA} = 3i_{BA}\theta_B + M_{BA}^{\mathrm{F}} = 3\theta_B + 40.0$$

$$M_{BC} = 4i_{BC}\theta_B + 2i_{BC}\theta_C + M_{BC}^{\mathrm{F}} = 4\theta_B + 2\theta_C - 41.7$$

$$M_{CB} = 2i_{BC}\theta_B + 4i_{BC}\theta_C + M_{CB}^{\mathrm{F}} = 2\theta_B + 4\theta_C + 41.7$$

$$M_{CD} = 3i_{CD}\theta_C = 3\theta_C$$

$$M_{BE} = 4i_{BE}\theta_B - 6\frac{i_{BE}}{l_{BE}}\Delta = 3\theta_B - 1.125\Delta$$

$$M_{EB} = 2i_{BE}\theta_B - 6\frac{i_{BE}}{l_{BE}}\Delta = 1.5\theta_B - 1.125\Delta$$

$$M_{CF} = 4i_{CF}\theta_C - 6\frac{i_{CF}}{l_{CF}}\Delta = 2\theta_C - 0.5\Delta$$

$$M_{FC} = 2i_{FC}\theta_C - 6\frac{i_{CF}}{l_{CF}}\Delta = \theta_C - 0.5\Delta$$

(3) 位移法方程。

考虑结点 B 的平衡(图 6-16(b))：

$$\sum M_B = 0, \quad M_{BA} + M_{BC} + M_{BE} = 0$$

得

$$10\theta_B + 2\theta_C - 1.125\Delta - 1.7 = 0 \qquad\qquad (\mathrm{a})$$

考虑结点 C 的平衡(图 6-16(c))：

$$\sum M_C = 0, \quad M_{CB} + M_{CD} + M_{CF} = 0$$

得

$$2\theta_B + 9\theta_C - 0.5\Delta + 41.7 = 0 \tag{b}$$

以截面切断柱顶，考虑柱顶以上横梁 $ABCD$ 部分的平衡（图 6-16(f)）得

$$\sum F_x = 0, \quad F_{SBE} + F_{SCF} = 0$$

再考虑柱 BE 和柱 CF 的平衡（图 6-16(d)、(e)）得

$$\sum M_E = 0, \quad F_{SBE} = -\frac{M_{BE} + M_{EB}}{4}$$

$$\sum M_F = 0, \quad F_{SCF} = -\frac{M_{CF} + M_{FC}}{6}$$

故截面投影平衡方程可写为

$$\frac{M_{BE} + M_{EB}}{4} + \frac{M_{CF} + M_{FC}}{6} = 0$$

得

$$6.75\theta_B + 3\theta_C - 4.37\Delta = 0 \tag{c}$$

(4) 求基本未知量。

联立解 (a)、(b)、(c) 三个线性代数方程，得

$$\theta_B = 0.937, \quad \theta_C = -4.946, \quad \Delta = -1.946$$

(5) 求杆端弯矩。

将求得的位移代入第 (2) 步各式，得

$$M_{BA} = 42.8 \text{ kN·m}$$
$$M_{BE} = 5.00 \text{ kN·m}, \quad M_{EB} = 3.59 \text{ kN·m}$$
$$M_{BC} = -47.82 \text{ kN·m}, \quad M_{CB} = 23.76 \text{ kN·m}$$
$$M_{CD} = -14.84 \text{ kN·m}$$
$$M_{CF} = -8.92 \text{ kN·m}, \quad M_{FC} = -3.97 \text{ kN·m}$$

(6) 作内力图。

由杆端弯矩作出的 M 图，如图 6-17(a) 所示。由每杆的隔离体图，用平衡方程可求出杆端剪力，然后作 F_S 图（图 6-17(b)）。由结点的平衡方程可求出杆端轴力，然后作 F_N 图（图 6-17(c)）。

(7) 校核。

在力法中曾经详细讨论过超静定结构计算的校核问题，其中许多做法这里仍然适用。但是要注意一点：在位移法中，一般以校核平衡条件为主；与此相反，在力法中，一般以校核变形连续条件为主。这是因为在选取位移法的基本未知量时已经考虑了变形连续条件，而且刚度系数的计算比较简单，不易出错，因而变形连续条件在位移法中不作为校核的重点。

图 6-17 中的内力图可进行平衡条件校核如下：首先，由图 6-17(d)、(e) 看出，结点 B 和 C 处的力矩平衡条件是满足的。其次，在图 6-17(f) 中取柱顶以上梁 $ABCD$ 部分为隔离体，可校核水平和竖向平衡条件：

$$\sum F_x = 0, \quad 2.15 \text{ kN}-2.15 \text{ kN} = 0$$

$$\sum F_y = 0, \quad 29.3 \text{ kN}+105.5 \text{ kN}+48.9 \text{ kN}-20 \text{ kN/m}\times9 \text{ m}-3.7 \text{ kN} = 183.7 \text{ kN}-183.7 \text{ kN}=0$$

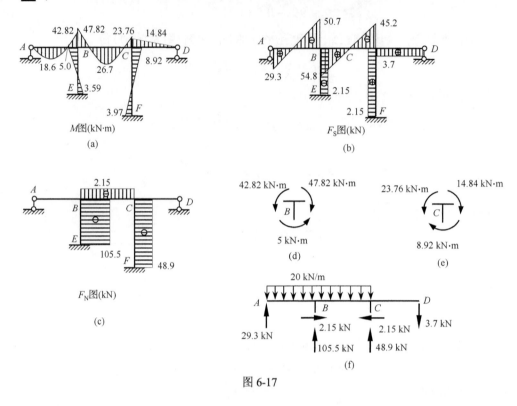

图 6-17

6.5　对称结构的计算

　　对称的连续梁和刚架在工程中应用很多。作用于对称结构上的任意荷载，可以分为对称荷载和反对称荷载两部分分别计算。在对称荷载作用下，变形是对称的，弯矩图和轴力图是对称的，而剪力图是反对称的。在反对称荷载作用下，变形是反对称的，弯矩图和轴力图是反对称的，而剪力图是对称的。5.5 节已经介绍了利用这些规则选取对称结构的半边结构进行力法分析。本节主要结合具体问题，介绍在位移法中利用对称性简化结构的计算。

　　例 6-4　试作图 6-18(a)所示对称刚架的弯矩图。

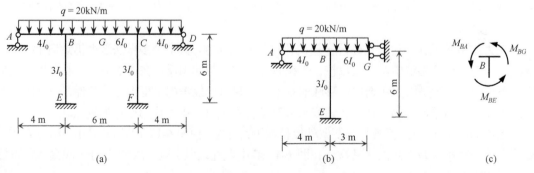

图 6-18

解：（1）基本未知量。

本例是一个受对称荷载作用的奇数跨对称结构。利用对称性可知，对称轴上的截面 G 只有对称内力和位移（即弯矩、轴力和竖向位移），反对称内力和位移（即剪力和水平位移、转角）为 0。因此，取半边结构时，应在截面 G 处设置滑动支座。对称刚架的半边结构如图 6-18（b）所示，其位移法基本未知量只有一个，即结点 B 的转角 θ_B。

（2）杆端弯矩。

固端弯矩查表 6-2 求得

$$M_{BA}^{\mathrm{F}} = \frac{ql^2}{8} = \frac{20\ \mathrm{kN/m} \times (4\ \mathrm{m})^2}{8} = 40.0\ \mathrm{kN \cdot m}$$

$$M_{BG}^{\mathrm{F}} = -\frac{ql^2}{3} = -\frac{20\ \mathrm{kN/m} \times (3\ \mathrm{m})^2}{3} = -60\ \mathrm{kN \cdot m}$$

$$M_{GB}^{\mathrm{F}} = -\frac{ql^2}{6} = -\frac{20\ \mathrm{kN/m} \times (3\ \mathrm{m})^2}{6} = -30\ \mathrm{kN \cdot m}$$

各杆刚度取相对值计算，设 $EI_0 = 1$，则

$$i_{BA} = \frac{4EI_0}{4} = 1, \quad i_{BG} = \frac{6EI_0}{3} = 2, \quad i_{BE} = \frac{3EI_0}{6} = \frac{1}{2}$$

各杆的杆端力为

$$M_{BA} = 3i_{BA}\theta_B + M_{BA}^{\mathrm{F}} = 3\theta_B + 40.0$$

$$M_{BG} = i_{BG}\theta_B + M_{BG}^{\mathrm{F}} = 2\theta_B - 60, \quad M_{GB} = -i_{BG}\theta_B + M_{GB}^{\mathrm{F}} = -2\theta_B - 30$$

$$M_{BE} = 4i_{BE}\theta_B = 2\theta_B, \quad M_{EB} = 2i_{BE}\theta_B = \theta_B$$

（3）位移法方程。

考虑结点 B 的平衡（图 6-18（c））得

$$\sum M_B = 0, \quad M_{BA} + M_{BG} + M_{BE} = 0$$

解得

$$7\theta_B - 20 = 0$$

（4）求基本未知量。

$$\theta_B = \frac{20}{7} = 2.86$$

（5）求杆端弯矩。

将求得的位移代入第（2）步各式，得

$M_{BA} = 48.56\ \mathrm{kN \cdot m}$

$M_{BE} = 5.72\ \mathrm{kN \cdot m}$, $M_{EB} = 2.86\ \mathrm{kN \cdot m}$

$M_{BG} = -54.28\ \mathrm{kN \cdot m}$, $M_{GB} = -35.72\ \mathrm{kN \cdot m}$

（6）作弯矩图。

由杆端弯矩作出的 M 图，如图 6-19 所示。

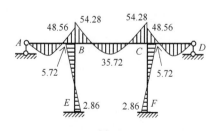

M 图（kN·m）

图 6-19

例 6-5　试作图 6-20(a)所示对称刚架的弯矩图，各杆 EI 相同。

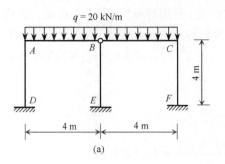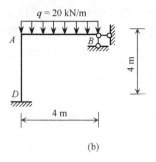

图 6-20

解：(1)基本未知量。

本例是一个受对称荷载作用的偶数跨对称结构。利用对称性可知，对称轴位置处的 BE 杆只有轴力，截面 B 处由于铰结没有弯矩。因此，取半边结构时，应在截面 B 设置固定铰支座。对称刚架的半边结构如图 6-20(b)所示，其位移法基本未知量只有一个，即结点 A 的转角 θ_A。

(2)杆端弯矩。

固端弯矩查表 6-2 求得

$$M_{AB}^{\mathrm{F}} = -\frac{ql^2}{8} = -\frac{20 \ \mathrm{kN/m} \times (4 \ \mathrm{m})^2}{8} = -40.0 \ \mathrm{kN \cdot m}$$

各杆刚度和长度相同，则各杆线刚度 i 相同。各杆的杆端力为

$$M_{AB} = 3i\theta_A + M_{AB}^{\mathrm{F}} = 3i\theta_A - 40.0 , \quad M_{AD} = 4i\theta_A , \quad M_{DA} = 2i\theta_A$$

(3)位移法方程。

考虑结点 A 的平衡得

$$\sum M_A = 0 , \quad M_{AD} + M_{AB} = 0$$

解得

$$7i\theta_A - 40 = 0$$

(4)求基本未知量。

$$\theta_A = \frac{40}{7i}$$

(5)求杆端弯矩。

将求得的位移代入第(2)步各式，得

$$M_{AB} = -22.86 \ \mathrm{kN \cdot m}$$

$$M_{AD} = 22.86 \ \mathrm{kN \cdot m}, \quad M_{DA} = 11.43 \ \mathrm{kN \cdot m}$$

(6)作弯矩图。

由杆端弯矩作出 M 图，如图 6-21 所示。

图 6-21

M 图(kN·m)

6.6　位移法的基本体系

建立位移法基本方程有两种方式：一种是直接写平衡方程的方式；另一种是通过位移法

基本体系和平衡条件，建立基本方程。前几节详细介绍了第一种方式的位移法的基本原理和求解过程：首先建立平衡方程，用杆端内力表示；然后将杆端内力改用结点位移表示，于是得到用结点位移表示的平衡方程，这就是位移法基本方程。这里没有应用基本体系的概念。

本节介绍第二种方式的位移法，包括位移法基本体系和基本方程：首先建立位移法的基本体系的概念，然后通过位移法基本体系，建立位移法基本方程(也称典型方程)。这种方式与力法基本方程的建立方式相似，互相呼应，从而有助于深刻理解位移法基本方程的意义，并为以后将要介绍的矩阵位移法提前做一些准备工作。

下面结合图 6-22(a)所示的刚架着重说明上述两点：①如何建立位移法基本体系；②如何建立位移法基本方程。这个刚架在 6.4 节图 6-14 中已经讨论过，可前后对照学习。

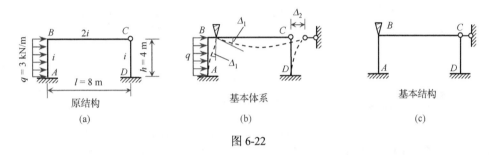

图 6-22

该刚架有两个基本未知量：结点 B 的转角 Δ_1 和结点 C 的水平位移 Δ_2。这里，位移法的基本未知量，不管是角位移还是线位移，统一用 Δ 表示，以便与力法中使用的基本未知量 X 相对照。

6.6.1　建立位移法的基本体系

图 6-22(b)所示为位移法采用的基本体系：在刚结点 B 加刚臂约束控制结点 B 的转角(注意，不控制线位移)，在结点 C 加水平支杆控制结点 C 的水平位移。

位移法的基本体系与原结构的区别在于：增加了与基本未知量相应的人为约束，从而使基本未知量由被动的位移变成受人工控制的主动的位移。

在位移法基本体系中，如果不看其中作用的力系，而只看其中的结构，则得到图 6-22(c)所示的结构，称为位移法的基本结构。**位移法的基本结构**就是在原结构中增加了与位移法基本未知量相应的可控约束而得到的结构。

基本体系是用来计算原结构的工具或桥梁。一方面，它可以转化成原结构，可以代表原结构；另一方面，它的计算又比较简单，可以取得"化繁为简"的效果。由于增设了人工控制的约束，原来的整体结构被分隔成多个杆件(这些杆件各自单独变形，互不干扰；而且它们的转角位移方程已经事先导出)，结构的整体计算问题被分割成多个杆件的计算问题，从而使计算得到简化。可见，位移法基本体系是附加了约束的杆件组合体，它与原结构在受力和变形特性方面都是相同的。应该注意，在力法中是用撤除约束的办法达到简化结构内力计算的目的。在位移法中是用增加约束的办法达到简化内力计算的目的。措施相反，效果相同。

6.6.2　位移法基本方程

下面利用位移法基本体系来建立位移法基本方程。

在什么条件下，基本体系才能转化成原结构？这个转化条件就是位移法的基本方程。下面利用基本结构分两步来考虑。

第一步，控制附加约束，使结点位移 Δ_1 和 Δ_2 全部为零，这时基本结构处于锁住状态，施加荷载后，可求出基本结构中的内力（图6-23(a)），同时在附加约束中会产生约束力矩 F_{1P} 和约束水平力 F_{2P}。这些约束力在原结构中是没有的。

第二步，再控制附加约束，使基本结构发生结点位移 Δ_1 和 Δ_2，这时附加约束中的约束力 F_1 和 F_2 将随之改变。如果控制结点位移 Δ_1 和 Δ_2 使其与原结构的实际值正好相等，则约束力 F_1 和 F_2 完全消失，即得到如图6-22(b)所示的基本体系。这时，基本体系形式上虽然还有附加约束，但实际上它们已经不起作用，因而基本体系实际上处于放松状态，而与原结构完全相同。

由此看出，基本体系转化为原结构的条件是：基本结构在给定荷载及结点位移 Δ_1 和 Δ_2 共同作用下，在附加约束中产生的总约束力 F_1 和 F_2 应等于零。即

$$\begin{cases} F_1 = 0 \\ F_2 = 0 \end{cases} \tag{6-15}$$

这个转化条件就是位移法基本方程。

下面利用叠加原理，把基本体系中的总约束力 F_1 和 F_2 分解成几种情况分别计算。

(1)荷载单独作用——相应的约束力为 F_{1P} 和 F_{2P}（图6-23(a)）。

(2)单位位移 $\Delta_1 = 1$ 单独作用——相应的约束力为 k_{11} 和 k_{21}（图6-23(b)）。

(3)单位位移 $\Delta_2 = 1$ 单独作用——相应的约束力为 k_{12} 和 k_{22}（图6-23(c)）。

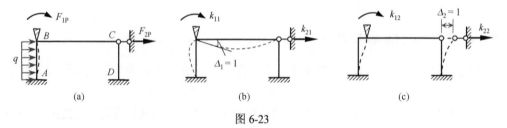

图6-23

叠加以上结果，则总约束力为

$$\begin{cases} F_1 = k_{11}\Delta_1 + k_{12}\Delta_2 + F_{1P} \\ F_2 = k_{21}\Delta_1 + k_{22}\Delta_2 + F_{2P} \end{cases} \tag{6-16}$$

再考虑式(6-15)，得位移法的基本方程为

$$\begin{cases} k_{11}\Delta_1 + k_{12}\Delta_2 + F_{1P} = 0 \\ k_{21}\Delta_1 + k_{22}\Delta_2 + F_{2P} = 0 \end{cases} \tag{6-17}$$

由基本方程式即可求出基本未知量 Δ_1 和 Δ_2。

从基本体系来看，基本方程具有明确的意义，即基本体系中的附加约束应当实际上处于放松状态，附加约束中的约束力应当全部为零；实质上是要求原结构满足平衡方程。

由此可见，位移法的基本思路仍然是过渡法，即由基本体系过渡到原结构。过渡的步骤是先锁住后放松，根据放松的条件建立位移法的基本方程。这里讲的"先锁后松"与前面讲的"先拆后搭"是从不同的角度对位移法的基本思路加以概括；同时，两种说法也是相通的，"锁

住"实际上是把结构的整体变形"拆成"孤立的杆件变形,"放松"是要求附加约束实际上不起作用,也就是要求各个杆件组装在一起时能够满足平衡条件。

6.6.3 建立位移法基本方程的具体过程

下面按照上述步骤进行具体的位移法分析计算。

(1)基本结构在荷载作用下的计算。

先分别求各杆的固端弯矩,作出弯矩图如图 6-24(a)所示。基本结构在荷载作用下的弯矩图称为 M_P 图。

取结点 B 为隔离体(图 6-24(b)),求得 $F_{1P}=4\ \mathrm{kN \cdot m}$。

取柱顶以上横梁 BC 部分为隔离体(图 6-24(c)),已知立柱 BA 的固端剪力 $F_{SBA}=-\dfrac{qh}{2}=-\dfrac{3\times4}{2}=-6(\mathrm{kN})$,因此得 $F_{2P}=-6\ \mathrm{kN}$。

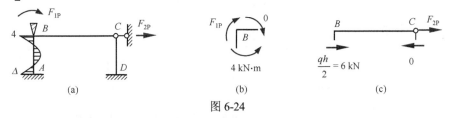

图 6-24

(2)基本结构在单位转角 $\Delta_1=1$ 作用下的计算。

当结点 B 转角 $\Delta_1=1$ 时,分别求各杆的杆端弯矩,作出弯矩图($\overline{M}_1$ 图)如图 6-25(a)所示。

由图 6-25(b)、(c),得

$$k_{11}=4i+3\times(2i)=10i,\quad k_{21}=-1.5i$$

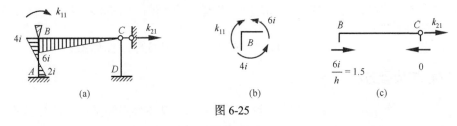

图 6-25

(3)基本结构在单位水平位移 $\Delta_2=1$ 作用下的计算。

当结点 B、C 的水平位移 $\Delta_2=1$ 时,分别求各杆的杆端弯矩,作出弯矩图($\overline{M}_2$ 图)如图 6-26(a)所示。

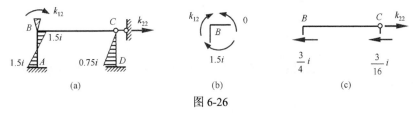

图 6-26

由图 6-26(b)、(c),得

$$k_{12}=-1.5i,\quad k_{22}=\frac{15}{16}i$$

(4) 位移法基本方程。

由式 (6-17)，列出基本方程为

$$10i\Delta_1 - 1.5i\Delta_2 + 4 = 0$$

$$-1.5i\Delta_1 + \frac{15}{16}i\Delta_2 - 6 = 0$$

这里得出的基本方程与在 6.4 节中得出的式 (6-14a) 和式 (6-14b) 相同。

由基本方程可求出

$$\Delta_1 = 0.737\frac{1}{i}, \quad \Delta_2 = 7.580\frac{1}{i}$$

利用下列叠加公式作刚架的 M 图。

$$M = \bar{M}_1\Delta_1 + \bar{M}_2\Delta_2 + M_P \tag{6-18}$$

求得杆端弯矩为

$$M_{AB} = 2i \times \left(0.737\frac{1}{i}\right) - 1.5i \times \left(7.580\frac{1}{i}\right) - 4 = -13.90\,\text{kN}\cdot\text{m}$$

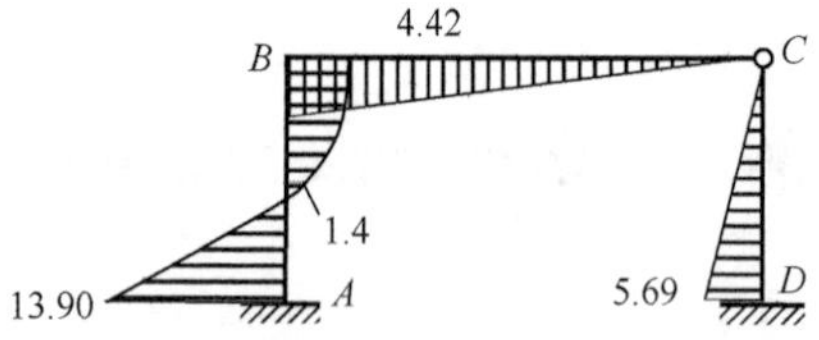

图 6-27

$$M_{BA} = 4i \times \left(0.737\frac{1}{i}\right) - 1.5i \times \left(7.580\frac{1}{i}\right) + 4 = -4.42\,\text{kN}\cdot\text{m}$$

$$M_{BC} = 6i \times \left(0.737\frac{1}{i}\right) = 4.42\,\text{kN}\cdot\text{m}$$

$$M_{DC} = -0.75i \times \left(7.580\frac{1}{i}\right) = -5.69\,\text{kN}\cdot\text{m}$$

根据杆端弯矩作出刚架的 M 图如图 6-27 所示。

6.6.4　位移法典型方程

上面对具有 2 个基本未知量的问题，说明了位移法的基本体系和基本方程的意义。对于具有 n 个基本未知量的问题，位移法的基本方程可参照式 (6-17) 写成如下形式：

$$\begin{cases} k_{11}\Delta_1 + k_{12}\Delta_2 + \cdots + k_{1n}\Delta_n + F_{1P} = 0 \\ k_{21}\Delta_1 + k_{22}\Delta_2 + \cdots + k_{2n}\Delta_n + F_{2P} = 0 \\ \qquad\qquad \cdots\cdots \\ k_{n1}\Delta_1 + k_{n2}\Delta_2 + \cdots + k_{nn}\Delta_n + F_{nP} = 0 \end{cases} \tag{6-19}$$

式 (6-19) 是按一定规则写出的，它不依结构的形式而异，与力法典型方程是对应的，称为**位移法典型方程**。

位移法典型方程 (6-19) 写成矩阵形式为

$$\boldsymbol{K}\boldsymbol{\Delta} + \boldsymbol{F}_P = 0 \tag{6-20}$$

其中

$$K=\begin{bmatrix} k_{11} & k_{12} & \cdots & k_{1n} \\ k_{21} & k_{22} & \cdots & k_{2n} \\ \vdots & \vdots & & \vdots \\ k_{n1} & k_{n2} & \cdots & k_{nn} \end{bmatrix}$$

称为**结构的刚度矩阵**，其中的系数称为结构的刚度系数。由反力互等定理可知

$$k_{ij} = k_{ji}$$

因此，结构刚度矩阵也是一个对称矩阵，主对角线上的系数 k_{ii}，称为主系数，它们代表基本结构的附加约束 i 发生单位位移 $\Delta_i=1$ 时在附加约束 i 上引起的反力(或反力矩)，其方向与所设 Δ_i 的方向一致，故恒大于零；其他系数 k_{ij} 称为副系数，它们代表附加约束 j 发生单位位移 $\Delta_j=1$ 时在附加约束 i 上引起的反力(或反力矩)，其正负号需要视其与所设 Δ_i 的方向是否相同而定，可为正，可为负，也可为零。而且，结构的刚度矩阵与非零的位移向量构成的二次型代表结构的应变能，恒为正，所以 K 还是正定矩阵。位移法典型方程又称为结构的刚度方程，它实质上是一组平衡方程。值得指出，不论是位移法典型方程，还是力法典型方程，它们都体现了力学的对称美、简洁美和统一美。

Δ 为基本未知位移向量，F_P 为附加约束上产生的约束力向量，其中的自由项 F_{iP} 表示荷载单独作用时，在基本结构附加约束 i 上产生的反力(或反力矩)，故又称为荷载项，其正负号也需视其与所设 Δ_i 的方向是否一致而定，一致时取正号，反之则取负号。

位移法方程是一个线性代数方程组，求解该方程组可以得到全部基本未知量，即全部独立结点位移。此时，结构杆件的杆端弯矩和剪力一般可根据转角位移方程直接求出，也可依据叠加原理用式(6-21)计算。

$$\begin{cases} M = \bar{M}_1\Delta_1 + \bar{M}_2\Delta_2 + \cdots + \bar{M}_n\Delta_n + M_P \\ F_S = \bar{F}_{S1}\Delta_1 + \bar{F}_{S2}\Delta_2 + \cdots + \bar{F}_{Sn}\Delta_n + F_{SP} \\ F_N = \bar{F}_{N1}\Delta_1 + \bar{F}_{N2}\Delta_2 + \cdots + \bar{F}_{Nn}\Delta_n + F_{NP} \end{cases} \qquad (6-21)$$

其中，$\bar{M}_i$、$\bar{F}_{Si}$ 和 $\bar{F}_{Ni}$ 分别表示基本结构由于 $\Delta_i=1$ 作用而产生的内力；M_P、F_{SP} 和 F_{NP} 是基本结构由于荷载作用而产生的内力。

6.7 势能原理与位移法

在力学分析中，位移法是核心，结构力学、弹性力学、流体力学等问题都可采用位移法求解。能量原理是力学分析的理论基础。结构分析中势能原理是很重要的，它是与位移法对应的基本的能量原理。应用势能原理不仅可以推导出位移法平衡方程从而进行结构内力计算，还可以分析求解结构的屈曲稳定性等问题，这种解法就是结构力学的另一类重要方法：能量方法，它是解决其他复杂力学问题的关键手段。能量方法是针对整个结构系统，考虑系统的能量关系，把平衡方程、几何方程用相应的虚功方程或能量方程来代替，建立一些泛函的变分方程，从而把结构力学问题归结为给定约束条件下求泛函极(驻)值的变分问题。本节着重介绍应用势能原理来建立位移法平衡方程。

6.7.1 势能驻值原理

1. 弹性结构体系的总势能

弹性结构体系的总势能等于体系从受荷状态的位置卸荷恢复到无荷状态(即原始状态)的位置时所有作用力所做的功。体系的作用力包括外力和内力。现以 Π 表示弹性体系的总势能，

于是一般弹性结构体系的总势能为

$$\varPi = U - \sum_{i=1}^{n} P_i \varDelta_i \tag{a}$$

其中，U 为体系在受力变形过程中所储存的**应变能**，它在数值上等于体系在卸荷恢复变形过程中内力所做的功；$-\sum_{i=1}^{n} P_i \varDelta_i$ 为体系从受力最终值的变形状态卸荷恢复到无荷状态时，外力所做的功，通常称为**外力势能**，负号表示在卸荷时，外力的方向与变形、位移方向相反。

2. 弹性体系的势能驻值原理

设弹性结构体系处于平衡状态，如果使该体系发生满足几何条件(包括变形连续条件和位移边界条件)的任意微小位移，则总势能的变分记作

$$\delta \varPi = \delta \left(U - \sum_{i=1}^{n} P_i \varDelta_i \right) = \delta U - \sum_{i=1}^{n} P_i \delta \varDelta_i$$
$$= \sum \int (M \delta \theta + F_N \delta u + F_S \delta \gamma) - \sum_{i=1}^{n} P_i \delta \varDelta_i \tag{b}$$

其中，δ 为变分的记号。

由于上述位移 $\delta \theta$、δu、$\delta \gamma$、$\delta \varDelta$ 之间是符合结构约束的任意微小位移，且体系满足力系平衡，于是必有变形体虚功方程成立：

$$\sum \int (M \delta \theta + F_N \delta u + F_S \delta \gamma) = \sum_{i=1}^{n} P_i \delta \varDelta_i \tag{c}$$

比较式(b)和式(c)，可得

$$\delta \varPi = \delta \left(U - \sum_{i=1}^{n} P_i \varDelta_i \right) = 0 \tag{6-22}$$

式(6-22)称为弹性结构体系的势能驻值条件，它表明：当弹性结构体系处于平衡状态时，对任意满足几何条件的总势能的一阶变分为零。换句话说，处于平衡的弹性结构体系的总势能存在驻值的必要条件是其一阶变分为零。

弹性结构体系的**势能驻值原理**，或简称为**势能原理**的表述如下：在所有满足几何条件的可能位移中，真实位移使势能为驻值；反之，使势能为驻值的可能位移就是真实位移。

根据经典的平衡稳定性准则，当总势能的二阶变分 $\delta^2 \varPi > 0$ 时，说明总势能为极小，体系处于稳定平衡；当 $\delta^2 \varPi = 0$ 时，体系处于随意平衡；当 $\delta^2 \varPi < 0$ 时，说明总势能为极大，体系处于不稳定平衡。

在上面讨论势能驻值原理的过程中，因未涉及材料的性质，故势能原理适用于线性弹性体系、非线性弹性体系及弹塑性变形体系。对于线弹性结构体系，真实位移不仅使势能为驻值，而且使势能为极小值。因此，不仅势能驻值原理成立，而且最小势能原理也成立。

6.7.2 等截面直杆的线弹性应变能

1. 桁架杆件

桁架杆件的线弹性应变能为

$$U = \frac{1}{2} \frac{F_N^2 l}{EA}$$

若将 $F_N = \dfrac{EAu}{l}$ 代入上式，则得

$$U = \frac{1}{2} \frac{EA}{l} u^2 \tag{6-23}$$

其中，u 为 F_N 引起的轴向位移。

2. 两端固定的弯曲杆件

当两端固定的等截面弯曲直杆上无荷载，只有杆端转角 θ_A、θ_B 和侧向相对位移 Δ_{AB} 作用时，由此产生的杆端力由式(6-5)和式(6-6)可表示为

$$M_{AB} = 4i\theta_A + 2i\theta_B - 6i\frac{\Delta_{AB}}{l}$$

$$M_{BA} = 2i\theta_A + 4i\theta_B - 6i\frac{\Delta_{AB}}{l}$$

$$F_{SBA} = F_{SAB} = -6i\frac{\theta_A}{l} - 6i\frac{\theta_B}{l} + 12i\frac{\Delta_{AB}}{l^2}$$

于是得应变能为

$$\begin{aligned} U &= \frac{1}{2}M_{AB}\theta_A + \frac{1}{2}M_{BA}\theta_B + \frac{1}{2}F_{SBA}\Delta_{AB} \\ &= 2i(\theta_A^2 + \theta_B^2 + \theta_A\theta_B) - \frac{6i}{l}\left(\theta_A + \theta_B - \frac{\Delta_{AB}}{l}\right)\Delta_{AB} \end{aligned} \tag{6-24}$$

3. 一端固定另一端铰支的弯曲杆件

当一端固定另一端铰支的等截面弯曲直杆上无荷载，只有杆端位移 θ_A 和杆端相对位移 Δ_{AB} 时，由此产生的杆端力由式(6-9)和式(6-6)可表示为

$$M_{AB} = 3i\theta_A - 3i\frac{\Delta_{AB}}{l}$$

$$F_{SBA} = -3i\frac{\theta_A}{l} + 3i\frac{\Delta_{AB}}{l^2}$$

于是变形能为

$$\begin{aligned} U &= \frac{1}{2}M_{AB}\theta_A + \frac{1}{2}F_{SBA}\Delta_{AB} \\ &= \frac{3i}{2}\left(\theta_A^2 - \frac{2}{l}\theta_A\Delta_{AB} + \frac{1}{l^2}\Delta_{AB}^2\right) \end{aligned} \tag{6-25}$$

4. 一端固定另一端滑动支承的弯曲杆件

一端固定另一端滑动支承的等截面弯曲直杆，只有杆端位移 θ_A 作用时产生的杆件弯矩由

式(6-10)得

$$M_{AB} = i\theta_A$$

于是应变能为

$$U = \frac{1}{2} M_{AB}\theta_A = \frac{1}{2} i\theta_A^2 \tag{6-26}$$

6.7.3　势能原理与位移法平衡方程

由论证势能驻值原理的过程可知,势能驻值原理实质上是变形体虚位移原理的另一种表达形式。因为虚位移原理是与平衡条件等价的,所以势能原理也与平衡条件等价,势能原理相当于借用泛函驻值条件表示的力系平衡方程。如果将势能表示为弹性结构体系结点位移的函数,就可以根据势能原理建立以结点位移表示的体系的平衡方程,因此势能原理与位移法是相通的。现举例说明利用势能原理推导位移法平衡方程,并进行内力和位移计算。

例 6-6　图 6-28(a)所示桁架结构,已知各杆的 EA 相同,试用势能原理求各杆内力。

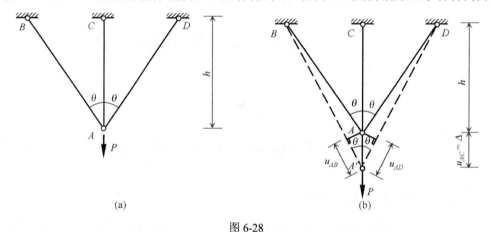

图 6-28

解：现以 u 表示杆件的伸长,设结点 A 在竖向荷载 P 作用下产生的位移为 Δ,并设 θ 的改变量很小,可略去。由图 6-28(b)的几何关系,可得

$$u_{AC} = \Delta, \ u_{AB} = u_{AD} = \Delta\cos\theta$$

于是由式(6-23)可得体系的线弹性应变能为

$$
\begin{aligned}
U &= \frac{1}{2}\sum\frac{EA}{h}u^2 \\
&= \frac{1}{2}\frac{EA}{h}\Delta^2 + \frac{1}{2}\frac{EA\cos\theta}{h}(\Delta\cos\theta)^2 \times 2 \\
&= \frac{EA}{2h}(1 + 2\cos^3\theta)\Delta^2
\end{aligned}
$$

体系的总势能为

$$\Pi = U - \sum_{i=1}^{n} P_i \Delta_i$$

$$= \frac{EA}{2h}(1 + 2\cos^3 \theta)\Delta^2 - P\Delta$$

上式表明：总势能是位移 Δ 的二次函数，因而势能的变分运算可改成微分运算，于是得到

$$\frac{\mathrm{d}\Pi}{\mathrm{d}\Delta} = \frac{EA}{h}(1 + 2\cos^3 \theta)\Delta - P = 0$$

上式即为位移法平衡方程，求解得到

$$\Delta = \frac{Ph}{EA(1 + 2\cos^3 \theta)}$$

由此，可求出各杆的轴力为

$$F_{NAC} = \frac{EA}{h}\Delta = \frac{P}{1 + 2\cos^3 \theta}$$

$$F_{NAB} = F_{NAD} = \frac{EA\cos\theta}{h}\Delta\cos\theta = \frac{P\cos^2\theta}{1 + 2\cos^3\theta}$$

例 6-7 试用势能原理求图 6-29(a)所示刚架的结点位移。

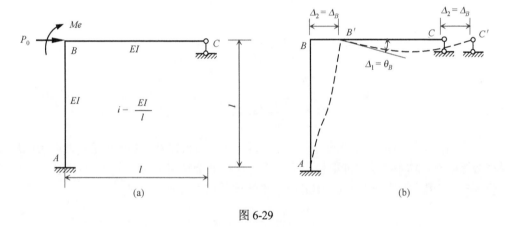

图 6-29

解： 本例结点 B 具有线位移 Δ_B 和角位移 θ_B 两个未知量。为了便于和位移法对比，取 $\Delta_1 = \theta_B$，$\Delta_2 = \Delta_B$，由式(6-24)和式(6-25)，可得体系的弹性应变能为

$$U = U_{AB} + U_{BC}$$

$$= \left[2i\Delta_1^2 - \frac{6i}{l}\left(\Delta_1 - \frac{\Delta_2}{l}\right)\Delta_2 \right] + \frac{3i}{2}\Delta_1^2$$

$$= \frac{7}{2}i\Delta_1^2 - \frac{6i}{l}\Delta_1\Delta_2 + \frac{6i}{l^2}\Delta_2^2$$

外力势能为

$$-\sum P\Delta = -M_0\Delta_1 - P_0\Delta_2$$

总势能为

$$\Pi = \frac{7}{2}i\Delta_1^2 - \frac{6i}{l}\Delta_1\Delta_2 + \frac{6i}{l^2}\Delta_2^2 - M_0\Delta_1 - P_0\Delta_2$$

上式表明：总势能为结点位移 Δ_1、Δ_2 的二次函数，因而势能的变分运算可改成偏微分运算：

$$\frac{\partial \Pi}{\partial \Delta_1} = 7i\Delta_1 - \frac{6i}{l}\Delta_2 - M_0 = 0$$

$$\frac{\partial \Pi}{\partial \Delta_2} = -\frac{6i}{l}\Delta_1 + \frac{12i}{l^2}\Delta_2 - P_0 = 0$$

上述方程即为位移法平衡方程，其中主系数 $k_{11} = 7i$，$k_{22} = \dfrac{12i}{l^2}$，副系数 $k_{12} = k_{21} = -\dfrac{6i}{l}$，自由项 $F_{1P} = -M_0$，$F_{2P} = -P_0$。联立方程，可得

$$\Delta_1 = \frac{l^2}{8EI}\left(P_0 + \frac{2M_0}{l}\right)$$

$$\Delta_2 = \frac{l^3}{12EI}\left(\frac{7P_0}{4} + \frac{3M_0}{2l}\right)$$

由此不难求出各杆端的最后内力。

现在来观察一下总势能的二阶变分 $\delta^2\Pi$，由于 Π 为位移的二次函数，故可以把二阶变分运算改成二阶偏微分运算，即

$$\frac{\partial^2 \Pi}{\partial \Delta_1^2} = 7i = k_{11} > 0$$

$$\frac{\partial^2 \Pi}{\partial \Delta_2^2} = \frac{12i}{l^2} = k_{22} > 0$$

或概括写作

$$\frac{\partial^2 \Pi}{\partial \Delta_i^2} = k_{ii} > 0$$

上式表明：弹性体系总势能的二阶变分 $\delta^2\Pi > 0$，说明总势能取极小值，此时势能原理即为最小势能原理。体系的总势能取极小值，表明体系处于稳定平衡状态。

例 6-8　试用势能原理求图 6-30(a)所示连续梁的结点位移 θ_B、θ_C。

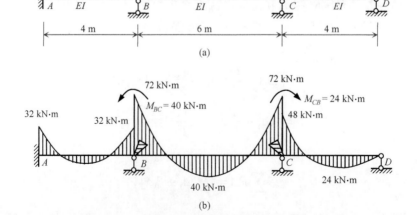

(a)

(b)

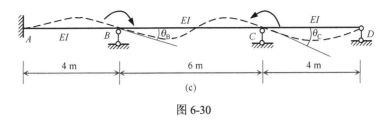

图 6-30

解：本例受非结点荷载作用，用势能原理建立位移法方程时，必须在结点 B、C 上加上附加刚臂（图 6-30(b)），并求出附加刚臂中的反力矩 $P_1=40$ kN·m（↷），$P_2=24$ kN·m（↶），然后将附加刚臂的反力矩反向作用于结点上，即得如图 6-30(c) 所示的等效结点荷载作用计算简图。设结点 B、C 的角位移 θ_B、θ_C 均为顺时针转动，由式(6-24)和式(6-25)可得体系的应变能为

$$U = U_{AB} + U_{BC} + U_{CD}$$

$$= 2 \times \frac{EI}{4}\theta_B^2 + 2 \times \frac{EI}{6}(\theta_B^2 + \theta_B\theta_C + \theta_C^2) + \frac{3}{2} \times \frac{EI}{4}\theta_C^2$$

$$= \frac{5EI}{6}\theta_B^2 + \frac{EI}{3}\theta_B\theta_C + \frac{17EI}{24}\theta_C^2$$

于是体系的总势能为

$$\Pi = U - \sum P\Delta$$

$$= \frac{5EI}{6}\theta_B^2 + \frac{EI}{3}\theta_B\theta_C + \frac{17EI}{24}\theta_C^2 - 40\theta_B + 24\theta_C$$

由势能原理，可得位移法平衡方程为

$$\frac{\partial \Pi}{\partial \theta_B} = \frac{5EI}{3}\theta_B + \frac{EI}{3}\theta_C - 40 = 0$$

$$\frac{\partial \Pi}{\partial \theta_C} = \frac{EI}{3}\theta_B + \frac{17EI}{12}\theta_C + 24 = 0$$

解上述联立方程，得

$$\theta_B = \frac{776}{27EI}, \ \theta_C = -\frac{640}{27EI}$$

6.8 瑞利-里茨法

势能原理的重要应用之一是对不能精确求解的结构或求解非常困难的结构进行近似分析，这种近似分析方法就是**瑞利-里茨法**。应用势能原理，需要将应变能 U 表示为结点位移的函数，这往往会有相当大的难度。此时，可以用假设的变形曲线近似地表示真实的变形曲线。这种变形曲线可用位移函数来表示，位移函数含有一个或多个不定的位移参数，再将势能表示成上述位移参数的函数。根据势能原理，令势能对每一个位移参数的偏导数为零，得到一组以未知的位移参数表示的联立方程组。求解此方程组，得出各个位移参数，即可得到所假设的变形曲线。据此，可以进而求出内力。这就是瑞利-里茨法进行结构分析的主要思路。

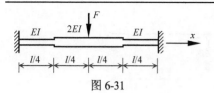

图 6-31

例 6-9 试确定图 6-31 所示阶梯形梁中央处挠度的近似值。

解： 此梁位移的精确计算是比较复杂的，但用瑞利-里茨法可以比较方便地求出其近似值。取挠曲线的位移函数为

$$y = A_1 x^3 + A_2 x^2 + A_3 x + A_4 \quad \left(0 \leqslant x \leqslant \frac{l}{2} \right) \tag{6-27}$$

考察式(6-27)中的各待定常数(位移参数)应满足的条件：①在 $x=0$ 处，$y=0$，于是得出 $A_4=0$；②在 $x=0$ 处，$y'=0$，从而有 $A_3=0$；③由对称性，在 $x=l/2$ 处，$y'=0$，可以得出 $A_2 = -3A_1 l/4$；④在 $x=l/2$ 处，令 $y=\Delta$，据此可得出 $A_1 = -16\Delta/l^3$。将以上结果代入式(6-27)得位移函数表达式：

$$y = \frac{4\Delta x^2}{l^3}(3l - 4x) \quad \left(0 \leqslant x \leqslant \frac{l}{2} \right) \tag{6-28}$$

对于分段等直梁，全梁的弯曲应变能为

$$U = \sum \int \frac{M^2(x)}{2EI} dx$$

由挠曲线近似微分方程：$EIy'' = M(x)$，上式可以写成

$$U = \sum \frac{EI}{2} \int (y'')^2 dx$$

对于本例的阶梯状梁，弯曲应变能为

$$U = 2\left[\frac{EI}{2} \int_0^{l/4} (y'')^2 dx + EI \int_{l/4}^{l/2} (y'')^2 dx \right]$$

将式(6-28)代入并积分，可得

$$U = \frac{144EI\Delta^2}{l^3}$$

该梁的总势能为

$$\Pi = U - F\Delta = \frac{144EI\Delta^2}{l^3} - F\Delta$$

应用最小势能原理，得

$$\frac{d\Pi}{d\Delta} = \frac{288EI\Delta}{l^3} - F = 0$$

由此，求得

$$\Delta = \frac{Fl^3}{288EI} = 0.00347 \times \frac{Fl^3}{EI}$$

此梁中央挠度的精确结果为

$$\Delta = \frac{11Fl^3}{3072EI} = 0.00358 \times \frac{Fl^3}{EI}$$

近似结果仅比精确结果小 3%。

需要指出的是：

(1)位移函数的适当选择对于保证最终结果的精确度非常重要，所以，所选择的位移函数应接近实际的变形曲线，位移函数选择越精确，计算的结果精度越高。作为最低要求，位移函数的选择应满足结构的位移边界条件，对于梁来说，即满足挠度和转角的条件。

(2)因为求出的位移是近似的，由位移函数的导数表示的反力和内力也是近似的，因此结构的平衡条件也就只能近似满足。瑞利-里茨法不仅可近似求解结构的位移和内力，还可近似求解结构的失稳临界压力和自振频率等。

6.9　超静定结构的特性

超静定结构与静定结构相比，具有以下一些重要力学特性。了解这些特性有助于加深对超静定结构的认识，并更好地应用它们。

(1)静定结构的内力只用静力平衡条件即可确定，其值与结构的材料性质以及杆件截面尺寸、刚度比值无关。而超静定结构的内力仅由静力平衡条件不能唯一确定，同时必须考虑变形协调条件。所以，超静定结构的内力与结构的材料性质以及杆件截面尺寸、刚度比值有关。

由于这一特性，在计算超静定结构前，必须事先确定各杆截面大小或其相对值。但是，由于内力尚未算出，故通常只能根据经验拟定或用较简单的方法近似估算各杆截面尺寸，以此为基础进行计算。然后，按算出的内力再选择所需的截面，这与事先拟定的截面当然不一定相符，这就需要重新调整截面再进行计算。如此反复进行，直至得出满意的结果。因此，设计超静定结构的过程比设计静定结构复杂。但是，同样也可以利用这一特性，通过改变各杆的刚度比值来调整超静定结构的内力分布，以达到预期的目的。

(2)在静定结构中，除了荷载作用以外，其他因素(如支座移动、温度变化、材料收缩、制造误差等)不会引起内力。但在超静定结构中，任何上述因素作用通常都会引起附加的内力。这是由于上述因素都将引起结构变形，而此种变形受到结构的多余约束的限制，往往使结构产生内力，且该内力一般与各杆刚度的绝对值成正比。

超静定结构的这一特性，在一定条件下会带来不利影响，例如，连续梁可能由于地基不均匀沉陷而产生过大的附加内力。但是，在另外的情况下又可能成为有利的方面，例如，同样对于连续梁，可以通过改变支座的高度来调整梁的内力，以得到更合理的内力分布。

(3)静定结构在任一约束遭到破坏后，即丧失几何稳定性，因而就不能再承受荷载。而超静定结构由于具有多余约束，在多余约束遭到破坏后，仍然维持其几何稳定性，因而还具有一定的承载能力。因此，从军事工程及结构抗震方面来看，超静定结构具有较强的灾害防御能力。

(4)由于多余约束的存在，局部荷载作用对超静定结构内力和变形的影响范围比对静定结构大。如图 6-32(a)所示三跨连续梁，当中跨受荷载作用时，两边跨也将产生内力和变形。但是，如图 6-32(b)所示的三跨简支梁则不同，即当中跨受荷载作用时，两边跨不产生内力和变形，而中跨最大挠度(图 6-32(d))大于连续梁的相应值(图 6-32(c))。而且，从结构的内力分布情况看，超静定结构比静定结构要均匀些，内力峰值也小些。另外，从结构稳定性的角度看，一端固定另一端滑动柱的临界压力为两端铰支柱的临界压力的 4 倍。可见，超静定结构多余约束的存在使得其刚度和稳定性都得到提高。

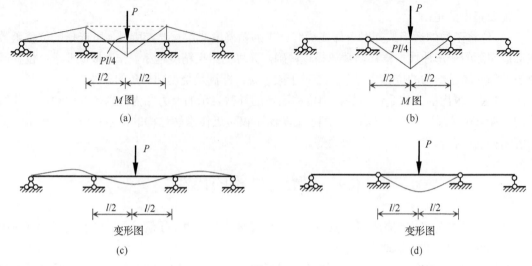

图 6-32

习   题

6-1　试写出图示固端弯矩表达式及位移法基本方程。

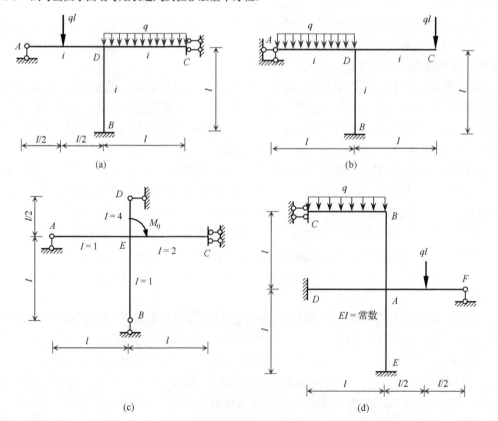

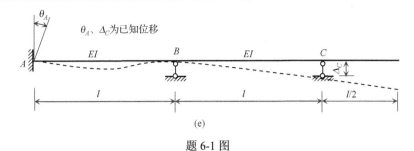

题 6-1 图

6-2 图示刚架承台，各杆 EA 相同，试用位移法求各杆轴力。

6-3 试作图示刚架的弯矩图，设各杆 EI 相同。

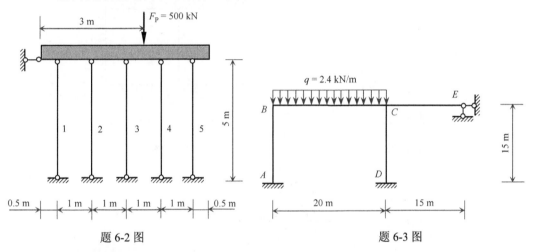

题 6-2 图　　　　　　　　　　　　题 6-3 图

6-4 试作图示排架的 M 图。

6-5 试作图示刚架的 M 图。

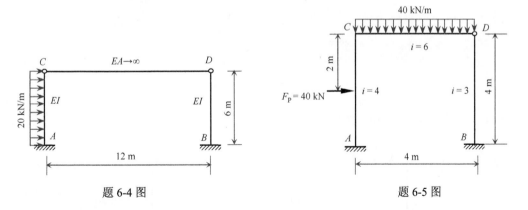

题 6-4 图　　　　　　　　　　　　题 6-5 图

6-6 试作图示刚架的内力图。

6-7 试利用对称性，作图示刚架的 M 图。

6-8 试利用对称性，作图示刚架的 M 图。

6-9 试利用对称性，作图示刚架的 M 图。

6-10 试作图示刚架的 M 图。$l=10\text{m}$，E 为常数，均布荷载的集度为 q。

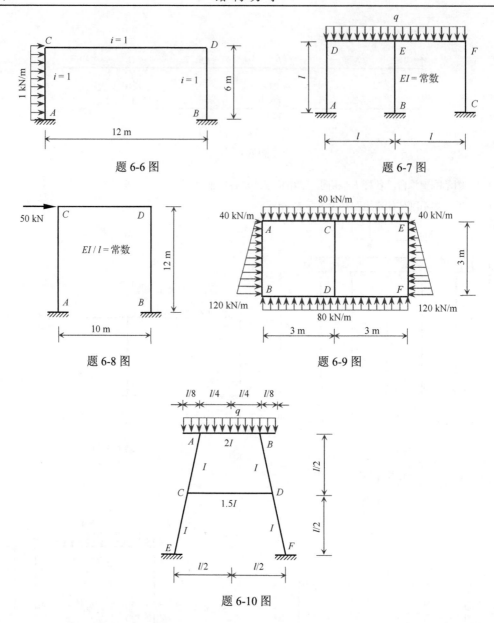

题 6-6 图

题 6-7 图

题 6-8 图

题 6-9 图

题 6-10 图

6-11　试作图示刚架的 M 图，EI 相等。

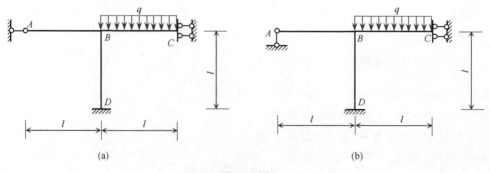

(a)

(b)

题 6-11 图

6-12 利用对称性计算图示对称刚架,并作 M 图。各杆 EI 相等,F_P=20 kN,q=10 kN/m。

6-13 试作图示刚架的 M 图,各杆 EI 相等。

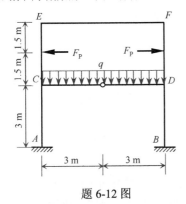 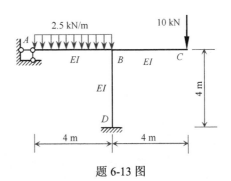

题 6-12 图 　　　　　　　　　　题 6-13 图

6-14 试作图示刚架的 M 图,各杆 EI 相等。

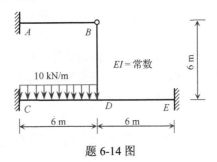

题 6-14 图

第 6 章习题答案

第7章 移动荷载作用下结构的影响线

前面各章讨论的结构受力分析问题中，荷载都是固定荷载，其大小和方向不变，作用位置也是固定的。但是有些结构在承受固定荷载(如自重、机器重量等恒载)的同时还要承受移动荷载，荷载作用位置在结构上是移动的。例如，在桥梁上行驶的火车和汽车，在吊车梁上行驶的吊车等，以及建筑楼板上的人群、物品或非固定的设备等可以任意布置的分布荷载，都是移动荷载，也属于活载的范围。

本章着重讨论移动荷载作用下静定和超静定结构的影响线及内力计算问题。作结构内力或支座反力影响线有两种方法：静力法和机动法，其中机动法更为简便。影响线的概念是由德国的莫尔和 Emil Winkler 独立提出的。1886 年德国的穆勒-布瑞斯劳(H. Muller-Breslau, 1851—1925 年)基于虚位移原理，提出了一种快速确定静定、超静定梁的内力影响线形状的方法，即某量值的影响线与此量值作用下梁的位移形状相同。该方法称为 Muller-Breslau 原理或 Muller-Breslau 准则，也称为机动法。2015 年，杨迪雄等利用虚位移原理，建立了精确、解析地计算超静定梁结构内力影响线方程的机动法，进而绘制影响线。目前，影响线在桥梁工程结构分析与设计、健康监测中都有重要应用。

7.1 移动荷载和影响线的概念

移动荷载一般是指荷载的大小和方向不变，而作用位置在结构上是移动的。移动荷载作用下的结构内力计算问题具有如下特点：荷载仍属静力荷载，但结构内力随荷载的移动而变化，为此需要研究在移动荷载作用下内力的变化范围和变化规律。设计时必须以内力可能发生的最大值作为设计依据，为此需确定荷载的最不利位置——即使得结构某个内力或支座反力达到最大值的荷载位置。

移动荷载的类型很多，没有必要逐个地加以讨论，而只需抽出其中的共性进行典型分析。首先，在一般中选取典型。移动荷载中的典型情况就是单位移动荷载 $F_P=1$，它是从各种移动荷载中抽出来的最简单、最基本的元素，其量纲为一。然后，再由典型回到一般。只要把单位移动荷载作用下的内力变化规律分析清楚，那么，根据叠加原理，就可以顺利地解决各种实际移动荷载作用下的内力计算问题及最不利荷载位置的确定问题。

表示单位移动荷载作用下结构内力变化规律的图形称为**内力影响线**。**影响线**是研究移动荷载作用的基本工具。下面举例说明影响线的概念。

图 7-1(a)所示为一简支梁 AB，当单个竖向荷载 F_P 在梁上移动时，现讨论支座反力 F_{RB} 的变化规律。

取 A 点为坐标原点，用 x 表示荷载作用点的横坐标。如果 x 是常量，则 F_P 就是一个固定荷载。反之，如果把 x 看作变量，则 F_P 就成为移动荷载。当荷载 F_P 在梁上任意位置 $x(0 \leqslant x \leqslant l)$ 时，利用平衡方程可求出支座反力 F_{RB}：

$$F_{RB} = \frac{x}{l} F_P \qquad (0 \leqslant x \leqslant l) \tag{a}$$

F_{RB} 与 F_P 成正比，比例系数 $\dfrac{x}{l}$ 称为 F_{RB} 的**影响系数**，用 $\overline{F}_{RB}$ 表示，即

$$\overline{F}_{RB} = \frac{x}{l} \qquad (0 \leqslant x \leqslant l) \tag{b}$$

显然，影响系数 $\overline{F}_{RB}$ 在数值上等于当 $F_P=1$ 时引起的支座反力 F_{RB}，其量纲也是一。

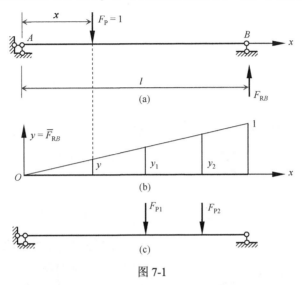

图 7-1

式 (b) 表示影响系数 $\overline{F}_{RB}$ 与荷载位置参数 x 之间的函数关系。这个函数的图形便称为 F_{RB} 的影响线。由于式 (b) 右边是 x 的一次式，故 F_{RB} 的影响线是直线。为了定出直线上的两点，可设：$x=0$，得 $\overline{F}_{RB}=0$。又设 $x=l$，得 $\overline{F}_{RB}=1$。把此两点连成直线，便得出 F_{RB} 的影响线，如图 7-1 (b) 所示。

图 7-1 (b) 中的影响线形象地表明支座反力 F_{RB} 随荷载 $F_P=1$ 的移动而变化的规律：当荷载 $F_P=1$ 从 A 点开始，逐渐向 B 点移动时，支座反力影响系数 $\overline{F}_{RB}$ 则相应地从零开始，逐渐增大，最后达到最大值 $\overline{F}_{RB}=1$。

F_{RB} 的影响线还可用来求各种荷载作用下引起的支座反力 F_{RB}。例如，图 7-1 (c) 所示梁上有吊车轮压 F_{P1} 和 F_{P2} 作用，根据叠加原理，这时的支座反力 F_{RB} 应为

$$F_{RB} = F_{P1} y_1 + F_{P2} y_2$$

其中，y_1 和 y_2 分别为对应于荷载 F_{P1} 和 F_{P2} 位置的影响系数 $\overline{F}_{RB1}$ 和 $\overline{F}_{RB2}$。

概括而言，当单位集中荷载 $F_P=1$ 沿结构移动时，表示结构某量 Z 变化规律的曲线，称为 Z 的影响线。影响线上任一点的横坐标 x 表示荷载的位置参数，纵坐标 y 表示荷载作用于此点时 Z 的影响系数 $\overline{Z}$。

影响系数 $\overline{Z}$ 是 Z 与 F_P 的比例系数，即

$$Z = F_P \overline{Z}，\ 或\ \overline{Z} = \frac{Z}{F_P}$$

当 $F_P=1$ 时，$\overline{Z}$ 与 Z 在数值上彼此相等。但 $\overline{Z}$ 与 Z 的量纲不同，它们相差一个荷载 F_P 的量纲。如果 F_{RB} 的量纲是 LMT^{-2}，则 $\overline{F}_{RB}$ 的量纲是 LMT^{-2} / LMT^{-2}，即为量纲为一的量。

7.2　静力法作简支梁内力影响线

作静定结构的内力或支座反力影响线的**静力法**是以荷载的作用位置 x 为变量，通过建立静力平衡方程，从而确定所求内力(或支座反力)的影响函数，并绘制影响线。下面通过求作简支梁的内力(或支座反力)影响线说明静力法。

1. 支座反力影响线

简支梁支座反力 F_{RB} 的影响线(图 7-2(b))已在 7.1 节中讨论过(图 7-1)，现在讨论支座反力 F_{RA} 的影响线。

将 $F_P=1$ 放在任意位置，距 A 为 x。由平衡方程求影响系数 $\bar{F}_{RA} = \dfrac{F_{RA}}{F_P}$:

$$\sum M_B = 0，\quad \bar{F}_{RA} l - 1(l-x) = 0$$

得

$$\bar{F}_{RA} = \frac{l-x}{l} \quad (0 \leq x \leq l)$$

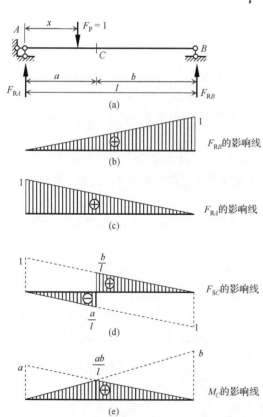

图 7-2

这就是 $\bar{F}_{RA}$ 的影响线方程。可知，F_{RA} 的影响线也是一条直线。在 A 点，$x=0$，$\bar{F}_{RA}=1$。在 B 点，$x=l$，$\bar{F}_{RA}=0$。利用这两处竖距连一条直线，便可以画出 F_{RA} 的影响线，如图 7-2(c)所示。

2. 剪力影响线

现在拟作指定截面 C 的剪力 F_{SC} 的影响线。当 $F_P=1$ 作用在 C 点以左或以右时，F_{SC} 的影响系数具有不同的表达式，应分别考虑。当 $F_P=1$ 作用在 CB 段时，取截面 C 的左边为隔离体，由 $\sum F_y = 0$，得

$$F_{SC}= F_{RA}（F_P=1 \text{ 在 } CB \text{ 段}）$$

可见，在 CB 段内，F_{SC} 的影响线与 F_{RA} 的影响线相同。因此，可先作 F_{RA} 的影响线，然后保留其中的 CB 段(AC 段则舍弃不用)。C 点的竖距可按比例关系求得为 b/l。

当 $F_P=1$ 作用在 AC 段时，取截面 C 的右边为隔离体，由 $\sum F_y = 0$，得

$$F_{SC}=-F_{RB} \quad （F_P=1 \text{ 在 } AC \text{ 段}）$$

可见，在 AC 段内，F_{SC} 的影响线与 F_{RB} 的影响线相同，但正负号相反。因此，可先把 F_{RB} 的影响线翻过来画在基线下面，然后保留其中的 AC 段。C 点的竖距可按比例关系求得为 $-a/l$。

综合起来，F_{SC} 的影响线分成 AC 和 CB 两段，由两段平行线所组成，在 C 点形成台阶（图 7-2(d)）。当 $F_P=1$ 作用在 AC 段任一点时，截面 C 为负号剪力。当 $F_P=1$ 作用在 CB 段任一点时，截而 C 为正号剪力。当 $F_P=1$ 越过 C 点由左侧移到右侧时，截面 C 的剪力将发生突变，其突变值为 1。当 $F_P=1$ 正好作用于 C 点时，F_{SC} 的影响系数没有意义。

剪力影响系数 $\overline{F}_S = F_S / F_P$ 为比例系数，是量纲为一的量。

3. 弯矩影响线

现在拟作指定截面 C 的弯矩 M_C 的影响线。仍分成两种情况（$F_P=1$ 作用在 C 点以左和以右）分别考虑。

当 $F_P=1$ 作用在 CB 段时，取 C 的左边为隔离体，得

$$M_C = F_{RA} \cdot a \quad (F_P=1 \text{ 在 } CB \text{ 段})$$

可见，在 CB 段内，M_C 的影响系数等于 F_{RA} 的影响系数的 a 倍。因此，可先把 F_{RA} 的影响线的竖距乘以 a，然后保留其中的 CB 段，就得到 M_C 在 CB 段的影响线。这里 C 点的竖距应为 ab/l。

当 $F_P=1$ 作用在 AC 段时，取 C 的右边为隔离体，得

$$M_C = F_{RB} \cdot b \quad (F_P=1 \text{ 在 } AC \text{ 段})$$

因此，可先把 F_{RB} 的影响线的竖距乘以 b，然后保留其中的 AC 段，就得到 M_C 在 AC 段的影响线。这里 C 点的竖距仍是 ab/l。

综合起来，M_C 的影响线分成 AC 和 CB 两段，每一段都是直线，形成一个三角形，如图 7-2(e) 所示。由此看出，当 $F_P=1$ 作用在 C 点时，$\overline{M}_C$ 为极大值。当 $F_P=1$ 由 C 点向梁的两端移动时，$\overline{M}_C$ 逐渐减小到零。从几何关系上看，M_C 影响线在截面 C 处的折角等于 1。

弯矩影响系数 $\overline{M} = M / F_P$ 为比例系数，其量纲为 L，单位为 m。

最后，以图 7-3 所示简支梁为例，表 7-1 列出了结构内力影响线和内力图的差异。图 7-3(b)、(c) 分别表示简支梁剪力和弯矩的影响线，图 7-3(e)、(f) 分别表示简支梁（图 7-3(d)）的剪力图和弯矩图。

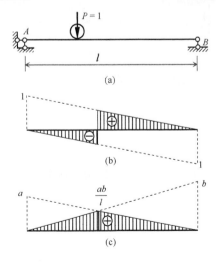
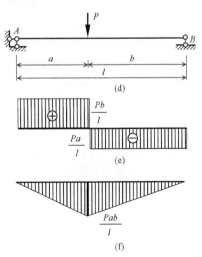

图 7-3

表 7-1 结构内力影响线和内力图的差异

	影响线	内力图
荷载大小	$P=1$	实际 P
荷载性质	移动	固定
横坐标	表示荷载位置	表示截面位置
纵坐标	表示某一截面内力变化规律	表示全部截面内力分布规律
图形范围	$P=1$ 移动范围的杆段	整个结构
作图一般规定	正号值绘在基线上方，并注明符号	M 图绘在受拉侧，不标符号；F_S、F_N 图与内力影响线规定相同
内力的量纲	M: L, F_S、F_N: 量纲为一	M: L^2MT^{-2}, F_S、F_N: LMT^{-2}

例 7-1 试作图 7-4(a)所示伸臂梁的 F_{RA}、F_{RB}、F_{SC}、F_{SD} 的影响线。

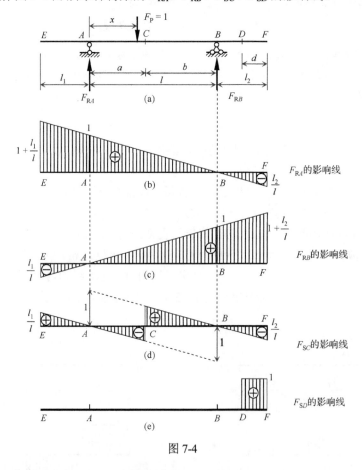

图 7-4

解： (1)作支座反力 F_{RA}、F_{RB} 的影响线。

取 A 点为坐标原点，横坐标 x 以向右为正。当单位移动荷载 $F_P=1$ 作用于梁上任一点 x 时，由静力平衡方程求得支座反力的影响系数为

$$
\begin{cases}
\overline{F}_{RA} = \dfrac{l-x}{l} \\[2mm]
\overline{F}_{RB} = \dfrac{x}{l}
\end{cases}
\quad (-l_1 \leqslant x \leqslant l+l_2)
$$

这两个支座反力影响线方程与简支梁的相同，只是荷载 $F_P=1$ 的作用范围有所扩大。在简支梁中，x 的变化范围为 $0 \leqslant x \leqslant l$，这里则为 $-l_1 \leqslant x \leqslant l+l_2$。影响线图形如图 7-4(b)、(c) 所示。在 AB 段内的影响线与简支梁的完全相同，仍是直线。再将直线向两个伸臂部分延长，即得到整个影响线。

(2) 作剪力 F_{SC} 的影响线。

当 $F_P=1$ 在 C 点以左时，得

$$F_{SC} = -F_{RB} \quad (F_P=1 \text{ 在 } EC \text{ 段})$$

当 $F_P=1$ 在 C 点以右时，得

$$F_{SC} = F_{RA} \quad (F_P=1 \text{ 在 } CF \text{ 段})$$

仿照简支梁作剪力影响线的作法，可得 F_{SC} 影响线如图 7-4(d) 所示。

(3) 作剪力 F_{SD} 的影响线。

当 $F_P=1$ 在 D 点以左时，取 D 的右边为隔离体，得

$$\overline{F}_{SD} = 0$$

当 $F_P=1$ 在 D 点以右时，仍取 D 的右边为隔离体，得

$$\overline{F}_{SD} = 1$$

由此可绘制 F_{SD} 影响线如图 7-4(e) 所示。这里，只有 DF 段的影响系数不为零，或者说，只有当荷载作用于 DF 段时，才对剪力 F_{SD} 产生影响。

7.3　结点荷载下梁和桁架的内力影响线

7.3.1　结点荷载作用下梁的内力影响线

图 7-5(a) 所示为一桥梁结构承载示意图。荷载直接加于纵梁。纵梁是简支梁，两端支在横梁上。横梁则由主梁支承；荷载通过纵梁下面的横梁传到主梁。不论纵梁承受何种荷载，主梁只在 A、C、E、F、B 等有横梁处（即结点处）承受集中力，因此主梁承受的是**结点荷载**。这里有两种承载方式：直接荷载作用（如纵梁）和结点荷载作用（也称间接荷载作用，如主梁）。

下面研究在结点荷载作用下主梁支座反力和内力影响线的作法。

(1) 作支座反力 F_{RA} 和 F_{RB} 的影响线。

支座反力 F_{RA} 和 F_{RB} 的影响线，与图 7-2(c)、(b) 所示完全相同，在图 7-5 中没有画出。

(2) 作 M_C 的影响线。

C 点正好是结点。$F_P=1$ 在 C 点以右时，利用 F_{RA} 求 M_C；$F_P=1$ 在 C 点以左时，利用 F_{RB} 求 M_C。由此可知，M_C 的影响线作法与图 7-2(e) 完全相同，如图 7-5(b) 所示。C 点的竖距为

$$\frac{ab}{l} = \frac{d \times 3d}{4d} = \frac{3}{4}d$$

(3) 作 M_D 的影响线。

M_D 的影响线如图 7-5(c) 所示，先说明其作法，然后加以证明。

先假设 $F_P=1$ 直接作用于主梁 AB，则 M_D 的影响线为一个三角形（其中 CE 段为虚线）。D

点的竖距为

$$\frac{ab}{l} = \frac{\frac{3}{2}d \times \frac{5}{2}d}{4d} = \frac{15}{16}d$$

由比例可知，C、E 两点的竖距为

$$y_C = \frac{15}{16}d \times \frac{2}{3} = \frac{5}{8}d, \qquad y_E = \frac{15}{16}d \times \frac{4}{5} = \frac{3}{4}d$$

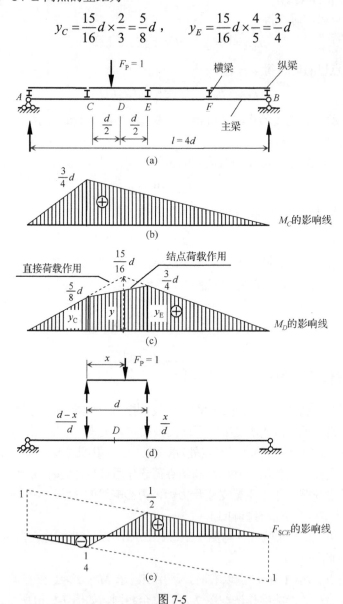

图 7-5

将 C、E 两点的竖距连一条直线，就得到结点荷载作用下 M_D 的影响线，如图 7-5(c)中实线所示。为了证明上述作法的正确性，只需注意以下两点。

① 如果单位荷载作用在 C 点或 E 点，则结点荷载与直接荷载完全相同，所以在结点荷载作用下 M_D 影响线在 C 点的竖距 y_C 和在 E 点的竖距 y_E 与直接荷载作用下相应的竖距相等。

② 如单位荷载作用在纵梁 C、E 两点之间，其到 C 点的距离以 x 表示，则纵梁 CE 的反力

如图 7-5(d)所示。主梁在 C 点受向下的荷载 $(d-x)/d$ 作用，在 E 点受向下的荷载 x/d 作用。单位荷载作用在点 x 时对主梁 M_D 的影响系数 y 可用叠加原理求得如下：

$$当 F_P=1 加在 C 点时，\quad \bar{M}_D = y_C$$

$$当 F_P=1 加在 E 点时，\quad \bar{M}_D = y_E$$

当 $F_P=1$ 距 C 点为 x 时，主梁 C 点的荷载为 $(d-x)/d$，E 点的荷载为 x/d，故

$$y = y_C \frac{d-x}{d} + y_E \frac{x}{d}$$

上式为 x 的一次式。由此可知在结点荷载作用下，M_D 的影响线在 CE 段为一直线。

一般的结论可表达如下。

① 在结点荷载作用下，结构任何影响线在相邻两结点之间为一直线。

② 先作直接荷载作用下的影响线，用直线连接相邻两结点的竖距，就得到**结点荷载作用下的影响线**。

(4) 作 F_{SCE} 的影响线。

在结点荷载作用下，主梁在 C、E 两点之间没有外力，因此 CE 段各截面的剪力都相等，通常称为结间剪力，以 F_{SCE} 表示。F_{SCE} 的影响线如图 7-5(e)所示，是按照上述结论绘制的。

7.3.2　桁架轴力影响线

图 7-6(a)所示为一平行弦桁架。设单位荷载沿桁架下弦 AG 移动，试作各杆轴力的影响线。桁架通常受结点荷载作用，荷载传递的方式与图 7-6(b)所示的梁式体系相同。静力法作桁架轴力影响线可视为结点荷载作用下桁架内力影响线问题。任一杆的轴力(如 F_{Nbc})的影响线在相邻结点之间为一直线。可以把单位荷载 $F_P=1$ 依次置于 A、B、C、D、E、F、G 诸点，计算 F_{Nbc} 的数值，用竖距表示出来，再连以直线，就得到 F_{Nbc} 的影响线。由此可知，绘制静定桁架各杆内力的影响线原则上没有什么困难，但比较烦琐。

下面结合图 7-6 说明作桁架轴力影响线的静力法，其基础仍然是截面法和结点法，此法更加方便。

1. 支座反力 F_{RA} 和 F_{RG} 的影响线

F_{RA} 和 F_{RG} 的影响线与简支梁相同，图中略去。

2. 上弦杆轴力 F_{Nbc} 的影响线

作截面 I - I，以 C 为力矩中心，用力矩方程 $\sum M_C = 0$，求 F_{Nbc}。

若单位荷载在 C 的右方，取截面 I - I 左部为隔离体，得

$$F_{RA} \times 2d + F_{Nbc} h = 0$$

$$F_{Nbc} = -\frac{2d}{h} F_{RA} \tag{a}$$

若单位荷载在 C 点以左，取截面 I - I 以右部分为隔离体，得

$$F_{RG} \times 4d + F_{Nbc}\, h = 0$$

$$F_{Nbc} = -\frac{4d}{h} F_{RG} \qquad\qquad\qquad\qquad (b)$$

在图 7-6(c) 中，利用式 (a) 作出 F_{RA} 的影响线，将竖距乘以 $\dfrac{2d}{h}$，画于基线以下，取 C 以右一段；又利用式 (b) 作出 F_{RG} 的影响线，将竖距乘以 $\dfrac{4d}{h}$，画于基线以下，取 C 以左一段。这样，得到一个三角形。由于在相邻结点之间都是直线，因此得到的三角形就是 F_{Nbc} 的影响线。

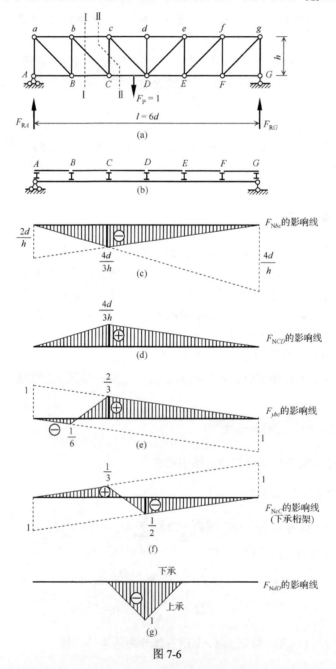

图 7-6

而且，式(a)和式(b)可以合并为一个公式，即

$$F_{Nbc} = -\frac{M_C^0}{h} \tag{c}$$

其中，M_C^0 是相应的简支梁(图 7-6(b))结点 C 的弯矩。由式(c)可知，F_{Nbc} 的影响线为一三角形，顶点的竖距为

$$-\frac{ab}{lh} = -\frac{2d \times 4d}{6dh} = -\frac{4d}{3h}$$

3. 下弦杆轴力 F_{NCD} 的影响线

作截面 II-II，以结点 C 为力矩中心，建立力矩方程 $\sum M_C = 0$，得

$$F_{NCD} = \frac{M_C^0}{h} \tag{d}$$

即 F_{NCD} 的影响线可由相应梁结点 C 的弯矩影响线得到，只需将后者的竖距除以 h。F_{NCD} 的影响线如图 7-6(d)所示。

4. 斜杆 bC 轴力的竖向分力 F_{ybC} 的影响线

仍然用截面 I-I，分三段考虑。
单位荷载在 C 点以右时，考虑截面 I-I 以左部分的平衡，由投影方程 $\sum F_y = 0$，得

$$F_{ybC} = F_{RA} \tag{e}$$

单位荷载在 B 点以左时，考虑截面 I-I 以右部分的平衡，得

$$F_{ybC} = -F_{RG} \tag{f}$$

单位荷载在 B、C 之间时，影响线为直线。
根据上述分析作出 F_{ybC} 的影响线如图 7-6(e)所示。利用相应梁结间 BC 的剪力 F_{SBC}^0 可将上述分析概括成一个公式：

$$F_{ybC} = F_{SBC}^0 \tag{g}$$

图 7-6(e)所示的影响线其实就是相应梁的结间剪力 F_{SBC}^0 的影响线。

5. 竖杆轴力 F_{NcC} 的影响线

作截面 II-II，利用投影方程 $\sum F_y = 0$，求 F_{NcC}。可利用相应梁结间 CD 的剪力 F_{SCD}^0 列出式(h)：

$$F_{NcC} = -F_{SCD}^0 \tag{h}$$

图 7-6(f)表示 F_{NcC} 的影响线，是按结间剪力 F_{SCD}^0 的影响线绘制的，但改变了正负号。

6. 竖杆轴力 F_{NdD} 的影响线

在上面的分析中，一直假设单位荷载沿下弦移动，即由桁架下弦结点承受荷载(下承桁架)

作用。这样，由上弦结点 d 的平衡，可知

$$F_{NdD}=0$$

因此 F_{NdD} 的影响线与基线重合（图 7-6(g)），不管单位荷载在什么位置，dD 杆永远是零杆。

如果假设单位荷载沿桁架的上弦移动，由桁架上弦结点承受荷载（上承桁架）作用，则由结点 d 的平衡，可知

当 $F_P=1$ 在结点 d 时　　　　　　　　　　$\bar{F}_{NdD}=1$

当 $F_P=1$ 在其他结点时　　　　　　　　　　$\bar{F}_{NdD}=0$

由于结点之间是直线，因此 F_{NdD} 的影响线如图 7-6(g) 中实线所示，是一个三角形。

由此可知，作桁架的影响线时，要注意区分桁架是下弦承载，还是上弦承载。在本例中，如果桁架改为上承，则 F_{Nbc}、F_{NCD}、F_{ybc} 的影响线仍如图 7-6(c)、(d)、(e) 所示，但图 7-6(f) 中的 F_{NcC} 影响线需要修改，因为在上承桁架中，式 (h) 应用下式代替。

$$F_{NcC}=-F_{SBC}^0$$

而 F_{NcC} 影响线应按结间剪力 F_{SBC}^0 的影响线作出，但正负号相反（上承桁架 F_{NcC} 影响线略去）。

7.4　机动法作静定内力影响线

作静定内力或支座反力影响线时，除可采用静力法外，还可采用机动法。**机动法**是以虚功原理为基础，把作静定内力或支座反力影响线的静力问题转化为作位移图的几何问题。实际上，作静定力影响线的机动法的基础是刚体体系虚功原理；而 7.6 节介绍的作超静定力影响线的机动法的基础是变形体虚功原理，两者导出的影响线方程一致，但计算过程不同。

下面以简支梁支座反力影响线为例，说明机动法作静定力影响线的概念和步骤。

现拟求图 7-7(a) 所示梁的支座 B 反力 $Z=F_{RB}$ 的影响线：为此，将与 Z 相应的约束——支杆 B 撤去，代以未知力 Z（图 7-7(b)），使体系具有一个自由度，成为机构。然后，给体系以虚位移，使梁绕 A 点作微小转动，列出刚体体系的虚功方程为

$$Z\delta_Z+F_P\delta_P=0 \tag{7-1}$$

其中，δ_P 是与荷载 $F_P=1$ 相应的位移，由于 F_P 以向下为正，故 δ_P 也以向下为正；δ_Z 是与未知力 Z 相应的位移，δ_Z 以与 Z 正方向一致者为正。由式 (7-1) 求得

$$\bar{Z}=-\frac{\delta_P}{\delta_Z} \tag{7-2}$$

当 $F_P=1$ 移动时，位移 δ_P 随着变化，是荷载位置 x 的函数（图 7-7(b)）；而位移 δ_Z 则与 x 无关，是一个常量。影响系数 $\bar{Z}(x)$ 表示刚体体系中两个位移量的比值，为方便起见，可令 $\delta_Z=1$，即沿 Z 的正方向发生单位位移，则影响线方程 (7-2) 可表示为

$$\bar{Z}(x)=-\delta_P(x) \tag{7-3}$$

函数 $\bar{Z}(x)$ 表示 Z 的影响线的对应竖距，函数 $\delta_P(x)$ 表示令 $\delta_Z=1$ 时荷载作用点的竖向位移图的对应竖距（图 7-7(c)）。根据式 (7-3) 即可利用位移 δ_P 图来作影响线。

首先，确定影响线的形状轮廓。由于函数 $\bar{Z}(x)$ 和函数 $\delta_P(x)$ 之比为常数，所以 Z 的影响线与位移 δ_P 图具有相同的形状轮廓。

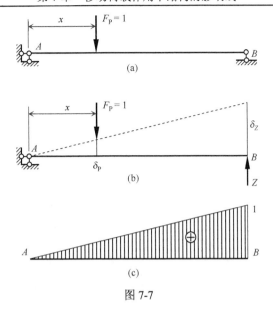

图 7-7

其次，确定影响线的竖距数值。由式(7-3)可知，影响线竖距 $\bar{Z}(x)$ 等于令 $\delta_Z=1$ 时刚体体系位移图的对应竖距。由此得到的图 7-7(c)就从形状和数值上完全确定了 Z 的影响线。

最后，确定影响线竖距的正负号。可规定如下：当 δ_Z 为正值时，由式(7-3)得知 Z 与 δ_P 的正负号正好相反，又 δ_P 以向下为正。因此，如果位移图在横坐标轴上方，则 δ_P 值为负，所以影响系数为正。

总结起来，机动法作静定内力或支座反力的影响线的步骤如下。

(1)撤去与 Z 相应的约束，代以未知力 Z。

(2)使刚体体系沿 Z 的正方向发生微小虚位移 δ_Z，作出荷载作用点的竖向位移图(δ_P 图)，由此可定出 Z 的影响线的形状轮廓。

(3)令 $\delta_Z=1$，可进一步定出影响线各竖距的数值。

(4)横坐标以上的图形，影响系数取正号；横坐标以下的图形，影响系数取负号。

机动法的优点在于不必经过具体计算就能迅速绘出内力或反力影响线的轮廓，这对工程设计很有帮助。例如，在确定荷载最不利位置时，往往只需知道影响线的轮廓，而无需求出其数值。此外，也可用机动法校核静力法作出的影响线。

例 7-2　试用机动法作图 7-8(a)所示简支梁的弯矩和剪力的影响线。

解：(1)作弯矩 M_C 的影响线。

撤去与弯矩 M_C 相应的约束，即在截面 C 处改为铰结，代以一对等值反向的力偶 M_C。这时，铰 C 两侧的刚体可以相对转动。

给体系以虚位移，如图 7-8(b)所示。这里，与 M_C 相应的位移 δ_Z 就是铰 C 两侧截面的相对转角。利用 δ_Z 可以确定位移图中的竖距。由于 δ_Z 是微小转角，可先求得 $BB_1=\delta_Z \cdot b$。按几何关系，可求出 C 点竖向位移为 $(ab/l)\delta_Z$。这样，得到的位移图即代表 M_C 的影响线的轮廓。

为了求得影响系数的数值，再将图 7-8(b)中的位移图进行变换：放大竖距，换 δ_Z 为 1，即得到 M_C 影响线如图 7-8(c)所示，其中 C 点的影响系数为 ab/l。

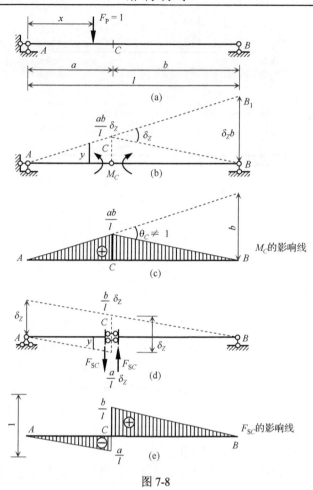

图 7-8

应当指出，这里进行放大和变换时，只是把竖距放大 $(1/\delta_Z)$ 倍，即把竖距中的参数 δ_Z 换成 1，而不是把铰 C 处的相对转角 θ_C 换成 1 rad。

(2) 作剪力 F_{SC} 的影响线。

撤去截面 C 处相应于剪力的约束，代以剪力 F_{SC} 得图 7-8(d) 所示的机构。此时，在截面 C 处能发生相对的竖向位移，但不能发生相对的转动和水平移动。因此，切口两边的梁在发生位移后保持平行，切口的相对竖向位移即为 δ_Z。利用平行线几何关系即可确定图 7-8(d) 中各控制点数值，最后进行变换，把竖距中的参数 δ_Z 换成 1，即得到 F_{SC} 影响线，如图 7-8(e) 所示。

例 7-3 试用机动法作图 7-9(a) 所示静定多跨梁的 M_K、F_{SK}、M_C、F_{SE} 和 F_{RD} 的影响线。

解： (1) 作 M_K 的影响线。

在截面 K 加铰，使其发生虚位移，如图 7-9(b) 所示。铰 K 两侧相对转角为 δ_Z，截距 $BB'=1 \cdot \delta_Z = \delta_Z$。将图 7-9(b) 中的竖距进行放大和变换，把竖距中的参数 δ_Z 换成 1，即得 M_K 的影响线如图 7-9(c) 所示。各控制点的影响系数可按比例关系求出。在横坐标轴以上的图形为正号，以下的为负号。

(2) 作 F_{SK} 的影响线。

以下不再画刚体体系的虚位移图，直接作出影响线的图形。

F_{SK} 影响线的图形与 K 点两侧截面发生竖向错动时的 δ_P 图成比例。作图时，先保持各支点的位移为零。然后，在 K 点两边分别作平行线 AK' 和 $K''B$，在 K 点错动位移即为与 F_{SK} 对应的位移 δ_Z（其方向与剪力 F_{SK} 的正方向一致），同时把竖距中的参数 δ_Z 换成 1，即令 $K'K''=1$。最后，作附属部分 EF 和 FG 的影响线，为此，连接 $E'C$，并延长到 F'；连接 $F'D$，并延长到 G'。这样，便得到 F_{SK} 的影响线如图 7-9 (d) 所示。

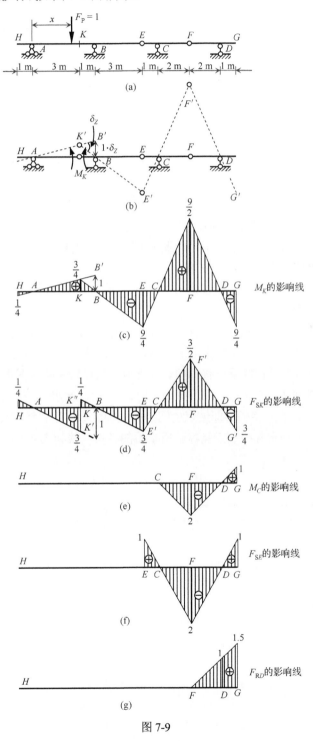

图 7-9

（3）作 M_C 的影响线。

在截面 C 加铰后，HE 和 EC 仍不能发生虚位移，因此 M_C 的影响线在 HC 段与基线重合，但附属部分 CF 和 FG 可发生虚位移。与 M_C 对应的位移 δ_Z 即为铰 C 两侧截面的相对转角。由于 EC 无转角，故 CF 的转角即为 δ_Z，而 F 点的竖向位移为 $2 \cdot \delta_Z$。把竖距中的参数 δ_Z 换成 1，故 F 点的影响系数等于 2。M_C 的影响线如图 7-9（e）所示。

（4）作 F_{SE} 的影响线。

当 E 点两侧截面沿 F_{SE} 正方向发生错动时，基本部分 HE 不能发生位移，因此，在 HE 段 F_{SE} 影响线恒等于零。EF 段绕支座 C 转动，FG 段绕支座 D 转动。把与 F_{SE} 对应的相对位移（即 E 点竖坐标）δ_Z 换成 1，便得到 F_{SE} 的影响线如图 7-9（f）所示。

（5）作 F_{RD} 的影响线。

在静定多跨梁中，FG 是 HF 的附属部分。当撤去支杆 D 时，HF 段仍不能发生位移，因此在 HF 段 F_{RD} 影响线恒等于零。FG 段在 D 点沿 F_{RD} 方向发生的竖向位移即为 δ_Z，再令 $\delta_Z=1$，便得到 F_{RD} 的影响线如图 7-9（g）所示。

由图 7-9 所示各影响线的图形可以看出，在静定多跨梁中，基本部分的内力（或支座反力）影响线是布满全梁的，而附属部分内力（或支座反力）的影响线则只在附属部分不为零（基本部分上的线段恒等于零），即移动荷载对基本部分和附属部分的内力或反力的影响范围不同。这个结论与静定多跨梁的力学特性是一致的。

例 7-4　试用机动法绘制图 7-10（a）所示梁在结点荷载作用下 M_K、F_{SK}、F_{SC}^L 和 F_{yF} 的影响线。已知横梁的间距均为 2 m。

解：本例中主梁受结点荷载作用。注意到机动法中位移图 $\delta_P(x)$ 是指单位移动荷载作用点的位移图，因此用机动法作结点荷载作用下的静定力影响线时，$\delta_P(x)$ 应是纵梁的位移图，而非主梁的位移图，因为荷载是在纵梁上移动的。主梁内力或反力影响线图形的范围应是移动荷载可以抵达的范围，即自 A 点至 I 点。采用机动法时，首先可分别绘制相应的直接荷载作用下的影响线（A 点至 H 点），然后将横梁即结点之间为折线的区域改用直线相连，并将图形拓长至 I 点，最后根据几何关系确定各控制点竖标。所求得的各影响线如图 7-10（b）～（e）所示。

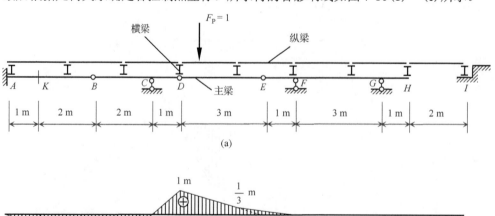

(a)

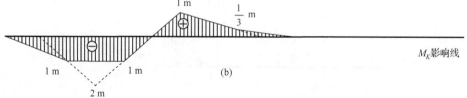

M_K 影响线

(b)

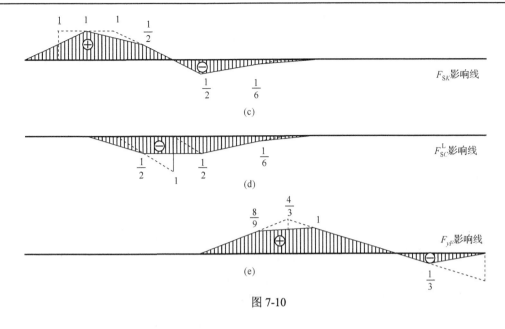

图 7-10

7.5   影响线的应用

影响线是活载作用下结构分析的基本工具。应用影响线可确定结构某量值随荷载作用位置移动时的变化规律,均布荷载的最不利分布或移动荷载组的最不利位置,以及结构各截面上内力变化的幅度范围。

7.5.1   求各种荷载作用产生的影响量

作结构内力或支座反力的影响线时,用的是单位移动荷载。根据叠加原理,可利用影响线求其他荷载作用产生的总影响量。

设有一组集中荷载 F_{P1}、F_{P2}、F_{P3} 作用在简支梁上,位置已知,如图 7-11(a)所示。如果 F_{SC} 的影响线在各荷载作用点的竖距为 y_1、y_2、y_3,则由 F_{P1} 产生的 F_{SC} 等于 $F_{P1}y_1$,F_{P2} 产生的 F_{SC} 等于 $F_{P2}y_2$,F_{P3} 产生的 F_{SC} 等于 $F_{P3}y_3$。根据叠加原理,可知,在这组荷载作用下 F_{SC} 的数值为

$$F_{SC} = F_{P1}y_1 + F_{P2}y_2 + F_{P3}y_3$$

一般说来,设有一组集中荷载 $F_{P1}, F_{P2}, \cdots, F_{Pn}$ 加在结构上,而结构某量 Z 的影响线在各荷载作用点的竖距为 $y_1, y_2, \cdots, y_n$,则

$$Z = F_{P1}y_1 + F_{P2}y_2 + \cdots + F_{Pn}y_n = \sum_{i=1}^{n} F_{Pi}y_i \tag{7-4}$$

如果结构在 AB 段有均布荷载 q（图 7-11(b)）作用,则微段 dx 上的荷载 qdx 可看作集中荷载,它所引起的 Z 值为 $yqdx$。因此,在 AB 段均布荷载作用下的 Z 值为

$$Z = \int_A^B yqdx = q\int_A^B ydx = qA_0 \tag{7-5}$$

其中,A_0 表示影响线的图形在受载段 AB 上的面积。式(7-5)表示,均布荷载引起的 Z 值等于荷载集度乘以受载段的影响线面积。应用此式时,要注意面积 A_0 的正负号。

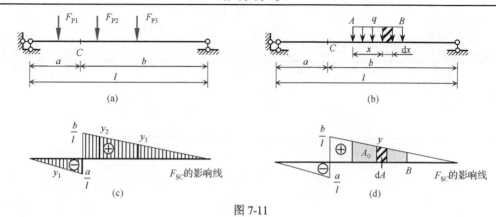

图 7-11

例 7-5　图 7-12 所示为一简支梁，全跨受均布荷载作用。试利用截面 C 的剪力 F_{SC} 的影响线计算 F_{SC} 的数值。

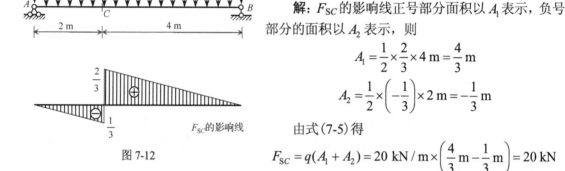

图 7-12

解： F_{SC} 的影响线正号部分面积以 A_1 表示，负号部分的面积以 A_2 表示，则

$$A_1 = \frac{1}{2} \times \frac{2}{3} \times 4 \text{ m} = \frac{4}{3} \text{ m}$$

$$A_2 = \frac{1}{2} \times \left(-\frac{1}{3}\right) \times 2 \text{ m} = -\frac{1}{3} \text{ m}$$

由式 (7-5) 得

$$F_{SC} = q(A_1 + A_2) = 20 \text{ kN}/\text{m} \times \left(\frac{4}{3} \text{ m} - \frac{1}{3} \text{ m}\right) = 20 \text{ kN}$$

7.5.2　求荷载的最不利位置

如果荷载移动到某个位置，使某量 Z 达到最大值，则此荷载位置称为 Z 的最不利荷载位置。影响线的一个重要作用，就是用来确定**荷载的最不利位置**。

对于一些简单情况，只需对影响线和荷载特性加以分析与判断，就可定出荷载的最不利位置。判断的一般原则是：应当把数量大、排列密的荷载放在影响线竖距较大的部位。下面举几个简单例子。

如果移动荷载是单个集中荷载，则最不利位置是该集中荷载作用在影响线的竖距最大处。

如果移动荷载是一组集中荷载，则在最不利位置时，必有一个集中荷载作用在影响线的顶点（图 7-13）。

如果移动荷载是均布荷载，而且可以按任意方式分布，则其最不利位置是在影响线正号部分布满荷载（求最大正号值），或者在负号部分布满荷载（求最大负号值）（图 7-14）。

例 7-6　图 7-15(a) 所示为两台吊车的轮压和轮距，试求吊车梁 AB 在截面 C 的最大正剪力。

解： 先作出吊车梁 F_{SC} 的影响线（图 7-15(c)）。

要使 F_{SC} 为最大正号剪力，首先，荷载应放在 F_{SC} 影响线的正号部分。其次，应将排列较密的荷载（中间两个轮压）放在影响系数较大的部位（荷载 435 kN 放在 C 点的右侧）。图 7-15(b) 所示为荷载的最不利位置。由此求得

$$F_{SC\max} = F_{P1}y_1 + F_{P2}y_2 = 435 \text{ kN} \times 0.667 + 295 \text{ kN} \times 0.425 = 415 \text{ kN}$$

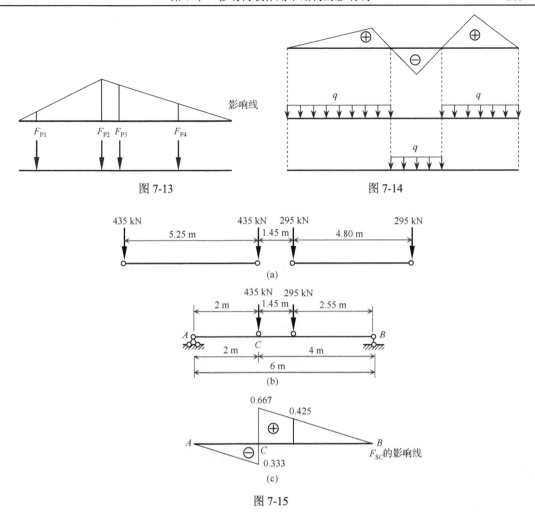

图 7-13

图 7-14

图 7-15

例 7-7　图 7-12 中的简支梁承受均布荷载 $q=20$ kN/m 作用，荷载在梁上可以任意布置。试求 F_{SC} 的最大正号值和最大负号值。

解：由图 7-12 所示 F_{SC} 的影响线可知，当荷载布满 CB 段时，可得到最大正剪力

$$F_{SCmax} = qA_{CB} = 20 \text{ kN}/\text{m} \times \frac{4}{3}\text{m} = 26.7 \text{ kN}$$

当荷载布满 AC 段时，可得到最大负剪力

$$F_{SCmin} = qA_{AC} = 20 \text{ kN}/\text{m} \times \left(-\frac{1}{3}\text{m}\right) = -6.7 \text{ kN}$$

7.5.3　临界位置的判定——针对影响线为多边形的情况

如果移动荷载是一组集中荷载，要确定某量 Z 的最不利荷载位置，通常分以下两步进行。

第一步，求出使 Z 达到极值的荷载位置。这种荷载位置称为荷载的**临界位置**。

第二步，从荷载的临界位置中选出荷载的最不利位置，也就是从 Z 的极大值中选出最大值，从极小值中选出最小值。

下面以多边形影响线为例，说明荷载临界位置的特点及判定方法。

图 7-16(a)所示为一组集中荷载，荷载移动时其间距和数值保持不变。图 7-16(b)所示为某量 Z 的影响线，为一多边形。各边的倾角以 α_1、α_2、α_3 表示(其中 α_1 和 α_2 是正的，α_3 是负的)。各边区间内荷载的合力用 F_{R1}、F_{R2}、F_{R3} 表示。

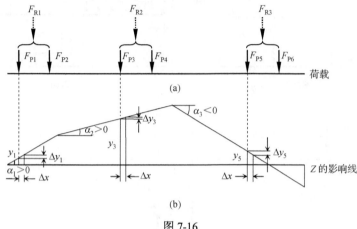

图 7-16

根据叠加原理，并按各边区间内荷载的合力来计算，则

$$Z = F_{R1}\bar{y}_1 + F_{R2}\bar{y}_2 + F_{R3}\bar{y}_3 = \sum_{i=1}^{3} F_{Ri}\bar{y}_i$$

其中，$\bar{y}_1$、$\bar{y}_2$、$\bar{y}_3$ 分别是各段荷载合力 F_{R1}、F_{R2}、F_{R3} 对应的影响系数。

设荷载移动 Δx(向右移动时 Δx 为正)，则竖距 $\bar{y}_i$ 的增量为

$$\Delta y_i = \Delta x \cdot \tan \alpha_i$$

而 Z 的增量为

$$\Delta Z = \Delta x \cdot \sum_{i=1}^{3} F_{Ri} \tan \alpha_i$$

使 Z 成为极大值的临界位置，必须满足如下条件：荷载自临界位置向右或向左移动时，Z 值均应减少，即 $\Delta Z < 0$，即

$$\Delta x \cdot \sum_{i=1}^{3} F_{Ri} \tan \alpha_i < 0 \tag{a}$$

式(a)还可以分为两种情况：

$$\begin{cases} 当\Delta x > 0时（荷载稍向右移），\quad \sum F_{Ri} \tan \alpha_i < 0 \\ 当\Delta x < 0时（荷载稍向左移），\quad \sum F_{Ri} \tan \alpha_i > 0 \end{cases} \tag{7-6}$$

同理，使 Z 成为极小值的临界位置，必须满足如下条件：

$$\begin{cases} 当\Delta x > 0时（荷载稍向右移），\quad \sum F_{Ri} \tan \alpha_i > 0 \\ 当\Delta x < 0时（荷载稍向左移），\quad \sum F_{Ri} \tan \alpha_i < 0 \end{cases} \tag{7-7}$$

这时可得出如下结论：如果 Z 为极值(极大或极小)，则荷载稍向左、右移动时，$\sum F_{\mathrm{R}i}\tan\alpha_i$ 必须变号。

在什么情况下 $\sum F_{\mathrm{R}i}\tan\alpha_i$ 才可能变号呢？式中 $\tan\alpha_i$ 是影响线中各段直线的斜率，它们是常数。因此，要使整个荷载稍向左或向右移动时 $\sum F_{\mathrm{R}i}\tan\alpha_i$ 改变符号，只有各段内的合力 $F_{\mathrm{R}i}$ 改变数值才有可能。显然，在临界位置中必须有一个集中荷载正好作用在影响线的顶点上。例如，设有集中力 $F_{\mathrm{R}i}$ 作用在第 i 段和第 $i+1$ 段直线之间的顶点上，那么，当整个荷载稍向左移时，F_{Pcr} 应计入 $F_{\mathrm{R}i}$；当稍向右移时，F_{Pcr} 应计入 $F_{\mathrm{R}i+1}$。总之，当荷载稍向左或向右移动时，$\sum F_{\mathrm{R}i}\tan\alpha_i$ 变号的必要条件是一个集中荷载作用于影响线的顶点，但这不是充分条件。

归结起来，确定荷载最不利位置的步骤如下。

(1) 从荷载中选定一个集中力 F_{Pcr} 使它位于影响线的一个顶点上。

(2) 当 F_{Pcr} 在该顶点稍右或稍右时，分别求 $\sum F_{\mathrm{R}i}\tan\alpha_i$ 的数值。如果 $\sum F_{\mathrm{R}i}\tan\alpha_i$ 变号(或由零变为非零)，则此荷载位置称为临界位置，而荷载 F_{Pcr} 称为**临界荷载**。如果 $\sum F_{\mathrm{R}i}\tan\alpha_i$ 不变号，则此荷载位置不是临界位置。

(3) 对每个临界位置可求出 Z 的一个极值，然后从各种极值中选出最大值或最小值。同时，也就确定了荷载的最不利位置。

例 7-8　图 7-17(a)所示为一组铁路列车移动荷载，其中 5 个集中力为一台机车的 5 个轴重，中部 30 m 的均布荷载为机车及煤水车的平均荷载 q_1，后面任意长度为列车车辆的平均荷载 q_2。图 7-17(b)为某量 Z 的影响线。当火车自右向左行驶时，求荷载的最不利位置和 Z 的最大值。已知 $F_{P1}=F_{P2}=F_{P3}=F_{P4}=F_{P5}=220\ \mathrm{kN}$，$q_1=92\ \mathrm{kN/m}$，$q_2=80\ \mathrm{kN/m}$。

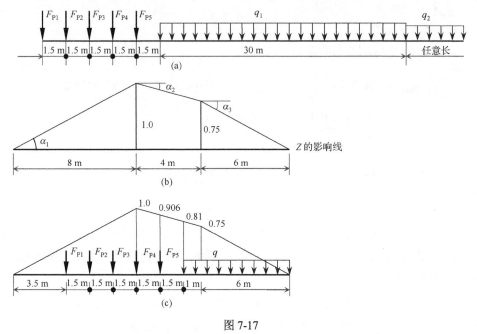

图 7-17

解：(1) 火车头部位荷载的数值和密集度大，可以判断最不利荷载位置是将 F_{P4} 放在影响线的最高顶点。荷载布置情况如图 7-17(c)所示。

(2)按荷载的临界位置判别式(7-6)进行核算。

由图 7-17(b)，得

$$\tan\alpha_1=\frac{1}{8}, \quad \tan\alpha_2=-\frac{0.25}{4}, \quad \tan\alpha_3=-\frac{0.75}{6}$$

如果整个荷载稍向右移，各段荷载合力为

$$F_{R1}=220\ kN\times3=660\ kN$$

$$F_{R2}=220\ kN\times2+92\ kN/m\times1\ m=532\ kN$$

$$F_{R3}=92\ kN/m\times6\ m=552\ kN$$

因此

$$\sum F_{Ri}\tan\alpha_i=660kN\times\frac{1}{8}+532\ kN\times\left(-\frac{0.25}{4}\right)+552\ kN\times\left(-\frac{0.75}{6}\right)=-19.75\ kN<0$$

如果整个荷载稍向左移，则

$$F_{R1}=220\ kN\times4=880\ kN$$

$$F_{R2}=220\ kN+92\ kN/m\times1\ m=312\ kN$$

$$F_{R3}=92\ kN/m\times6\ m=552\ kN$$

$$\sum F_{Ri}\tan\alpha_i=880\ kN\times\frac{1}{8}+312\ kN\times\left(-\frac{0.25}{4}\right)+552\ kN\times\left(-\frac{0.75}{6}\right)=21.5\ kN>0$$

由于 $\sum F_{Ri}\tan\alpha_i$ 变号，故此位置是临界位置。

(3)计算 Z 的最大值。

利用图 7-17(c)中标出的影响系数，可得

$$Z_{max}=220\ kN\times\left(\frac{3.5}{8}+\frac{5}{8}+\frac{6.5}{8}+1\right)+220\ kN\times0.906+92\ kN/m$$

$$\times\left(\frac{0.81+0.75}{2}\times1\ m+\frac{0.75\times6\ m}{2}\right)=1110.58\ kN$$

7.5.4　临界位置的判定——针对影响线为三角形的情况

当影响线为三角形时，临界位置的特点可以用更方便的形式表示出来。如图 7-18 所示，设 Z 的影响线为一个三角形。若欲求 Z 的极大值，则在临界位置必有一荷载 F_{Pcr} 正好在影响线的顶点上。用 F_R^L 表示 F_{Pcr} 以左荷载的合力，F_R^R 表示 F_{Pcr} 以右荷载的合力，Z 取极大值的荷载临界位置判别式(7-6)可写为

$$\begin{cases}荷载向右移，\ F_R^L\tan\alpha-(F_{Pcr}+F_R^R)\tan\beta<0\\荷载向左移，\ (F_R^L+F_{Pcr})\tan\alpha-F_R^R\tan\beta>0\end{cases}$$

在上式中，代入 $\tan\alpha=\dfrac{c}{a}$，$\tan\beta=\dfrac{c}{b}$ 得

$$\begin{cases} \dfrac{F_R^L}{a} < \dfrac{F_{Pcr} + F_R^R}{b} \\[3mm] \dfrac{F_R^L + F_{Pcr}}{a} > \dfrac{F_R^R}{b} \end{cases} \qquad (7\text{-}8)$$

不等式(7-8)的两边可理解为各边的"平均荷载"。由此可见，对于三角形影响线而言，临界位置和临界荷载 F_{Pcr} 的特点可归结如下。

(1)在三角形影响线上，正好有一个集中荷载 F_{Pcr} "高踞顶峰"。

(2)这个集中荷载 F_{Pcr} 正好扮演一个"举足轻重"的角色，它左移则左重，右移则右重(对平均荷载而言)。

例 7-9　图 7-19(a)所示为一组汽车车队荷载，其中有一辆是重车，其余的是普通车。图 7-19(b)所示为一简支梁 AB，跨度为 40 m。试求在汽车荷载作用下此梁截面 C 的最大弯矩。

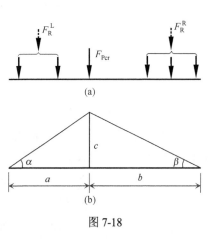

图 7-18

解： 先说明两点。

(1)此车队有两种方式通过此桥。自右向左开行(图 7-19(a))，自左向右开行(图 7-20(a))。

(2)根据直观判断，必须把合力最大的重车置于影响线的顶点附近，并把其中某个集中荷载放在顶点，这样，大体上就能确定荷载的最不利位置。为了进一步核实，可用临界位置判别式(7-8)再进行核算。

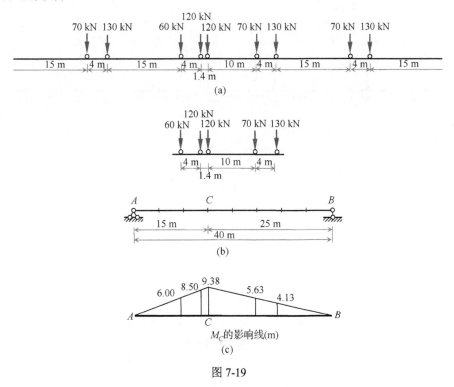

图 7-19

M_C 的影响线为三角形，如图 7-19(c) 所示。

首先设汽车车队自右向左开行上桥，将图 7-19(a) 所示的汽车车队的重车的后轮，即荷载左起第 5 个轴重 120 kN 置于 C 点 (图 7-19(b))，用式 (7-8) 验算得

$$\frac{60 \text{ kN} + 120 \text{ kN}}{15 \text{ m}} < \frac{120 \text{ kN} + 70 \text{ kN} + 130 \text{ kN}}{25 \text{ m}}$$

$$\frac{60 \text{ kN} + 120 \text{ kN} + 120 \text{ kN}}{15 \text{ m}} > \frac{70 \text{ kN} + 130 \text{ kN}}{25 \text{ m}}$$

由此可知，所试位置是临界位置，相应的 M_C 值为

$M_C = 60 \text{ kN} \times 6.00 \text{ m} + 120 \text{ kN} \times 8.50 \text{ m} + 120 \text{ kN} \times 9.38 \text{ m} + 70 \text{ kN} \times 5.63 \text{ m} + 130 \text{ kN} \times 4.13 \text{ m} = 3436.6 \text{ kN·m}$

其次，假设汽车车队自左向右开行上桥 (图 7-20(a))，将汽车车队的重车的后轮，即荷载右起第 5 个轴重 120 kN 置于 C 点 (图 7-20(b))，用式 (7-8) 验算得

$$\frac{130 \text{ kN} + 70 \text{ kN}}{15 \text{ m}} < \frac{120 \text{ kN} + 120 \text{ kN} + 60 \text{ kN} + 130 \text{ kN} + 70 \text{ kN}}{25 \text{ m}}$$

$$\frac{130 \text{ kN} + 70 \text{ kN} + 120 \text{ kN}}{15 \text{ m}} > \frac{120 \text{ kN} + 60 \text{ kN} + 130 \text{ kN} + 70 \text{ kN}}{25 \text{ m}}$$

此位置也为临界位置，相应的 M_C 值为

$M_C = 130 \text{ kN} \times 0.63 \text{ m} + 70 \text{ kN} \times 3.13 \text{ m} + 120 \text{ kN} \times 9.38 \text{ m} + 120 \text{ kN} \times 8.85 \text{ m}$
$\quad + 60 \text{ kN} \times 7.35 \text{ m} + 130 \text{ kN} \times 1.73 \text{ m} + 70 \text{ kN} \times 0.23 \text{ m} = 3170.6 \text{ kN·m}$

比较上述计算，可知图 7-19(b) 所示荷载位置为最不利位置。截面 C 的最大弯矩为 3436.6 kN·m。

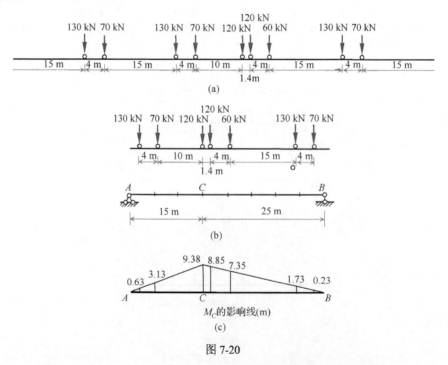

图 7-20

7.6　机动法作超静定内力影响线

首先从虚位移原理出发导出机动法求作超静定结构内力(反力)影响线的基本公式,该公式与机动法作静定力影响线的基本公式相同。而且,建立了精确、解析地计算超静定结构反力和内力影响线方程的简便方法。

求超静定结构某约束力(内力、反力)Z_1的影响线。一方面,在单位移动荷载 $F_P=1$ 作用下(图 7-21(a)),原结构的受力状态等价于去掉该约束的基本结构产生约束力(广义荷载)Z_1,支座反力 F_R,以及内力 $M(x)$、$F_N(x)$、$F_S(x)$,如图 7-21(b)所示。此时,图 7-21(b)所示基本结构的广义荷载 Z_1 等于原结构的相应内力,图中虚线为位移曲线,它和原结构位移曲线相同。这里,原结构和基本结构的受力状态和位移状态都相同。另一方面,可以虚设基本结构发生与放松的约束相应的单位广义位移 $\overline{c}_1=1$,其他支座位移为 0,则基本结构在单位移动荷载处产生虚位移 $\overline{\delta}_P$,虚应变 $\overline{\kappa}$、$\overline{\varepsilon}$、$\overline{\gamma}_0$(图 7-21(c))。

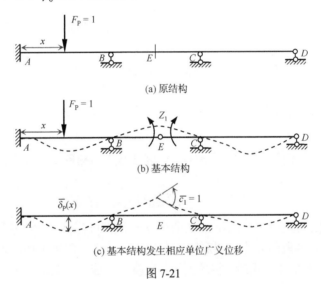

(a) 原结构

(b) 基本结构

(c) 基本结构发生相应单位广义位移

图 7-21

将上述两种状态代入虚位移方程,可得

$$Z_1 \cdot 1 + 1 \cdot \overline{\delta}_P = \sum \int (M\overline{\kappa} + F_N\overline{\varepsilon} + F_S\overline{\gamma}_0)\mathrm{d}x \qquad (7\text{-}9)$$

分析可知式(7-9)右端为零,即超静定结构在单位移动荷载和广义荷载作用下引起的内力在其基本结构虚设位移时引起的虚应变状态所做的内虚功为 0。由此可得

$$Z_1(x) = -\overline{\delta}_P(x) \qquad (7\text{-}10)$$

式(7-10)即用机动法作超静定结构内力、反力影响线的基本公式(影响线方程),它表示原结构的内力(反力)影响线大小即为基本结构发生单位广义位移时引起的单位移动荷载处的位移值,而符号相反。这样,由虚位移原理导出的作超静定结构内力(反力)影响线的机动法公式与作静定结构内力(反力)影响线的机动法公式是统一、一致的。

值得注意的是,机动法基本公式(7-10)也可由功的互等定理导出。超静定结构在单位移动荷载 $F_P=1$ 作用下会产生某一位移和内力状态(图 7-21(a)),将此状态的等价基本结构作为第 I

状态(图 7-21(b))。该状态仅相当于放松了 Z_1 处的相应约束,同时作用了与原结构相等的外力 Z_1。第Ⅱ状态是让该基本结构发生与该约束相对应的单位广义位移而引起的位移和内力状态(图 7-21(c))。

第Ⅰ状态有单位荷载 $F_P=1$ 和约束力 Z_1 作用;第Ⅱ状态有单位广义位移 $\bar{c}_1 =1$(其余支座位移为 0),而沿单位荷载 F_P 方向引起相应的位移。由功的互等定理,可得

$$W_{12}= W_{21}$$

第Ⅰ状态外力在第Ⅱ状态位移上所做的功为 $W_{12} =1\cdot \bar{\delta}_P + Z_1 \cdot 1$。当第Ⅱ状态的主动力为 0(当基本结构是超静定结构,发生支座位移是由支座沉降引起的,则主动力为 0),且支座反力对应的第Ⅰ状态支座位移为 0 时,有 $W_{21}=0$;若第Ⅱ状态的主动力不为 0(如图 7-21(c)所示超静定结构的相应广义位移是由外力 F 引起),但是一对非零的主动力在原结构中对应的相对位移为 0(图 7-21(b)中 E 的左右截面广义位移,即相对转角为零),仍有 $W_{21}=F×0=0$。于是

$$W_{12} = 1\cdot \bar{\delta}_P + Z_1 \cdot 1 = W_{21} = 0 \tag{7-11}$$

整理式(7-11)即可得到结构反力、内力影响线公式(7-10)。

根据作超静定结构力影响线的公式(7-10),机动法作超静定结构反力和内力影响线的过程如下。

(1)拟求超静定结构某内力/反力 Z 的影响线,撤去与内力(反力)Z 相应的约束,形成基本结构。使基本结构发生相应的广义单位位移 $\delta_Z=1$,引起的挠曲线即为超静定力影响线的轮廓。

(2)利用等截面梁式杆件(抗弯刚度为 EI)的荷载-位移微分关系:

$$EIy^{(4)}(x)=q(x)$$

由于基本结构无均布荷载作用,即 $q(x)=0$,因此基本结构各段的位移曲线为三次多项式函数,即

$$y(x)=ax^3+bx^2+cx+d$$

并依据各段两端约束的位移和受力情况,杆件的每一段都可写出 4 个边界和连续条件。

(3)利用基本结构各段的 4 个边界和连续条件,分别代入含 4 个待定系数的位移曲线公式和其一次、二次、三次微分公式后,将求出的各段挠曲线连接起来即可求得基本结构的位移曲线 $y(x)$,从而快速获得超静定内力(反力)的解析影响线方程 $Z(x)= y(x)$。

根据影响线方程做出三次函数曲线图,横坐标以上影响系数取正号,以下取负号。在此基础上,可以进一步确定超静定结构的最不利荷载位置和最不利内力。

例 7-10 求图 7-22 所示 2 跨超静定连续梁的 D 截面剪力 F_{SD} 和弯矩 M_D 影响线。

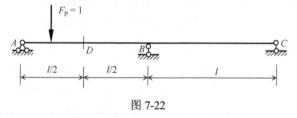

图 7-22

解: (1)作 F_{SD} 的影响线。

首先将 D 截面放松为滑动约束,得到基本结构,将它分成 3 段,然后使 D 截面滑动约束发生单位相对滑移 $\delta_D=1$,作出 F_{SD} 影响线轮廓,如图 7-23 所示。

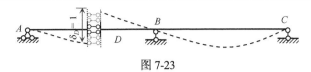

图 7-23

写出基本结构各段的 3 次多项式挠曲线方程 $y_i(x)=ax^3+bx^2+cx+d$，其中含 12 个待定系数。利用 12 个边界和连续条件：

$$y_1(0) = y_2(l) = y_3(l) = y_3(2l) = 0, \quad y_2(l/2) - y_1(l/2) = 1, \quad y_1{}'(l/2) = y_2{}'(l/2),$$

$$y_2{}'(l) = y_3{}'(l), \quad EIy_1{}''(0) = EIy_3{}''(2l) = 0, \quad EIy_2{}''(l) = EIy_3{}''(l),$$

$$EIy_1{}''(l/2) = EIy_2{}''(l/2), \quad EIy_1{}'''(l/2) = EIy_2{}'''(l/2)$$

联立线性代数方程求出待定系数后，可得 F_{SD} 的影响线方程为

$$y(x) = \begin{cases} \dfrac{1}{4l^3}x^3 - \dfrac{5}{4l}x & (0 \leqslant x \leqslant l/2) \\[2mm] \dfrac{1}{4l^3}x^3 - \dfrac{5}{4l}x + 1 & (l/2 \leqslant x \leqslant l) \\[2mm] -\dfrac{1}{4l^3}x^3 + \dfrac{3}{2l^2}x^2 - \dfrac{11}{4l}x + \dfrac{3}{2} & (l \leqslant x \leqslant 2l) \end{cases}$$

(2) 作 M_D 的影响线。

放松 D 截面为铰结，得到基本结构，将其分成 3 段，然后使 D 点产生单位转角 $\theta_D=1$，作出 M_D 的影响线轮廓，如图 7-24 所示。

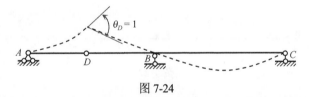

图 7-24

类似地，列出 3 段梁的 3 次多项式挠曲线方程 $y_i(x)=ax^3+bx^2+cx+d$，利用 12 个边界、连续条件：

$$y_1(0) = y_2(l) = y_3(l) = y_3(2l) = 0, \quad y_1(l/2) = y_2(l/2),$$

$$y_1{}'(l/2) - y_2{}'(l/2) = 1, \quad y_2{}'(l) = y_3{}'(l), \quad EIy_2{}''(l) = EIy_3{}''(l),$$

$$EIy_1{}''(0) = EIy_3{}''(2l) = 0, \quad EIy_1{}''(l/2) = EIy_2{}''(l/2), \quad EIy_1{}'''(l/2) = EIy_2{}'''(l/2)$$

联立线性代数方程求出待定系数后，可得 M_D 的影响线方程为

$$y(x) = \begin{cases} \dfrac{1}{8l^2}x^3 + \dfrac{3}{8}x & \left(0 \leqslant x \leqslant \dfrac{l}{2}\right) \\[2mm] \dfrac{1}{8l^2}x^3 - \dfrac{5}{8}x + \dfrac{l}{2} & \left(\dfrac{l}{2} \leqslant x \leqslant l\right) \\[2mm] -\dfrac{1}{8l^2}x^3 + \dfrac{3}{4l}x^2 - \dfrac{11}{8}x + \dfrac{3l}{4} & (l \leqslant x \leqslant 2l) \end{cases}$$

最后，取 $l = 6\,\text{m}$，分别绘制了 F_{SD} 和 M_D 的影响线如图 7-25 所示。

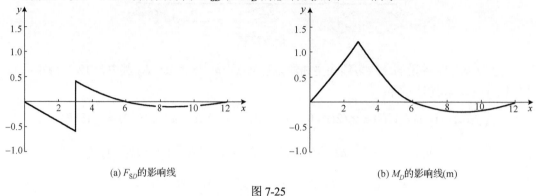

(a) F_{SD} 的影响线　　　　　　　　　　　　　(b) M_D 的影响线(m)

图 7-25

例 7-11　求如图 7-26 所示 3 次超静定梁支座反力 F_{RB} 和支座弯矩 M_B 以及跨中截面弯矩 M_E 的影响线。

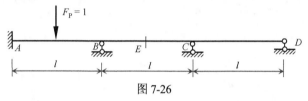

图 7-26

解：(1) 作 F_{RB} 的影响线。

首先撤去支座 B 的约束，将基本结构分成 3 段，然后使支座 B 处产生单位位移 $\delta_B = 1$，作出 F_{RB} 影响线轮廓图，如图 7-27 所示。

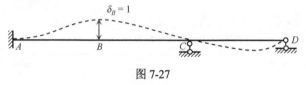

图 7-27

列出基本结构各段的 3 次多项式挠曲线方程 $y_i(x) = ax^3 + bx^2 + cx + d$，并利用 12 个边界和连续条件为

$$y_1(0) = y_2(2l) = y_3(2l) = y_3(3l) = 0,\quad y_1(l) = y_2(l) = 1,\quad y_1'(0) = 0,$$

$$y_1'(l) = y_2'(l) = 0,\quad y_2'(2l) = y_3'(2l),\quad EIy_2''(2l) = EIy_3''(2l),\quad EIy_3''(3l) = 0$$

可得 F_{RB} 的影响线方程为

$$y(x) = \begin{cases} -\dfrac{2}{l^3}x^3 + \dfrac{3}{l^2}x^2 & (0 \leqslant x \leqslant l) \\[2mm] \dfrac{26}{31l^3}x^3 - \dfrac{135}{31l^2}x^2 + \dfrac{192}{31l}x - \dfrac{52}{31} & (l \leqslant x \leqslant 2l) \\[2mm] \dfrac{15}{31l^3}x^3 - \dfrac{69}{31l^2}x^2 + \dfrac{60}{31l}x + \dfrac{36}{31} & (2l \leqslant x \leqslant 3l) \end{cases}$$

(2) 作 M_B 的影响线。

将梁的基本结构分成 3 段，然后使支座 B 左右截面发生单位相对转角 $\theta_B = 1$，作出 M_B 影响线轮廓，如图 7-28 所示。

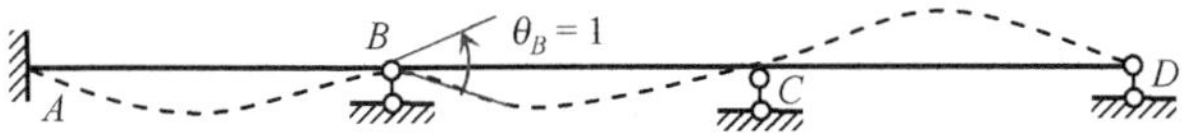

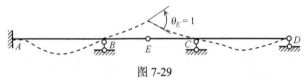

图 7-28

结合各段挠曲线方程，并利用 12 个边界、连续条件：

$$y_1(0) = y_1(l) = y_2(l) = y_2(2l) = y_3(2l) = y_3(3l) = 0，\quad y_1'(0) = 0，$$

$$y_1'(l) - y_2'(l) = 1，\quad y_2'(2l) = y_3'(2l)，\quad EIy_1''(l) = EIy_2''(l)，$$

$$EIy_2''(2l) = EIy_3''(2l)，\quad EIy_3''(3l) = 0$$

求出待定系数后，可得 M_B 的影响线方程为

$$y(x) = \begin{cases} \dfrac{6}{13l^2}x^3 - \dfrac{6}{13l}x^2 & (0 \leqslant x \leqslant l) \\[2mm] -\dfrac{5}{13l^2}x^3 + \dfrac{27}{13l}x^2 - \dfrac{46}{13}x + \dfrac{24l}{13} & (l \leqslant x \leqslant 2l) \\[2mm] \dfrac{1}{13l^2}x^3 - \dfrac{9}{13l}x^2 + 2x - \dfrac{24l}{13} & (2l \leqslant x \leqslant 3l) \end{cases}$$

(3) 作 M_E 的影响线。

将基本结构分成 4 段，然后使 E 左右截面发生单位相对转角 $\theta_E = 1$，作出 M_E 影响线轮廓，如图 7-29 所示。

图 7-29

结合各段挠曲线方程，利用 16 个边界、连续条件，即

$$y_1(0) = y_1(l) = y_2(l) = y_3(2l) = y_4(2l) = y_4(3l) = 0，\quad y_2(3l/2) = y_2(3l/2)$$

$$y_1'(0) = 0，\quad y_1'(l) = y_2'(l)，\quad y_2'(3l/2) - y_3'(3l/2) = 1，\quad y_3'(2l) = y_4'(2l)$$

$$EIy_1''(l) = EIy_2''(l)，\quad EIy_2''(3l/2) = EIy_3''(3l/2)，\quad EIy_3''(2l) = EIy_4''(2l)$$

$$EIy_4''(3l) = 0，\quad EIy_2'''(3l/2) = EIy_3'''(3l/2)$$

可得 M_E 的影响线方程为

$$y(x) = \begin{cases} \dfrac{9}{52l^2}x^3 - \dfrac{9}{52l}x^2 & (0 \leqslant x \leqslant l) \\[2mm] -\dfrac{1}{52l^2}x^3 + \dfrac{21}{52l}x^2 - \dfrac{15}{26}x + \dfrac{5l}{26} & \left(l \leqslant x \leqslant \dfrac{3}{2}l\right) \\[2mm] -\dfrac{1}{52l^2}x^3 + \dfrac{21}{52l}x^2 - \dfrac{41}{26}x + \dfrac{22l}{13} & \left(\dfrac{3}{2}l \leqslant x \leqslant 2l\right) \\[2mm] -\dfrac{5}{52l^2}x^3 + \dfrac{45}{52l}x^2 - \dfrac{5}{2}x + \dfrac{30l}{13} & (2l \leqslant x \leqslant 3l) \end{cases}$$

取 $l=6$ m，分别绘制 M_B 和 M_E 的影响线（图 7-30）。

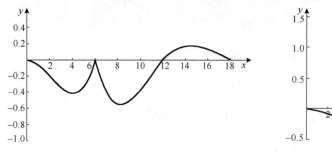

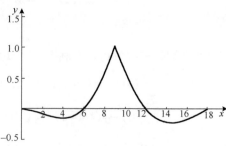

(a) M_B 的影响线(m)　　　　　　　　　　(b) M_E 的影响线(m)

图 7-30

习　　题

7-1　试用静力法作图中：

(a) F_{yA}、M_A、M_C 及 F_{SC} 的影响线。

(b) 斜梁 F_{yA}、M_C、F_{SC}、F_{NC} 的影响线。

(c) F_{SA}^L、F_{SA}^R、F_{SC}、M_C 的影响线。

(d) F_{RA}、F_{SB}、M_E、F_{SF} 的影响线。

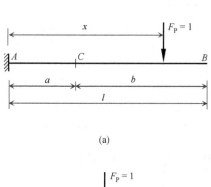

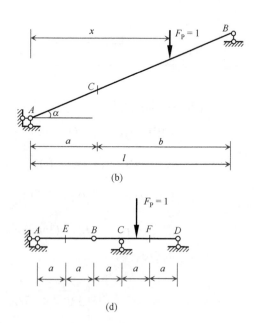

(a)　　　　　　　　　　　　　　(b)

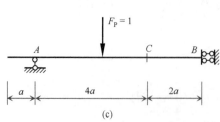

(c)　　　　　　　　　　　　　　(d)

题 7-1 图

7-2　试用静力法作图中 F_{RA}、F_{SB}、M_E、F_{SE}、F_{RC}、F_{RD}、M_F、F_{SF} 的影响线。

附属部分 (AB) 各量的影响线与简支梁相同，且在基本部分 (BD) 无竖距；

基本部分 (BD) 各量的影响线在 BD 段与伸臂梁 BD 相同，在 AB 段为直线。

7-3　试用静力法作图示刚架 M_A、F_{yA}、M_K、F_{SK} 的影响线。设 M_A、M_K 均以内侧受拉为正。

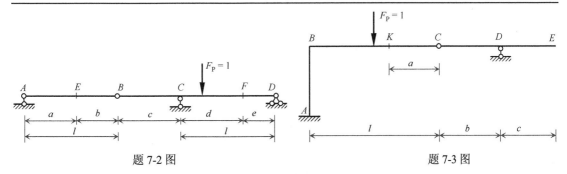

题 7-2 图　　　　　　　　　　　　　题 7-3 图

7-4　试用静力法作图示静定多跨梁 F_{RA}、F_{RC}、F_{SB}^{L}、F_{SB}^{R} 和 M_F、F_{SF}、M_G、F_{SG} 的影响线。

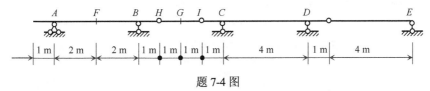

题 7-4 图

7-5　试用静力法作图示静定多跨梁 F_{RA}、F_{RB}、M_A 的影响线。

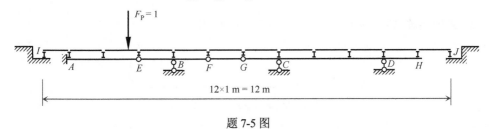

题 7-5 图

7-6　试用静力法作图示桁架轴力 F_{N1}、F_{N2}、F_{N3} 的影响线(荷载分为上承、下承两种情形)。

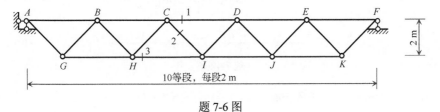

题 7-6 图

7-7　试作图示刚架 M_C、F_{SC} 的影响线,单位水平荷载沿柱高移动。

7-8　试用机动法作图中 M_E、F_{SB}^{L}、F_{SB}^{R} 的影响线。

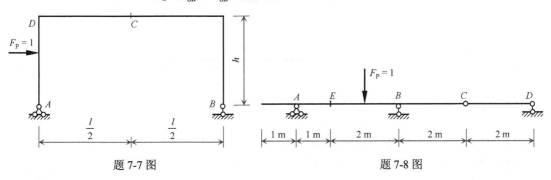

题 7-7 图　　　　　　　　　　　　　题 7-8 图

7-9　试用机动法重做习题 7-4、习题 7-5。

7-10　试用机动法作图示桁架轴力 F_{N1}、F_{N2}、F_{N3}、F_{N4} 的影响线。

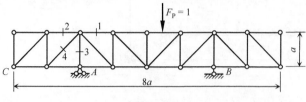

题 7-10 图

7-11　试用影响线求所示荷载作用下的 F_{RA}、F_{RB}、F_{SC}、M_C。

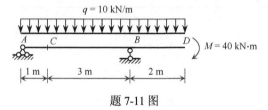

题 7-11 图

7-12　试求图示车队在影响线 Z 上的最不利位置和 Z 的绝对最大值。

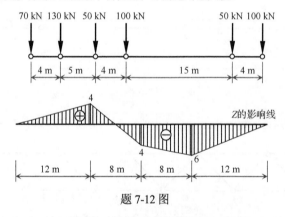

题 7-12 图

7-13　两台吊车如图所示，试求吊车梁的 M_C、F_{SC} 的荷载最不利位置，并计算其最大值和最小值。

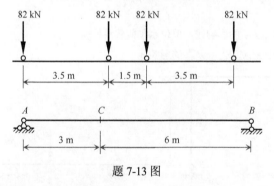

题 7-13 图

7-14　作图示超静定梁截面 C 的剪力 F_{SC} 影响线。

7-15　作图示 9 次超静定 4 跨刚架 BC 跨中间截面 I 的弯矩 M_I 影响线。

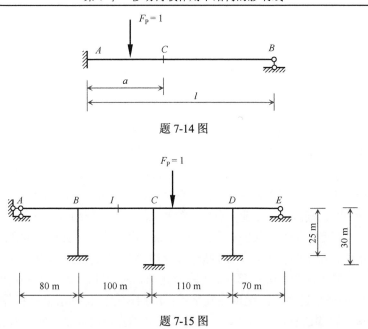

题 7-14 图

$F_P = 1$

题 7-15 图

第 7 章习题答案

第 8 章　矩阵位移法

对于复杂结构的受力和变形分析问题，仅依靠手算的传统结构力学分析方法将面临严峻的挑战。一方面计算工作量巨大，另一方面容易出错，难以进行大规模工程应用。随着计算机的问世以及计算科学与技术的发展，借助计算机编程计算的力学方法可极大地缩短结构分析和工程设计时间，从而将工程师的工作重点从繁冗的手算中解放出来，转移到其他创新性工作中。面对工程数字化设计的时代潮流以及工业信息化、智能化的蓬勃发展趋势，基于计算机自动分析的结构力学方法受到了高度的关注，也迎来了空前的繁荣，而**矩阵位移法**就是其中的一个典型代表。

20 世纪 50 年代，希腊学者阿基里斯发展了针对航空工程的复杂结构分析的实用方法——矩阵分析法，包括矩阵力法和矩阵位移法。矩阵力法和力法一样需要选择基本体系，灵活多变，编制程序需要考虑的情形过多，因此现在几乎不再应用。矩阵位移法借助杆件转角-位移方程建立单元刚度矩阵，再集成整体刚度矩阵，并建立等效结点荷载向量，然后形成与位移法对应的整体刚度方程，最后求解方程得到结点位移，进而获得单元杆端内力。矩阵位移法的特点是：结点位移编号、结构单元编号及整体编号统一有序，单元和整体刚度矩阵的形成模块化，刚度方程求解程序化，非常符合计算机自动化计算的要求。矩阵位移法是随后发展的连续体有限元方法的雏形，也可称为杆件有限元法，它也可由最小势能原理导出。对矩阵位移法的学习有助于了解连续体有限元方法的一些重要概念和计算步骤，并加深对有限元方法的理解。本章就矩阵位移法的基本原理以及弯曲杆件、连续梁和轴力杆件的单元刚度矩阵与坐标转换、结构的整体刚度矩阵、等效结点荷载、计算步骤和算例等进行逐一介绍。

8.1　矩阵位移法的基本原理

矩阵位移法是以位移法作为基础的杆系结构矩阵分析方法，或者说，它是以矩阵形式表达、适用于计算机求解的位移法。在矩阵位移法中也是以结构的结点位移作为基本未知量。这样，杆端的变形协调条件在设取基本未知量时已经满足。若按位移法选取基本体系的思路，此时相应的基本结构是唯一的。与位移法稍有不同的是，在采用矩阵位移法利用计算机进行结构分析时，通常都涉及刚架杆件轴向变形的影响，而且将构成刚架的所有杆件，包括静定杆件在内，均归结为两端固定杆件。因此，在矩阵位移法中可以只定义一类两端固定的基本杆件。这样，就很容易确定矩阵位移法基本未知量的数目，分析和计算过程也便于规范化。

矩阵位移法包含两个基本环节：一是**单元分析**，二是**整体分析**。在杆系结构中，一般把每个杆件取作一个单元，这样结构整体便拆分成许多单元。可见，杆系结构是天然的离散结构。单元分析的任务是针对各杆件建立单元刚度方程，形成单元刚度矩阵。所谓单元刚度方程是指杆件单元 e 两端的杆端力向量 $\overline{F}^e$ 和杆端位移向量 $\overline{\Delta}^e$ 所满足的方程，可表示为如下矩阵形式：

$$\overline{F}^e = \overline{k}^e \overline{\Delta}^e$$

其中，$\overline{k}^e$ 表示第 e 单元的单元刚度矩阵。

而整体分析的主要任务是将单元集合成整体，由单元刚度矩阵按照刚度集成规则形成整体刚度矩阵，考虑支座位移边界条件建立结构的整体刚度方程，并得到矩阵位移法的基本方程，进而求出杆端位移和内力。类似地，整体刚度方程是指结构中的结点力向量 F 和相应结点位移向量 $\varDelta$ 之间所满足的方程：$F = K\varDelta$。进一步，矩阵位移法基本方程的矩阵表达式为

$$KΔ = P$$

其中，K 代表整体刚度矩阵；$\varDelta$ 中仅包括结构全部未知的结点位移；P 中仅包括与未知结点位移相应的已知结点荷载，而杆件上的非结点荷载一般应化为等效结点荷载。由单元刚度矩阵导出整体刚度矩阵的集成规则是矩阵位移法的核心内容。

然后，对矩阵位移法基本方程这一线性代数方程组进行求解，得到结点位移：

$$\varDelta = K^{-1}P$$

一旦求出结构全部的结点位移，那么根据单元刚度方程可以直接求解单元杆端力和支座反力，进而求出结构内力。矩阵位移法的主要优势是求解统一化和规范化，计算过程中对每一个同类单元的操作是相同的，这非常便于计算机编程实现，能够充分利用计算机在重复性工作中快速自动运算的特性，高效地进行复杂结构的力学分析。

8.2　单元刚度矩阵

所谓单元，指的是杆系结构中的单一杆件。单元刚度矩阵是反映单元两端的杆端位移与杆端力之间关系的矩阵。图 8-1 所示为平面刚架中的一个等截面直杆单元 e。设杆长为 l，截面面积为 A，截面惯性矩为 I，弹性模量为 E。为了更精确和一般化，除了考虑杆件的弯曲变形，还考虑其轴向变形的影响。左右两端各有 3 个位移分量，包括两个线位移和一个转角，杆件共有 6 个位移分量，这是平面结构杆件单元的一般情况。

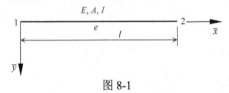

图 8-1

单元的两个端点(结点)采用局部编号 1 和 2。由端点 1 到端点 2 的方向规定为杆轴的正方向。图中采用坐标系 $\bar{x}\bar{y}$，其中 $\bar{x}$ 轴与杆轴重合。这个坐标系称为**局部坐标系**或**单元坐标系**。字母 $\bar{x}$、$\bar{y}$ 的上面划上一横，作为局部坐标系的标志。

8.2.1　局部坐标系下的单元刚度矩阵

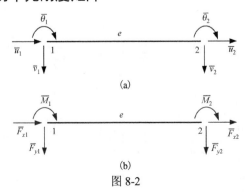

图 8-2

在局部坐标中, 一般单元的每端各有 3 个位移分量 $\bar{u}$、$\bar{v}$、$\bar{\theta}$ 和对应的 3 个力分量 $\bar{F}_x$、$\bar{F}_y$、$\bar{M}$。图 8-2 中所示的位移、力分量方向为正方向。

单元的 6 个杆端位移分量和 6 个杆端力分量按一定的顺序排列, 形成单元杆端位移向量 $\bar{\boldsymbol{\Delta}}^e$ 和单元杆端力向量 $\bar{\boldsymbol{F}}^e$ 为

$$\bar{\boldsymbol{\Delta}}^e = (\bar{\Delta}_{(1)}\ \bar{\Delta}_{(2)}\ \bar{\Delta}_{(3)}\ \bar{\Delta}_{(4)}\ \bar{\Delta}_{(5)}\ \bar{\Delta}_{(6)})^{eT} = (\bar{u}_1\ \bar{v}_1\ \bar{\theta}_1\ \bar{u}_2\ \bar{v}_2\ \bar{\theta}_2)^{eT}$$

$$\bar{\boldsymbol{F}}^e = (\bar{F}_{(1)}\ \bar{F}_{(2)}\ \bar{F}_{(3)}\ \bar{F}_{(4)}\ \bar{F}_{(5)}\ \bar{F}_{(6)})^{eT} = (\bar{F}_{x1}\ \bar{F}_{y1}\ \bar{M}_1\ \bar{F}_{x2}\ \bar{F}_{y2}\ \bar{M}_2)^{eT}$$

（8-1）

向量中的六个元素的序号记为 (1), (2), $\cdots$, (6)。由于它们是在每个单元中各自编号的, 不是在刚架所有单元中统一编号的, 因此称为局部编号, 杆端位移分量 (或杆端力分量) 的局部号码 (1), (2), $\cdots$, 都加上括号, 作为局部编号的标志。

现在讨论单元的刚度方程。**单元刚度方程**是由单元杆端位移求单元杆端力时所建立的方程, 记为 "$\bar{\Delta} \to \bar{F}$" 方程。对于小变形问题, 可忽略轴向受力状态和弯曲受力状态之间的相互影响, 分别推导轴向变形和弯曲变形的刚度方程。

首先, 由杆端轴向位移 $\bar{u}_1$、$\bar{u}_2$ 可推算出相应的杆端轴向力 $\bar{F}_{x1}$、$\bar{F}_{x2}$ 为

$$\begin{cases} \bar{F}_{x1}^e = \dfrac{EA}{l}(\bar{u}_1^e - \bar{u}_2^e) \\[2mm] \bar{F}_{x2}^e = -\dfrac{EA}{l}(\bar{u}_1^e - \bar{u}_2^e) \end{cases}$$

（8-2）

其次, 由杆端横向位移 $\bar{v}_1$、$\bar{v}_2$ 和转角 $\bar{\theta}_1$、$\bar{\theta}_2$ 可推算出相应的杆端横向力 $\bar{F}_{y1}$、$\bar{F}_{y2}$ 和杆端力矩 $\bar{M}_1$、$\bar{M}_2$。根据转角位移方程 (6-5) 和方程 (6-6), 并改用本章的记号和正负号规定, 即得

$$\begin{cases} \bar{M}_1^e = \dfrac{4EI}{l}\bar{\theta}_1^e + \dfrac{2EI}{l}\bar{\theta}_2^e + \dfrac{6EI}{l^2}(\bar{v}_1^e - \bar{v}_2^e) \\[2mm] \bar{M}_2^e = \dfrac{2EI}{l}\bar{\theta}_1^e + \dfrac{4EI}{l}\bar{\theta}_2^e + \dfrac{6EI}{l^2}(\bar{v}_1^e - \bar{v}_2^e) \\[2mm] \bar{F}_{y1}^e = \dfrac{6EI}{l^2}(\bar{\theta}_1^e + \bar{\theta}_2^e) + \dfrac{12EI}{l^3}(\bar{v}_1^e - \bar{v}_2^e) \\[2mm] \bar{F}_{y2}^e = -\dfrac{6EI}{l^2}(\bar{\theta}_1^e + \bar{\theta}_2^e) - \dfrac{12EI}{l^3}(\bar{v}_1^e - \bar{v}_2^e) \end{cases}$$

（8-3）

式 (8-2) 和式 (8-3) 中的 6 个刚度方程实际上在位移法中已经推导过。现在将它们合在一起, 写成矩阵为

$$\begin{bmatrix} \bar{F}_{x1} \\ \bar{F}_{y1} \\ \bar{M}_1 \\ \bar{F}_{x2} \\ \bar{F}_{y2} \\ \bar{M}_2 \end{bmatrix}^e = \begin{bmatrix} \dfrac{EA}{l} & 0 & 0 & -\dfrac{EA}{l} & 0 & 0 \\[2mm] 0 & \dfrac{12EI}{l^3} & \dfrac{6EI}{l^2} & 0 & -\dfrac{12EI}{l^3} & \dfrac{6EI}{l^2} \\[2mm] 0 & \dfrac{6EI}{l^2} & \dfrac{4EI}{l} & 0 & -\dfrac{6EI}{l^2} & \dfrac{2EI}{l} \\[2mm] -\dfrac{EA}{l} & 0 & 0 & \dfrac{EA}{l} & 0 & 0 \\[2mm] 0 & -\dfrac{12EI}{l^3} & -\dfrac{6EI}{l^2} & 0 & \dfrac{12EI}{l^3} & -\dfrac{6EI}{l^2} \\[2mm] 0 & \dfrac{6EI}{l^2} & \dfrac{2EI}{l} & 0 & -\dfrac{6EI}{l^2} & \dfrac{4EI}{l} \end{bmatrix}^e \begin{bmatrix} \bar{u}_1 \\ \bar{v}_1 \\ \bar{\theta}_1 \\ \bar{u}_2 \\ \bar{v}_2 \\ \bar{\theta}_2 \end{bmatrix}^e$$

（8-4）

式(8-4)可记为

$$\overline{F}^e = \overline{k}^e \overline{\Delta}^e \tag{8-5}$$

其中

$$\overline{k}^e = \begin{bmatrix} \dfrac{EA}{l} & 0 & 0 & -\dfrac{EA}{l} & 0 & 0 \\ 0 & \dfrac{12EI}{l^3} & \dfrac{6EI}{l^2} & 0 & -\dfrac{12EI}{l^3} & \dfrac{6EI}{l^2} \\ 0 & \dfrac{6EI}{l^2} & \dfrac{4EI}{l} & 0 & -\dfrac{6EI}{l^2} & \dfrac{2EI}{l} \\ -\dfrac{EA}{l} & 0 & 0 & \dfrac{EA}{l} & 0 & 0 \\ 0 & -\dfrac{12EI}{l^3} & -\dfrac{6EI}{l^2} & 0 & \dfrac{12EI}{l^3} & -\dfrac{6EI}{l^2} \\ 0 & \dfrac{6EI}{l^2} & \dfrac{2EI}{l} & 0 & -\dfrac{6EI}{l^2} & \dfrac{4EI}{l} \end{bmatrix}^e \tag{8-6}$$

式(8-5)即为局部坐标系中的单元刚度方程，矩阵 $\overline{k}^e$ 表示局部坐标系中的**单元刚度矩阵**，它是 6×6 的方阵。

8.2.2　单元刚度矩阵的性质

1. 单元刚度系数的意义

$\overline{k}^e$ 中的元素称为单元刚度系数，代表由于单元杆端位移所引起的杆端力。一般来说，第 i 行第 j 列元素 $\overline{k}_{ij}^e$ 代表当第 j 个杆端位移分量 Δ_j^e 等于 1(其他位移分量为零)时所引起的第 i 个杆端力分量 $\overline{F}_i^e$ 的值。简单地说，单元刚度系数的第一个下标表示杆端力的位置，第二个下标表示引起该杆端力的原因。

2. 对称性

$\overline{k}^e$ 的对称性表示为

$$\overline{k}_{ij}^e = \overline{k}_{ji}^e \tag{8-7}$$

实际上根据反力互等定理易导出该性质。

3. 奇异性

一般单元的单元刚度矩阵 $\overline{k}^e$ 是奇异矩阵。若将其第 1 行(或列)元素与第 4 行(列)元素相加，则所得的一行(列)元素全等于 0；或将第 2 行(列)与第 5 行(列)相加也等于 0。这表明矩阵 $\overline{k}^e$ 相应的行列式等于 0，即

$$\left| \overline{k}^e \right| = 0 \tag{8-8}$$

故 $\overline{k}^e$ 是奇异的，其逆矩阵不存在。所以，若给定了杆端位移 $\overline{\Delta}^e$，可以由式(8-4)确定杆端力 $\overline{F}^e$。

但反之，给定了杆端力 $\bar{\boldsymbol{F}}^e$，却不能由式(8-4)确定杆端位移 $\bar{\boldsymbol{\Delta}}^e$。从力学概念上来说，由于所讨论的是一个一般单元，两端没有任何支承约束，因此杆件除了由杆端力引起的轴向变形和弯曲变形，还可以有任意的刚体位移，故由给定的 $\bar{\boldsymbol{F}}^e$ 还不能求得 $\bar{\boldsymbol{\Delta}}^e$ 的唯一解，除非增加足够的位移约束条件。

最后指出，式(8-4)是一般单元的刚度方程，其中的 6 个杆端位移可指定为任意值。在结构中还有一些特殊单元，单元的某个或是某些杆端位移的值已知为 0，而不能任意指定。各种特殊单元的刚度方程无须另行推导，只需对一般单元的刚度方程(8-4)作一些特殊处理即可自动得到。结构矩阵分析着眼于计算过程的程序化、标准化、自动化。因此，通常不列出各种非标准化的特殊单元刚度矩阵，以免头绪太多；而只采用一种标准化形式——一般单元的刚度矩阵(8-6)，关于单元刚度矩阵的各种特殊形式将由计算机程序自动形成。

8.3　单元刚度矩阵的坐标转换

8.3.1　整体坐标系下的单元刚度矩阵

8.2 节建立了局部坐标系下一般单元的刚度矩阵，在一个复杂结构中，各个杆件的杆轴方向不尽相同，各自的局部坐标系也不尽相同，很不统一。为了便于整体分析，必须选择一个统一的公共坐标系，称为**整体坐标系**或结构坐标系。下面通过坐标转换的方法将局部坐标系下的单元刚度矩阵转换到整体坐标系下。

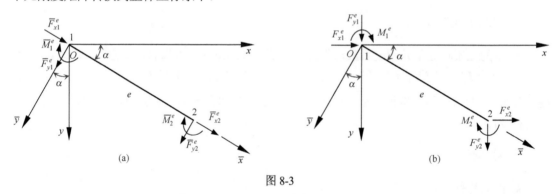

图 8-3

首先定义一个整体坐标系 oxy，其 x 轴与局部坐标系 $o\bar{x}\bar{y}$ 的 $\bar{x}$ 轴的夹角 α 以顺时针转向为正，如图 8-3 所示。局部坐标系中的杆端力分量用 $\bar{F}_x^e$、$\bar{F}_y^e$、$\bar{M}^e$ 表示，如图 8-3(a)所示；整体坐标系中则用 F_x^e、F_y^e、M^e 表示，如图 8-3(b)所示。显然，局部坐标系下的结点力分量可以由整体坐标系下的结点力分量表示，其关系式为

$$\begin{cases} \bar{F}_{x1}^e = F_{x1}^e \cos\alpha + F_{y1}^e \sin\alpha \\ \bar{F}_{y1}^e = -F_{x1}^e \sin\alpha + F_{y1}^e \cos\alpha \\ \bar{M}_{x1}^e = M_{x1}^e \\ \bar{F}_{x2}^e = F_{x2}^e \cos\alpha + F_{y2}^e \sin\alpha \\ \bar{F}_{y2}^e = -F_{x2}^e \sin\alpha + F_{y2}^e \cos\alpha \\ \bar{M}_2^e = M_2^e \end{cases} \qquad (8\text{-}9)$$

将式(8-9)写成矩阵形式为

$$
\begin{bmatrix} \bar{F}_{x1} \\ \bar{F}_{y1} \\ \bar{M}_1 \\ \bar{F}_{x2} \\ \bar{F}_{y2} \\ \bar{M}_2 \end{bmatrix}^e = \begin{bmatrix} \cos\alpha & \sin\alpha & 0 & 0 & 0 & 0 \\ -\sin\alpha & \cos\alpha & 0 & 0 & 0 & 0 \\ 0 & 0 & 1 & 0 & 0 & 0 \\ 0 & 0 & 0 & \cos\alpha & \sin\alpha & 0 \\ 0 & 0 & 0 & -\sin\alpha & \cos\alpha & 0 \\ 0 & 0 & 0 & 0 & 0 & 1 \end{bmatrix} \begin{bmatrix} F_{x1} \\ F_{y1} \\ M_1 \\ F_{x2} \\ F_{x2} \\ M_2 \end{bmatrix}^e \tag{8-10}
$$

或简写成

$$
\bar{F}^e = TF^e \tag{8-11}
$$

其中，T 称为单元坐标转换矩阵，其表达式为

$$
T = \begin{bmatrix} \cos\alpha & \sin\alpha & 0 & 0 & 0 & 0 \\ -\sin\alpha & \cos\alpha & 0 & 0 & 0 & 0 \\ 0 & 0 & 1 & 0 & 0 & 0 \\ 0 & 0 & 0 & \cos\alpha & \sin\alpha & 0 \\ 0 & 0 & 0 & -\sin\alpha & \cos\alpha & 0 \\ 0 & 0 & 0 & 0 & 0 & 1 \end{bmatrix} \tag{8-12}
$$

式(8-11)是两种坐标系中单元杆端力的转换式。

可以证明，坐标转换矩阵 T 为一个正交矩阵。其逆矩阵等于其转置矩阵，即

$$
T^{-1} = T^{T} \tag{8-13}
$$

式(8-11)的逆转换式为

$$
F^e = T^{T} \bar{F}^e \tag{8-14}
$$

同理，可以求出单元杆端位移在两种坐标系中的转换关系。设局部坐标系下单元杆端位移向量为 $\bar{\Delta}^e$，整体坐标系下单元杆端位移向量为 Δ^e，则

$$
\bar{\Delta}^e = T\Delta^e \tag{8-15}
$$

$$
\Delta^e = T^{T} \bar{\Delta}^e \tag{8-16}
$$

单元杆端力与杆端位移在整体坐标系中的关系式可写为

$$
F^e = k^e \Delta^e \tag{8-17}
$$

其中，k^e 称为在整坐标系中的单元刚度矩阵。

现在建立 k^e 与局部坐标系中单元刚度矩阵 $\bar{k}^e$ 的转换关系。

单元 e 在局部坐标系中的刚度方程为

$$
\bar{F}^e = \bar{k}^e \bar{\Delta}^e \tag{a}
$$

将式(8-11)和式(8-15)代入式(a)，得

$$
TF^e = \bar{k}^e T\Delta^e
$$

等式两边各前乘以 $\boldsymbol{T}^{\mathrm{T}}$，得

$$\boldsymbol{F}^e = \boldsymbol{T}^{\mathrm{T}} \bar{\boldsymbol{k}}^e \boldsymbol{T} \boldsymbol{\Delta}^e \tag{b}$$

比较式(b)与式(8-17)，可知

$$\boldsymbol{k}^e = \boldsymbol{T}^{\mathrm{T}} \bar{\boldsymbol{k}}^e \boldsymbol{T} \tag{8-18}$$

式(8-18)就是在两种坐标系中单元刚度矩阵的转换关系。只要求出单元坐标转换矩阵就可以按照式(8-18)由 $\bar{\boldsymbol{k}}^e$ 计算 $\boldsymbol{k}^e$。

整体坐标系中一般单元的单元刚度矩阵 $\boldsymbol{k}^e$ 与 $\bar{\boldsymbol{k}}^e$ 同阶，具有类似的性质。

(1)元素 k_{ij}^e 表示在整体坐标系中第 j 个杆端位移分量等于 1 时引起的第 i 个杆端力分量。

(2) $\boldsymbol{k}^e$ 是对称矩阵。

(3) $\boldsymbol{k}^e$ 是奇异矩阵。

例 8-1 试求图 8-4 所示刚架结构中各单元在整体坐标系下的刚度矩阵 $\boldsymbol{k}^e$。刚架的几何尺寸和材料参数如下：杆件长度 $l=5$ m，截面尺寸 $bh=0.5$ m×1m，$A=0.5$ m^2，$E=3\times10^4$ MPa，$EA/l=300\times10^4$ kN/m，$I=1/24$ m^4，$EI/l=25\times10^4$ kN/m。

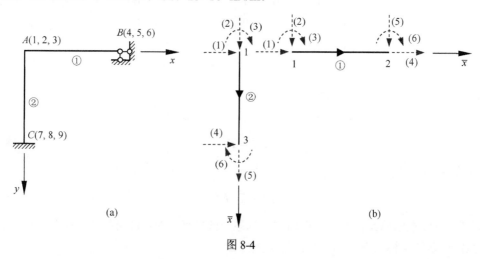

图 8-4

解：(1)计算局部坐标系中的单元刚度矩阵 $\bar{\boldsymbol{k}}^e$。

图 8-4(a)为整体坐标系，图 8-4(b)为局部坐标系。刚架有 2 个单元①、②，分别连接结点 A、B 和 A、C。结点 A、B、C 的编号分别为 1、2、3。

由于单元①、②的尺寸相同，故 $\bar{\boldsymbol{k}}^①$ 与 $\bar{\boldsymbol{k}}^②$ 相等。由式(8-6)得

$$\bar{\boldsymbol{k}}^① = \bar{\boldsymbol{k}}^② = 10^4 \times \begin{bmatrix} 300\,\text{kN/m} & 0 & 0 & -300\,\text{kN/m} & 0 & 0 \\ 0 & 12\,\text{kN/m} & 30\,\text{kN} & 0 & -12\,\text{kN/m} & 30\,\text{kN} \\ 0 & 30\,\text{kN} & 100\,\text{kN·m} & 0 & -30\,\text{kN} & 50\,\text{kN·m} \\ -300\,\text{kN/m} & 0 & 0 & 300\,\text{kN/m} & 0 & 0 \\ 0 & -12\,\text{kN/m} & -30\,\text{kN} & 0 & 12\,\text{kN/m} & -30\,\text{kN} \\ 0 & 30\,\text{kN} & 50\,\text{kN·m} & 0 & -30\,\text{kN} & 100\,\text{kN·m} \end{bmatrix}$$

(2)计算整体坐标系中的单元刚度矩阵 $\boldsymbol{k}^e$。

单元①：$\alpha = 0$，$\boldsymbol{T}=\boldsymbol{I}$，由式(8-18)得

$$\boldsymbol{k}^{①} = \overline{\boldsymbol{k}}^{①} = 10^4 \times \begin{bmatrix} 300 & 0 & 0 & -300 & 0 & 0 \\ 0 & 12 & 30 & 0 & -12 & 30 \\ 0 & 30 & 100 & 0 & -30 & 50 \\ -300 & 0 & 0 & 300 & 0 & 0 \\ 0 & -12 & -30 & 0 & 12 & -30 \\ 0 & 30 & 50 & 0 & -30 & 100 \end{bmatrix} \tag{8-19}$$

单元②：$\alpha = 90°$，单元坐标转换矩阵为

$$\boldsymbol{T} = \begin{bmatrix} 0 & 1 & 0 & & & \\ -1 & 0 & 0 & & \boldsymbol{0} & \\ 0 & 0 & 1 & & & \\ & & & 0 & 1 & 0 \\ & \boldsymbol{0} & & -1 & 0 & 0 \\ & & & 0 & 0 & 1 \end{bmatrix}$$

$$\boldsymbol{k}^{②} = \boldsymbol{T}^{\mathrm{T}} \overline{\boldsymbol{k}}^{②} \boldsymbol{T} = 10^4 \times \begin{bmatrix} 12 & 0 & -30 & -12 & 0 & -30 \\ 0 & 300 & 0 & 0 & -300 & 0 \\ -30 & 0 & 100 & 30 & 0 & 50 \\ -12 & 0 & 30 & 12 & 0 & 30 \\ 0 & -300 & 0 & 0 & 300 & 0 \\ -30 & 0 & 50 & 30 & 0 & 100 \end{bmatrix} \tag{8-20}$$

8.3.2　连续梁的单元刚度矩阵

对于一般单元，其中六个结点位移均为基本未知量，因此单元刚度矩阵中的全部元素都需要考虑。事实上，在结构分析中存在一些特殊的结构，其单元中某些结点位移是已知的，因此在单元刚度矩阵中需要将这些已知的因素考虑进去，删除一些元素，得到缩减的单元刚度矩阵。例如，图 8-5 所示的连续梁结构就是一种特殊情况，通常在结构分析中忽略其轴向变形，并且三个结点的竖向位移也为零，因此每个单元的两个结点上只有转角是未知量，对应的结点力为单元杆端弯矩。

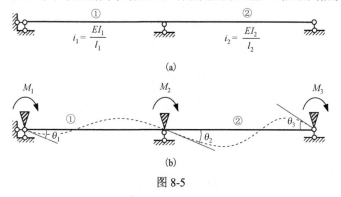

图 8-5

通过式(8-3)可知，在单元结点上只有转角未知的情况下，弯矩与转角之间的关系为

$$\begin{cases} \bar{M}_1^e = \dfrac{4EI}{l}\bar{\theta}_1^e + \dfrac{2EI}{l}\bar{\theta}_2^e \\ \bar{M}_2^e = \dfrac{2EI}{l}\bar{\theta}_1^e + \dfrac{4EI}{l}\bar{\theta}_2^e \end{cases} \tag{8-21}$$

从式(8-21)可以看出，此时局部坐标系下连续梁的单元刚度矩阵为

$$\bar{\boldsymbol{k}}^e = \begin{bmatrix} \dfrac{4EI}{l} & \dfrac{2EI}{l} \\ \dfrac{2EI}{l} & \dfrac{4EI}{l} \end{bmatrix} \tag{8-22}$$

可以看出，连续梁的单元刚度矩阵可以通过将一般单元刚度矩阵中第 1、2、4、5 行和列删除得到。这里引申出一个结论：当单元中某个结点位移确定为零时，应在一般单元刚度矩阵中将其对应的行和列删除，即可得到此单元的刚度矩阵。

整体坐标系下和局部坐标系下的弯矩是相等的，因此

$$\begin{cases} \bar{M}_1^e = M_1^e \\ \bar{M}_2^e = M_2^e \end{cases} \tag{c}$$

将式(c)写成矩阵形式为

$$\begin{bmatrix} \bar{M}_1^e \\ \bar{M}_2^e \end{bmatrix} = \begin{bmatrix} 1 & 0 \\ 0 & 1 \end{bmatrix} \begin{bmatrix} M_1^e \\ M_2^e \end{bmatrix} \tag{8-23}$$

或简写成

$$\bar{\boldsymbol{F}} = \boldsymbol{T}\boldsymbol{F} \tag{8-24}$$

其中，坐标转换矩阵 $\boldsymbol{T}$ 等于单位阵 $\boldsymbol{I}$ 。

同理，局部坐标系下连续梁的单元结点位移 $\bar{\boldsymbol{\Delta}}^e$ 也可以由整体坐标系下的单元结点位移 $\boldsymbol{\Delta}^e$ 表示为

$$\bar{\boldsymbol{\Delta}}^e = \boldsymbol{I}\boldsymbol{\Delta}^e \tag{8-25}$$

反过来，由局部坐标系下的结点力和结点位移表示的整体坐标系下的这些量为

$$\boldsymbol{F}^e = \boldsymbol{I}\bar{\boldsymbol{F}}^e \tag{d}$$

$$\boldsymbol{\Delta}^e = \boldsymbol{I}\bar{\boldsymbol{\Delta}}^e \tag{e}$$

考虑局部坐标系下连续梁的单元刚度方程，并将坐标转换矩阵代入，可得如下公式：

$$\boldsymbol{I}\boldsymbol{F}^e = \bar{\boldsymbol{k}}^e \boldsymbol{I}\boldsymbol{\Delta}^e \tag{f}$$

进一步可得整体坐标系下连续梁的单元刚度方程：

$$\boldsymbol{F}^e = \boldsymbol{I}^{\mathrm{T}}\bar{\boldsymbol{k}}^e \boldsymbol{T}\boldsymbol{\Delta}^e = \boldsymbol{k}^e \boldsymbol{\Delta}^e \tag{8-26}$$

所以

$$\boldsymbol{k}^e = \boldsymbol{I}^{\mathrm{T}}\bar{\boldsymbol{k}}^e \boldsymbol{I} = \bar{\boldsymbol{k}}^e \tag{8-27}$$

可见，对于连续梁而言，整体坐标系下和局部坐标系下的单元刚度矩阵是相同的。

8.3.3 轴力杆件的单元刚度矩阵

除了连续梁，桁架结构也是工程中常见的结构，其特殊性在于杆件之间通过铰结点连接，结点力的合力方向沿着杆件轴线的方向，使得杆件承受轴向拉力或压力作用。在桁架的轴力杆件单元中结点轴力只与杆端线位移有关，而与结点转角无关，因此在分析中需要排除与转角分量相应的单元刚度元素。对于如图 8-6 所示的桁架轴力杆件单元，局部坐标系下结点力和结点位移之间的关系为

$$\begin{cases} \overline{F}_{x1}^e = \dfrac{EA}{l}(\overline{u}_1^e - \overline{u}_2^e) \\[2mm] \overline{F}_{x2}^e = -\dfrac{EA}{l}(\overline{u}_1^e - \overline{u}_2^e) \\[2mm] \overline{F}_{y1}^e = 0 \\[2mm] \overline{F}_{y1}^e = 0 \end{cases} \tag{8-28}$$

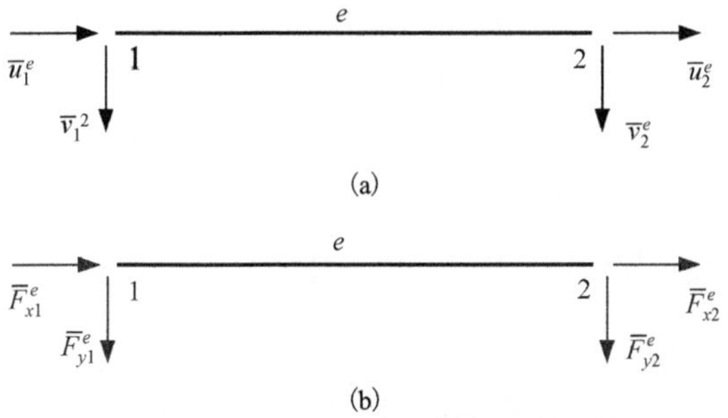

图 8-6

写成矩阵形式为

$$\begin{bmatrix} \overline{F}_{x1} \\ \overline{F}_{y1} \\ \overline{F}_{x2} \\ \overline{F}_{y2} \end{bmatrix}^e = \begin{bmatrix} \dfrac{EA}{l} & 0 & -\dfrac{EA}{l} & 0 \\[2mm] 0 & 0 & 0 & 0 \\[2mm] -\dfrac{EA}{l} & 0 & \dfrac{EA}{l} & 0 \\[2mm] 0 & 0 & 0 & 0 \end{bmatrix} \begin{bmatrix} \overline{u}_1 \\ \overline{v}_1 \\ \overline{u}_2 \\ \overline{v}_2 \end{bmatrix}^e \tag{8-29}$$

从式 (8-29) 可以看出，此时的单元刚度矩阵为

$$\overline{\boldsymbol{k}}^e = \begin{bmatrix} \dfrac{EA}{l} & 0 & -\dfrac{EA}{l} & 0 \\[2mm] 0 & 0 & 0 & 0 \\[2mm] -\dfrac{EA}{l} & 0 & \dfrac{EA}{l} & 0 \\[2mm] 0 & 0 & 0 & 0 \end{bmatrix} \tag{8-30}$$

局部坐标系和整体坐标系下单元结点力之间的关系为

$$\begin{cases} \bar{F}_{x1}^e = F_{x1}^e \cos\alpha + F_{y1}^e \sin\alpha \\ \bar{F}_{y1}^e = -F_{x1}^e \sin\alpha + F_{y1}^e \cos\alpha \\ \bar{F}_{x2}^e = F_{x2}^e \cos\alpha + F_{y2}^e \sin\alpha \\ \bar{F}_{y2}^e = -F_{x2}^e \sin\alpha + F_{y2}^e \cos\alpha \end{cases} \tag{g}$$

将式(g)写成矩阵形式为

$$\begin{bmatrix} \bar{F}_{x1} \\ \bar{F}_{y1} \\ \bar{F}_{x2} \\ \bar{F}_{y2} \end{bmatrix}^e = \begin{bmatrix} \cos\alpha & \sin\alpha & 0 & 0 \\ -\sin\alpha & \cos\alpha & 0 & 0 \\ 0 & 0 & \cos\alpha & \sin\alpha \\ 0 & 0 & -\sin\alpha & \cos\alpha \end{bmatrix} \begin{bmatrix} F_{x1} \\ F_{y1} \\ F_{x2} \\ F_{y2} \end{bmatrix}^e \tag{8-31}$$

或简写成

$$\bar{F}^e = TF^e \tag{8-32}$$

其中，坐标转换矩阵 T 为

$$T = \begin{bmatrix} \cos\alpha & \sin\alpha & 0 & 0 \\ -\sin\alpha & \cos\alpha & 0 & 0 \\ 0 & 0 & \cos\alpha & \sin\alpha \\ 0 & 0 & -\sin\alpha & \cos\alpha \end{bmatrix} \tag{8-33}$$

向量 F^e 为整体坐标系下轴力杆件单元的结点力向量为

$$F^e = \begin{bmatrix} F_{x1} \\ F_{y1} \\ F_{x2} \\ F_{y2} \end{bmatrix}^e$$

同理，局部坐标系下的单元结点位移 $\bar{\varDelta}^e$ 也可以由整体坐标系下的单元结点位移 $\varDelta^e$ 表示为

$$\bar{\varDelta}^e = T\varDelta^e \tag{h}$$

其中，$\varDelta^e$ 为整体坐标系下轴力杆件单元的结点位移向量，即

$$\varDelta^e = \begin{bmatrix} u_1 \\ v_1 \\ u_2 \\ v_2 \end{bmatrix}^e$$

反过来，由局部坐标系下的结点力和结点位移表示的整体坐标系下的这些量为

$$F^e = T^{\mathrm{T}} \bar{F}^e \tag{i}$$

$$\varDelta^e = T^{\mathrm{T}} \bar{\varDelta}^e \tag{j}$$

考虑局部坐标系下轴力杆件的单元刚度方程，并考虑坐标转换的关系，可得如下公式：

$$TF^e = \bar{k}^e T\varDelta^e$$

由坐标转换矩阵 T 的性质，进一步可得整体坐标系下轴力杆件的单元刚度方程：

$$\boldsymbol{F}^e = \boldsymbol{T}^{\mathrm{T}}\overline{\boldsymbol{k}}^e\boldsymbol{T}\boldsymbol{\Delta}^e = \boldsymbol{k}^e\boldsymbol{\Delta}^e \tag{8-34}$$

其中

$$\boldsymbol{k}^e = \boldsymbol{T}^{\mathrm{T}}\overline{\boldsymbol{k}}^e\boldsymbol{T} \tag{8-35}$$

式中，$\boldsymbol{k}^e$ 是整体坐标系下轴力杆件的单元刚度矩阵。

8.4　结构的整体刚度矩阵

8.3 节讨论的是矩阵位移法一个单元内结点力和结点位移之间的关系(即单元刚度矩阵)，在此基础上，这里进一步讨论整个结构各结点力与位移之间的关系(即**整体刚度矩阵**)。整体分析是在单元分析的基础上，导出结构的整体刚度矩阵，并考虑各结点的几何条件和平衡条件，建立含基本未知量的整体刚度方程，进而得到矩阵位移法基本方程。本节以刚架结构为例重点论述由单元刚度矩阵组装整体刚度矩阵的直接刚度法，也称为单元集成法或刚度集成法。

8.4.1　单元、结点编号

进行结构的整体分析时，需要定义单元号来区分不同的单元，同时需要定义结点位移整体编号来唯一确定一个结点位移分量的位置。如图 8-4 所示的刚架结构中，定义了两个单元，分别是单元 1 和单元 2，用①、②表示。同时，三个结点也指定了唯一的编号，分别是 1、2 和 3(对应于结点 A、B、C)。此时，单元①的两个结点号分别是 1 和 2，而单元②的两个结点号是 1 和 3。每个结点有 3 个位移分量：u、v、θ，刚架共有 9 个位移分量：(1), (2), $\cdots$, (9)。根据单元刚度矩阵的特点，原始的整体刚度方程可写成

$$\begin{bmatrix} F_{x1} \\ F_{y1} \\ M_1 \\ F_{x2} \\ \cdots \\ \cdots \end{bmatrix} = \begin{bmatrix} K_{11} & K_{12} & K_{13} & K_{14} & \cdots \\ K_{21} & K_{22} & K_{23} & K_{24} & \cdots \\ K_{31} & K_{32} & K_{33} & K_{34} & \cdots \\ K_{41} & K_{42} & K_{43} & K_{44} & \cdots \\ \cdots & \cdots & \cdots & \cdots \\ \cdots & \cdots & \cdots & \cdots \end{bmatrix} \begin{bmatrix} u_1 \\ v_1 \\ \theta_1 \\ u_2 \\ \cdots \\ \cdots \end{bmatrix} \tag{8-36}$$

这里结点力和结点位移的下标对应了结点的编号。可以容易看出，在结点位移向量和相应的结点力向量中，每一个结点的信息占据了 3 个位置，可以从下标 $i=1,2,\cdots$ 看出来。第 i 个结点上的三个位移 u_i、v_i 和 θ_i 在向量中的位置分别是 $3(i-1)+1$、$3(i-1)+2$ 和 $3(i-1)+3$。如果有 N 个结点，那么结点力和结点位移向量中就有 $3N$ 个元素，原始整体刚度矩阵的大小则是 $3N \times 3N$。表 8-1 给出了这两个单元的结点位移局部编号和对应的整体编号。可以看出，每一个单元的结点位移局部编号都是相同的，均为(1)～(6)顺序编号。而结点位移整体编号则需要根据具体情况而定，根据图 8-4 中的结点位移整体编号(标注在图 8-4(a)中结点括号内)，可以发现单元 ① 的结点位移局部编号和整体编号恰好相同，而单元 ② 的则有所不同。由单元的结点位移整体编号组成的向量称为**单元定位向量**，它表示单元的结点位移局部编号和整体编号

的对应关系，据此可对号入座把单元刚度矩阵的元素定位在整体刚度矩阵中。单元 ① 和单元 ② 的定位向量分别为

$$\boldsymbol{\xi}^{①} = \begin{bmatrix} 1 \\ 2 \\ 3 \\ 4 \\ 5 \\ 6 \end{bmatrix} \qquad \boldsymbol{\xi}^{②} = \begin{bmatrix} 1 \\ 2 \\ 3 \\ 7 \\ 8 \\ 9 \end{bmatrix}$$

表 8-1 局部编号和整体编号

单元①		单元②	
局部编号	整体编号	局部编号	整体编号
(1)	1	(1)	1
(2)	2	(2)	2
(3)	3	(3)	3
(4)	4	(4)	7
(5)	5	(5)	8
(6)	6	(6)	9

8.4.2 整体刚度矩阵集成的直接刚度法

整体刚度矩阵里元素的物理含义是单位位移引起的相应的结点力，第 i 行第 j 列元素代表当第 j 个结点位移分量等于 1（其他位移分量为零）时所引起的第 i 个结点力分量的值。在整体分析中，某个结点力应该是各个单元的贡献之和，因此需要将各个单元刚度矩阵中相应的元素相加，这个过程就是单元刚度矩阵通过叠加集成到原始的整体刚度矩阵中，这种叠加方法称为**直接刚度法**。单元刚度矩阵中的元素也代表了某个单位结点位移分量引起的结点力，但需要重新找到它所对应的整体编号中的结点位移和结点力分量的位置，以便在整体刚度矩阵中对号入座。事实上，这个对号入座可以通过上面提到的单元定位向量实现。对于一个单元刚度矩阵中的元素 k_{ij}^e，对号入座时它在整体刚度矩阵的位置需要重新计算。它的原始行号和列号分别是 i 和 j，那么对号入座时在整体刚度矩阵中新的行、列号应该是 $\xi^e(i)$ 和 $\xi^e(j)$，即新的行、列号分别是该单元 e 的定位向量第 i 行、第 j 列对应的元素。单元定位向量也可称为"单元换码向量"，这种对号入座的方式也可称为"换码重排座"。可见，直接刚度法包括定位和累加两个步骤。通过这两个步骤，可以由各单元刚度矩阵的元素直接组成原始的整体刚度矩阵。

仍然以图 8-4 所示的刚架结构为例，根据上面的讨论可知，这两个单元的单元定位向量分别为

$$\boldsymbol{\xi}^{①} = \begin{bmatrix} 1 & 2 & 3 & 4 & 5 & 6 \end{bmatrix}^{\mathrm{T}}, \quad \boldsymbol{\xi}^{②} = \begin{bmatrix} 1 & 2 & 3 & 7 & 8 & 9 \end{bmatrix}^{\mathrm{T}}$$

然后，利用直接刚度法把单元①和单元②的刚度矩阵集成到原始整体刚度矩阵。对于单元①，其单元刚度矩阵中的元素 $k_{ij}^{①}$ 在整体刚度矩阵的行、列号分别为 $\xi^{①}(i)$、$\xi^{①}(j)$，据此按以下方式对号入座，得到单元①的贡献矩阵 $\boldsymbol{K}^{①}$ 为

$$
\boldsymbol{K}^{①} = \begin{array}{c} \\ (1) \rightarrow 1 \\ (2) \rightarrow 2 \\ (3) \rightarrow 3 \\ (4) \rightarrow 4 \\ (5) \rightarrow 5 \\ (6) \rightarrow 6 \\ \\ \\ \\ \end{array}
\begin{array}{cccccc}
\overset{\displaystyle (1)}{\downarrow} & \overset{\displaystyle (2)}{\downarrow} & \overset{\displaystyle (3)}{\downarrow} & \overset{\displaystyle (4)}{\downarrow} & \overset{\displaystyle (5)}{\downarrow} & \overset{\displaystyle (6)}{\downarrow} \\
1 & 2 & 3 & 4 & 5 & 6
\end{array}
\left[\begin{array}{ccc|ccc|ccc}
300 & 0 & 0 & -300 & 0 & 0 & \otimes & \otimes & \otimes \\
0 & 12 & 30 & 0 & -12 & 30 & \otimes & \otimes & \otimes \\
0 & 30 & 100 & 0 & -30 & 50 & \otimes & \otimes & \otimes \\
\hline
-300 & 0 & 0 & 300 & 0 & 0 & \otimes & \otimes & \otimes \\
0 & -12 & -30 & 0 & 12 & -30 & \otimes & \otimes & \otimes \\
0 & 30 & 50 & 0 & -30 & 100 & \otimes & \otimes & \otimes \\
\hline
\otimes & \otimes & \otimes & \otimes & \otimes & \otimes & \otimes & \otimes & \otimes \\
\otimes & \otimes & \otimes & \otimes & \otimes & \otimes & \otimes & \otimes & \otimes \\
\otimes & \otimes & \otimes & \otimes & \otimes & \otimes & \otimes & \otimes & \otimes
\end{array}\right] \times 10^4
$$

其中，$\otimes$ 表示单元刚度矩阵在整体刚度矩阵中该位置的贡献为零。

对于单元②，其单元刚度矩阵中的元素在整体刚度矩阵的行、列号分别为 $\xi^②(i)$、$\xi^②(j)$，据此按以下方式对号入座，得到单元②的贡献矩阵 $\boldsymbol{K}^②$ 为

$$
\boldsymbol{K}^② = \begin{array}{c} \\ (1) \rightarrow 1 \\ (2) \rightarrow 2 \\ (3) \rightarrow 3 \\ \\ \\ \\ (4) \rightarrow 7 \\ (5) \rightarrow 8 \\ (6) \rightarrow 9 \end{array}
\begin{array}{cccccc}
\overset{\displaystyle (1)}{\underset{1}{\downarrow}} & \overset{\displaystyle (2)}{\underset{2}{\downarrow}} & \overset{\displaystyle (3)}{\underset{3}{\downarrow}} & & \overset{\displaystyle (4)}{\underset{7}{\downarrow}} & \overset{\displaystyle (5)}{\underset{8}{\downarrow}} & \overset{\displaystyle (6)}{\underset{9}{\downarrow}}
\end{array}
\left[\begin{array}{ccc|ccc|ccc}
12 & 0 & -30 & \otimes & \otimes & \otimes & -12 & 0 & -30 \\
0 & 300 & 0 & \otimes & \otimes & \otimes & 0 & -300 & 0 \\
-30 & 0 & 100 & \otimes & \otimes & \otimes & 30 & 0 & 50 \\
\hline
\otimes & \otimes & \otimes & \otimes & \otimes & \otimes & \otimes & \otimes & \otimes \\
\otimes & \otimes & \otimes & \otimes & \otimes & \otimes & \otimes & \otimes & \otimes \\
\otimes & \otimes & \otimes & \otimes & \otimes & \otimes & \otimes & \otimes & \otimes \\
\hline
-12 & 0 & 30 & \otimes & \otimes & \otimes & 12 & 0 & 30 \\
0 & -300 & 0 & \otimes & \otimes & \otimes & 0 & 300 & 0 \\
-30 & 0 & 50 & \otimes & \otimes & \otimes & 30 & 0 & 100
\end{array}\right] \times 10^4
$$

刚架的整体刚度矩阵为这两个单元贡献矩阵的叠加，即

$$
\boldsymbol{K} = \boldsymbol{K}^① + \boldsymbol{K}^②
$$

$$
= 10^4 \times
\left[\begin{array}{ccc|ccc|ccc}
312 & 0 & -30 & -300 & 0 & 0 & -12 & 0 & -30 \\
0 & 312 & 30 & 0 & -12 & 30 & 0 & -300 & 0 \\
-30 & 30 & 200 & 0 & -30 & 50 & 30 & 0 & 50 \\
\hline
-300 & 0 & 0 & 300 & 0 & 0 & \otimes & \otimes & \otimes \\
0 & -12 & -30 & 0 & 12 & -30 & \otimes & \otimes & \otimes \\
0 & 30 & 50 & 0 & -30 & 100 & \otimes & \otimes & \otimes \\
\hline
-12 & 0 & 30 & \otimes & \otimes & \otimes & 12 & 0 & 30 \\
0 & -300 & 0 & \otimes & \otimes & \otimes & 0 & 300 & 0 \\
-30 & 0 & 50 & \otimes & \otimes & \otimes & 30 & 0 & 100
\end{array}\right]
$$

此时，整体刚度矩阵中仍然有些位置标记为 ⊗，从而可知某些结点之间在结构上没有直接联系。从刚架(图 8-4)中可见结点 2 和 3 之间没有杆件相连，因而在整体刚度矩阵中这些位置不必考虑，只需将这些位置的元素赋为零即可。这样就得到了结构的原始整体刚度矩阵：

$$
\boldsymbol{K} = 10^4 \times
\begin{bmatrix}
312 & 0 & -30 & -300 & 0 & 0 & -12 & 0 & -30 \\
0 & 312 & 30 & 0 & -12 & 30 & 0 & -300 & 0 \\
-30 & 30 & 200 & 0 & -30 & 50 & 30 & 0 & 50 \\
-300 & 0 & 0 & 300 & 0 & 0 & 0 & 0 & 0 \\
0 & -12 & -30 & 0 & 12 & -30 & 0 & 0 & 0 \\
0 & 30 & 50 & 0 & -30 & 100 & 0 & 0 & 0 \\
-12 & 0 & 30 & 0 & 0 & 0 & 12 & 0 & 30 \\
0 & -300 & 0 & 0 & 0 & 0 & 0 & 300 & 0 \\
-30 & 0 & 50 & 0 & 0 & 0 & 30 & 0 & 100
\end{bmatrix}
\tag{8-37}
$$

8.4.3 支承条件的引入

由于结点 2 是固定铰支座，则结点上只有转角位移分量不为零，其他两个位移分量均为零(整体编号为 4、5)，结点 3 是固定支座，因此三个位移分量(整体编号为 7、8、9)均为零。对于这些已知位移分量为零的情况，应当在原始的整体刚度矩阵中删除相应的行和列，得到缩减的整体刚度矩阵为

$$
\boldsymbol{K} = 10^4 \times
\begin{bmatrix}
312 & 0 & -30 & 0 \\
0 & 312 & 30 & 30 \\
-30 & 30 & 200 & 50 \\
0 & 30 & 50 & 100
\end{bmatrix}
\tag{8-38}
$$

这种将整体刚度矩阵得到后再处理支承位移约束条件的方法称为**后处理法**。虽然原始矩阵的阶数降低了，但是整体刚度矩阵中原来的行列编号也将改变。因此，实际中常采用置大数法、划零置一法、乘大数法来引入支承条件，这些方法得到的结构整体刚度矩阵没有缩减，其阶数和编号不变，都属于后处理法。

事实上，也可以预先处理支承处的约束条件，可将零位移约束相应的结点位移分量整体编号均用 0 表示。在单元刚度矩阵中凡与 0 对应的行和列的元素均不集成到整体刚度矩阵中，这样做的优点是可以缩减整体刚度矩阵的阶数，使得计算消耗的存储空间变小。这种预先处理约束条件的方法称为**先处理法**。

这里论述先处理法的理论依据。如果根据支座位移边界条件，把结构的结点位移向量分为两组 $\boldsymbol{\varDelta}_\mathrm{a}$ (未知位移向量)、$\boldsymbol{\varDelta}_\mathrm{b}$ (零位移向量，$\boldsymbol{\varDelta}_\mathrm{b}=0$)，那么结构的结点力向量可相应地分为两组 $\boldsymbol{F}_\mathrm{a}$ (已知结点力向量)、$\boldsymbol{F}_\mathrm{b}$ (未知结点力向量)。两者满足：

$$
\begin{bmatrix} \boldsymbol{F}_\mathrm{a} \\ \boldsymbol{F}_\mathrm{b} \end{bmatrix} =
\begin{bmatrix} \boldsymbol{K}_\mathrm{aa} & \boldsymbol{K}_\mathrm{ab} \\ \boldsymbol{K}_\mathrm{ba} & \boldsymbol{K}_\mathrm{bb} \end{bmatrix}
\begin{bmatrix} \boldsymbol{\varDelta}_\mathrm{a} \\ \boldsymbol{\varDelta}_\mathrm{b} \end{bmatrix}
$$

其中，刚度矩阵中的子矩阵是对应未知、已知位移向量分块排列的。将上式矩阵、向量分块相乘可得

$$F_a = K_{aa} \varDelta_a$$

可见如果预先处理支承处的约束条件，则原始刚度矩阵得到了缩减，缩减的刚度矩阵由与未知结点位移相应的刚度系数组成。

无论采用先处理法还是删除行列的后处理法，所得到的结构缩减的整体刚度矩阵是一致的。后处理法概念明确，便于教学。先处理法在商用大型结构分析程序中应用更普遍。

8.4.4　整体刚度矩阵的性质

(1)整体刚度系数的意义。整体刚度矩阵 K 中的元素 K_{ij} 称为整体刚度系数。它表示当第 j 个结点位移分量为 1(其他结点位移分量为零)时所产生的第 i 个结点力 F_i。

(2)整体刚度矩阵具有对称性，即

$$K_{ij} = K_{ji} \qquad (8\text{-}39)$$

(3)施加足够的支座位移约束条件后，整体刚度矩阵是可逆的，且是正定的。

(4)通过合理的结点编号，整体刚度阵具有带状稀疏性。虽然本节中的示例只涉及含两个单元的刚架结构分析，但对于含大量单元的复杂刚架和连续梁分析问题，其整体刚度矩阵是带状稀疏的。

8.4.5　铰结点的处理

图 8-7 所示为具有铰结点的刚架，这里给出与铰结点有关的一些处理方法。该结构的结点编号和单元编号与无铰结点的刚架无异。按照前述做法，将结构划分为 ①、②、③3 个单元和 4 个结点，如图 8-7 所示。按照先处理法，可把固定支座 C、D 对应的结点位移分量取为 $(0, 0, 0)$。对于每一个单元而言，其结点位移局部编号也没有变化，仍然是从位移分量 $(1) \sim (6)$ 顺序编号。而处理整体编号时需要注意，由于铰结点 B 连接的两个杆端角位移不同，因此可以看作两个半独立的结点 $(B_1$ 和 $B_2)$。它们的线位移相同，是不独立的；而角位移不同，是独立的。因此，它们的线位移应采用相同的整体编号，而角位移则应采用不同的整体编号。例如，结点 B_1 的整体编号可以是 $(4, 5, 6)$，而 B_2 则是 $(4, 5, 7)$。在组装单元刚度矩阵的过程中，需要考虑各个单元所对应的整体编号和单元定位向量，对号入座。

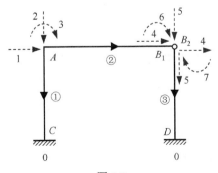

图 8-7

8.5　等效结点荷载

8.5.1　矩阵位移法的基本方程

前面讨论了结构的整体刚度矩阵 $\boldsymbol{K}$，建立了整体刚度方程：

$$\boldsymbol{F} = \boldsymbol{K\Delta} \tag{8-40}$$

整体刚度方程(8-40)是根据原结构的位移法基本体系建立的，它表示由结点位移 $\boldsymbol{\Delta}$ 推算结点力（即在基本体系的附加约束中引起的约束力）$\boldsymbol{F}$ 的关系式，它只反映结构的刚度性质，而不涉及原结构上作用的实际荷载。它并不是用于分析原结构的位移法基本方程。

为了建立矩阵位移法的基本方程，现回顾一下 6.6 节中的推导方法，分别考虑位移法基本体系的两种状态。

(1)设荷载单独作用（结点位移 $\boldsymbol{\Delta}$ 设为零）——此时在基本结构中引起的结点约束力，记为 $\boldsymbol{F}_{\mathrm{P}}$。

(2)设结点位移 $\boldsymbol{\Delta}$ 单独作用（荷载设为零）——此时在基本结构中引起的结点约束力为 $\boldsymbol{F} = \boldsymbol{K\Delta}$。

矩阵位移法的基本方程应为

$$\boldsymbol{F} + \boldsymbol{F}_{\mathrm{P}} = \boldsymbol{0}$$

即

$$\boldsymbol{K\Delta} + \boldsymbol{F}_{\mathrm{P}} = \boldsymbol{0} \tag{8-41}$$

8.5.2　单元等效结点荷载

在利用矩阵位移法进行结构分析时，除了集成整体刚度矩阵和引入支承条件，结构承受的荷载也是必须考虑的条件。结构中结点上受到的外力称为结点荷载，结点之间杆件受到的外力称为结间荷载。在矩阵位移法中，力和位移最终都将在结点上讨论，因此结间荷载需转化为等效的结点荷载。等效的原则是要求这两种荷载在基本结构中产生相同的结点约束力。

如果原来的结间荷载在基本结构中引起的结点约束力为 $\boldsymbol{F}_{\mathrm{P}}$，**等效结点荷载 $\boldsymbol{P}$** 就是这些约束力的负值，即

$$\boldsymbol{P} = -\boldsymbol{F}_{\mathrm{P}} \tag{8-42}$$

将式(8-42)代入式(8-41)，则矩阵位移法基本方程可写为

$$\boldsymbol{K\Delta} = \boldsymbol{P} \tag{8-43}$$

由式(8-40)和式(8-43)可知，如果把整体刚度方程(8-40)中的结点约束力 $\boldsymbol{F}$ 换成等效结点荷载 $\boldsymbol{P}$，即得到矩阵位移法基本方程(8-43)，即结构的刚度方程。

下面给出了一些典型结间荷载作用下杆件单元的固端约束力(结点约束力)，将其反号即可得到单元等效结点荷载。

对于如图 8-8 的分布荷载，杆件单元的固端约束力如下。

左结点：

$$\overline{F}_{xP} = 0$$

$$\overline{F}_{yP} = -qa\left(1 - \frac{a^2}{l^2} + \frac{a^3}{2l^3}\right)$$

$$\overline{M}_P = -\frac{qa^2}{12}\left(6 - 8\frac{a}{l} + 3\frac{a^2}{l^2}\right)$$

右结点：

$$\overline{F}_{xP} = 0$$

$$\overline{F}_{yP} = -q\frac{a^3}{l^2}\left(1 - \frac{a}{2l}\right)$$

$$\overline{M}_P = \frac{qa^3}{12l}\left(4 - 3\frac{a}{l}\right)$$

对于如图 8-9 所示的集中荷载，杆件单元的固端约束力如下。

左结点：

$$\overline{F}_{xP} = 0$$

$$\overline{F}_{yP} = -F_P\frac{b^2}{l^2}\left(1 + 2\frac{a}{l}\right)$$

$$\overline{M}_P = -F_P\frac{ab^2}{l^2}$$

右结点：

$$\overline{F}_{xP} = 0$$

$$\overline{F}_{yP} = -F_P\frac{a^2}{l^2}\left(1 + 2\frac{b}{l}\right)$$

$$\overline{M}_P = F_P\frac{ab^2}{l^2}$$

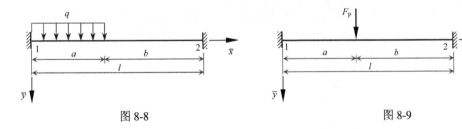

图 8-8   图 8-9

对于如图 8-10 所示的集中力偶，杆件单元的固端约束力如下。

左结点：

$$\overline{F}_{xP} = 0$$

$$\overline{F}_{yP} = 6\frac{Mab}{l^3}$$

$$\overline{M}_P = M\frac{b}{l}\left(2 - 3\frac{b}{l}\right)$$

右结点：

$$\overline{F}_{xP} = 0$$

$$\overline{F}_{yP} = -6\frac{Mab}{l^3}$$

$$\overline{M}_P = M\frac{a}{l}\left(2 - 3\frac{a}{l}\right)$$

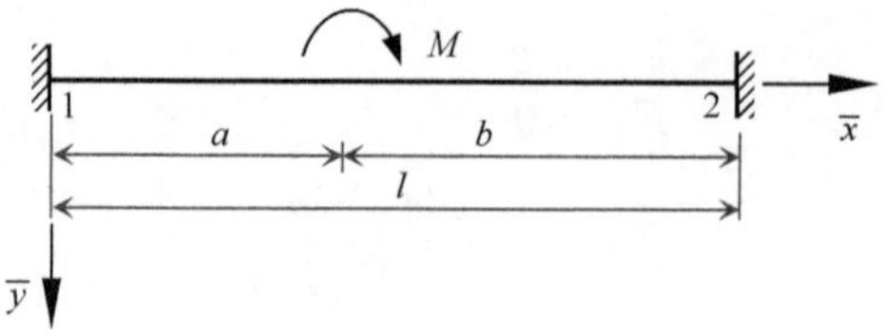

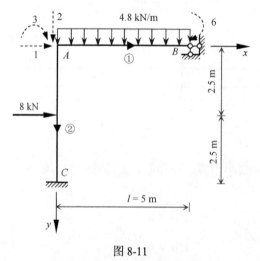

图 8-10

8.5.3 结构等效结点荷载

8.5.2 节中，在单元内部计算了结间荷载的等效结点力，实际上是在局部坐标系下讨论的。而进行结构分析时，需要转换到整体坐标系中，并且类似于单元刚度矩阵也要集成到整体荷载向量中。首先，求局部坐标系中单元的等效结点荷载向量：$\overline{P}^e = -\overline{F}_P^e$，并转换到整体坐标系中的等效结点荷载向量 P^e 为

$$P^e = T^T\overline{P}^e = -T^T\overline{F}_P^e \tag{8-44}$$

然后，单元结点荷载组装到整体结点荷载向量时，按单元定位向量对号入座后叠加集成。

最后，各单元的杆端力是固端力与等效结点荷载作用下产生的杆端力之和，即

$$\overline{F}^e = \overline{F}_P^e + \overline{k}^e\overline{\Delta}^e \tag{8-45}$$

例 8-2 试求图 8-4 所示刚架（例 8-1）在图 8-11 给定荷载作用下的等效结点荷载向量 P。

图 8-11

解：（1）求局部坐标系中各单元的固端约束力向量 $\overline{F}_P^e$。

对于单元①，根据公式可得局部坐标系下的固端约束力向量为

$$\bar{\boldsymbol{F}}_{\mathrm{P}}^{①} = \begin{bmatrix} \bar{F}_{x\mathrm{P1}} \\ \bar{F}_{y\mathrm{P1}} \\ \bar{M}_{\mathrm{P1}} \\ \bar{F}_{x\mathrm{P2}} \\ \bar{F}_{y\mathrm{P2}} \\ \bar{M}_{\mathrm{P2}} \end{bmatrix} = \begin{bmatrix} 0 \\ -12\ \mathrm{kN} \\ -10\ \mathrm{kN \cdot m} \\ 0 \\ -12\ \mathrm{kN} \\ 10\ \mathrm{kN \cdot m} \end{bmatrix}$$

对于单元②，根据公式可得局部坐标系下的固端约束力向量为

$$\bar{\boldsymbol{F}}_{\mathrm{P}}^{②} = \begin{bmatrix} \bar{F}_{x\mathrm{P1}} \\ \bar{F}_{y\mathrm{P1}} \\ \bar{M}_{\mathrm{P1}} \\ \bar{F}_{x\mathrm{P2}} \\ \bar{F}_{y\mathrm{P2}} \\ \bar{M}_{\mathrm{P2}} \end{bmatrix} = \begin{bmatrix} 0 \\ 4\ \mathrm{kN} \\ 5\ \mathrm{kN \cdot m} \\ 0 \\ 4\ \mathrm{kN} \\ -5\ \mathrm{kN \cdot m} \end{bmatrix}$$

(2) 求整体坐标系中各单元的等效结点荷载向量 $\boldsymbol{P}^e$。

对于单元①，由式(8-44)可得

$$\boldsymbol{P}^{①} = \begin{bmatrix} F_{x\mathrm{P1}} \\ F_{y\mathrm{P1}} \\ M_{\mathrm{P1}} \\ F_{x\mathrm{P2}} \\ F_{y\mathrm{P2}} \\ M_{\mathrm{P2}} \end{bmatrix} = -\boldsymbol{T}^{①\mathrm{T}} \begin{bmatrix} \bar{F}_{x\mathrm{P1}} \\ \bar{F}_{y\mathrm{P1}} \\ \bar{M}_{\mathrm{P1}} \\ \bar{F}_{x\mathrm{P2}} \\ \bar{F}_{y\mathrm{P2}} \\ \bar{M}_{\mathrm{P2}} \end{bmatrix} = -\boldsymbol{I} \begin{bmatrix} 0 \\ -12 \\ -10 \\ 0 \\ -12 \\ 10 \end{bmatrix} = \begin{bmatrix} 0 \\ 12 \\ 10 \\ 0 \\ 12 \\ -10 \end{bmatrix}$$

对于单元②由式(8-44)可得

$$\boldsymbol{P}^{②} = \begin{bmatrix} F_{x\mathrm{P1}} \\ F_{y\mathrm{P1}} \\ M_{\mathrm{P1}} \\ \hline F_{x\mathrm{P2}} \\ F_{y\mathrm{P2}} \\ M_{\mathrm{P2}} \end{bmatrix} = -\boldsymbol{T}^{②\mathrm{T}} \begin{bmatrix} \bar{F}_{x\mathrm{P1}} \\ \bar{F}_{y\mathrm{P1}} \\ \bar{M}_{\mathrm{P1}} \\ \hline \bar{F}_{x\mathrm{P2}} \\ \bar{F}_{y\mathrm{P2}} \\ \bar{M}_{\mathrm{P2}} \end{bmatrix} = \left[\begin{array}{ccc|ccc} 0 & -1 & 0 & 0 & 0 & 0 \\ 1 & 0 & 0 & 0 & 0 & 0 \\ 0 & 0 & 1 & 0 & 0 & 0 \\ \hline 0 & 0 & 0 & 0 & -1 & 0 \\ 0 & 0 & 0 & 1 & 0 & 0 \\ 0 & 0 & 0 & 0 & 0 & 1 \end{array}\right] \begin{bmatrix} 0 \\ -4 \\ -5 \\ \hline 4 \\ -4 \\ 5 \end{bmatrix} = \begin{bmatrix} 4 \\ 0 \\ -5 \\ \hline 4 \\ 0 \\ 5 \end{bmatrix}$$

(3) 求刚架的等效结点荷载向量 $\boldsymbol{P}$。

将单元结点荷载向量集成到整体结点荷载向量。类似于单元刚度矩阵叠加到整体刚度矩阵的过程，结点荷载向量也应通过单元定位向量来定位，然后累加。

对于单元①，其定位向量为 $\boldsymbol{\xi}^{①} = \begin{bmatrix} 1 & 2 & 3 & 4 & 5 & 6 \end{bmatrix}^{\mathrm{T}}$，单元结点荷载向量在整体结点荷载向量的贡献为

$$\boldsymbol{P}_1 = \begin{bmatrix} 0 & 12 & 10 & 0 & 12 & -10 & \otimes & \otimes & \otimes \end{bmatrix}^{\mathrm{T}}$$

对于单元②，其定位向量为 $\boldsymbol{\xi}^{②} = [1 \quad 2 \quad 3 \quad 7 \quad 8 \quad 9]^{\mathrm{T}}$，单元结点荷载向量在整体结点荷载向量的贡献为

$$\boldsymbol{P}_2 = \begin{bmatrix} 4 & 0 & -5 & \otimes & \otimes & \otimes & 4 & 0 & 5 \end{bmatrix}^{\mathrm{T}}$$

两者叠加得到整体结点荷载向量 $\boldsymbol{P}$ 为

$$\boldsymbol{P} = \boldsymbol{P}_1 + \boldsymbol{P}_2 = \begin{bmatrix} 4 & 12 & 5 & 0 & 12 & -10 & 4 & 0 & 5 \end{bmatrix}^{\mathrm{T}}$$

由于结点 2 和结点 3 存在已知位移分量(整体编号：4, 5, 7, 8, 9)为零的情况，相应的元素已经在整体刚度矩阵中移除，这里在整体结点荷载向量中也需要对相应的元素进行移除。最终得到的结构整体结点荷载向量为

$$\boldsymbol{P} = \begin{bmatrix} 4\ \text{kN} \\ 12\ \text{kN} \\ 5\ \text{kN} \cdot \text{m} \\ -10\ \text{kN} \cdot \text{m} \end{bmatrix}$$

8.6 计算步骤和算例

在矩阵位移法中，求得杆件结构的整体刚度矩阵和整体结点荷载向量后，只有结点位移是未知的，结点位移和结点荷载之间满足基本方程(8-43)。对于这个线性代数方程组，可以利用矩阵代数运算直接求解结点位移 $\boldsymbol{\varDelta}$ 中的全部元素：

$$\boldsymbol{\varDelta} = \boldsymbol{K}^{-1}\boldsymbol{P}$$

由此可见，应用矩阵位移法对结构进行分析时，先通过单元刚度矩阵集成得到整体刚度矩阵和结点荷载向量，然后求解线性代数方程组得到结点位移，由于其操作流程非常统一、规范，因此非常适合计算机编程实现。

对于图 8-11 中的算例，此时结点位移可以直接算出

$$\boldsymbol{\varDelta} = \boldsymbol{K}^{-1}\boldsymbol{P} = 10^{-4} \times \begin{bmatrix} 32.59 & -0.28 & 5.61 & -2.72 \\ -0.28 & 33.15 & -2.89 & -8.50 \\ 5.61 & -2.89 & 58.35 & -28.31 \\ -2.72 & -8.50 & -28.31 & 116.70 \end{bmatrix} \begin{bmatrix} 4 \\ 12 \\ 5 \\ -10 \end{bmatrix} = 10^{-2} \times \begin{bmatrix} 1.82 \\ 4.67 \\ 5.63 \\ -14.21 \end{bmatrix}$$

考虑到已知结点位移为零的情况，那么全部的整体坐标系下结点位移为

$$\boldsymbol{\varDelta} = \begin{bmatrix} u_1 \\ v_1 \\ \theta_1 \\ u_2 \\ v_2 \\ \theta_2 \\ u_3 \\ v_3 \\ \theta_3 \end{bmatrix} = 10^{-2} \times \begin{bmatrix} 1.82 \\ 4.67 \\ 5.63 \\ 0 \\ 0 \\ -14.21 \\ 0 \\ 0 \\ 0 \end{bmatrix}$$

综上所述，矩阵位移法的计算步骤归纳如下。

(1)整理原始数据，对杆件结构进行单元和结点的编号。

(2)形成局部坐标系中的单元刚度矩阵 $\bar{k}^e$。

(3)形成整体坐标系中的单元刚度矩阵 k^e。

(4)用直接刚度法将单元刚度矩阵集成并形成整体刚度矩阵 K。

(5)求局部坐标系的单元等效结点荷载向量，转换到整体坐标系的单元等效结点荷载向量 P^e，并集成形成整体结点荷载向量 P。

(6)解方程 $K\Delta = P$，求出结点位移向量 Δ。

(7)将求得的结点位移带回到单元中求解杆端力。

下面，利用矩阵位移法对一些常见结构进行内力分析。

8.6.1 桁架分析算例

例 8-3 试分析图 8-12 所示桁架各杆件的受力情况，假设各杆 EA 相等。

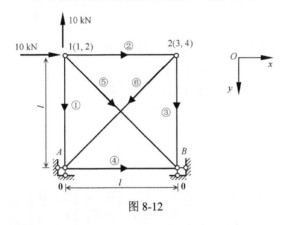

图 8-12

解：(1)原始数据和单元、结点编号。

假设材料的弹性模量为 E，尺寸、单元编号和结点编号如图 8-12 所示。结点 1 的位移分量整体编号为 $(1,2)$，结点 2 的位移分量整体编号为 $(3,4)$。按照先处理法，两个固定铰支座的结点位移分量编号均为 0。

(2)形成局部坐标系中的单元刚度矩阵。

首先，根据式(8-30)计算出各单元在局部坐标系下桁架杆件的单元刚度矩阵。对于单元①、②、③、④，它们的长度都为 l，因此其刚度矩阵都为

$$\bar{k}^{①} = \bar{k}^{②} = \bar{k}^{③} = \bar{k}^{④} = \frac{EA}{l} \times \begin{bmatrix} 1 & 0 & -1 & 0 \\ 0 & 0 & 0 & 0 \\ -1 & 0 & 1 & 0 \\ 0 & 0 & 0 & 0 \end{bmatrix}$$

对于单元⑤、⑥，它们的长度通过计算可知为 $\sqrt{2}l$，因此

$$\bar{k}^{⑤} = \bar{k}^{⑥} = \frac{EA}{\sqrt{2}l} \times \begin{bmatrix} 1 & 0 & -1 & 0 \\ 0 & 0 & 0 & 0 \\ -1 & 0 & 1 & 0 \\ 0 & 0 & 0 & 0 \end{bmatrix}$$

(3)计算整体坐标系中的单元刚度矩阵。

然后，根据式(8-33)通过坐标转换得到整体坐标系下的单元刚度矩阵。对于单元②、④，夹角 $\alpha = 0$，坐标转换矩阵为单位矩阵为

$$\boldsymbol{T} = \begin{bmatrix} 1 & 0 & & \\ 0 & 1 & & \boldsymbol{0} \\ \hdashline & & 1 & 0 \\ \boldsymbol{0} & & 0 & 1 \end{bmatrix}$$

因此整体坐标系下的单元刚度矩阵为

$$\boldsymbol{k}^{②} = \boldsymbol{k}^{④} = \boldsymbol{T}^{\mathrm{T}} \bar{\boldsymbol{k}}^{②} \boldsymbol{T} = \frac{EA}{l} \times \begin{bmatrix} 1 & 0 & -1 & 0 \\ 0 & 0 & 0 & 0 \\ \hdashline -1 & 0 & 1 & 0 \\ 0 & 0 & 0 & 0 \end{bmatrix}$$

对于单元①、③，其夹角为 $\alpha = \pi / 2$，因此坐标转换矩阵为

$$\boldsymbol{T} = \begin{bmatrix} 0 & 1 & & \\ -1 & 0 & & \boldsymbol{0} \\ \hdashline & & 0 & 1 \\ \boldsymbol{0} & & -1 & 0 \end{bmatrix}$$

从而，得

$$\boldsymbol{k}^{①} = \boldsymbol{k}^{③} = \boldsymbol{T}^{\mathrm{T}} \bar{\boldsymbol{k}}^{①} \boldsymbol{T} = \frac{EA}{l} \times \begin{bmatrix} 0 & 0 & 0 & 0 \\ 0 & 1 & 0 & -1 \\ \hdashline 0 & 0 & 0 & 0 \\ 0 & -1 & 0 & 1 \end{bmatrix}$$

对于单元⑤，其夹角 $\alpha = \pi / 4$，因此坐标转换矩阵为

$$\boldsymbol{T} = \frac{1}{\sqrt{2}} \times \begin{bmatrix} 1 & 1 & & \\ -1 & 1 & & \boldsymbol{0} \\ \hdashline & & 1 & 1 \\ \boldsymbol{0} & & -1 & 1 \end{bmatrix}$$

得

$$\boldsymbol{k}^{⑤} = \boldsymbol{T}^{\mathrm{T}} \bar{\boldsymbol{k}}^{⑤} \boldsymbol{T} = \frac{EA}{l} \times \frac{1}{2\sqrt{2}} \times \begin{bmatrix} 1 & 1 & -1 & -1 \\ 1 & 1 & -1 & -1 \\ \hdashline -1 & -1 & 1 & 1 \\ -1 & -1 & 1 & 1 \end{bmatrix}$$

对于单元⑥，其夹角 $\alpha = 3\pi / 4$，因此坐标转换矩阵为

$$T = \frac{1}{\sqrt{2}} \times \begin{bmatrix} -1 & 1 & & \\ -1 & -1 & & \mathbf{0} \\ \hdashline & & -1 & 1 \\ \mathbf{0} & & -1 & -1 \end{bmatrix}$$

得

$$\boldsymbol{k}^{\textcircled{6}} = \boldsymbol{T}^{\mathrm{T}} \overline{\boldsymbol{k}}^{\textcircled{6}} \boldsymbol{T} = \frac{EA}{l} \times \frac{1}{2\sqrt{2}} \times \begin{bmatrix} 1 & -1 & -1 & 1 \\ -1 & 1 & 1 & -1 \\ \hdashline -1 & 1 & 1 & -1 \\ 1 & -1 & -1 & 1 \end{bmatrix}$$

(4) 用直接刚度法形成整体刚度矩阵 $\boldsymbol{K}$。

按单元定位向量对号入座，将各单元刚度矩阵叠加到整体刚度矩阵。由于本例中桁架两个支承均为活动铰支座，因此两个线位移均为零，整体刚度矩阵中对应的行和列不考虑。

图 8-12 各杆的单元定位向量可分别写出

$$\boldsymbol{\xi}^{\textcircled{1}} = \begin{bmatrix} 1 & 2 & 0 & 0 \end{bmatrix}^{\mathrm{T}}, \quad \boldsymbol{\xi}^{\textcircled{2}} = \begin{bmatrix} 1 & 2 & 3 & 4 \end{bmatrix}^{\mathrm{T}}$$

$$\boldsymbol{\xi}^{\textcircled{3}} = \begin{bmatrix} 3 & 4 & 0 & 0 \end{bmatrix}^{\mathrm{T}}, \quad \boldsymbol{\xi}^{\textcircled{4}} = \begin{bmatrix} 0 & 0 & 0 & 0 \end{bmatrix}^{\mathrm{T}}$$

$$\boldsymbol{\xi}^{\textcircled{5}} = \begin{bmatrix} 1 & 2 & 0 & 0 \end{bmatrix}^{\mathrm{T}}, \quad \boldsymbol{\xi}^{\textcircled{6}} = \begin{bmatrix} 3 & 4 & 0 & 0 \end{bmatrix}^{\mathrm{T}}$$

最后，可得整体刚度矩阵为

$$\boldsymbol{K} = \begin{array}{c} \begin{array}{cccc} 1 & 2 & 3 & 4 \end{array} \\ \begin{array}{c} 1 \\ 2 \\ 3 \\ 4 \end{array} \begin{bmatrix} 1.35 & 0.35 & -1 & 0 \\ 0.35 & 1.35 & 0 & 0 \\ \hdashline -1 & 0 & 1.35 & -0.35 \\ 0 & 0 & -0.35 & 1.35 \end{bmatrix} \end{array} \frac{EA}{l}$$

(5) 结点荷载向量 $\boldsymbol{P}$。

结点 1 作用有两个外力，结构的结点荷载向量为

$$\boldsymbol{P} = \begin{bmatrix} 10 \\ -10 \\ \hdashline 0 \\ 0 \end{bmatrix}$$

(6) 解基本方程。

$$\frac{EA}{l} \begin{bmatrix} 1.35 & 0.35 & -1 & 0 \\ 0.35 & 1.35 & 0 & 0 \\ \hdashline -1 & 0 & 1.35 & -0.35 \\ 0 & 0 & -0.35 & 1.35 \end{bmatrix} \begin{bmatrix} u_1 \\ v_1 \\ \hdashline u_2 \\ v_2 \end{bmatrix} = \begin{bmatrix} 10 \\ -10 \\ \hdashline 0 \\ 0 \end{bmatrix}$$

可得

$$\begin{bmatrix} u_1 \\ v_1 \\ \hline u_2 \\ v_2 \end{bmatrix} = \frac{l}{EA} \begin{bmatrix} 26.94 \\ -14.42 \\ \hline 21.36 \\ 5.58 \end{bmatrix}$$

(7)求各杆局部坐标系下的结点力，即各杆杆端力向量。

单元①：

$$\bar{F}^{①} = TF^{①} = Tk^{①}\Delta^{①} = \begin{bmatrix} 0 & 1 & 0 & 0 \\ -1 & 0 & 0 & 0 \\ 0 & 0 & 0 & 1 \\ 0 & 0 & -1 & 0 \end{bmatrix}\begin{bmatrix} 0 & 0 & 0 & 0 \\ 0 & 1 & 0 & -1 \\ 0 & 0 & 0 & 0 \\ 0 & -1 & 0 & 1 \end{bmatrix}\begin{bmatrix} 26.94 \\ -14.42 \\ 0 \\ 0 \end{bmatrix} = \begin{bmatrix} -14.42 \\ 0 \\ 14.42 \\ 0 \end{bmatrix}$$

单元②：

$$\bar{F}^{②} = TF^{②} = Tk^{②}\Delta^{②} = \begin{bmatrix} 1 & 0 & 0 & 0 \\ 0 & 1 & 0 & 0 \\ 0 & 0 & 1 & 0 \\ 0 & 0 & 0 & 1 \end{bmatrix}\begin{bmatrix} 1 & 0 & -1 & 0 \\ 0 & 0 & 0 & 0 \\ -1 & 0 & 1 & 0 \\ 0 & 0 & 0 & 0 \end{bmatrix}\begin{bmatrix} 26.94 \\ -14.42 \\ 21.36 \\ 5.58 \end{bmatrix} = \begin{bmatrix} 5.58 \\ 0 \\ -5.58 \\ 0 \end{bmatrix}$$

单元③：

$$\bar{F}^{③} = TF^{③} = Tk^{③}\Delta^{③} = \begin{bmatrix} 0 & 1 & 0 & 0 \\ -1 & 0 & 0 & 0 \\ 0 & 0 & 0 & 1 \\ 0 & 0 & -1 & 0 \end{bmatrix}\begin{bmatrix} 0 & 0 & 0 & 0 \\ 0 & 1 & 0 & -1 \\ 0 & 0 & 0 & 0 \\ 0 & -1 & 0 & 1 \end{bmatrix}\begin{bmatrix} 21.36 \\ 5.58 \\ 0 \\ 0 \end{bmatrix} = \begin{bmatrix} 5.58 \\ 0 \\ -5.58 \\ 0 \end{bmatrix}$$

单元④：由于轴向位移为零，因此轴力也为零。

单元⑤：

$$\bar{F}^{⑤} = TF^{⑤} = Tk^{⑤}\Delta^{⑤} = \frac{1}{\sqrt{2}}\begin{bmatrix} 1 & 1 & 0 & 0 \\ -1 & 1 & 0 & 0 \\ 0 & 0 & 1 & 1 \\ 0 & 0 & -1 & 0 \end{bmatrix} \times \frac{1}{2\sqrt{2}}\begin{bmatrix} 1 & 1 & -1 & -1 \\ 1 & 1 & -1 & -1 \\ -1 & -1 & 1 & 0 \\ -1 & -1 & 1 & 1 \end{bmatrix}\begin{bmatrix} 26.94 \\ -14.42 \\ 0 \\ 0 \end{bmatrix} = \begin{bmatrix} 6.26 \\ 0 \\ -6.26 \\ 0 \end{bmatrix}$$

单元⑥：

$$\bar{F}^{⑥} = TF^{⑥} = Tk^{⑥}\Delta^{⑥} = \frac{1}{\sqrt{2}}\begin{bmatrix} -1 & 1 & 0 & 0 \\ -1 & -1 & 0 & 0 \\ 0 & 0 & -1 & 1 \\ 0 & 0 & -1 & -1 \end{bmatrix} \times \frac{1}{2\sqrt{2}}\begin{bmatrix} 1 & -1 & -1 & 1 \\ -1 & 1 & 1 & -1 \\ -1 & 1 & 1 & -1 \\ 1 & -1 & -1 & 1 \end{bmatrix}\begin{bmatrix} 21.36 \\ 5.58 \\ 0 \\ 0 \end{bmatrix} = \begin{bmatrix} -7.89 \\ 0 \\ 7.89 \\ 0 \end{bmatrix}$$

8.6.2　刚架分析算例

例 8-4　求解如图 8-13 所示结构的结点位移，设各杆为矩形截面，横梁截面积为 $b_2 \cdot h_2 = 0.5 \times 1.26\text{m}^2 = 0.63 \text{ m}^2$，立柱截面积为 $b_1 \cdot h_1 = 0.5 \times 1\text{m}^2 = 0.5 \text{ m}^2$，为便于计算，令弹性模量 $E = 1$。

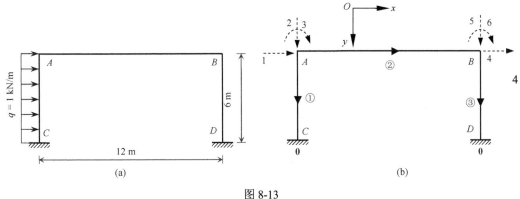

图 8-13

解：(1) 原始数据和单元、结点编号。

单元编号和结点编号如图 8-13(b) 所示。结点 A 的位移分量整体编号为 $(1, 2, 3)$，结点 B 的位移分量整体编号为 $(4, 5, 6)$。固定支座 C、D 的结点位移分量编号均为 0。

原始数据计算如下。

立柱：

$$A_1 = 0.5\ \text{m}^2, \quad I_1 = \frac{1}{24}\ \text{m}^4$$

$$l_1 = 6\ \text{m}, \quad \frac{EI_1}{l_1} = 6.94 \times 10^{-3}$$

$$\frac{EA_1}{l_1} = 83.3 \times 10^{-3}, \quad \frac{2EI_1}{l_1} = 13.9 \times 10^{-3}$$

$$\frac{4EI_1}{l_1} = 27.8 \times 10^{-3}, \quad \frac{6EI_1}{l_1^2} = 6.94 \times 10^{-3}$$

$$\frac{12EI_1}{l_1^3} = 2.31 \times 10^{-3}$$

横梁：

$$A_2 = 0.63\ \text{m}^2, \quad I_2 = \frac{1}{12}\ \text{m}^4, \quad l_2 = 12\ \text{m}$$

$$\frac{EA_2}{l_2} = 52.5 \times 10^{-3}, \quad \frac{EI_2}{l_2} = 6.94 \times 10^{-3}$$

$$\frac{2EI_2}{l_2} = 13.9 \times 10^{-3}, \quad \frac{4EI_2}{l_2} = 27.8 \times 10^{-3}$$

$$\frac{6EI_2}{l_2^2} = 3.47 \times 10^{-3}, \quad \frac{12EI_2}{l_2^3} = 0.58 \times 10^{-3}$$

(2) 形成单元刚度矩阵。

计算各个单元在局部坐标系中的单元刚度矩阵 $\bar{\boldsymbol{k}}^e$，对于单元①和③：

$$\bar{\boldsymbol{k}}^{①} = \bar{\boldsymbol{k}}^{③} = 10^{-3} \times \begin{bmatrix} 83.3 & 0 & 0 & -83.3 & 0 & 0 \\ 0 & 2.31 & 6.94 & 0 & -2.31 & 6.94 \\ 0 & 6.94 & 27.8 & 0 & -6.94 & 13.9 \\ -83.3 & 0 & 0 & 83.3 & 0 & 0 \\ 0 & -2.31 & -6.94 & 0 & 2.31 & -6.94 \\ 0 & 6.94 & 13.9 & 0 & -6.94 & 27.8 \end{bmatrix}$$

单元②：

$$\bar{\boldsymbol{k}}^{②} = 10^{-3} \times \begin{bmatrix} 52.5 & 0 & 0 & -52.5 & 0 & 0 \\ 0 & 0.58 & 3.47 & 0 & -0.58 & 3.47 \\ 0 & 3.47 & 27.8 & 0 & -3.47 & 13.9 \\ -52.5 & 0 & 0 & 52.5 & 0 & 0 \\ 0 & -0.58 & -3.47 & 0 & 0.58 & -3.47 \\ 0 & 3.47 & 13.9 & 0 & -3.47 & 27.8 \end{bmatrix}$$

计算整体坐标系下的单元刚度矩阵 $\boldsymbol{k}^e$。

单元①和③：坐标转换矩阵为 $(\alpha = \pi / 2)$

$$\boldsymbol{T} = \left[\begin{array}{ccc|ccc} 0 & 1 & 0 & & & \\ -1 & 0 & 0 & & \boldsymbol{0} & \\ 0 & 0 & 1 & & & \\ \hline & & & 0 & 1 & 0 \\ & \boldsymbol{0} & & -1 & 0 & 0 \\ & & & 0 & 0 & 1 \end{array} \right]$$

因此

$$\boldsymbol{k}^{①} = \boldsymbol{k}^{③} = \boldsymbol{T}^{\mathrm{T}} \bar{\boldsymbol{k}}^{①} \boldsymbol{T} = 10^{-3} \times \begin{bmatrix} 2.31 & 0 & -6.94 & -2.31 & 0 & -6.94 \\ 0 & 83.3 & 0 & 0 & -83.3 & 0 \\ -6.94 & 0 & 27.8 & 6.94 & 0 & 13.9 \\ -2.31 & 0 & 6.94 & 2.31 & 0 & 6.94 \\ 0 & -83.3 & 0 & 0 & 83.3 & 0 \\ -6.94 & 0 & 13.9 & 6.94 & 0 & 27.8 \end{bmatrix}$$

单元②：$\alpha = 0$，因此 $\boldsymbol{T} = \boldsymbol{I}$，此时整体坐标系下单元刚度矩阵等于局部坐标系下的单元刚度矩阵：

$$\boldsymbol{k}^{②} = \bar{\boldsymbol{k}}^{②}$$

(3)用直接刚度法形成整体刚度矩阵 $\boldsymbol{K}$。

按单元定位向量对号入座，将各个单元刚度矩阵集成到整体刚度矩阵 $\boldsymbol{K}$。按照先处理法，在整体刚度矩阵中不考虑零位移分量相应的行和列。

图 8-13 各杆的单元定位向量可分别写出

$$\boldsymbol{\xi}^{①} = \begin{bmatrix} 1 & 2 & 3 & 0 & 0 & 0 \end{bmatrix}^{\mathrm{T}}$$

$$\boldsymbol{\xi}^{②} = \begin{bmatrix} 1 & 2 & 3 & 4 & 5 & 6 \end{bmatrix}^{\mathrm{T}}$$

$$\boldsymbol{\xi}^{③} = \begin{bmatrix} 4 & 5 & 6 & 0 & 0 & 0 \end{bmatrix}^{\mathrm{T}}$$

最后得到的整体刚度矩阵为

$$\boldsymbol{K} = \begin{bmatrix} 54.81 & 0 & -6.94 & -52.5 & 0 & 0 \\ 0 & 83.88 & 3.47 & 0 & -0.58 & 3.47 \\ -6.94 & 3.47 & 55.6 & 0 & -3.74 & 13.9 \\ -52.5 & 0 & 0 & 54.81 & 0 & -6.94 \\ 0 & -0.58 & -3.47 & 0 & 83.88 & -3.47 \\ 0 & 3.47 & 13.9 & -6.94 & -3.47 & 55.6 \end{bmatrix} \times 10^{-3}$$

(4) 等效结点荷载向量 $\boldsymbol{P}$。

对于结间荷载，只有单元①受到均布荷载的情况，局部坐标系下的固端约束力向量为

$$\overline{\boldsymbol{F}}_{\mathrm{P}}^{①} = \begin{bmatrix} \overline{F}_{x1} \\ \overline{F}_{y1} \\ \overline{M}_1 \\ \overline{F}_{x2} \\ \overline{F}_{y2} \\ \overline{M}_2 \end{bmatrix} = \begin{bmatrix} 0 \\ 3 \\ 3 \\ 0 \\ 3 \\ -3 \end{bmatrix}$$

将其转换到整体坐标系下的等效结点荷载向量为

$$\boldsymbol{P}^{①} = \begin{bmatrix} F_{x1} \\ F_{y1} \\ M_1 \\ F_{x2} \\ F_{y2} \\ M_2 \end{bmatrix} = -\boldsymbol{T}^{①\mathrm{T}} \begin{bmatrix} \overline{F}_{x1} \\ \overline{F}_{y1} \\ \overline{M}_1 \\ \overline{F}_{x2} \\ \overline{F}_{y2} \\ \overline{M}_2 \end{bmatrix} = \begin{bmatrix} 0 & -1 & 0 & 0 & 0 & 0 \\ 1 & 0 & 0 & 0 & 0 & 0 \\ 0 & 0 & 1 & 0 & 0 & 0 \\ 0 & 0 & 0 & 0 & -1 & 0 \\ 0 & 0 & 0 & 1 & 0 & 0 \\ 0 & 0 & 0 & 0 & 0 & 1 \end{bmatrix} \begin{bmatrix} 0 \\ -3 \\ -3 \\ 0 \\ -3 \\ 3 \end{bmatrix} = \begin{bmatrix} 3 \\ 0 \\ -3 \\ 3 \\ 0 \\ 3 \end{bmatrix}$$

按单元定位向量：$\boldsymbol{\xi}^{①} = [1 \quad 2 \quad 3 \quad 0 \quad 0 \quad 0]^{\mathrm{T}}$，将 $\boldsymbol{P}^{①}$ 在整体结点荷载向量 $\boldsymbol{P}$ 中对号入座得

$$\boldsymbol{P} = \begin{bmatrix} 3 \\ 0 \\ -3 \\ 0 \\ 0 \\ 0 \end{bmatrix}$$

(5) 解基本方程。

得到结点位移为

$$\boldsymbol{\varDelta} = \boldsymbol{K}^{-1}\boldsymbol{F}$$

因此

$$\boldsymbol{\Delta} = \begin{bmatrix} 847 \\ -5.13 \\ 28.4 \\ 824 \\ 5.13 \\ 96.5 \end{bmatrix}$$

全部结点上的位移为

$$\begin{bmatrix} u_A \\ v_A \\ \theta_A \\ u_B \\ v_B \\ \theta_B \\ u_C \\ v_C \\ \theta_C \\ u_D \\ v_D \\ \theta_D \end{bmatrix} = \begin{bmatrix} 847 \\ -5.13 \\ 28.4 \\ 824 \\ 5.13 \\ 96.5 \\ 0 \\ 0 \\ 0 \\ 0 \\ 0 \\ 0 \end{bmatrix}$$

(6)求各杆杆端力向量 $\overline{\boldsymbol{F}}^e$。

对于单元①，其结点位移为

$$\boldsymbol{\Delta}^{①} = \begin{bmatrix} 847 \\ -5.13 \\ 28.4 \\ 0 \\ 0 \\ 0 \end{bmatrix}$$

于是，其局部坐标系下的杆端力向量为

$$\overline{\boldsymbol{F}}^{①} = \boldsymbol{T}\boldsymbol{k}^{①}\boldsymbol{\Delta}^{①} + \overline{\boldsymbol{F}}_P^{①}$$

$$= \begin{bmatrix} 0 & 1 & 0 & 0 & 0 & 0 \\ -1 & 0 & 0 & 0 & 0 & 0 \\ 0 & 0 & 1 & 0 & 0 & 0 \\ 0 & 0 & 0 & 0 & 1 & 0 \\ 0 & 0 & 0 & -1 & 0 & 0 \\ 0 & 0 & 0 & 0 & 0 & 1 \end{bmatrix} \times 10^{-3} \times \begin{bmatrix} 2.31 & 0 & -6.94 & -2.31 & 0 & -6.94 \\ 0 & 83.3 & 0 & 0 & -83.3 & 0 \\ -6.94 & 0 & 27.8 & 6.94 & 0 & 13.9 \\ -2.31 & 0 & 6.94 & 2.31 & 0 & 6.94 \\ 0 & -83.3 & 0 & 0 & 83.3 & 0 \\ -6.94 & 0 & 13.9 & 6.94 & 0 & 27.8 \end{bmatrix} \begin{bmatrix} 847 \\ -5.13 \\ 28.4 \\ 0 \\ 0 \\ 0 \end{bmatrix} + \begin{bmatrix} 0 \\ 3 \\ 3 \\ 0 \\ 3 \\ -3 \end{bmatrix}$$

$$= \begin{bmatrix} -0.43 \\ 1.24 \\ -2.09 \\ 0.43 \\ 4.76 \\ -8.49 \end{bmatrix}$$

对于单元②，其结点位移为

$$\Delta^{②} = \begin{bmatrix} 847 \\ -5.13 \\ 28.4 \\ 824 \\ 5.13 \\ 96.5 \end{bmatrix}$$

于是，其局部坐标系下的杆端力向量为

$$\bar{F}^{②} = F^{②} = k^{②}\Delta^{②}$$

$$= 10^{-3} \times \begin{bmatrix} 52.5 & 0 & 0 & -52.5 & 0 & 0 \\ 0 & 0.58 & 3.47 & 0 & -0.58 & 3.47 \\ 0 & 3.47 & 27.8 & 0 & -3.47 & 13.9 \\ -52.5 & 0 & 0 & 52.5 & 0 & 0 \\ 0 & -0.58 & -3.47 & 0 & 0.58 & -3.47 \\ 0 & 3.47 & 13.9 & 0 & -3.47 & 27.8 \end{bmatrix} \begin{bmatrix} 847 \\ -5.13 \\ 28.4 \\ 824 \\ 5.13 \\ 96.5 \end{bmatrix} = \begin{bmatrix} 1.24 \\ 0.43 \\ 2.09 \\ -1.24 \\ -0.43 \\ 3.04 \end{bmatrix}$$

对于单元③，其结点位移为

$$\Delta^{③} = \begin{bmatrix} 824 \\ 5.13 \\ 96.5 \\ 0 \\ 0 \\ 0 \end{bmatrix}$$

则其局部坐标系下的杆端力向量为

$$\bar{F}^{③} = Tk^{③}\Delta^{③}$$

$$= \begin{bmatrix} 0 & 1 & 0 & 0 & 0 & 0 \\ -1 & 0 & 0 & 0 & 0 & 0 \\ 0 & 0 & 1 & 0 & 0 & 0 \\ 0 & 0 & 0 & 0 & 1 & 0 \\ 0 & 0 & 0 & -1 & 0 & 0 \\ 0 & 0 & 0 & 0 & 0 & 1 \end{bmatrix} \times 10^{-3} \times \begin{bmatrix} 2.31 & 0 & -6.94 & -2.31 & 0 & -6.94 \\ 0 & 83.3 & 0 & 0 & -83.3 & 0 \\ -6.94 & 0 & 27.8 & 6.94 & 0 & 13.9 \\ -2.31 & 0 & 6.94 & 2.31 & 0 & 6.94 \\ 0 & -83.3 & 0 & 0 & 83.3 & 0 \\ -6.94 & 0 & 13.9 & 6.94 & 0 & 27.8 \end{bmatrix} \begin{bmatrix} 824 \\ 5.13 \\ 96.5 \\ 0 \\ 0 \\ 0 \end{bmatrix}$$

$$= \begin{bmatrix} 0.43 \\ -1.24 \\ -3.04 \\ -0.43 \\ 1.24 \\ -4.38 \end{bmatrix}$$

(7) 根据杆端力绘制内力图，如图 8-14 所示。

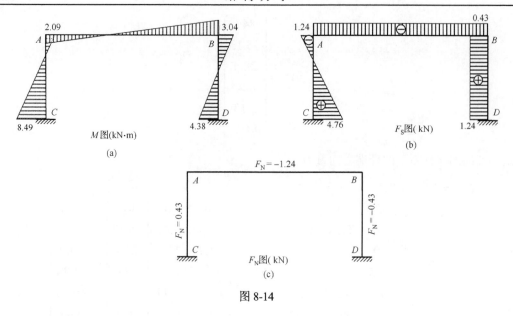

图 8-14

8.6.3 组合结构分析算例

对于组合结构，往往既含有桁架又含有梁，应采用轴力杆件的单元刚度矩阵分析桁架，采用一般单元的单元刚度矩阵分析梁。

例 8-5 求图 8-15 所示组合结构的内力。

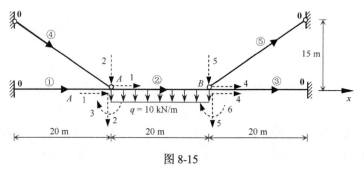

图 8-15

解：(1) 原始数据和单元、结点编号。

横梁截面抗弯刚度为 EI，其抗拉刚度为 $2EI/\mathrm{m}^2$，吊杆截面抗拉刚度 $EA=EI/(20\mathrm{m}^2)$。单元编号和结点编号、整体坐标系如图 8-15 所示。单元②受到均布荷载，大小为 10 kN/m。

(2) 形成单元刚度矩阵。

单元①、②、③均为梁式杆件，因此其局部坐标系下的单元刚度矩阵为

$$\bar{k}^{①}=\bar{k}^{②}=\bar{k}^{③}=\frac{EI}{20}\begin{bmatrix} 2 & 0 & 0 & -2 & 0 & 0 \\ 0 & 0.03 & 0.3 & 0 & -0.03 & 0.3 \\ 0 & 0.3 & 4 & 0 & -0.3 & 2 \\ -2 & 0 & 0 & 2 & 0 & 0 \\ 0 & -0.03 & -0.3 & 0 & 0.03 & -0.3 \\ 0 & 0.3 & 2 & 0 & -0.3 & 4 \end{bmatrix}$$

对于单元④、⑤，按照轴力杆件的单元刚度矩阵计算得

$$\bar{\boldsymbol{k}}^{④} = \bar{\boldsymbol{k}}^{⑤} = EA \begin{bmatrix} 0.04 & 0 & -0.04 & 0 \\ 0 & 0 & 0 & 0 \\ -0.04 & 0 & 0.04 & 0 \\ 0 & 0 & 0 & 0 \end{bmatrix}$$

然后，形成整体坐标系下的单元刚度矩阵，对于单元①、②、③，两种坐标系之间的夹角 $\alpha = 0$，因此其整体坐标系下的刚度矩阵和局部坐标系下的相等，得

$$\boldsymbol{k}^{①} = \boldsymbol{k}^{②} = \boldsymbol{k}^{③} = \bar{\boldsymbol{k}}^{①} = \bar{\boldsymbol{k}}^{②} = \bar{\boldsymbol{k}}^{③}$$

对于单元④，通过计算可得 $\cos\alpha = 0.8$，$\sin\alpha = 0.6$，那么坐标转换矩阵为

$$\boldsymbol{T} = \begin{bmatrix} 0.8 & 0.6 & 0 & 0 \\ -0.6 & 0.8 & 0 & 0 \\ \hline 0 & 0 & 0.8 & 0.6 \\ 0 & 0 & -0.6 & 0.8 \end{bmatrix}$$

整体坐标系下的单元刚度矩阵为

$$\boldsymbol{k}^{④} = \boldsymbol{T}^{\mathrm{T}} \bar{\boldsymbol{k}}^{④} \boldsymbol{T} = EA \begin{bmatrix} 0.0256 & 0.0192 & -0.0256 & -0.0192 \\ 0.0192 & 0.0144 & -0.0192 & -0.0144 \\ -0.0256 & -0.0192 & 0.0256 & 0.0192 \\ -0.0192 & -0.0144 & 0.0192 & 0.0144 \end{bmatrix}$$

对于单元⑤，通过计算可知 $\cos\alpha = 0.8$，$\sin\alpha = -0.6$，那么坐标转换矩阵为

$$\boldsymbol{T} = \begin{bmatrix} 0.8 & -0.6 & 0 & 0 \\ 0.6 & 0.8 & 0 & 0 \\ \hline 0 & 0 & 0.8 & -0.6 \\ 0 & 0 & 0.6 & 0.8 \end{bmatrix}$$

整体坐标系下的单元刚度矩阵为

$$\boldsymbol{k}^{⑤} = \boldsymbol{T}^{\mathrm{T}} \bar{\boldsymbol{k}}^{⑤} \boldsymbol{T} = EA \begin{bmatrix} 0.0256 & -0.0192 & -0.0256 & 0.0192 \\ -0.0192 & 0.0144 & 0.0192 & -0.0144 \\ -0.0256 & 0.0192 & 0.0256 & -0.0192 \\ 0.0192 & -0.0144 & -0.0192 & 0.0144 \end{bmatrix}$$

(3) 用直接刚度法形成整体刚度矩阵 $\boldsymbol{K}$。

图 8-15 中各杆的单元定位向量可分别写出

$$\boldsymbol{\xi}^{①} = \begin{bmatrix} 0 & 0 & 0 & 1 & 2 & 3 \end{bmatrix}^{\mathrm{T}}$$

$$\boldsymbol{\xi}^{②} = \begin{bmatrix} 1 & 2 & 3 & 4 & 5 & 6 \end{bmatrix}^{\mathrm{T}}$$

$$\boldsymbol{\xi}^{③} = \begin{bmatrix} 4 & 5 & 6 & 0 & 0 & 0 \end{bmatrix}^{\mathrm{T}}$$

$$\boldsymbol{\xi}^{④} = \begin{bmatrix} 0 & 0 & 1 & 2 \end{bmatrix}^{\mathrm{T}}$$

$$\xi^{⑥} = \begin{bmatrix} 4 & 5 & 0 & 0 \end{bmatrix}^{\mathrm{T}}$$

按单元定位向量对号入座，将各杆单元刚度矩阵叠加到整体刚度矩阵。考虑到 $EA = EI / 20$，可得整体刚度矩阵为

$$\boldsymbol{K} = \frac{EI}{20} \begin{bmatrix} 4.0256 & 0.0192 & 0 & -2 & 0 & 0 \\ 0.0192 & 0.0744 & 0 & 0 & -0.03 & 0.3 \\ 0 & 0 & 8 & 0 & -0.3 & 2 \\ -2 & 0 & 0 & 4.0256 & -0.0192 & 0 \\ 0 & -0.03 & -0.3 & -0.0192 & 0.0744 & 0 \\ 0 & 0.3 & 2 & 0 & 0 & 8 \end{bmatrix}$$

(4) 等效结点荷载向量 $\boldsymbol{P}$。

结构中只有单元②受到外部作用力，且局部坐标系和整体坐标系的夹角为零（$\alpha = 0$），因此两种坐标系中的等效结点荷载相同，为

$$\boldsymbol{P} = \boldsymbol{P}^{②} = - \begin{bmatrix} 0 \\ -\dfrac{200}{2} \\ -\dfrac{10}{12} \times 400 \\ 0 \\ -\dfrac{200}{2} \\ \dfrac{10}{12} \times 400 \end{bmatrix} = \begin{bmatrix} 0 \\ 100 \\ 333 \\ 0 \\ 100 \\ -333 \end{bmatrix}$$

(5) 解基本方程。

求解线性代数方程组为

$$\frac{EI}{20} \begin{bmatrix} 4.0256 & 0.0192 & 0 & -2 & 0 & 0 \\ 0.0192 & 4.0196 & 0 & 0 & -0.03 & 0.3 \\ 0 & 0 & 8 & 0 & -0.3 & 2 \\ -2 & 0 & 0 & 4.0256 & -0.0192 & 0 \\ 0 & -0.03 & -0.3 & -0.0192 & 0.0744 & 0 \\ 0 & 0.3 & 2 & 0 & 0 & 8 \end{bmatrix} \begin{bmatrix} u_A \\ v_A \\ \theta_A \\ u_B \\ v_B \\ \theta_B \end{bmatrix} = \begin{bmatrix} 0 \\ 100 \\ 333 \\ 0 \\ 100 \\ -333 \end{bmatrix}$$

可得结点位移为

$$\begin{bmatrix} u_A \\ v_A \\ \theta_A \\ u_B \\ v_B \\ \theta_B \end{bmatrix} = \frac{20}{EI} \begin{bmatrix} -12.67 \\ 3976 \\ 2543 \\ 12.67 \\ 3976 \\ -2543 \end{bmatrix}$$

(6) 求各杆的杆端力向量 $\bar{\boldsymbol{F}}^e$。

$$\overline{\boldsymbol{F}}^{\textcircled{1}} = \frac{EI}{20} \times \begin{bmatrix} 2 & 0 & 0 & -2 & 0 & 0 \\ 0 & 0.03 & 0.3 & 0 & -0.03 & 0.3 \\ 0 & 0.3 & 4 & 0 & -0.3 & 2 \\ -2 & 0 & 0 & 2 & 0 & 0 \\ 0 & -0.03 & -0.3 & 0 & 0.03 & -0.3 \\ 0 & 0.3 & 2 & 0 & -0.3 & 4 \end{bmatrix} \times \frac{20}{EI} \times \begin{bmatrix} 0 \\ 0 \\ 0 \\ -12.67 \\ 3.976 \\ 254.3 \end{bmatrix} = \begin{bmatrix} 25.34 \\ -42.99 \\ -684.2 \\ -25.34 \\ 42.99 \\ -175.6 \end{bmatrix}$$

$$\overline{\boldsymbol{F}}^{\textcircled{2}} = \begin{bmatrix} 2 & 0 & 0 & -2 & 0 & 0 \\ 0 & 0.03 & 0.3 & 0 & -0.03 & 0.3 \\ 0 & 0.3 & 4 & 0 & -0.3 & 2 \\ -2 & 0 & 0 & 2 & 0 & 0 \\ 0 & -0.03 & -0.3 & 0 & 0.03 & -0.3 \\ 0 & 0.3 & 2 & 0 & -0.3 & 4 \end{bmatrix} \begin{bmatrix} -12.67 \\ 3.976 \\ 254.3 \\ 12.67 \\ 3.976 \\ -254.3 \end{bmatrix} + \begin{bmatrix} 0 \\ -100 \\ -333 \\ 0 \\ -100 \\ 333 \end{bmatrix} = \begin{bmatrix} -50.68 \\ -100 \\ 175.6 \\ 50.68 \\ -100 \\ -175.6 \end{bmatrix}$$

$$\overline{\boldsymbol{F}}^{\textcircled{4}} = \overline{\boldsymbol{k}}^{\textcircled{4}} \boldsymbol{T}^{\textcircled{4}} \boldsymbol{\varDelta}^{\textcircled{4}}$$

$$= \frac{EI}{20} \times \begin{bmatrix} 0.04 & 0 & -0.04 & 0 \\ 0 & 0 & 0 & 0 \\ -0.04 & 0 & 0.04 & 0 \\ 0 & 0 & 0 & 0 \end{bmatrix} \begin{bmatrix} 0.8 & 0.6 & 0 & 0 \\ -0.6 & 0.8 & 0 & 0 \\ 0 & 0 & 0.8 & 0.6 \\ 0 & 0 & -0.6 & 0.8 \end{bmatrix} \times \begin{bmatrix} 0 \\ 0 \\ -12.67 \\ 3.976 \end{bmatrix} \times \frac{20}{EI}$$

$$= \begin{bmatrix} -95.02 \\ 0 \\ 95.02 \\ 0 \end{bmatrix}$$

$$\overline{\boldsymbol{F}}^{\textcircled{5}} = \begin{bmatrix} -95.02 \\ 0 \\ 95.02 \\ 0 \end{bmatrix}$$

(7)作内力图，如图 8-16 所示。

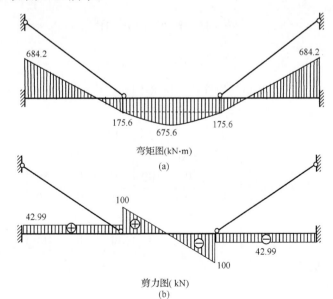

弯矩图(kN·m)

(a)

剪力图(kN)

(b)

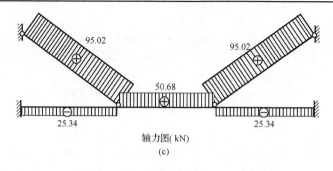

轴力图(kN)

(c)

图 8-16

8.6.4　忽略轴向变形时矩形刚架的矩阵位移法

工程中常遇到由横梁竖柱组成的矩形刚架,通常其轴向变形的影响很小,可以忽略不计。忽略轴向变形时利用矩阵位移法分析矩形刚架需注意以下几点。

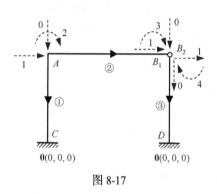

图 8-17

以图 8-17 所示矩形刚架为例进行说明。

首先,考虑结点位移分量的整体编号。在固定支座 C 和 D 处,3 个位移分量均为 0,整体编号为 $(0, 0, 0)$。由于忽略轴向变形,在刚结点 A 处,在铰结点 B_1 和 B_2 处,竖向位移分量均为 0,因此其整体编号也为 0。此外,因为忽略轴向变形的影响,结点 A、B_1 和 B_2 的水平位移分量相同,所以结点线位移采用相同的编号。各结点位移分量整体编号已在图 8-17 中标出。

其次,在利用直接刚度法建立整体刚度矩阵时,考虑各单元定位向量得

$$\boldsymbol{\xi}^{①} = \begin{bmatrix} 1 & 0 & 2 & 0 & 0 & 0 \end{bmatrix}^{\mathrm{T}}$$

$$\boldsymbol{\xi}^{②} = \begin{bmatrix} 1 & 0 & 2 & 1 & 0 & 3 \end{bmatrix}^{\mathrm{T}}$$

$$\boldsymbol{\xi}^{③} = \begin{bmatrix} 1 & 0 & 4 & 0 & 0 & 0 \end{bmatrix}^{\mathrm{T}}$$

假设图中杆件的几何尺寸和材料属性均与例 8-1 刚架图 8-4 中一致。由式 (8-18) 求得整体坐标系中单元 ① 和单元③的刚度矩阵为

$$\boldsymbol{k}^{①} = \boldsymbol{k}^{③} = 10^4 \times \begin{bmatrix} 12 & 0 & -30 & -12 & 0 & -30 \\ 0 & 300 & 0 & 0 & -300 & 0 \\ -30 & 0 & 100 & 30 & 0 & 50 \\ -12 & 0 & 30 & 12 & 0 & 30 \\ 0 & -300 & 0 & 0 & 300 & 0 \\ -30 & 0 & 50 & 30 & 0 & 100 \end{bmatrix}$$

单元②的刚度矩阵为

$$
\mathbf{k}^{②} = 10^4 \times
\begin{bmatrix}
300 & 0 & 0 & \vdots & -300 & 0 & 0 \\
0 & 12 & 30 & \vdots & 0 & -12 & 30 \\
0 & 30 & 100 & \vdots & 0 & -30 & 50 \\
\hdashline
-300 & 0 & 0 & \vdots & 300 & 0 & 0 \\
0 & -12 & -30 & \vdots & 0 & 12 & -30 \\
0 & 30 & 50 & \vdots & 0 & -30 & 100
\end{bmatrix}
$$

然后，按照单元定位向量分别将单元刚度矩阵的元素对号入座，叠加到整体刚度矩阵中。刚架共有 4 个非零结点位移整体编号，所以整体刚度矩阵是 4 阶方阵。

单元①的贡献矩阵为

$$
\mathbf{K}^{①} =
\begin{array}{c}
\\
(1) \to 1 \\
(3) \to 2 \\
3 \\
4
\end{array}
\begin{bmatrix}
12 & -30 & \otimes & \otimes \\
-30 & 100 & \otimes & \otimes \\
\otimes & \otimes & \otimes & \otimes \\
\otimes & \otimes & \otimes & \otimes
\end{bmatrix} \times 10^4
$$

（列标注 (1)→1，(3)→2，编号 1 2 3 4）

单元②的贡献矩阵为

$$
\mathbf{K}^{②} =
\begin{array}{c}
(1),(4) \to 1 \\
(3) \to 2 \\
(6) \to 3 \\
4
\end{array}
\begin{bmatrix}
300-300-300+300 & 0+0 & 0+0 & \otimes \\
0+0 & 100 & 50 & \otimes \\
0+0 & 50 & 100 & \otimes \\
\otimes & \otimes & \otimes & \otimes
\end{bmatrix} \times 10^4
$$

（列标注 (1),(4)→1，(3)→2，(6)→3，编号 1 2 3 4）

单元③的贡献矩阵为

$$
\mathbf{K}^{③} =
\begin{array}{c}
(1) \to 1 \\
2 \\
3 \\
(3) \to 4
\end{array}
\begin{bmatrix}
12 & \otimes & \otimes & -30 \\
\otimes & \otimes & \otimes & \otimes \\
\otimes & \otimes & \otimes & \otimes \\
-30 & \otimes & \otimes & 100
\end{bmatrix} \times 10^4
$$

（列标注 (1)→1，(3)→4，编号 1 2 3 4）

将 3 个单元的贡献矩阵累加，得到结构的整体刚度矩阵为

$$
\mathbf{K} = \mathbf{K}^{①} + \mathbf{K}^{②} + \mathbf{K}^{③} =
\begin{bmatrix}
24 & -30 & 0 & -30 \\
-30 & 200 & 50 & 0 \\
0 & 50 & 100 & 0 \\
-30 & 0 & 0 & 100
\end{bmatrix} \times 10^4
$$

最后，求解基本方程获得结点位移后，再求各杆件的杆端力，并绘制弯矩图、剪力图、轴力图。

习　　题

8-1　写出图中连续梁的整体刚度矩阵。

8-2　计算图示刚架结点 3 的等效结点荷载向量。

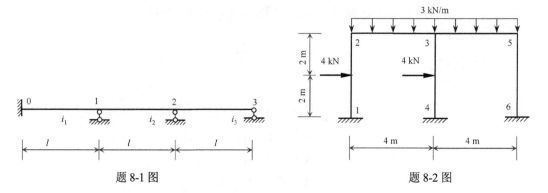

题 8-1 图　　　　　　　　　　　　题 8-2 图

8-3　计算图示刚架结构结点 2 的等效结点荷载向量。

8-4　计算图示连续梁的整体刚度矩阵，并求解结点 2 的等效结点荷载向量。

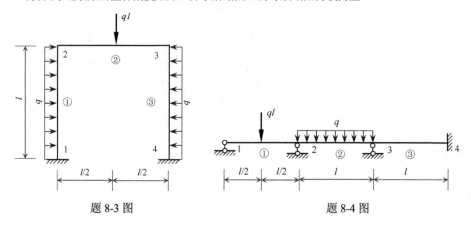

题 8-3 图　　　　　　　　　　　　题 8-4 图

8-5　计算图示连续梁的整体刚度矩阵，并求解全部结点荷载向量。

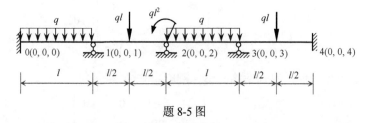

题 8-5 图

8-6　已知图示桁架的结点位移向量（分别为结点 2、4 沿 x、y 方向位移）为：$(1/(EA)) \times$ $[342.322 \ \ -1139.555 \ \ -137.680 \ \ -1167.111]^{\mathrm{T}}$，设各杆 EA 为常数。计算单元 1 的内力。

8-7　已知图示桁架杆件 1 的单元刚度矩阵如式(题 8-7a)所示，且各结点位移如式(题 8-7b)所示，试计算杆件 1 的轴力(注明拉力或压力)。

$$k_1 = \frac{EA}{l} \begin{bmatrix} 1 & 0 & -1 & 0 \\ 0 & 0 & 0 & 0 \\ -1 & 0 & 1 & 0 \\ 0 & 0 & 0 & 0 \end{bmatrix} \qquad \text{(题 8-7a)}$$

$$\begin{bmatrix} u_1 \\ v_1 \\ u_2 \\ v_2 \\ u_3 \\ v_3 \\ u_4 \\ v_4 \end{bmatrix} = \frac{Pl}{EA} \begin{bmatrix} 5 \\ -1 \\ 0 \\ 0 \\ 2 \\ 3 \\ 0 \\ 0 \end{bmatrix} \qquad \text{(题 8-7b)}$$

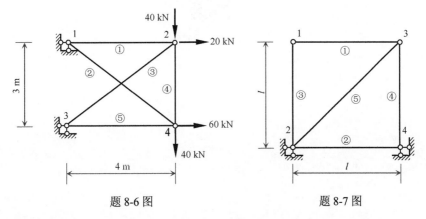

題 8-6 图　　　　　　　題 8-7 图

8-8　已知各杆的 $E = 2.1 \times 10^4 \text{ kN/m}^2$，$A = 10^{-2} \text{ m}^2$，结点位移向量为 $[0.09524 \quad -0.25689]^\mathrm{T}$。计算桁架单元 1 的结点力。

8-9　试求图示刚架的整体刚度矩阵 K。设各杆几何尺寸相同，$l = 5 \text{ m}$，$A = 0.5 \text{m}^2$，$I = 1/24 \text{ m}^4$，$E = 3 \times 10^4 \text{ MPa}$。

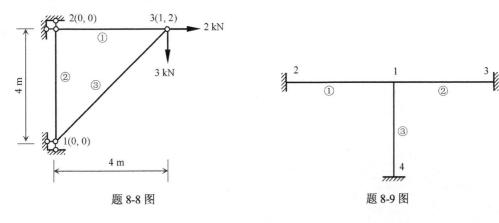

題 8-8 图　　　　　　　題 8-9 图

8-10　试写出图示刚架的矩阵位移法基本方程，并计算各杆端内力、绘制内力图。设各杆的 E、A、I 为常数。

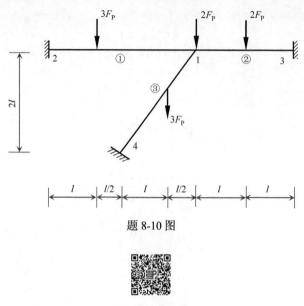

题 8-10 图

第 8 章习题答案

第9章 结构动力分析基础

结构动力分析主要研究结构在动力荷载作用下的反应问题,确定其动位移和动内力,为工程设计提供科学依据。线性振动理论在 18 世纪迅速发展并逐渐成熟。1728 年瑞士数学家、力学家欧拉(L. Euler,1707—1783 年)建立并求解了单摆在有阻尼介质中的运动微分方程。1739 年他研究了无阻尼简谐强迫振动,从理论上解释了共振现象。1747 年他对 n 个等质量质点由等刚度弹簧连接的系统列出微分方程组并求出精确解,从而发现系统的振动是各阶简谐振动的叠加。1762 年拉格朗日(J.L. Lagrange,法国,1736—1813 年)建立了离散系统振动的一般理论。最早研究的连续系统是弦线,1750 年达朗贝尔(J.R. d'Alembert,法国,1717—1783 年)用偏微分方程描述弦线振动而求得波动方程的行波解。1755 年丹尼尔·伯努利(D.I. Bernoulli,瑞士,1700—1782 年)用无限多个振型叠加的方法得到弦线振动的驻波解。从而,离散系统和连续系统线性动力学分析的振型叠加法就逐渐建立起来了。

本章论述动力荷载和结构动力计算的特点,讨论线性单自由度体系的振动问题,多自由度体系的自由振动、在简谐荷载下的强迫振动和振型叠加法,以及无限自由度体系的振动。

9.1 结构动力分析的特点和动力自由度

9.1.1 结构动力分析的特点

当结构所受作用的大小、方向或位置随时间迅速变化,造成结构上质量运动的加速度较大,乃至相应的惯性力与结构所承受的其他外力相比不容忽视时,则称为动力荷载。因此,考虑惯性力的作用就成为结构动力分析区别于静力分析的基本特征。在结构动力分析计算中,结构的内力和位移不仅是位置坐标的函数,还是时间 t 的函数,同一截面的内力和位移在不同时刻是不同的。

根据达朗贝尔原理,动力分析问题可转化为静力平衡问题来解决。这种平衡是在引进惯性力项基础上的动平衡,是一种瞬间的平衡。或者说,在动力计算中,虽然形式上仍是列平衡方程,但方程中要考虑惯性力的存在,且平衡方程中涉及的荷载、内力和位移都是时间的函数。

结构的动力反应除与外荷载有关外,还与结构本身的动力特性密切相关。结构的动力特性包括自振频率、振型和阻尼。自振频率是指结构受到某种初位移或初速度作用后发生自由振动时的圆频率;振型是指结构按某个自振频率作无阻尼自由振动时的位移形态;而阻尼是指结构振动过程中的能量耗散。因此,了解自由振动的规律便成为结构动力反应分析的基础。

9.1.2 动力荷载的分类

工程结构所受到的动力作用包括动力荷载(或者称激励、干扰力)和其他动力作用(如支承运动等)。按动力荷载随时间的变化规律来说,主要可分为以下几类。

1. 周期荷载

周期荷载随时间作周期性变化。最简单也是最重要的周期荷载是简谐荷载（图 9-1(a)），荷载 $F_P(t)$ 随时间 t 的变化规律可用正弦或余弦函数表示。旋转机器匀速转动时，因转子质量存在偏心而引起的荷载通常属于简谐荷载。其他周期荷载可称为非简谐性的周期荷载（图 9-1(b)），可以按傅里叶级数展开为简谐项之和。

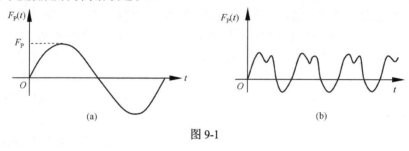

图 9-1

2. 冲击、突加荷载

冲击荷载是指在很短的时间内骤然增减的动力作用，荷载值急剧增大（图 9-2(a)）或急剧减小（图 9-2(b)）。如爆炸对建筑物的冲击荷载以及落锤、打桩机工作时所产生的冲击荷载等。**突加荷载**是指外部荷载以某一定值突然施加于结构，并在相当长一段时间内（与结构基本周期相比）基本保持不变，如粮食袋卸落在仓库地板上的突加荷载、吊车制动力对厂房的水平荷载等。

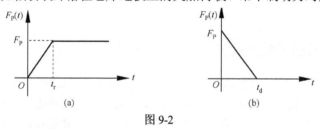

图 9-2

3. 随机荷载

前面两类荷载属于确定性荷载，任一时刻的荷载值都是事先确定的。无法表达为时间的确定性函数的荷载称为**随机荷载**，一般只能用概率的方法表征其统计性质。地震作用和风荷载是典型的随机荷载。图 9-3 所示为地震时记录到的地面运动加速度时程。

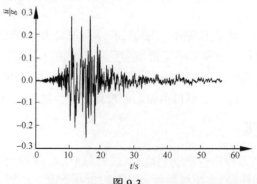

图 9-3

9.1.3　体系的动力自由度

由于惯性力是导致结构产生动力运动和振动反应的根本原因，因此对惯性力的合理描述和考虑是至关重要的。惯性力是随运动体系的质量而分布的，大小等于质量与其运动加速度之积，方向与加速度的方向相反。由此可见，体系质量的分布及其运动方向（即位置变化特征）是决定结构动力特性的关键因素之一。在动力学中，将确定体系上全部质量位置所需的独立几何参数（或独立坐标）的数目，称为体系的**动力自由度**，简称为自由度。值得注意，体系的动力自由度与第 2 章介绍的自由度概念是有区别的。

实际结构的质量都是连续分布的，因而其大小和方向随时间变化的惯性力是在结构中连续分布的。如果要准确考虑和确定全部的惯性力，就必须确定结构上每一点的运动。此时，结构上各点的位置都是独立的变量，导致结构有无限个自由度。如果所有结构都按无限自由度来分析计算，则不仅十分困难，实践证明也没有必要。所以，通常对动力学模型加以简化，一般称为结构离散化方法，包括集中质量法、广义坐标法和有限元法。这样，就把无限自由度问题转化为有限自由度的动力计算问题。

1.　集中质量法

把连续分布的质量按一定规则集中到结构体系的某个或某些位置上，使其余位置上不再存在质量的近似处理方法。于是，体系只有有限个自由度。

图 9-4(a) 所示为一简支梁，跨中放有重物 W。当梁自身质量远小于重物质量时，重物视为质点，忽略转动自由度，计算简图可如图 9-4(b) 所示。此时，无限自由度体系简化为单自由度体系。

图 9-5(a) 所示为一个三层平面刚架。计算刚架在水平力作用下的侧向振动时，常用的简化计算方法是将柱的分布质量简化为集中于横梁标高处的质量，把刚性横梁的分布质量集中于一个质点，且忽略杆件轴向变形，则三层平面刚架的计算简图如图 9-5(b) 所示，结构体系有三个自由度。

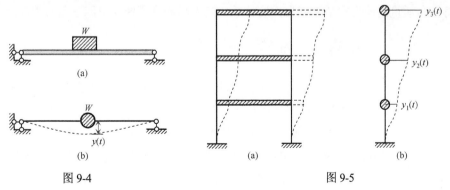

图 9-4　　　　　　　　　　图 9-5

应当注意的是，动力自由度的数目与集中质量的个数并不一定相等。对于如图 9-6(a) 所示的块形基础，计算时可简化为刚性质块。当考虑平面内的振动时，结构体系共有三个自由度，即水平位移 x、竖向位移 y 和角位移 φ（图 9-6(b)）。当仅考虑竖向振动时，体系只有一个自由度（图 9-6(c)）。如图 9-7 所示的刚架体系中，虽然只有一个集中质量，但有两个自由度。对于如图 9-8 所示的两质点体系，当不计轴向变形时，两个质点的水平位移相等，所以该体系的自由度等于 1。

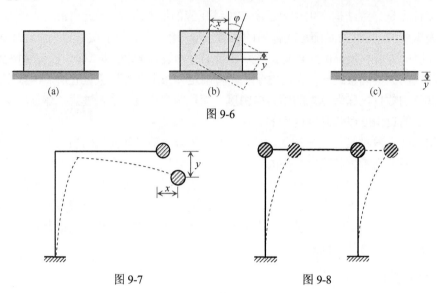

图 9-6

图 9-7　　　　　　　　　　图 9-8

对于较为复杂的体系，可以采用在集中质量处试加刚性链杆以限制质量运动的方法来确定动力自由度数。此时，体系振动的自由度数就等于约束所有质量的运动所需增加的最少链杆数目。

2. 广义坐标法

广义坐标法通过对连续体运动的位移形态从数学的角度施加一定的内在约束，从而使体系的振动由无限自由度转化为有限自由度。这种约束位移形态的数学表达式称为位移函数，其中所含的独立参数便称为**广义坐标**。求体系自振频率的瑞利-里茨法所采用的结构离散化方法就是广义坐标法。

具有分布质量的简支梁是无限自由度体系。简支梁的挠度曲线可用三角级数表示为

$$y(x) = \sum_{k=1}^{\infty} a_k \sin \frac{k\pi x}{l} \qquad (a)$$

其中，$\sin[(k\pi x)/l]$ 是一组给定的正弦函数，且满足位移边界条件，称为形状函数；a_k 是一组待定参数，即广义坐标；$a_k \sin[(k\pi x)/l]$ 为位移函数。当形状函数选定之后，梁的挠度曲线 $y(x)$ 可由无限多个广义坐标 a_1，a_2，··· 确定，因此，简支梁具有无限自由度。为了简便，通常只取级数的前 n 项进行计算，即

$$y(x) = \sum_{k=1}^{n} a_k \sin \frac{k\pi x}{l} \qquad (b)$$

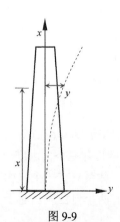

图 9-9

这样，简支梁被简化为具有 n 个自由度的体系。

如图 9-9 所示的烟囱是一个具有无限自由度的体系。由于烟囱底部与

地面连接处可视为固定端，则在 $x=0$ 处，挠度 y 及转角 $\theta = \mathrm{d}y/\mathrm{d}x$ 应为零。根据位移边界条件，挠度曲线 $y(x)$ 可近似设为

$$y(x) = x^2 (a_1 + a_2 x + \cdots + a_n x^{n-1}) \tag{c}$$

此时，就简化为 n 个自由度体系。

3. 有限元法

在利用计算机采用有限元法对结构进行动力计算时，一般先是将杆件划分成若干个单元，然后借助于形状函数，用结点位移参数(广义坐标)来表达单元上任意点的位移。实际上，**有限元法**可以看作广义坐标法的一种特殊应用。两者的区别在于有限元法是通过有限单元的分段或分片形状函数描述变形，从而更容易符合结构变形的实际情况。因此，采用有限单元法分析时，对于结构中不同的单元可采用相同的形状函数，这样就有利于分析过程的程序化和计算机化。

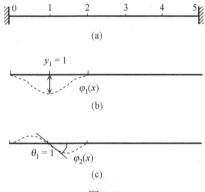

图 9-10

将如图 9-10(a)所示的两端固定梁分为 5 个单元。取结点位移参数(挠度 y 和转角 θ)作为广义坐标。在图 9-10(a)中，由于端部的 0 点和 5 点为固定端，挠度和转角均为 0，取中间 4 个结点共 8 个位移参数 y_1、θ_1、y_2、θ_2、y_3、θ_3、y_4、θ_4 为广义坐标。

每个结点位移参数只在相邻两个单元内引起挠度，结点位移参数 y_1 和 θ_1 对应的形状函数 $\varphi_1(x)$ 和 $\varphi_2(x)$ 如图 9-10(b)、(c)中所示。梁的挠度曲线可用 8 个广义坐标及其形状函数表示为

$$y(x) = y_1 \varphi_1(x) + \theta_1 \varphi_2(x) + \cdots + y_4 \varphi_7(x) + \theta_4 \varphi_8(x) \tag{d}$$

通过上述步骤，梁可由无限自由度体系转化为具有 8 个自由度的体系。可以看出，与集中质量法一样，有限元法采用了真实的物理量(结点位移)，它综合了集中质量法和广义坐标法的某些特点。

9.2　单自由度体系的自由振动

在结构动力学中，将用来描述体系质量运动随时间变化规律的方程，称为体系的运动方程。建立体系运动方程一般可以通过两种不同的途径。一种途径是根据达朗贝尔原理引入惯性力的概念，认为在质点系运动的每一瞬时，若除了实际作用于质点系上的所有外力，还存在假想的惯性力，则在运动的任一瞬时质点系将处于假想的平衡状态，或者称为动力平衡状态。这种将

建立体系运动方程的问题转化为静力问题的方法，称为动静法。另一种途径是利用哈密顿原理，通过对表示能量关系的泛函的变分建立体系的运动方程。当采用动静法建立体系的运动方程时，可以从力系平衡的角度出发，称为刚度法；也可以从位移协调的角度出发，称为柔度法。

单自由度体系的动力分析较简单，但由于很多实际工程结构可以简化为单自由度体系进行计算或初步估算，且单自由度体系的动力分析是多自由度体系动力分析的基础，所以单自由度体系的动力分析非常重要。

9.2.1　自由振动微分方程的建立

体系自由振动是由初速度或初位移引起的振动，在振动过程中无外荷载作用，只有惯性力作用。现以图 9-11 所示结构为例讨论单自由度体系的自由振动问题。

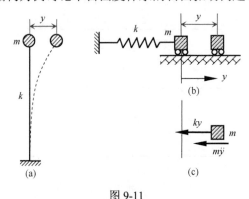

图 9-11

如图 9-11(a)所示的悬臂立柱，其顶部有一集中质量 m。柱自身质量远小于 m，可忽略不计。此时，体系只有一个自由度。

假设在外界干扰下，质点 m 离开静止的平衡位置，干扰消失后，由于立柱弹性力的影响，质点 m 将沿水平方向产生自由振动，在任一 t 时刻，质点的水平位移为 $y(t)$。

首先，将图 9-11(a)中的体系用图 9-11(b)所示的弹簧模型来表示。原来由立柱对质量 m 提供的弹性力这里由弹簧提供。因此，应使弹簧的刚度系数 k(使弹簧伸长单位距离时所需施加的拉力)与立柱的刚度系数(使柱顶产生单位水平位移时在柱顶所需施加的水平力)相等。

然后，推导体系的自由振动微分方程。以静平衡位置为原点，取在任意位置 y 处的质量 m 作为隔离体，设位移 y 以向右为正，如图 9-11(c)所示。由于速度是位移对标量 t 的一阶导数，加速度是位移对标量 t 的二阶导数，因此位移的正方向同时也是速度 $\dot{y}$ 及加速度 $\ddot{y}$ 的正向。忽略振动过程中受到的阻力，隔离体受到的力有如下两种。

(1)弹性力 $F_E = -ky$，与位移 y 的方向相反；

(2)惯性力 $F_I = -m\ddot{y}$，与加速度 $\ddot{y}$ 的方向相反。

根据达朗贝尔原理，并由隔离体受到的外荷载合力为 0，则隔离体水平方向的平衡方程为

$$m\ddot{y} + ky = 0 \tag{9-1}$$

公式(9-1)即为刚度法建立的单自由度体系自由振动微分方程。

另外，采用柔度法推导自由振动微分方程。用 δ 表示弹簧的柔度系数，即弹簧在单位力作用下产生的位移。柔度系数与刚度系数应互为倒数，即

$$\delta = \frac{1}{k} \tag{a}$$

质量 m 的位移协调条件为：质量 m 在运动过程中任一时刻的位移 y 等于在该时刻惯性力 F_I 作用下的静位移。据此，可得

$$y = F_I \delta = (-m\ddot{y})\delta \tag{b}$$

式（b）可变形为

$$m\ddot{y} + \frac{1}{\delta}y = 0 \tag{c}$$

将式（a）代入式（c），整理后仍得到式（9-1）。这就是以柔度法建立的单自由度体系自由振动微分方程。可见刚度法和柔度法得到同样的运动方程。

9.2.2　自由振动微分方程的解

单自由度体系自由振动微分方程（9-1）可写为

$$\ddot{y} + \omega^2 y = 0 \tag{9-2}$$

其中

$$\omega = \sqrt{\frac{k}{m}} \tag{d}$$

式（9-2）是一个齐次二阶线性常微分方程，其通解为

$$y(t) = C_1 \sin \omega t + C_2 \cos \omega t \tag{e}$$

其中，积分常数 C_1 和 C_2 可由运动初始条件确定。设已知初始时刻 $t=0$ 时，质点有初始位移 y_0 和初始速度 v_0，即

$$y(0) = y_0, \quad \dot{y}(0) = v_0$$

由此解出

$$C_1 = \frac{v_0}{\omega}, \quad C_2 = y_0$$

代入式（e）后可得

$$y(t) = y_0 \cos \omega t + \frac{v_0}{\omega} \sin \omega t \tag{9-3}$$

式（9-3）表明振动由两部分组成：一部分是由初始位移 y_0（没有初始速度）单独引起的，质点按 $y_0 \cos \omega t$ 的规律振动，如图 9-12（a）所示；另一部分是由初始速度（没有初始位移）单独引起的，质点按 $(v_0 / \omega) \sin \omega t$ 的规律振动，如图 9-12（b）所示。

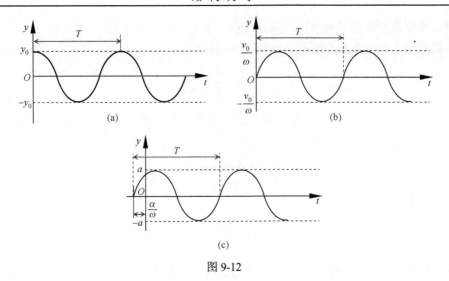

图 9-12

式(9-3)还可改写为

$$y(t) = a\sin(\omega t + \alpha) \tag{9-4}$$

其图形如图 9-12(c)所示。其中的参数 a 称为**振幅**，α 称为**初始相位角**。参数 a、α 与参数 y_0、v_0 之间的关系可导出如下。

将式(9-4)的右边展开，可得

$$y(t) = a\sin\alpha\cos\omega t + a\cos\alpha\sin\omega t$$

再与式(9-3)比较后得

$$y_0 = a\sin\alpha , \quad \frac{v_0}{\omega} = a\cos\alpha$$

从而

$$a = \sqrt{y_0^2 + \frac{v_0^2}{\omega^2}} \tag{9-5a}$$

$$\alpha = \arctan\frac{y_0\omega}{v_0} \tag{9-5b}$$

由上述分析可知，单自由度体系自由振动中质点的动位移是以其静平衡位置为中心作往复的简谐振动。

9.2.3　结构的自振周期

式(9-4)是一个周期函数，其**周期**为

$$T = \frac{2\pi}{\omega} \tag{9-6}$$

可以验证，式(9-4)中的位移 $y(t)$ 满足

$$y(t+T) = y(t)$$

此式说明，在自由振动过程中，质点每隔一段时间 T 又回到原来的位置，因此 T 称为结构的**自振周期**。

自振周期的倒数称为**频率**，以 f 表示为

$$f = \frac{1}{T} = \frac{\omega}{2\pi} \tag{9-7}$$

f 也称为工程频率，表示单位时间内系统的振动次数，常用单位为 Hz 或 s^{-1}。

ω 称为**圆频率**或角频率：

$$\omega = \frac{2\pi}{T} = 2\pi f \tag{9-8}$$

ω 表示在 2π 个单位时间内系统的振动次数，单位为 rad/s。通常，把体系作无阻尼自由振动的圆频率称为自振频率。

下面给出自振周期计算公式的几种形式。

(1)将式(d)代入式(9-6)，得

$$T = 2\pi \sqrt{\frac{m}{k}} \tag{9-9a}$$

(2)将 $\frac{1}{k} = \delta$ 代入式(9-9a)，得

$$T = 2\pi \sqrt{m\delta} \tag{9-9b}$$

(3)将 $m = \frac{W}{g}$ 代入式(9-9b)，得

$$T = 2\pi \sqrt{\frac{W\delta}{g}} \tag{9-9c}$$

(4)令 $W\delta = \Delta_{st}$，得

$$T = 2\pi \sqrt{\frac{\Delta_{st}}{g}} \tag{9-9d}$$

其中，δ 是沿质点振动方向的结构柔度系数，表示在质点上沿振动方向施加单位荷载时质点沿振动方向所产生的静位移。$\Delta_{st} = W\delta$ 表示在质点上沿振动方向施加数值为 W 的荷载时质点沿振动方向所产生的静位移。

依据式(9-8)和式(9-9)，可以得到圆频率的计算公式为

$$\omega = \sqrt{\frac{k}{m}} = \frac{1}{\sqrt{m\delta}} = \sqrt{\frac{g}{W\delta}} = \sqrt{\frac{g}{\Delta_{st}}} \tag{9-10}$$

从上述分析中可以得出结构自振周期 T 的重要性质。

(1)自振周期或频率是体系所固有的，只与体系的质量和刚度有关，而与外界的干扰因素无关。干扰力只能影响振幅 a 的大小，不能影响结构自振周期 T 的大小。

(2)自振周期与质量的平方根成正比，而与刚度的平方根成反比。当振动系统的质量 m 增加时，将引起自振周期增大(自振频率减小)，而当刚度 k 增加时，将引起自振周期减小(自振频率增大)。要改变结构的自振周期，只有从改变结构的质量或刚度着手。

(3)自振周期 T 是结构动力性能的一个很重要的数量标志。两个外表相似的结构，如果周

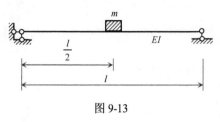

图 9-13

期相差很大，则动力性能相差很大；反之，两个外表看来并不相同的结构，如果自振周期相近，则在动荷载作用下其动力性能基本一致。

例 9-1 图 9-13 所示为一等截面简支梁，截面抗弯刚度为 EI，跨度为 l。在梁的跨度中点有一个集中质量 m。如果忽略梁本身的质量，试求梁的自振周期 T 和圆频率 ω。

解：对于简支梁跨中质量的竖向振动来说，柔度系数为

$$\delta = \frac{l^3}{48EI}$$

因此，由式(9-9b)和式(9-10)得

$$T = 2\pi\sqrt{m\delta} = 2\pi\sqrt{\frac{ml^3}{48EI}}$$

$$\omega = \frac{1}{\sqrt{m\delta}} = \sqrt{\frac{48EI}{ml^3}}$$

例 9-2 图 9-14 所示为一等截面竖直悬臂杆，长度为 l，截面面积为 A，惯性矩为 I，弹性模量为 E。杆顶有重物，其重量为 W。设杆件本身质量可忽略不计，试分别求水平振动和竖向振动时的自振周期。

解：(1)水平振动。

当杆顶作用水平力 W 时，杆顶的水平位移为

$$\Delta_{st} = \frac{Wl^3}{3EI}$$

则有

$$T = 2\pi\sqrt{\frac{Wl^3}{3EIg}}$$

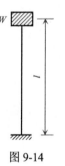

图 9-14

(2)竖向振动。

当杆顶作用竖向力 W 时，杆顶的竖向位移为

$$\Delta_{st} = \frac{Wl}{EA}$$

则有

$$T = 2\pi\sqrt{\frac{Wl}{EAg}}$$

9.3　单自由度体系的强迫振动

结构体系在动力荷载作用下的振动称为**强迫振动**或**受迫振动**。研究强迫振动的规律是结构

动力分析的主要目的。以下讨论单自由度体系的无阻尼强迫振动问题，9.4 节再分析阻尼对体系振动的影响。

图 9-15(a)所示为单自由度体系的振动模型，质量为 m，弹簧刚度系数为 k，承受动荷载 $F_P(t)$。取质量 m 为作隔离体，如图 9-15(b)所示。弹性力$-ky$、惯性力 $-m\ddot{y}$ 和动荷载 $F_P(t)$ 之间的平衡方程为

$$m\ddot{y} + ky = F_P(t)$$

或写成

$$\ddot{y} + \omega^2 y = \frac{F_P(t)}{m} \tag{9-11}$$

式(9-11)即为无阻尼单自由度体系强迫振动的微分方程。

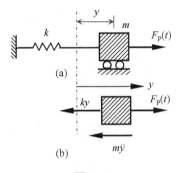

图 9-15

下面分别讨论几种常见的动力荷载作用下体系的动力反应。

9.3.1　简谐荷载下的动力反应——共振现象

设单自由度体系承受如下的**简谐荷载**：

$$F_P(t) = F\sin(\theta t) \tag{a}$$

其中，θ 是简谐荷载的圆频率；F 是荷载的最大值，称为幅值。将式(a)代入式(9-11)，得运动方程为

$$\ddot{y} + \omega^2 y = \frac{F}{m}\sin(\theta t) \tag{9-12}$$

该方程是非齐次二阶线性常微分方程，其解由齐次解和特解组成。先求方程的特解。设特解为

$$y(t) = A\sin(\theta t) \tag{b}$$

将其代入式(9-12)，得

$$(-\theta^2 + \omega^2)A\sin(\theta t) = \frac{F}{m}\sin(\theta t)$$

由此得

$$A = \frac{F}{m(\omega^2 - \theta^2)}$$

因此特解为

$$y(t) = \frac{F}{m\omega^2 \left(1 - \dfrac{\theta^2}{\omega^2}\right)} \sin(\theta t) \tag{c}$$

若令

$$y_{st} = \frac{F}{m\omega^2} = F\delta \tag{d}$$

则 y_{st} 即为最大静位移（即把荷载最大值 F 当作静荷载作用时结构所产生的位移），而特解(c)可写为

$$y(t) = y_{st} \frac{1}{1 - \dfrac{\theta^2}{\omega^2}} \sin(\theta t) \tag{e}$$

微分方程的齐次解已在 9.2 节求出，方程的全解可表达为

$$y(t) = C_1 \sin(\omega t) + C_2 \cos(\omega t) + y_{st} \frac{1}{1 - \dfrac{\theta^2}{\omega^2}} \sin(\theta t) \tag{9-13}$$

积分常数 C_1 和 C_2 可由初始条件确定。设在 $t=0$ 时质点有初始位移 y_0 和初始速度 v_0，则得

$$C_1 = \frac{v_0}{\omega} - y_{st} \frac{\theta}{\omega} \frac{1}{1 - \dfrac{\theta^2}{\omega^2}}, \quad C_2 = y_0$$

代入式(9-13)中，可得

$$y(t) = \frac{v_0}{\omega} \sin(\omega t) + y_0 \cos(\omega t) - y_{st} \frac{1}{1 - \dfrac{\theta^2}{\omega^2}} \frac{\theta}{\omega} \sin(\omega t) + y_{st} \frac{1}{1 - \dfrac{\theta^2}{\omega^2}} \sin(\theta t) \tag{9-14}$$

由此看出，式(9-14)的前三项都是频率为 ω 的自由振动。其中第一、二项是由初始条件引起的，第三项与初始条件无关，是伴随动力荷载的作用而产生的，称为伴生自由振动。第四项则是由动力荷载所引起并与其频率相同的持续等幅振动，称为纯强迫振动。由于在实际振动过程中存在着阻尼力（参见 9.4 节），因此按自振频率振动的那一部分将会迅速衰减而消失，最后只余下按荷载频率振动的那一部分。一般把振动刚开始时两种振动同时存在的阶段称为"过渡阶段"，而把后来只按荷载频率持续等幅振动的阶段称为"稳态阶段"。由于过渡阶段延续的时间较短，因此在实际问题中稳态阶段的振动，即稳态反应较为重要。

下面讨论单自由度体系的稳态反应。任一时刻的位移为

$$y(t) = y_{st} \frac{1}{1 - \dfrac{\theta^2}{\omega^2}} \sin(\theta t)$$

最大位移(即振幅)为

$$[y(t)]_{max} = y_{st} \frac{1}{1 - \dfrac{\theta^2}{\omega^2}}$$

最大动位移$[y(t)]_{max}$与最大静位移y_{st}的比值称为**动力系数**，用β表示，即

$$\beta = \frac{[y(t)]_{max}}{y_{st}} = \frac{1}{1 - \dfrac{\theta^2}{\omega^2}} \tag{9-15}$$

从式(9-15)可以看出，动力系数β是频率比值θ/ω的函数，它反映了惯性力的影响。函数图形如图9-16所示，其中横坐标为θ/ω，纵坐标为β的绝对值(当$\theta/\omega > 1$时，β为负值)，均为无量纲量。

由图9-16还可看出简谐荷载作用下无阻尼稳态振动的主要特征如下。

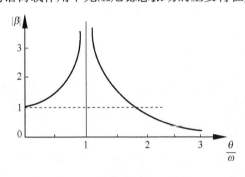

图 9-16

(1)当$\theta/\omega \to 0$时，动力系数$\beta \to 1$。

此时，简谐荷载的数值虽然随时间变化，但其变化远远慢于结构的自振周期，因而可当作静力荷载处理。

(2)当$0 < \theta/\omega < 1$时，动力系数$\beta > 1$，则β随θ/ω的增大而增大。

(3)当$\theta/\omega \to 1$时，$|\beta| \to \infty$。即当荷载频率接近于结构自振频率时，振幅将无限增大，这种现象为**共振**。实际上，由于存在阻尼力的影响，共振时不会出现振幅无限大的情况，但它仍将远大于静位移。共振现象的形成是一个过程，振幅会由小逐渐变大，而不是一开始就很大。在简谐振动试验中可以看到这个发展过程。在工程设计中应尽量避免共振现象的发生，一般应控制θ/ω的值以避开$0.75 < \theta/\omega < 1.25$的共振区段。

(4)当$\theta/\omega > 1$时，β的绝对值随θ/ω的增大而减小。当$\theta/\omega \gg 1$时，$\beta \to 0$，表明当荷载频率远大于体系的自振频率时，动位移将趋向于零。

上述分析为简谐荷载作用下结构位移幅值随θ/ω变化的情况，对于结构内力(如弯矩)也存在类似的情况。

例 9-3　设简支钢梁，跨度 l=4 m，工字梁横截面惯性矩 I=4570 cm^4，抗弯截面系数 W=381 cm^3，弹性模量 E=2.1×10^5 MPa。梁跨中安装有一台电动机，重量 G=35 kN，，转速 n=580 r/min。由于电动机转子有偏心，转动时产生离心力 F_P=10 kN，离心力的竖向分力为 $F_P\sin(\theta t)$。忽略梁本身的质量和阻尼影响，试求钢梁在上述竖向简谐荷载作用下强迫振动的动力系数、最大正应力和变形。

解：简支钢梁的自振频率为

$$\omega = \sqrt{\frac{g}{\Delta_{st}}} = \sqrt{\frac{48EIg}{Gl^3}} = \sqrt{\frac{48 \times 2.1 \times 10^4 \text{ kN/cm}^2 \times 4570 \text{ cm}^4 \times 980 \text{ cm/s}^2}{35 \text{ kN} \times (400 \text{ cm})^3}} = 44.89 \text{ rad/s}$$

简谐荷载的频率为

$$\theta = \frac{2\pi n}{60} = 2 \times 3.14 \times \frac{580}{60 \text{ s}} = 60.73 \text{ rad/s}$$

由式(9-15)可得动力系数 β 为

$$\beta = \frac{1}{1 - \left(\dfrac{\theta^2}{\omega^2}\right)} = \frac{1}{1 - \left(\dfrac{60.73 \text{ rad/s}}{44.89 \text{ rad/s}}\right)^2} = -1.20$$

取绝对值，表示动位移和动应力的最大值为静力值的 1.2 倍。

梁的内力是由静力荷载和动力荷载共同作用引起的，跨中最大正应力为

$$\sigma_{max} = \frac{(G + \beta F_P)l}{4W} = \frac{(35 \text{ kN} + 1.2 \times 10 \text{ kN}) \times 400 \text{ cm}}{4 \times 381 \text{ cm}^3} = 123.36 \text{ MPa}$$

梁跨中的最大挠度为

$$\Delta = \frac{(G + \beta F_P)l^3}{48EI} = \frac{(35 \text{ kN} + 1.2 \times 10 \text{ kN}) \times 400^3 \text{ cm}^3}{48 \times 2.1 \times 10^5 \text{ MPa} \times 4570 \text{ cm}^4} = 0.65 \text{ cm}$$

若将梁尺寸加大选取为 I=7480 cm^4，抗弯截面系数 W=534 cm^3 的 I28b 号工字钢，则动力系数将高达 β=8.46，反而会导致梁的最大应力和挠度过大。此外，动力系数过大也容易引发钢梁的疲劳破坏。

9.3.2　一般动力荷载下的动力反应——杜哈梅积分

体系在随时间任意变化的动力荷载 $F_P(t)$ 作用下的反应，可视作在一系列独立瞬时冲量连续作用下反应的总和。因此，只需对瞬时冲量作用所引起的微分动力反应进行积分，便可得到体系在一般动力荷载作用下的反应。

设体系在 t=0 时处于静止状态。有瞬时冲量 S 作用。如图 9-17 所示，为在 Δt 时间内作用荷载 F_P，其冲量 S 为 $F_P \Delta t$。由于冲量 S 的作用，体系将产生初速度 $v_0 = S/m$，但初位移仍为零。利用式(9-3)，可得

$$y(t) = \frac{S}{m\omega}\sin(\omega t) \tag{9-16}$$

式 (9-16) 为在 $t=0$ 时作用瞬时冲量 S 所引起的动力反应。

如果在 $t=\tau$ 时作用瞬时冲量 S (图 9-18)，在之后任一时刻 $t(t>\tau)$ 的位移为

$$y(t)=\frac{S}{m\omega}\sin[\omega(t-\tau)] \tag{a}$$

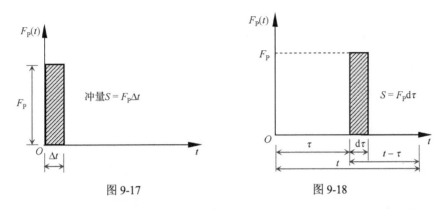

图 9-17　　　　　　　　　　　　　　　　　图 9-18

对于一般的动力荷载 (图 9-19) 而言，整个加载过程可看作由一系列瞬时冲量所组成的。例如，在时刻 $t=\tau$ 作用的荷载为 $F_{\mathrm{P}}(\tau)$，此荷载在微分时段 $\mathrm{d}\tau$ 内产生的冲量为 $\mathrm{d}S=F_{\mathrm{P}}(\tau)\mathrm{d}\tau$。根据式 (a)，微分冲量 $\mathrm{d}S$ 引起的动力反应可表达为

$$\mathrm{d}y=\frac{F_{\mathrm{P}}(\tau)\mathrm{d}\tau}{m\omega}\sin[\omega(t-\tau)]\quad(t>\tau) \tag{b}$$

然后，对加载过程中产生的所有微分反应进行叠加，即对式 (b) 进行积分，可得出一般动力荷载作用下的总反应为

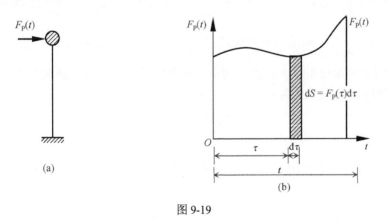

图 9-19

$$y(t)=\frac{1}{m\omega}\int_0^t F_{\mathrm{P}}(\tau)\sin[\omega(t-\tau)]\mathrm{d}\tau \tag{9-17}$$

式 (9-17) 的重叠积分在动力学中称为**杜哈梅** (J.M.C. Duhamel) **积分**，在数学上称为卷积或褶积。这是初始处于静止状态的线弹性单自由度体系在任意动力荷载 $F_{\mathrm{P}}(t)$ 作用下的位移计算公式，它是运动微分方程 (9-11) 的一个特解。若初始位移 y_0 和初始速度 v_0 不为零，则总位移反应为

$$y(t) = y_0 \cos(\omega t) + \frac{v_0}{\omega} \sin(\omega t) + \frac{1}{m\omega} \int_0^t F_P(\tau) \sin[\omega(t-\tau)] \mathrm{d}\tau \qquad (9\text{-}18)$$

这就是运动微分方程(9-11)的全解。

9.3.3　几种常见动力荷载下的动力反应

以下应用杜哈梅积分导出几种常见动力荷载作用下单自由度体系的位移反应公式。

1. 突加荷载

突加荷载是指体系处于静止状态，在 $t=0$ 时，突然作用荷载 F_{P0}，并一直作用在结构上。

$$F_P(t) = \begin{cases} 0 & (t < 0) \\ F_{P0} & (t \geqslant 0) \end{cases} \qquad (c)$$

$F_P(t)$-t 曲线如图 9-20 所示。这是一个阶梯形曲线，在 $t=0$ 处，曲线有间断点。

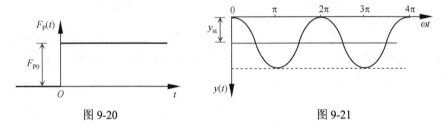

图 9-20　　　　　　　　　　　　　　图 9-21

将式(c)代入式(9-17)中，可得动力位移如下：

$$y(t) = \frac{1}{m\omega} \int_0^t F_{P0} \sin[\omega(t-\tau)] \mathrm{d}\tau = \frac{F_{P0}}{m\omega^2}[1 - \cos(\omega t)] = y_{st}[1 - \cos(\omega t)] \quad (t > 0) \qquad (9\text{-}19)$$

其中，$y_{st} = F_{P0}\delta = \dfrac{F_{P0}}{m\omega^2}$，表示常量荷载 F_{P0} 作用下结构产生的静位移。

根据式(9-19)可绘出如图 9-21 所示的位移反应时程。由图可知，质量以其静平衡位置 $y=y_{st}$ 为中心作简谐振动，动力系数为

$$\beta = \frac{[y(t)]_{\max}}{y_{st}} = 2 \qquad (9\text{-}20)$$

可见突加荷载所引起的最大动位移是静位移的 2 倍，这反映了惯性力的影响。

2. 突加短时荷载

突加短时荷载是指荷载 F_{P0} 在时刻 $t=0$ 突然作用于结构体系，在 $0 \leqslant t \leqslant u$ 时段内，荷载值保持不变，而在时刻 $t=u$ 以后荷载又突然消失。这种荷载可表示为

$$F_P(t) = \begin{cases} 0 & (t < 0) \\ F_{P0} & (0 \leqslant t \leqslant u) \\ 0 & (t > u) \end{cases} \qquad (d)$$

$F_P(t)$-t 曲线如图 9-22 所示，位移反应需按两个阶段分别计算。

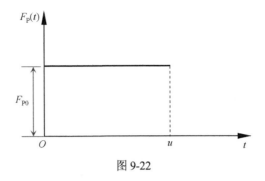

图 9-22

阶段 I（$0 \leqslant t \leqslant u$）：此阶段荷载情况与前面突加荷载相同，因此动力位移可由式（9-19）计算：

$$y(t) = y_{st}[1 - \cos(\omega t)] \tag{e}$$

阶段 II（$t > u$）：此时无荷载作用，体系为自由振动。以第一阶段结束时刻（$t = u$）的位移 $y(u)$ 和速度 $v(u)$ 作为体系的初位移和初速度，即可得出动力位移公式。而且，动力位移也可直接由式（9-17）求得。将荷载表示式（d）代入后，即得

$$y(t) = \frac{1}{m\omega} \int_0^u F_{P0} \sin[\omega(t-\tau)] \mathrm{d}\tau = \frac{F_{P0}}{m\omega^2} \{\cos[\omega(t-u)] - \cos(\omega t)\} = y_{st} \times 2\sin\frac{\omega u}{2} \sin\left[\omega\left(t - \frac{u}{2}\right)\right] \tag{9-21}$$

下面分两种情况讨论体系的最大反应。

第一种情况是 $u > T/2$（加载持续时间大于半个自振周期）。此时最大反应发生在阶段 I，相应的动力系数由式（9-20）确定为

$$\beta = 2 \tag{f}$$

第二种情况是 $u < T/2$。最大反应发生在阶段 II，相应的动力位移最大值由式（9-21）确定为

$$y_{max} = y_{st} \times 2\sin\frac{\omega u}{2}$$

所以，动力系数为

$$\beta = 2\sin\frac{\omega u}{2} = 2\sin\frac{\pi u}{T} \tag{g}$$

综合上述两种情况的结果可得

$$\beta = \begin{cases} 2\sin\left(\dfrac{\pi u}{T}\right) & \left(\dfrac{u}{T} < \dfrac{1}{2}\right) \\ 2 & \left(\dfrac{u}{T} > \dfrac{1}{2}\right) \end{cases} \tag{9-22}$$

从式（9-22）可以看出：动力系数 β 的数值取决于参数 u/T，即突加短时荷载的动力效果与加载持续时间的长短有关（与自振周期相比）。根据式（9-22），可画出 β 与 u/T 间的关系曲线如图 9-23 所示。这种动力系数 β 与动荷时间比值 u/T 之间的关系曲线，称为**动力系数反应谱**。

可见，当 $u/T > 1/2$ 时，突加短时荷载作用下的动力系数将与突加长期荷载作用时相同。这也就是工程上之所以可将吊车制动力对厂房的水平作用视为突加荷载处理的原因。

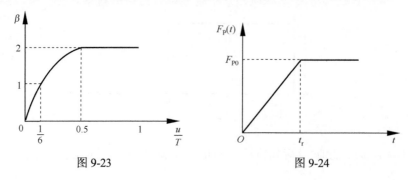

图 9-23　　　　　　　　　　　　　　　图 9-24

3. 线性渐增荷载

在一定时间内 $(0 \leqslant t \leqslant t_r)$，荷载由 0 增至 F_{P0}，之后荷载值保持不变(图 9-24)。荷载可表示为

$$F_P(t) = \begin{cases} \dfrac{F_{P0}}{t_r} t & (0 \leqslant t \leqslant t_r) \\ F_{P0} & (t > t_r) \end{cases}$$

线性渐增荷载引起的动力反应同样可利用杜哈梅公式求解：

$$y(t) = \begin{cases} y_{st} \dfrac{1}{t_r} \left(t - \dfrac{\sin(\omega t)}{\omega} \right) & (t \leqslant t_r) \\ y_{st} \left(1 - \dfrac{1}{\omega t_r} \{ \sin(\omega t) - \sin[\omega(t - t_r)] \} \right) & (t > t_r) \end{cases} \tag{9-23}$$

对于线性渐增荷载，其动力反应与升载时间 t_r 的长短有很大关系。图 9-25 曲线表示动力系数 β 随升载时间比值 t_r/T 而变化的情形，即动力系数反应谱曲线。

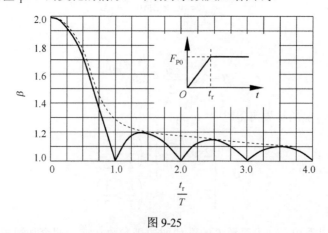

图 9-25

从图 9-25 中可以看出，动力系数 β 为 1～2 之间的值。如果升载时间很短，如 $t_r < \dfrac{T}{4}$，则

动力系数 β 接近于 2.0，相当于突加荷载的情况。如果升载时间很长，如 $t_r > 4T$，则动力系数 β 接近于 1.0，相当于静力荷载的情况。在结构动态设计工作中，常以图 9-25 中所示的外包虚线作为设计依据。

9.4 阻尼对振动的影响

实际结构中的耗散能量的因素称为**阻尼**因素。振动中的阻尼因素主要有材料的内摩擦、振动过程中结构与支承之间的摩擦、周围介质的阻力、构件间接合部的摩擦等。由于能量耗散，自由振动在实际中会逐渐衰减，共振时所产生的振幅也不会无限放大。能量耗散通过在振动中对质点做负功的非弹性力——阻尼力来描述。在结构动力分析中常用的阻尼理论主要有两种：黏滞阻尼理论和滞变阻尼理论，其对阻尼力的表征方式不同。

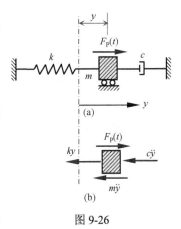

图 9-26

阻尼力对质点运动起阻碍作用。黏滞阻尼理论认为阻尼力的方向总是与质点速度的方向相反，其大小与质点速度成正比。**黏滞阻尼力**的分析比较简便，这里主要讨论此种情形。

有阻尼单自由度体系的振动模型如图 9-26(a) 所示，体系的质量为 m，承受动荷载 $F_P(t)$ 的作用。体系的弹性性质用弹簧表示，弹簧的刚度系数为 k。体系的阻尼性质用阻尼减振器表示，阻尼系数为 c。取质量 m 为隔离体，如图 9-26(b) 所示。考虑阻尼时，质点上除了作用有惯性力 $-m\ddot{y}$、与位移反向但成比例的弹性力 $-ky$ 和动力荷载 $F_P(t)$，还有与弹性力同向且与速度成比例的阻尼力 $F_D = -c\dot{y}$。由于阻尼力 $-c\dot{y}$ 与运动方向相反，在运动中做负功，耗散体系的能量。由动静法则可得体系的运动平衡方程为

$$m\ddot{y} + c\dot{y} + ky = F_P(t) \tag{9-24}$$

下面分别讨论有阻尼单自由度体系的自由振动和强迫振动。

9.4.1 有阻尼单自由度体系的自由振动

令式(9-24)中的外荷载 $F_P(t) = 0$，则得到自由振动微分方程，它可改写为

$$\ddot{y} + 2\xi\omega\dot{y} + \omega^2 y = 0 \tag{9-25}$$

其中

$$\omega = \sqrt{\frac{k}{m}}, \quad \xi = \frac{c}{2m\omega} \tag{9-26}$$

微分方程(9-25)的解可设为

$$y(t) = Ce^{\lambda t}$$

其中

$$\lambda^2 + 2\xi\omega\lambda + \omega^2 = 0$$

其解为

$$\lambda = \omega(-\xi \pm \sqrt{\xi^2 - 1}) \tag{9-27}$$

根据 $\xi < 1$、$\xi = 1$、$\xi > 1$ 三种情况，可得出三种运动形态。

1. $\xi < 1$ 的情况（低阻尼情况）

令

$$\omega_r = \omega\sqrt{1 - \xi^2} \tag{9-28}$$

则

$$\lambda = -\xi\omega \pm \mathrm{i}\omega_r$$

此时，微分方程（9-25）的解为

$$y(t) = \mathrm{e}^{-\xi\omega t}[C_1 \cos(\omega_r t) + C_2 \sin(\omega_r t)]$$

引入初始条件，可得

$$y(t) = \mathrm{e}^{-\xi\omega t}\left[y_0 \cos\omega_r t + \frac{v_0 + \xi\omega y_0}{\omega_r}\sin\omega_r t \right] \tag{9-29}$$

式（9-29）可写为如下形式：

$$y(t) = \mathrm{e}^{-\xi\omega t}a\sin(\omega_r t + \alpha) \tag{9-30}$$

其中

$$a = \sqrt{y_0^2 + \frac{(v_0 + \xi\omega y_0)^2}{\omega_r^2}}$$

$$\tan\alpha = \frac{y_0\omega_r}{v_0 + \xi\omega y_0}$$

根据式（9-29）或式（9-30）可画出低阻尼体系自由振动时的 $y\text{-}t$ 时程曲线，如图 9-27 所示。这是一条逐渐衰减的波动曲线。可见，有阻尼自由振动是周期性的衰减振动。

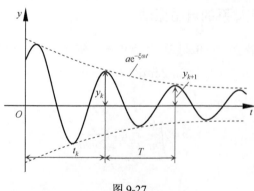

图 9-27

对比图 9-27 与图 9-12（c），可以看出在低阻尼体系中阻尼对自振频率和振幅的影响。

首先，考察阻尼对自振频率的影响。在式（9-30）中，ω_r 是低阻尼体系的自振圆频率。有阻尼与无阻尼的自振圆频率 ω_r 和 ω 之间的关系由式（9-28）给出。由此可知，在 $\xi < 1$ 的低阻尼情

况下，ω_r 恒小于 ω，且 ω_r 随 ξ 值的增大而减小。在通常情况下，$\xi < 0.2$，此时，$0.98 < (\omega_r / \omega) < 1$，$\omega_r$ 与 ω 的值很相近，阻尼对自振频率的影响不大，可以忽略。

其次，考察阻尼对振幅的影响。由式(9-30)可知振幅为 $a\mathrm{e}^{-\xi\omega t}$。所以，在阻尼的影响下，振幅随时间逐渐衰减。有阻尼自由振动的周期为

$$T = \frac{2\pi}{\omega_r}$$

相邻两个振幅 y_{k+1} 与 y_k 的比值为

$$\frac{y_{k+1}}{y_k} = \frac{\mathrm{e}^{-\xi\omega(t_k+T)}}{\mathrm{e}^{-\xi\omega t_k}} = \mathrm{e}^{-\xi\omega T}$$

上式为常数，且 ξ 值越大，振幅衰减速度越快。这说明，在有阻尼自由振动中，振幅是按等比 $\mathrm{e}^{-\xi\omega T}$ 衰减的。将上式等号两边取对数，得到**振幅的对数递减率**为

$$\ln\frac{y_k}{y_{k+1}} = \xi\omega T = \xi\omega\frac{2\pi}{\omega_r}$$

则

$$\xi = \frac{1}{2\pi}\frac{\omega_r}{\omega}\ln\frac{y_k}{y_{k+1}}$$

如果 $\xi<0.2$，则 $\dfrac{\omega_r}{\omega}\approx 1$，从而

$$\xi \approx \frac{1}{2\pi}\ln\frac{y_k}{y_{k+1}}$$

同样，用 y_k 和 y_{k+n} 表示两个相隔 n 个周期的振幅，可得

$$\xi = \frac{1}{2\pi n}\frac{\omega_r}{\omega}\ln\frac{y_k}{y_{k+n}}$$

当 $\dfrac{\omega_r}{\omega}\approx 1$ 时，得

$$\xi \approx \frac{1}{2\pi n}\ln\frac{y_k}{y_{k+n}} \tag{9-31}$$

需要指出的是，位移反应 $y(t) = \mathrm{e}^{-\xi\omega t}a\sin(\omega_r t+\alpha)$ 并不是通常意义下的周期性函数，振幅也不是位移的极值，位移的极值应由 $\dot{y}(t) = 0$ 条件确定。但这里的振幅与位移的极值是接近的。

2. $\xi=1$ 的情况(临界阻尼情况)

由式(9-27)得

$$\lambda = -\omega$$

此时特征方程的根是一对重根，微分方程(9-25)的解为

$$y(t) = (C_1 + C_2 t)\mathrm{e}^{-\omega t}$$

代入初始条件，可得

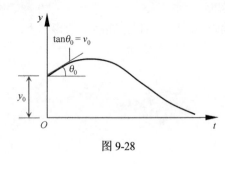

图 9-28

$$y(t) = [y_0(1 + \omega t) + v_0 t]e^{-\omega t}$$

得到的 y-t 曲线如图 9-28 所示。曲线仍然具有衰减性质，但不具有图 9-27 所示的波动性质。

由上述分析可知：当 $\xi < 1$ 时，体系在自由反应中会引起振动；当阻尼增大到 $\xi = 1$ 时，体系在自由反应中不再引起振动，这时的阻尼系数称为**临界阻尼系数**，用 c_r 表示。在式 (9-26) 中令 $\xi = 1$，可得临界阻尼系数为

$$c_r = 2m\omega = 2\sqrt{mk} \tag{9-32}$$

由式 (9-26) 和式 (9-32) 可得

$$\xi = \frac{c}{c_r}$$

参数 ξ 表示阻尼系数 c 与临界阻尼系数 c_r 的比值，称为**阻尼比**。阻尼比 ξ 是反映体系阻尼特性的基本参数，其数值可以通过实测得到。例如，在低阻尼体系中，如果测得了任意两个振幅值 y_k 和 y_{k+n}，则根据式 (9-31) 可推算 ξ 值，由式 (9-26) 可确定阻尼系数。

3. $\xi > 1$ 的情况 (过阻尼情况)

此时，体系在自由反应中不会出现振动现象。该情况在实际问题中很少遇到，因此不再详细讨论。

9.4.2　有阻尼单自由度体系的强迫振动

有阻尼体系 (设 $\xi < 1$) 承受一般动力荷载 $F_P(t)$ 作用时，其反应可表示为杜哈梅积分，与无阻尼体系的式 (9-17) 相似，推导方法也相似。

首先，由式 (9-29) 可知，当初始位移 y_0 为零时，单独由初始速度 v_0 引起的振动可表示为

$$y(t) = e^{-\xi \omega t} \frac{v_0}{\omega_r} \sin(\omega_r t) \tag{a}$$

由于冲量 $S = mv_0$，则在初始时刻由冲量 S 引起的位移反应为

$$y(t) = e^{-\xi \omega t} \frac{S}{m\omega_r} \sin(\omega_r t) \tag{b}$$

其次，任意荷载 $F_P(t)$ 的加载过程可看作由一系列瞬时冲量所组成的。在由 $t = \tau$ 到 $t = \tau + d\tau$ 的时段内荷载的微分冲量为 $dS = F_P(\tau)d\tau$，此微分冲量引起的动力反应为

$$dy = \frac{F_P(\tau)d\tau}{m\omega_r} e^{-\xi \omega (t-\tau)} \sin[\omega_r(t-\tau)] \quad (t > \tau) \tag{c}$$

对式 (c) 进行积分，即得任意动力荷载作用下的总反应为

$$y(t) = \int_0^t \frac{F_P(\tau)}{m\omega_r} e^{-\xi \omega (t-\tau)} \sin[\omega_r(t-\tau)]d\tau \tag{9-33}$$

这就是开始处于静止状态的单自由度体系在任意荷载 $F_P(t)$ 作用下引起的有阻尼强迫振动的位移计算公式。

如果还有初始位移 y_0 和初始速度 v_0，则总位移为

$$y(t) = \mathrm{e}^{-\xi\omega t}\left[y_0\cos(\omega_r t) + \frac{v_0 + \xi\omega y_0}{\omega_r}\sin(\omega_r t) \right] + \int_0^t \frac{F_P(\tau)}{m\omega_r}\mathrm{e}^{-\xi\omega(t-\tau)}\sin[\omega_r(t-\tau)]\mathrm{d}\tau \quad (9\text{-}34)$$

这就是运动微分方程(9-24)的全解。由于阻尼的存在，式(9-34)中由初始条件所引起的自由振动部分将随时间很快地衰减乃至消失。

一般冲击荷载因作用时间短，所以结构在很短的时间内即达到最大反应。此时，阻尼引起的能量耗散作用不明显，在计算最大反应值时可以忽略阻尼的影响。因此，以下仅讨论突加荷载和简谐荷载作用下的有阻尼位移反应。

1. 突加荷载 F_{P0}

由式(9-33)可得 $t{>}0$ 时的动力位移为

$$\begin{aligned}
y(t) &= \frac{F_{P0}}{m\omega^2}\left\{ 1 - \mathrm{e}^{-\xi\omega t}\left[\cos(\omega_r t) + \frac{\xi\omega}{\omega_r}\sin(\omega_r t) \right] \right\} \\
&= y_{\mathrm{st}}\left\{ 1 - \mathrm{e}^{-\xi\omega t}\left[\cos(\omega_r t) + \frac{\xi\omega}{\omega_r}\sin(\omega_r t) \right] \right\}
\end{aligned} \quad (9\text{-}35)$$

式(9-35)与无阻尼体系动力位移的计算公式(9-30)相对应。它表示质量 m 的动位移由荷载引起的静位移和以静平衡位置为中心的含有简谐因子的衰减振动两部分组成。

根据式(9-35)可得动力位移曲线如图 9-29 所示，此图与无阻尼体系的动力位移曲线图 9-21 对应。可知有阻尼体系在突加荷载作用下，最初引起的最大位移接近静力位移 $y_{\mathrm{st}} = F_{P0}/(m\omega^2)$ 的 2 倍，经过衰减振动，最终停在静力平衡位置附近。

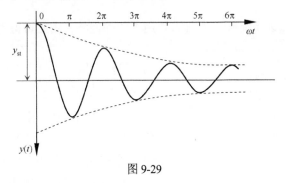

图 9-29

2. 简谐荷载 $F_P(t)=F\sin(\theta t)$

简谐荷载作用下有阻尼体系的振动微分方程为

$$\ddot{y} + 2\xi\omega\dot{y} + \omega^2 y = \frac{F}{m}\sin(\theta t) \quad (9\text{-}36)$$

运动方程(9-36)是非齐次二阶常微分方程，其解由齐次解和特解共同组成。

设方程的特解为

$$y = A\sin(\theta t) + B\cos(\theta t) \tag{d}$$

代入式(9-36)，经整理可得

$$A = \frac{F}{m}\frac{\omega^2 - \theta^2}{(\omega^2 - \theta^2)^2 + 4\xi^2\omega^2\theta^2}, \quad B = \frac{F}{m}\frac{-2\xi\omega\theta}{(\omega^2 - \theta^2)^2 + 4\xi^2\omega^2\theta^2} \tag{e}$$

然后，叠加方程的齐次解，可得方程的全解为

$$y(t) = \left\{ \mathrm{e}^{-\xi\omega t}[C_1\cos(\omega_r t) + C_2\sin(\omega_r t)] \right\} + \left\{ A\sin(\theta t) + B\cos(\theta t) \right\}$$

其中，两个积分常数 C_1 和 C_2 可由初始条件确定。上式等式右边分为齐次解和特解两部分，表明体系的振动由两个具有不同频率 $(\omega_r$ 和 $\theta)$ 的振动组成。由于阻尼的作用，频率为 ω_r 的第一部分含有因子 $\mathrm{e}^{-\xi\omega t}$，该部分包括由初始条件决定的自由振动和伴随动荷载产生的伴生自由振动，将逐渐衰减直到最后消失。频率为 θ 的第二部分由于受到简谐荷载的作用而不发生衰减，这部分振动称为稳态强迫振动或纯强迫振动，它是工程上主要关心的。

稳态振动中任一时刻的动位移可由式(d)及式(e)得出，并改用式(9-37a)表示为

$$y(t) = y_P\sin(\theta t - \alpha) \tag{9-37a}$$

其中

$$y_P = \sqrt{A^2 + B^2} = y_{st}\left[\left(1 - \frac{\theta^2}{\omega^2}\right)^2 + 4\xi^2\frac{\theta^2}{\omega^2}\right]^{-1/2}$$

$$\alpha = \arctan\left(-\frac{B}{A}\right) = \arctan\frac{2\xi\left(\dfrac{\theta}{\omega}\right)}{1 - \left(\dfrac{\theta}{\omega}\right)^2} \tag{9-37b}$$

其中，y_P 表示振幅；y_{st} 表示荷载最大值 F 作用下的静位移。由此可得动力系数为

$$\beta = \frac{y_P}{y_{st}} = \left[\left(1 - \frac{\theta^2}{\omega^2}\right)^2 + 4\xi^2\frac{\theta^2}{\omega^2}\right]^{-1/2} \tag{9-38}$$

式(9-38)表明，动力系数 β 不仅与频率比值 θ/ω 有关，而且与阻尼比 ξ 有关。对应不同的 ξ 值，可绘得 β 与 θ/ω 的关系曲线，如图 9-30 所示。

由图 9-30 及以上的讨论可见，简谐荷载作用下有阻尼稳态振动的主要特征如下。

第一，阻尼对简谐荷载作用下的动力系数影响较大。动力系数 β 随着阻尼比 ξ 值的增大而迅速减小。特别是在 $\theta/\omega = 1$ 附近，β 的峰值因阻尼作用而减小最为显著。

第二，在 $\theta/\omega = 1$ 的共振情况下，动力系数可由式(9-38)求得

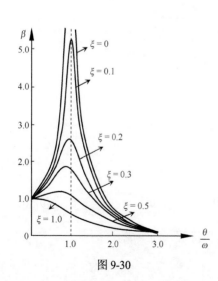

图 9-30

$$\beta\Big|_{\frac{\theta}{\omega}=1}=\frac{1}{2\xi} \tag{9-39}$$

如果忽略阻尼的影响，在式(9-39)中令 $\xi\to0$，则得出无阻尼体系共振时动力系数趋于无穷大的结论。但是若考虑阻尼的影响，则式(9-39)中的 ξ 不为零，从而共振时动力系数总是一个有限值。因此，为了研究共振时体系的动力反应，阻尼的影响是不容忽略的。对于工程结构，共振现象可能导致其破坏失效。所以，工程设计时可调整结构的刚度和质量来控制结构的自振频率，使其不致与动力荷载的频率接近，以避免发生共振。一般常使最低自振频率 ω 至少较 θ 大 25%~30%。

第三，在阻尼体系中，$\theta/\omega=1$ 共振时的动力系数并不等于最大的动力系数 $\beta_{\max}$，但两者的数值比较接近。利用式(9-38)，求 β 对参数 θ/ω 的导数，并令导数为零，可求出 β 为峰值时相应的频率比 $(\theta/\omega)_{\beta_{\max}}$。对于 $\xi<\dfrac{1}{\sqrt{2}}$ 的实际结构，可得

$$\left(\frac{\theta}{\omega}\right)_{\beta_{\max}}=\sqrt{1-2\xi^2}$$

将上式代入式(9-38)，可得

$$\beta_{\max}=\frac{1}{2\xi\sqrt{1-\xi^2}}$$

由此可见，对于 $\xi\neq0$ 的阻尼体系有

$$\left(\frac{\theta}{\omega}\right)_{\beta_{\max}}\neq1,\quad \beta_{\max}\neq\beta\Big|_{\frac{\theta}{\omega}=1}$$

但由于实际工程中阻尼比 ξ 值很小，可近似地认为

$$\left(\frac{\theta}{\omega}\right)_{\beta_{\max}}\approx1,\quad \beta_{\max}\approx\beta\Big|_{\frac{\theta}{\omega}=1}$$

第四，从式(9-37a)可以看出，阻尼体系的位移比荷载滞后一个相位角 α。α 值可由式(9-37b)求出。下面是三个典型情况的相位角。

当 $\theta/\omega\to0$，即 $\theta\Box\omega$ 时，$\alpha\to0°$，表明 $y(t)$ 与 $F_{\mathrm{P}}(t)$ 趋于同向。此时体系振动很慢，因此惯性力和阻尼力都很小，动荷载主要与弹性力(恢复力)平衡，与静力作用的情形接近。由于弹性力与位移成正比，但方向相反，所以荷载与位移基本上同步。

当 $\theta/\omega\to1$，即 $\theta\approx\omega$ 时，$\alpha\to90°$，$y(t)$ 与 $F_{\mathrm{P}}(t)$ 相差的相位角接近90°。因此，当荷载值为最大时，位移和加速度接近于零，因而弹性力和惯性力都接近于零，这时动荷载主要由阻尼力相平衡。由此可见，在共振情况下，阻尼力起重要作用，影响不容忽略。

当 $\theta/\omega\to\infty$，即 $\theta\gg\omega$ 时，$\alpha\to180°$。此时体系振动很快，所以惯性力很大，弹性力和阻尼力相对较小，动荷载主要与惯性力平衡，体系的动位移趋于零。由于惯性力与位移是同相位的，因此荷载与位移的相位角相差180°，即 $y(t)$ 与 $F_{\mathrm{P}}(t)$ 方向彼此相反。

9.5　多自由度体系的自由振动

实际工程中，有许多振动问题需简化为多自由度体系进行分析，如多层刚架房屋、不等高排架厂房的水平振动分析时通常将体系的质量集中到各楼层及屋盖处。而且，对烟囱或其他高耸结构等连续体结构进行振动分析时，通常需将其简化为多自由度体系，一般将分布质量沿高度集中于若干点处。这些都构成了多自由度体系的振动问题。

按照建立运动方程的方法不同，多自由度体系的振动分析也可分为刚度法和柔度法。刚度法是根据隔离体的动力平衡条件导出体系的振动微分方程，而柔度法是根据结构的位移协调条件建立体系的振动微分方程，其选择可依照刚度系数或柔度系数计算方便的原则来确定。以下以两个自由度体系的情形为主要对象讨论多自由度体系的自由振动。

9.5.1　刚度法

图 9-31(a)所示是具有两个集中质量的结构体系，有两个自由度。按刚度法推导其无阻尼自由振动的微分方程。如图 9-31(b)所示，取质量 m_1 和 m_2 作隔离体，其受力状态如下。

(1)惯性力为 $-m_1\ddot{y}_1$ 和 $-m_2\ddot{y}_2$，分别与加速度 $\ddot{y}_1$ 和 $\ddot{y}_2$ 的方向相反。

(2)弹性力 r_1 和 r_2 分别与位移 y_1 和 y_2 的方向相反。

根据达朗贝尔原理，可列出平衡方程为

$$\begin{cases} m_1\ddot{y}_1 + r_1 = 0 \\ m_2\ddot{y}_2 + r_2 = 0 \end{cases} \tag{a}$$

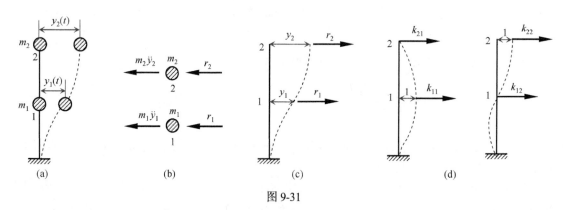

图 9-31

弹性力 r_1、r_2 分别是质量 m_1、m_2 与结构之间的相互作用力。图 9-31(b)中的 r_1、r_2 是质点受到的力，图 9-31(c)中的 r_1、r_2 是结构受到的力，两者的方向彼此相反。在图 9-31(c)中，结构所受的力 r_1、r_2 与结构的位移 y_1、y_2 之间应满足刚度方程：

$$\begin{cases} r_1 = k_{11}y_1 + k_{12}y_2 \\ r_2 = k_{21}y_1 + k_{22}y_2 \end{cases} \tag{b}$$

其中，k_{ij} 是结构的刚度系数(图 9-31d)。例如，k_{12} 是使点 2 沿运动方向产生单位位移(且点 1 位移保持为零)时在点 1 需施加的力。

将式(b)代入式(a)，可得

$$\begin{cases} m_1 \ddot{y}_1(t) + k_{11} y_1(t) + k_{12} y_2(t) = 0 \\ m_2 \ddot{y}_2(t) + k_{21} y_1(t) + k_{22} y_2(t) = 0 \end{cases} \tag{9-40}$$

式(9-40)即为按刚度法建立的两自由度无阻尼体系的自由振动微分方程。

下面求微分方程(9-40)的解。与单自由度体系自由振动的情况一样，也假设两个质点为简谐振动，式(9-40)的特解设为如下形式：

$$\begin{cases} y_1(t) = Y_1 \sin(\omega t + \alpha) \\ y_2(t) = Y_2 \sin(\omega t + \alpha) \end{cases} \tag{c}$$

式(c)表示的运动具有以下特点。

(1)各质点同频同步。在振动过程中，两个质点具有相同的频率 ω 和相同的相位角 α，Y_1 和 Y_2 是位移幅值。

(2) 振动形状保持不变。在振动过程中，两个质点的位移在数值上随时间而变化，但两者的比值始终保持不变，即

$$\frac{y_1(t)}{y_2(t)} = \frac{Y_1}{Y_2} = 常数$$

这种结构位移形状保持不变的振动形式可称为**主振型**，简称为**振型**。

将式(c)代入式(9-40)，消去公因子 $\sin(\omega t + \alpha)$ 后，可得

$$\begin{cases} (k_{11} - \omega^2 m_1) Y_1 + k_{12} Y_2 = 0 \\ k_{21} Y_1 + (k_{22} - \omega^2 m_2) Y_2 = 0 \end{cases} \tag{9-41}$$

式(9-41)即为用刚度系数表达的**振型方程**或称**特征向量方程**，它是一组关于振幅 Y_1 和 Y_2 的齐次线性代数方程。$Y_1 = Y_2 = 0$ 虽然是方程的解，但它对应于没有发生振动的静止状态，所以零解不是自由振动的解。

欲使齐次方程组(9-41)有非零解，其系数行列式必须等于零：

$$D = \begin{vmatrix} k_{11} - \omega^2 m_1 & k_{12} \\ k_{21} & k_{22} - \omega^2 m_2 \end{vmatrix} = 0 \tag{9-42a}$$

式(9-42a)即为用刚度系数表达的**频率方程**或称**特征方程**，由此可以求出频率 ω。

将式(9-42a)展开可得

$$D = (k_{11} - \omega^2 m_1)(k_{22} - \omega^2 m_2) - k_{12} k_{21} = 0 \tag{9-42b}$$

整理后，得

$$(\omega^2)^2 - \left(\frac{k_{11}}{m_1} + \frac{k_{22}}{m_2} \right) \omega^2 + \frac{k_{11} k_{22} - k_{12} k_{21}}{m_1 m_2} = 0$$

上式是 ω^2 的二次方程，由此可解出 ω^2 的两个根为

$$\omega^2 = \frac{1}{2}\left(\frac{k_{11}}{m_1} + \frac{k_{22}}{m_2}\right) \pm \sqrt{\left[\frac{1}{2}\left(\frac{k_{11}}{m_1} + \frac{k_{22}}{m_2}\right)\right]^2 - \frac{k_{11}k_{22} - k_{12}k_{21}}{m_1 m_2}} \qquad (9\text{-}43)$$

可以证明 ω^2 的两个根都是正的,从而可得 ω 的两个正根。由此可见,两自由度体系共有两个自振频率。用 ω_1 表示其中最小的圆频率,称为**第一频率**或**基本频率**。另一个频率 ω_2 称为第二频率。求出自振频率 ω_1 和 ω_2 之后,再来确定它们各自相应的振型。

将 ω_1 代入式 (9-41)。由于行列式 D 为零,方程组中的两个方程是线性相关的,因此只有一个独立方程,而另一个方程是非独立的。由式 (9-41) 的任一个方程无法求出 Y_1、Y_2 的确定值,但可求出两者的比值 Y_1/Y_2,通过这个比值可以确定振动的形式,即与第一频率 ω_1 相对应的振型,称为**第一振型**或**基本振型**。例如,由式 (9-41) 的第一式可得

$$\frac{Y_{11}}{Y_{21}} = -\frac{k_{12}}{k_{11} - \omega_1^2 m_1} \qquad (9\text{-}44a)$$

其中,Y_{11}、Y_{21} 分别表示第一振型中质点 1 和 2 的振幅。

类似地,将 ω_2 代入式 (9-41),可以求出 Y_1/Y_2 的另一个比值,以其确定的另一个振动形式称为第二振型,即

$$\frac{Y_{12}}{Y_{22}} = -\frac{k_{12}}{k_{11} - \omega_2^2 m_1} \qquad (9\text{-}44b)$$

其中,Y_{12}、Y_{22} 分别表示第二振型中质点 1 和 2 的振幅。

上面求出的第一振型、第二振型分别如图 9-32(b)、(c) 所示。

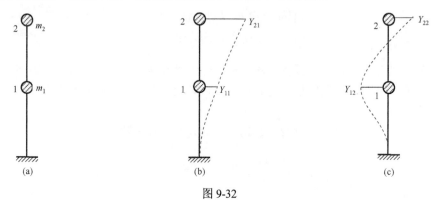

图 9-32

一般情况下,两自由度体系自由振动可看作两种频率及其主振型的组合振动,即

$$\begin{cases} y_1(t) = A_1 Y_{11} \sin(\omega_1 t + \alpha_1) + A_2 Y_{12} \sin(\omega_2 t + \alpha_2) \\ y_2(t) = A_1 Y_{21} \sin(\omega_1 t + \alpha_1) + A_2 Y_{22} \sin(\omega_2 t + \alpha_2) \end{cases}$$

这就是微分方程 (9-40) 的全解,通常不是简谐振动。其中两对待定常数 A_1、α_1 和 A_2、α_2 可由初始条件确定。两自由度体系如果按照某个主振型自由振动,由于其振动形式保持不变,且各质点同频同步运动,因此两自由度体系实际上是像一个单自由度体系那样在作简谐振动。两自由度体系能够按某个主振型自由振动的条件是:初始位移和初始速度都应按此主振型的比例选取。

归纳起来,多(两)自由度体系的自由振动问题具有如下特点。

(1) 多自由度体系自由振动分析中,主要问题是确定体系的全部自振频率及其相应的主振型。

(2) 多自由度体系的自振频率不止一个，其个数与自由度的个数相等。自振频率可由特征方程求出。

(3) 每个自振频率有自己对应的主振型。主振型就是多自由度体系能够按单自由度体系振动所具有的特定形式。

(4) 与单自由度体系相同，多自由度体系的自振频率和主振型也是体系的固有性质。自振频率只与体系本身的刚度系数及其质量的分布形式有关，与外部荷载无关。

(5) 多自由度体系的自由振动可看作不同自振频率对应的主振型的线性组合，通常不是简谐振动；或者说，体系的自由振动可以分解为按各自振频率下主振型进行的简谐振动。

例 9-4　如图 9-33(a)所示的两层刚架，其两个横梁均为无限刚性，因此不计楼面变形。设质量集中在楼层上，第一、二层的质量分别为 m_1、m_2。层间侧移刚度(即层间产生单位相对侧移时所需施加的力，如图 9-33(b)所示)分别为 k_1、k_2。试求刚架水平振动时的自振频率和主振型。

解： 由图 9-33(c)和(d)可求出结构的刚度系数为

$$k_{11} = k_1 + k_2, \quad k_{21} = -k_2$$
$$k_{12} = -k_2, \quad k_{22} = k_2$$

将刚度系数代入式(9-42b)，得

$$D = (k_1 + k_2 - \omega^2 m_1)(k_2 - \omega^2 m_2) - k_2^2 = 0 \qquad\qquad (a)$$

分两种情况进行讨论。

(1) 当 $m_1 = m_2 = m$，$k_1 = k_2 = k$ 时，

式(a)为

$$D = (2k - \omega^2 m)(k - \omega^2 m) - k^2 = 0 \qquad\qquad (9-45)$$

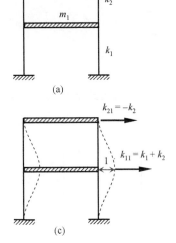
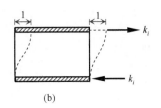
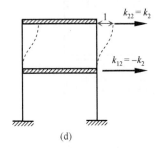

图 9-33

可求得

$$\omega_1^2 = \frac{(3-\sqrt{5})}{2}\frac{k}{m} = 0.382\frac{k}{m}, \quad \omega_2^2 = \frac{(3+\sqrt{5})}{2}\frac{k}{m} = 2.618\frac{k}{m}$$

两个频率分别为

$$\omega_1 = \frac{-1+\sqrt{5}}{2}\sqrt{\frac{k}{m}} = 0.618\sqrt{\frac{k}{m}}$$

$$\omega_2 = \frac{1+\sqrt{5}}{2}\sqrt{\frac{k}{m}} = 1.618\sqrt{\frac{k}{m}}$$

求主振型时，可由式(9-44a)和式(9-44b)求出振幅比值，得到振型图。

第一主振型：　　　　　　$\dfrac{Y_{11}}{Y_{21}} = \dfrac{k}{2k-0.382k} = \dfrac{1}{1.618} = 0.618$

第二主振型：　　　　　　$\dfrac{Y_{12}}{Y_{22}} = \dfrac{k}{2k-2.618k} = -\dfrac{1}{0.618} = -1.618$

两个主振型如图 9-34 所示。有趣的是，第一频率的系数和第一振型振幅比都是黄金分割数。

(2) 当 $m_1 = nm_2$，$k_1 = nk_2$ 时，式(a)变为

$$[(n+1)k_2 - \omega^2 nm_2](k_2 - \omega^2 m_2) - k_2^2 = 0$$

可求得

$$\omega_{\substack{1\\2}}^2 = \frac{1}{2}\left[\left(2+\frac{1}{n}\right) \mp \sqrt{\frac{4}{n}+\frac{1}{n^2}}\right]\frac{k_2}{m_2}$$

代入式(9-44a)和式(9-44b)，可求出主振型为

$$\frac{Y_2}{Y_1} = \frac{1}{2} \pm \sqrt{n+\frac{1}{4}} \tag{b}$$

如 $n=90$ 时，有

$$\frac{Y_{21}}{Y_{11}} = \frac{10}{1}, \qquad \frac{Y_{22}}{Y_{12}} = -\frac{9}{1}$$

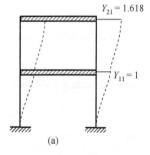

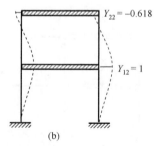

(a)　　　　　　　　　　　　　　(b)

图 9-34

由此可见，当结构顶部质量和刚度突然变小时，顶部位移比下部位移要大得多。建筑结构中，这种因顶部质量和刚度突然变小而导致该局部产生巨大振动反应的现象，称为鞭梢效应。

地震灾害调查中发现，屋顶的小阁楼、女儿墙等附属结构物破坏严重，多因顶部质量和刚度突变，由鞭梢效应引起的结果。

9.5.2 柔度法

现仍以两自由度体系(图 9-35(a))为例，改用柔度法分析结构的自由振动问题。

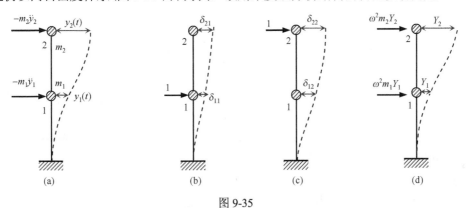

图 9-35

根据柔度法建立体系的自由振动微分方程的思路是：在自由振动过程中的任一时刻 t，质量 m_1、m_2 的位移 $y_1(t)$、$y_2(t)$ 应等于体系在当时惯性力 $-m_1\ddot{y}_1(t)$ 和 $-m_2\ddot{y}_2(t)$ 作用下产生的静力位移。同时，对于线弹性体系来说，可应用叠加原理。因此可列出运动微分方程如下：

$$\begin{cases} y_1(t) = -m_1\ddot{y}_1(t)\delta_{11} - m_2\ddot{y}_2(t)\delta_{12} \\ y_2(t) = -m_1\ddot{y}_1(t)\delta_{21} - m_2\ddot{y}_2(t)\delta_{22} \end{cases} \tag{9-46}$$

其中，δ_{ij} 为体系的柔度系数，如图 9-35(b)所示。按柔度法建立的运动方程(9-46)写成矩阵形式为

$$\boldsymbol{y} = -\boldsymbol{\delta M\ddot{y}} \tag{a}$$

其中，$\boldsymbol{y}$、$\boldsymbol{\ddot{y}}$ 分别为体系质点振动的位移向量和加速度向量；$\boldsymbol{\delta}$ 为体系的柔度矩阵；$\boldsymbol{M}$ 是体系的**质量矩阵**，这里为正定的对角矩阵。

另外，按刚度法建立的运动方程(9-40)写成矩阵形式为

$$\boldsymbol{M\ddot{y}} + \boldsymbol{Ky} = 0 \tag{b}$$

其中，$\boldsymbol{K}$ 为体系的**刚度矩阵**，是对称、正定矩阵。应该注意，无论按刚度法或柔度法来建立体系的运动微分方程，实质都一样，只是表现形式不一样。实际上，若将 $\boldsymbol{\delta}^{-1}$ 左乘方程式(a)，并记为

$$\boldsymbol{K} = \boldsymbol{\delta}^{-1} \tag{9-47}$$

即可得到方程(b)。可见，刚度矩阵 $\boldsymbol{K}$ 与柔度矩阵 $\boldsymbol{\delta}$ 互为逆矩阵。当结构体系的柔度系数比刚度系数较易求得时，宜采用柔度法，反之则宜采用刚度法。利用式(9-47)，刚度法与柔度法中的振型方程和频率方程都可以方便地相互转换。

求微分方程(9-46)的解。假设多自由度体系按某一主振型像单自由度体系那样作自由振动，则质点的动位移可表达为如下形式：

$$\begin{cases} y_1(t) = Y_1 \sin(\omega t + \alpha) \\ y_2(t) = Y_2 \sin(\omega t + \alpha) \end{cases} \tag{c}$$

其中，Y_1 和 Y_2 是两质点的振幅(图 9-35(c))。由式(c)可知两个质点的惯性力为

$$\begin{cases} -m_1 \ddot{y}_1(t) = m_1 \omega^2 Y_1 \sin(\omega t + \alpha) \\ -m_2 \ddot{y}_2(t) = m_2 \omega^2 Y_2 \sin(\omega t + \alpha) \end{cases} \tag{d}$$

可见，两个质点惯性力的幅值分别为 $\omega^2 m_1 Y_1$ 和 $\omega^2 m_2 Y_2$。

将式(c)和式(d)代入式(9-46)中，消去公因子 $\sin(\omega t + \alpha)$ 后，得

$$\begin{cases} Y_1 = (\omega^2 m_1 Y_1)\delta_{11} + (\omega^2 m_2 Y_2)\delta_{12} \\ Y_2 = (\omega^2 m_1 Y_1)\delta_{21} + (\omega^2 m_2 Y_2)\delta_{22} \end{cases} \tag{9-48}$$

式(9-48)表明，主振型的位移幅值 Y_1、Y_2 就是体系在主振型惯性力幅值 $\omega^2 m_1 Y_1$、$\omega^2 m_2 Y_2$ 作用下引起的静位移，如图 9-35(c)所示。

式(9-48)还可写成

$$\begin{cases} \left(\delta_{11} m_1 - \dfrac{1}{\omega^2}\right) Y_1 + \delta_{12} m_2 Y_2 = 0 \\ \delta_{21} m_1 Y_1 + \left(\delta_{22} m_2 - \dfrac{1}{\omega^2}\right) Y_2 = 0 \end{cases} \tag{e}$$

为了得到不全为零的解，使系数行列式等于零，即

$$D = \begin{vmatrix} \delta_{11} m_1 - \dfrac{1}{\omega^2} & \delta_{12} m_2 \\ \delta_{21} m_1 & \delta_{22} m_2 - \dfrac{1}{\omega^2} \end{vmatrix} = 0 \tag{9-49}$$

式(9-49)即为用柔度系数表示的频率方程或特征方程，由此可求出频率 ω_1 和 ω_2。

将式(9-49)展开可得

$$\left(\delta_{11} m_1 - \frac{1}{\omega^2}\right)\left(\delta_{22} m_2 - \frac{1}{\omega^2}\right) - \delta_{12} m_2 \delta_{21} m_1 = 0$$

令 $\lambda = \dfrac{1}{\omega^2}$，则上式可化为关于 λ 的二次代数方程为

$$\lambda^2 - (\delta_{11} m_1 + \delta_{22} m_2)\lambda + (\delta_{11}\delta_{22} m_1 m_2 - \delta_{12}\delta_{21} m_1 m_2) = 0$$

解出 λ 的两个根为

$$\lambda_{1,2} = \frac{(\delta_{11} m_1 + \delta_{22} m_2) \pm \sqrt{(\delta_{11} m_1 + \delta_{22} m_2)^2 - 4(\delta_{11}\delta_{22} - \delta_{12}\delta_{21}) m_1 m_2}}{2} \tag{9-50}$$

则体系的第一自振频率、第二自振频率分别为

$$\omega_1 = \frac{1}{\sqrt{\lambda_1}}, \quad \omega_2 = \frac{1}{\sqrt{\lambda_2}}$$

进一步，可以求得体系的主振型。将 $\omega = \omega_1$ 代入式(e)，可得第一振型的幅值比为

$$\frac{Y_{11}}{Y_{21}} = -\frac{\delta_{12} m_2}{\delta_{11} m_1 - \frac{1}{\omega_1^2}} \tag{9-51a}$$

同样将 $\omega = \omega_2$ 代入式(e)，可求出第二振型的幅值比为

$$\frac{Y_{12}}{Y_{22}} = -\frac{\delta_{12} m_2}{\delta_{11} m_1 - \frac{1}{\omega_2^2}} \tag{9-51b}$$

9.5.3　主振型的正交性

一个 n 自由度的体系有 n 个主振型。主振型的非常重要的特性是关于质量矩阵和刚度矩阵的正交性。利用**主振型的正交性**，一是可以把 n 自由度体系的动力反应计算转化成 n 个单自由度体系动力反应的叠加，二是检查主振型计算结果的准确性，并判断主振型的形状特点。现以图 9-36 所示体系来说明。

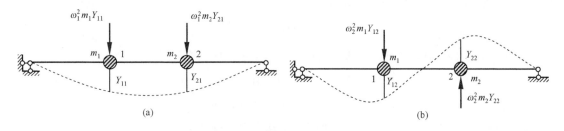

图 9-36

图 9-36(a)、(b)分别为体系的第 1 主振型和第 2 主振型图形，相应于两个不同的动力平衡状态。图中($\omega_1^2 m_1 Y_{11}$ 和 $\omega_1^2 m_2 Y_{21}$)、($\omega_2^2 m_1 Y_{12}$ 和 $\omega_2^2 m_2 Y_{22}$)分别表示第 1 主振型和第 2 主振型所对应的惯性力幅值，它们是与位移幅值(Y_{11}、Y_{21})、(Y_{12}、Y_{22})同时发生的。

记第 1 主振型的惯性力在第 2 主振型的位移上所做的功为 W_1，则有

$$W_1 = (\omega_1^2 m_1 Y_{11}) Y_{12} + (\omega_1^2 m_2 Y_{21}) Y_{22}$$

同理，第 2 主振型的惯性力在第 1 主振型的位移上所做的功为

$$W_2 = (\omega_2^2 m_1 Y_{12}) Y_{11} + (\omega_2^2 m_2 Y_{22}) Y_{21}$$

根据功的互等定理有 $W_1 = W_2$，可得

$$(\omega_1^2 m_1 Y_{11}) Y_{12} + (\omega_1^2 m_2 Y_{21}) Y_{22} = (\omega_2^2 m_1 Y_{12}) Y_{11} + (\omega_2^2 m_2 Y_{22}) Y_{21}$$

移项后，可得

$$(\omega_1^2 - \omega_2^2)(m_1 Y_{11} Y_{12} + m_2 Y_{21} Y_{22}) = 0$$

通常有 $\omega_1 \neq \omega_2$，则得到

$$m_1 Y_{11} Y_{12} + m_2 Y_{21} Y_{22} = 0$$

将上式写为矩阵形式为

$$(Y_{11} \quad Y_{21}) \begin{pmatrix} m_1 & 0 \\ 0 & m_2 \end{pmatrix} \begin{pmatrix} Y_{12} \\ Y_{22} \end{pmatrix} = 0 \tag{9-52}$$

若推演至多自由度体系，则有

$$[Y_{1i} \ Y_{2i} \ \cdots \ Y_{ni}] \begin{bmatrix} m_1 & 0 & \cdots & 0 \\ 0 & m_2 & \cdots & 0 \\ \vdots & \vdots & & \vdots \\ 0 & 0 & \cdots & m_n \end{bmatrix} \begin{bmatrix} Y_{1j} \\ Y_{2j} \\ \vdots \\ Y_{nj} \end{bmatrix} = 0 \tag{9-53}$$

或简写为

$$Y^{(i)\mathrm{T}} M Y^{(j)} = 0 \quad (i \neq j)$$

上式表明多自由度体系任意两个主振型之间存在对质量矩阵 M 的加权正交性，或称为第一正交性。

根据式(9-41)可得

$$(K - \omega_j^2 M) Y^{(j)} = 0 \tag{9-54}$$

将第 j 阶振型向量的转置 $Y^{(i)\mathrm{T}}$ 左乘式(9-54)后得

$$Y^{(i)\mathrm{T}} K Y^{(j)} = \omega_j^2 Y^{(i)\mathrm{T}} M Y^{(j)} \tag{9-55}$$

由第一正交性可知，式(9-55)等号右边的值等于零，因而有

$$Y^{(i)\mathrm{T}} K Y^{(j)} = 0 \quad (i \neq j) \tag{9-56}$$

这表明多自由度体系任意两个主振型之间存在对刚度矩阵 K 的加权正交性，称为第二正交性。

主振型的第一正交性的物理意义可解释为：从多自由度体系的各振型中任取两个不同频率的振型，第 i 个振型的惯性力在第 j 个振型位移上所做功为零。同理，第二正交性的物理意义可解释为：从多自由度体系的各振型中任取两个不同频率的振型，第 i 个振型的弹性力在第 j 个振型位移上所做功为零。这样，相应于某一振型作简谐振动的能量不会转移、传递到其他振型上去，也就不会引起其他振型的振动，各主振型可独立存在而不相互干扰。

9.6　多自由度体系的强迫振动

本节先讨论多自由度体系在简谐荷载作用下的无阻尼强迫振动，然后讨论利用振型叠加法求解多自由度体系在任意动力荷载作用下的有阻尼强迫振动问题。

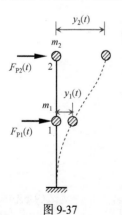

图 9-37

9.6.1　简谐荷载作用下的无阻尼强迫振动

下面以刚度法为主讨论多自由度体系稳态阶段的无阻尼强迫振动，且简谐荷载的频率和相位都相同。

图 9-37 所示两自由度体系在动力荷载作用下的振动方程为

$$\begin{cases} m_1 \ddot{y}_1(t) + k_{11} y_1(t) + k_{12} y_2(t) = F_{\mathrm{P}1}(t) \\ m_2 \ddot{y}_2(t) + k_{21} y_1(t) + k_{22} y_2(t) = F_{\mathrm{P}2}(t) \end{cases} \tag{9-57}$$

与自由振动微分方程(9-40)相比，强迫振动微分方程多了等式右边的荷载项 $F_{\mathrm{P}1}(t)$、$F_{\mathrm{P}2}(t)$。

设荷载是简谐荷载，有

$$\begin{cases} F_{P1}(t) = F_{P1}\sin(\theta t) \\ F_{P2}(t) = F_{P2}\sin(\theta t) \end{cases} \tag{a}$$

在稳态振动阶段，各质点位移也作简谐振动，即

$$\begin{cases} y_1(t) = Y_1\sin(\theta t) \\ y_2(t) = Y_2\sin(\theta t) \end{cases} \tag{b}$$

将式(a)和式(b)代入式(9-57)中，消去公因子 $\sin(\theta t)$ 后，可得

$$\begin{cases} (k_{11} - \theta^2 m_1)Y_1 + k_{12}Y_2 = F_{P1} \\ k_{21}Y_1 + (k_{22} - \theta^2 m_2)Y_2 = F_{P2} \end{cases}$$

根据上式可解得位移幅值为

$$Y_1 = \frac{D_1}{D_0}, \quad Y_2 = \frac{D_2}{D_0} \tag{9-58}$$

其中，

$$\begin{cases} D_0 = (k_{11} - \theta^2 m_1)(k_{22} - \theta^2 m_2) - k_{12}k_{21} \\ D_1 = (k_{22} - \theta^2 m_2)F_{P1} - k_{12}F_{P2} \\ D_2 = -k_{21}F_{P1} + (k_{11} - \theta^2 m_1)F_{P2} \end{cases} \tag{9-59}$$

式(9-59)中的 D_0 与式(9-42a)中的行列式 D 具有相同的形式，只是 D 中的 ω 换成了 D_0 中的 θ。因此，如果荷载频率 θ 与任一个自振频率 ω_1、ω_2 重合，则

$$D_0 = 0$$

当 D_1、D_2 不全为零时，位移幅值为无限大，结构出现共振现象。

将式(9-58)的位移幅值代入式(b)中，可得各质点任意时刻的位移，进而求得惯性力为

$$\begin{cases} -m_1\ddot{y}_1(t) = m_1\theta^2 Y_1\sin(\theta t) \\ -m_2\ddot{y}_2(t) = m_2\theta^2 Y_2\sin(\theta t) \end{cases}$$

因为位移、惯性力和动力荷载同时达到幅值，动内力也在振幅位置达到幅值。动内力幅值可在各质点的惯性力幅值和动力荷载幅值共同作用下按静力分析方法求得。如任意截面的弯矩幅值可表达为

$$M(t)_{max} = \bar{M}_1 I_1 + \bar{M}_2 I_2 + M_P$$

其中，I_1、I_2 分别为质点 1、2 的惯性力幅值；$\bar{M}_1$、$\bar{M}_2$ 分别为单位惯性力 $I_1 = 1$、$I_2 = 1$ 作用下，任一截面的弯矩值；M_P 为动力荷载幅值静力作用下同一截面的弯矩值。

例 9-5 设例 9-4 中的图 9-33(a)所示刚架在底层横梁上作用简谐荷载 $F_{P1}(t) = F_P\sin(\theta t)$（图 9-38）。试画出第一、二层横梁的振幅 Y_1、Y_2 与荷载频率 θ 之间的关系曲线。设 $m_1 = m_2 = m$，$k_1 = k_2 = k$。

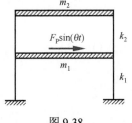

图 9-38

解：刚度系数为

$$k_{11} = k_1 + k_2, \quad k_{12} = k_{21} = -k_2, \quad k_{22} = k_2$$

荷载幅值为

$$F_{P1} = F_P, \quad F_{P2} = 0$$

代入式(9-58)和式(9-59)，得

$$Y_1 = \frac{(k_2 - \theta^2 m_2)F_P}{D_0}, \quad Y_2 = \frac{k_2 F_P}{D_0} \tag{a}$$

其中

$$D_0 = (k_1 + k_2 - \theta^2 m_1)(k_2 - \theta^2 m_2) - k_2^2 \tag{b}$$

令 $m_1 = m_2 = m$，$k_1 = k_2 = k$，则得

$$Y_1 = \frac{(k - m\theta^2)F_P}{D_0}, \quad Y_2 = \frac{k F_P}{D_0} \tag{c}$$

其中

$$D_0 = (2k - \theta^2 m)(k - \theta^2 m) - k^2 \tag{d}$$

刚架水平振动时的两个自振频率 ω_1 和 ω_2 已在例 9-4 中求出。

$$\omega_1^2 = \frac{(3 - \sqrt{5})}{2} \frac{k}{m}, \quad \omega_2^2 = \frac{(3 + \sqrt{5})}{2} \frac{k}{m}$$

为了便于讨论共振现象与自振频率 ω_1 和 ω_2 的关系，将式(d)中的 D_0 用 ω_1 和 ω_2 表示为

$$D_0 = m^2(\theta^2 - \omega_1^2)(\theta^2 - \omega_2^2)$$

代入式(c)，得

$$Y_1 = \frac{F_P}{k} \frac{\left(1 - \dfrac{m}{k}\theta^2\right)}{\left(1 - \dfrac{\theta^2}{\omega_1^2}\right)\left(1 - \dfrac{\theta^2}{\omega_2^2}\right)}, \quad Y_2 = \frac{F_P}{k} \frac{1}{\left(1 - \dfrac{\theta^2}{\omega_1^2}\right)\left(1 - \dfrac{\theta^2}{\omega_2^2}\right)} \tag{e}$$

图 9-39 所示为刚架横梁的振幅参数 $Y_1/(F_P/k)$、$Y_2/(F_P/k)$ 与荷载频率参数 $\theta/\sqrt{k/m}$ 之间的关系曲线。

从图 9-39 中可以看出，当 $\theta = 0.618\sqrt{k/m} = \omega_1$ 和 $\theta = 1.618\sqrt{k/m} = \omega_2$ 时，Y_1 和 Y_2 趋于无穷大。可见，在两自由度体系中，当 $\theta = \omega_1$ 和 $\theta = \omega_2$ 时可能出现共振现象。

讨论：当 $k_2 = \theta^2 m_2$ 时，由式(b)可知

$$D_0 = -k_2^2$$

由式(a)可知

$$Y_1 = 0, \quad Y_2 = -\frac{F_P}{k_2}$$

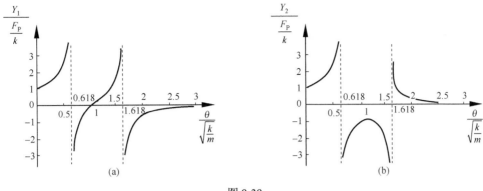

图 9-39

因此，如果在图 9-40(a)的下层结构上，按照 $k_2=\theta^2 m_2$ 的方式进行上层结构设计（图 9-40(b)），可以消除 m_1 的振动（即 $Y_1=0$），这就是动力吸振器的原理。设计吸振器时，可先根据 m_2 的许可振幅 $Y_2=\dfrac{F_P}{k_2}$ 选定 k_2，再由 $m_2=\dfrac{k_2}{\theta^2}$ 确定 m_2 的值。

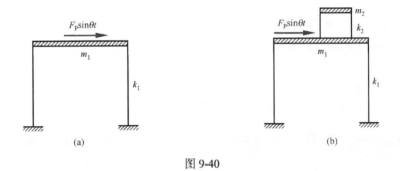

图 9-40

9.6.2　振型叠加法

在讨论多自由度体系的自由振动和强迫振动时，质量的位移多是以几何坐标来描述的。由于在通常情况下体系的刚度矩阵 $\boldsymbol{K}$ 与质量矩阵 $\boldsymbol{M}$ 并不都是对角矩阵，所得的运动方程是一组相互耦联的微分方程。此时，求解在一般动力荷载作用下或需考虑阻尼影响时的动力反应将变得十分困难。**振型叠加法**是以体系自由振动时的振型为基底来描述质量的动位移，利用振型关于质量矩阵和刚度矩阵的正交性，所得的运动方程将转变成 n 个相互独立的微分方程。其中，每一个方程只包含对应一个振型的一种位移，相当于一个单自由度体系的振动，可以独立求解，这样就可显著简化结构动力分析。这种可以使微分方程解除耦联关系的坐标称为正则坐标，它是一种广义坐标。振型叠加法也可称为**振型分解法**或正则坐标法。

根据线性代数中有关坐标变换的规则，正则坐标 $\boldsymbol{\eta}=(\eta_1\ \eta_2\cdots\eta_n)^{\mathrm{T}}$（即质点广义位移，也称为振型坐标）与几何坐标 $\boldsymbol{y}=(y_1\ y_2\cdots y_n)^{\mathrm{T}}$（即质点位移，也称为物理坐标）之间的线性变换关系可表示为

$$\boldsymbol{y}=\boldsymbol{Y}\boldsymbol{\eta} \tag{9-60}$$

其中

$$\boldsymbol{Y}=(\boldsymbol{Y}^{(1)}\ \boldsymbol{Y}^{(2)}\cdots\boldsymbol{Y}^{(n)})^{\mathrm{T}} \tag{a}$$

称为**振型矩阵**，它是由体系的 n 个振型向量 $Y^{(1)} Y^{(2)} \cdots Y^{(n)}$ 所构成的，也是正则坐标与几何坐标之间的转换矩阵。将式(a)代入式(9-60)得

$$y = Y^{(1)}\eta_1 + Y^{(2)}\eta_2 + \cdots + Y^{(n)}\eta_n \tag{b}$$

式(b)的意义就是以振型向量为基底，把几何坐标 y 表示为基底的线性组合(即叠加)。或者说，将质点的动位移向量按振型进行分解，而正则坐标 η 中的各元素则相当于各振型的权系数。

按刚度法建立有阻尼强迫振动方程时，只需在原振动方程式等号左边增加代表黏滞阻尼力的项 $C\dot{y}$ 即可，得

$$M\ddot{y} + C\dot{y} + Ky = F_P(t) \tag{9-61}$$

其中，$\dot{y} = (\dot{y}_1\ \dot{y}_2 \cdots \dot{y}_n)^T$ 为质点运动的速度向量；C 称为黏滞**阻尼矩阵**，有

$$C = \begin{bmatrix} c_{11} & c_{12} & \cdots & c_{1n} \\ c_{21} & c_{22} & \cdots & c_{2n} \\ \vdots & \vdots & & \vdots \\ c_{n1} & c_{n2} & \cdots & c_{nn} \end{bmatrix}$$

其中，元素 $c_{ij}(i = 1, 2, \cdots, n)$ 称为黏滞阻尼系数，它表示由于第 j 个质点运动速度等于 1 时在第 i 个质点位移方向所引起的阻尼力。

为运动方程解耦的需要，在实际计算中通常假定黏滞阻尼矩阵 C 为体系的质量矩阵 M 和刚度矩阵 K 的线性组合，称为瑞利阻尼，即

$$C = aM + bK \tag{9-62}$$

其中，a 和 b 是两个待定的常数，一般可根据实测资料确定。这样，振型与黏滞阻尼矩阵 C 之间也就具有了正交性。

将式(9-60)及其对时间的一阶和二阶导数代入式(9-61)，可以得到以正则坐标 η 表达的运动微分方程：

$$MY\ddot{\eta} + CY\dot{\eta} + KY\eta = F_P(t) \tag{9-63}$$

用 $Y^{(i)T}$ 左乘式(9-63)得

$$Y^{(i)T}MY\ddot{\eta} + Y^{(i)T}CY\dot{\eta} + Y^{(i)T}KY\eta = Y^{(i)T}F_P(t) \tag{c}$$

式(c)等号左边的第一项中

$$Y^{(i)T}MY = Y^{(i)T}M\left[Y^{(1)}\ Y^{(2)} \cdots Y^{(i)} \cdots Y^{(n)}\right]$$
$$= Y^{(i)T}MY^{(1)} + Y^{(i)T}MY^{(2)} + \cdots + Y^{(i)T}MY^{(i)} + \cdots + Y^{(i)T}MY^{(n)} \tag{d}$$

由振型关于质量矩阵的正交性可知，式(d)等号右边除了 $Y^{(i)T}MY^{(i)}$ 一项，其余各项均等于零。同理，式(c)等号左边第二项和第三项情况也类似。于是，有

$$Y^{(i)T}MY = Y^{(i)T}MY^{(i)}$$
$$Y^{(i)T}KY = Y^{(i)T}KY^{(i)}$$
$$Y^{(i)T}CY = Y^{(i)T}CY^{(i)}$$

将上三式代入式(c)，可得

$$\overline{m}_i \ddot{\eta}_i + \overline{c}_i \dot{\eta}_i + \overline{k}_i \eta_i = \overline{F}_{Pi}(t) \ (i = 1, 2, \cdots, n) \tag{9-64}$$

其中

$$\begin{cases} \overline{m}_i = \boldsymbol{Y}^{(i)\mathrm{T}} \boldsymbol{M} \boldsymbol{Y}^{(i)} \\ \overline{k}_i = \boldsymbol{Y}^{(i)\mathrm{T}} \boldsymbol{K} \boldsymbol{Y}^{(i)} \\ \overline{c}_i = a\overline{m}_i + b\overline{k}_i \\ \overline{F}_{Pi}(t) = \boldsymbol{Y}^{(i)\mathrm{T}} \boldsymbol{F}_{P}(t) \end{cases} \quad (i = 1, 2, \cdots, n) \tag{9-65}$$

分别称为体系的广义质量、广义刚度、广义黏滞阻尼系数和广义动力荷载。从而，结构体系的广义质量矩阵、广义刚度矩阵、广义黏滞阻尼矩阵都是对角矩阵。

式 (9-64) 即为多自由度体系按第 i 振型的振动分量用正则坐标表达的运动方程，共计有 n 个。这 n 个方程之间是相互独立、无耦联关系的，每一个方程均与单自由度体系的运动微分方程具有相同的数学形式。于是，就可以按照解决单自由度体系振动问题同样的方法求得关于各正则坐标的动力反应。

解耦的运动方程 (9-64) 可改写为

$$\ddot{\eta}_i + 2\xi_i \omega_i \dot{\eta}_i + \omega_i^2 \eta_i = \frac{\overline{F}_{Pi}(t)}{\overline{m}_i} \quad (i = 1, 2, \cdots, n) \tag{9-66}$$

其中

$$\omega_i^2 = \frac{\overline{k}_i}{\overline{m}_i} \quad (i = 1, 2, \cdots, n) \tag{9-67}$$

$$\xi_i = \frac{\overline{c}_i}{2\overline{m}_i \omega_i} \quad (i = 1, 2, \cdots, n) \tag{9-68}$$

ω_i 和 ζ_i 分别为第 i 个自振频率和与其相应的广义黏滞阻尼比。

与单自由度体系振动问题一样，可用杜哈梅积分求得任意动力荷载作用下微分方程 (9-66) 中正则坐标 $\eta_i(t)$ 的反应。当初始条件为零时，有

$$\eta_i(t) = \frac{1}{\overline{m}_i \omega_{ri}} \int_0^t \overline{F}_{Pi}(\tau) \mathrm{e}^{-\xi_i \omega_i (t-\tau)} \sin[\omega_{ri}(t-\tau)] \mathrm{d}\tau \quad (i = 1, 2, \cdots, n) \tag{9-69}$$

其中

$$\omega_{ri} = \omega_i \sqrt{1 - \xi_i^2} \quad (i = 1, 2, \cdots, n) \tag{9-70}$$

为按第 i 振型分量作有阻尼自由振动时的角频率。当无阻尼存在时，有

$$\eta_i(t) = \frac{1}{\overline{m}_i \omega_i} \int_0^t \overline{F}_{Pi}(\tau) \sin[\omega_i(t-\tau)] \mathrm{d}\tau \quad (i = 1, 2, \cdots, n) \tag{9-71}$$

在求得关于各正则坐标 $\eta_1(t), \eta_2(t), \cdots, \eta_n(t)$ 的反应之后，即可按照式 (9-60) 求得体系以几何坐标表示的各动位移 $y_1(t), y_2(t), \cdots, y_n(t)$。

对于有阻尼强迫振动来说，式 (9-65) 中所示的广义黏滞阻尼系数为

$$\overline{c}_i = a\overline{m}_i + b\overline{k}_i \quad (i = 1, 2, \cdots, n)$$

考虑式 (9-67) 和 (9-68) 的关系后可得

$$\xi_i = \frac{1}{2} \left(\frac{a}{\omega_i} + b\omega_i \right) \quad (i = 1, 2, \cdots, n) \tag{9-72}$$

为确定常数 a 和 b，通常可根据实验测得第一振型和第二振型的阻尼比 ξ_1 和 ξ_2，将其分别代入式(9-72)并联立求解，得

$$\begin{cases} a = \dfrac{2\omega_1\omega_2(\xi_1\omega_2 - \xi_2\omega_1)}{\omega_2^2 - \omega_1^2} \\ b = \dfrac{2(\xi_2\omega_2 - \xi_1\omega_1)}{\omega_2^2 - \omega_1^2} \end{cases} \tag{9-73}$$

确定了 a、b 之后，就可以按式(9-72)求出其他振型的阻尼比。

综上所述，采用振型叠加法求解多自由度体系动力反应的主要步骤如下。

(1)求出体系的各自振频率和振型。当有阻尼时先测得 ξ_1 和 ξ_2，并按式(9-73)确定常数 a、b，再由式(9-72)确定其他各振型的阻尼比。

(2)按照式(9-65)计算各广义质量和广义动力荷载。

(3)按单自由度体系求解以各正则坐标表达的振动微分方程(9-66)，得 $\eta(t)$。

(4)按照式(9-60)计算几何坐标，得质点动位移 $y(t)$。

以上振型叠加法的实质是将质点动位移 $y(t)$ 分解为以正则坐标为权的各振型的叠加。由于这一方法是基于叠加原理的，因而不适用于求解非线性体系振动问题。

例 9-6　试用振型叠加法计算图 9-41(a)所示刚架在地面水平运动 $y_g(x) = Y\sin(\theta t)$ 作用下的动位移反应。设 $Y = 0.1\,\text{m}$，$\theta = 10\,\text{rad}/\text{s}$，$m = 2\times10^5\text{kg}$。层间侧移刚度相同，为 $k = 200\times10^6\text{N/m}$。忽略阻尼的影响。

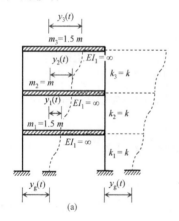
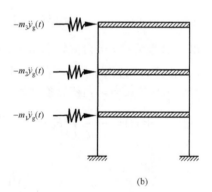

图 9-41

解： 刚架受地面水平运动作用，其效果相当于在质量上施加动力荷载 $-m\ddot{y}_g$。于是，可采用图 9-41(b)所示的计算模型。作用于横梁上的水平动力荷载分别为 $F_{P1}(t) = F_{P3}(t) = 1.5mY\theta^2\sin(\theta t)$，$F_{P2}(t) = mY\theta^2\sin(\theta t)$。

本例结构各自振频率和相应的振型矩阵可求得

$$\omega_1 = 0.386\sqrt{\dfrac{k}{m}}, \quad \omega_2 = 1.036\sqrt{\dfrac{k}{m}}, \quad \omega_3 = 1.666\sqrt{\dfrac{k}{m}}$$

$$Y = \begin{bmatrix} 1 & 1 & 1 \\ 1.777 & 0.391 & -2.166 \\ 2.288 & -0.638 & 0.683 \end{bmatrix}$$

体系的质量矩阵 $\boldsymbol{M} = \begin{bmatrix} 1.5m & 0 & 0 \\ 0 & m & 0 \\ 0 & 0 & 1.5m \end{bmatrix}$，广义质量和广义动力荷载可分别按式(9-65)计算。

$$\bar{m}_1 = \boldsymbol{Y}^{(1)\mathrm{T}} \boldsymbol{M} \boldsymbol{Y}^{(1)} = \begin{bmatrix} 1 \\ 1.777 \\ 2.288 \end{bmatrix}^{\mathrm{T}} \begin{bmatrix} 1.5m & 0 & 0 \\ 0 & m & 0 \\ 0 & 0 & 1.5m \end{bmatrix} \begin{bmatrix} 1 \\ 1.777 \\ 2.288 \end{bmatrix} = 12.510m$$

$$\bar{m}_2 = \boldsymbol{Y}^{(2)\mathrm{T}} \boldsymbol{M} \boldsymbol{Y}^{(2)} = \begin{bmatrix} 1 \\ 0.391 \\ -0.638 \end{bmatrix}^{\mathrm{T}} \begin{bmatrix} 1.5m & 0 & 0 \\ 0 & m & 0 \\ 0 & 0 & 1.5m \end{bmatrix} \begin{bmatrix} 1 \\ 0.391 \\ -0.638 \end{bmatrix} = 2.264m$$

$$\bar{m}_3 = \boldsymbol{Y}^{(3)\mathrm{T}} \boldsymbol{M} \boldsymbol{Y}^{(3)} = \begin{bmatrix} 1 \\ -2.166 \\ 0.683 \end{bmatrix}^{\mathrm{T}} \begin{bmatrix} 1.5m & 0 & 0 \\ 0 & m & 0 \\ 0 & 0 & 1.5m \end{bmatrix} \begin{bmatrix} 1 \\ -2.166 \\ 0.683 \end{bmatrix} = 6.892m$$

$$\bar{F}_{\mathrm{P}1}(t) = \boldsymbol{Y}^{(1)\mathrm{T}} \boldsymbol{F}_{\mathrm{P}}(t) = \begin{bmatrix} 1 \\ 1.777 \\ 2.288 \end{bmatrix}^{\mathrm{T}} \begin{bmatrix} 1.5m \\ m \\ 1.5m \end{bmatrix} Y\theta^2 \sin(\theta t) = 6.709mY\theta^2 \sin(\theta t)$$

$$\bar{F}_{\mathrm{P}2}(t) = \boldsymbol{Y}^{(2)\mathrm{T}} \boldsymbol{F}_{\mathrm{P}}(t) = \begin{bmatrix} 1 \\ 0.391 \\ -0.638 \end{bmatrix}^{\mathrm{T}} \begin{bmatrix} 1.5m \\ m \\ 1.5m \end{bmatrix} Y\theta^2 \sin(\theta t) = 0.934mY\theta^2 \sin(\theta t)$$

$$\bar{F}_{\mathrm{P}3}(t) = \boldsymbol{Y}^{(3)\mathrm{T}} \boldsymbol{F}_{\mathrm{P}}(t) = \begin{bmatrix} 1 \\ -2.166 \\ 0.683 \end{bmatrix}^{\mathrm{T}} \begin{bmatrix} 1.5m \\ m \\ 1.5m \end{bmatrix} Y\theta^2 \sin(\theta t) = 0.359mY\theta^2 \sin(\theta t)$$

以下参照单自由度体系在简谐荷载下强迫振动的相关公式来确定正则坐标 $\boldsymbol{\eta}(t)$。
由式(9-11)可知，$\eta_1(t)$ 应满足运动微分方程：

$$\ddot{\eta}_1 + \omega_1^2 \eta_1 = \frac{\bar{F}_{\mathrm{P}1}(t)}{\bar{m}_1}$$

其稳态反应为

$$\begin{aligned}
\eta_1(t) &= \frac{6.709mY\theta^2}{\bar{m}_1(\omega_1^2 - \theta^2)} \sin(\theta t) \\
&= \frac{6.709 \times 2 \times 10^5\,\mathrm{kg} \times 0.1\,\mathrm{m} \times 10^2\,\mathrm{rad}^2/\mathrm{s}^2}{12.510 \times 2 \times 10^5\,\mathrm{kg} \times \left(0.386^2 \times \dfrac{200 \times 10^6\,\mathrm{N/m}}{2 \times 10^5\,\mathrm{kg}} - 10^2\,\mathrm{rad}^2/\mathrm{s}^2\right)} \sin(\theta t) = 0.109 \sin(\theta t)\,\mathrm{m}
\end{aligned}$$

同理

$$\begin{aligned}
\eta_2(t) &= \frac{0.934mY\theta^2}{\bar{m}_2(\omega_2^2 - \theta^2)} \sin(\theta t) \\
&= \frac{0.934 \times 2 \times 10^5\,\mathrm{kg} \times 0.1\,\mathrm{m} \times 10^2\,\mathrm{rad}^2/\mathrm{s}^2}{2.264 \times 2 \times 10^5\,\mathrm{kg} \times \left(1.036^2 \times \dfrac{200 \times 10^6\,\mathrm{N/m}}{2 \times 10^5\,\mathrm{kg}} - 10^2\,\mathrm{rad}^2/\mathrm{s}^2\right)} \sin(\theta t) = 0.004 \sin(\theta t)\,\mathrm{m}
\end{aligned}$$

$$\eta_3(t) = \frac{0.359mY\theta^2}{\bar{m}_3(\omega_3^2 - \theta^2)}\sin(\theta t)$$

$$= \frac{0.359 \times 2 \times 10^5 \text{ kg} \times 0.1 \text{ m} \times 10^2 \text{ rad}^2/\text{s}^2}{6.892 \times 2 \times 10^5 \text{ kg} \times \left(1.666^2 \times \dfrac{200 \times 10^6 \text{ N/m}}{2 \times 10^5 \text{ kg}} - 10^2 \text{ rad}^2/\text{s}^2\right)}\sin(\theta t) = 0.0002\sin(\theta t) \text{ m}$$

将以上正则坐标代入式 (9-60) 可求得各楼层相对于地面的位移 $y_i(t)$ 为

$$\begin{bmatrix} y_1 \\ y_2 \\ y_3 \end{bmatrix} = \begin{bmatrix} 1 & 1 & 1 \\ 1.777 & 0.391 & -2.166 \\ 2.288 & -0.638 & 0.683 \end{bmatrix} \begin{bmatrix} 0.109 \\ 0.004 \\ 0.0002 \end{bmatrix} \sin(\theta t) \text{ m} = \begin{bmatrix} 0.113 \\ 0.195 \\ 0.247 \end{bmatrix} \sin(\theta t) \text{ m}$$

例 9-6 中各正则坐标之间的比值 $\eta_1(t):\eta_2(t):\eta_3(t) = 1:0.037:0.002$，这说明了在地面运动作用下多自由度体系强迫振动的以下重要特点：从正则坐标的角度分析，较低频率相应的振型对体系动力反应的贡献远大于较高频率相应振型的贡献。而且，在有阻尼存在时，高振型反应的衰减速度又要比低振型反应迅速得多。因此，在用振型叠加法分析时，通常只需考虑前几个振型对动力反应的贡献，就可以满足对实际工程问题的精度要求。上述基本概念在工程抗震分析与设计中有着重要的作用。

9.7　无限自由度体系的振动

实际结构都是质量连续分布的变形体，都属于无限自由度体系。因此，实际连续体的运动方程除包含时间变量外，还需包含位置坐标变量，于是就形成了偏微分方程。梁是工程中最常用的结构构件之一。下面就以等截面弹性直梁的弯曲振动为例，讨论无限自由度体系的振动方程及其动力特性。

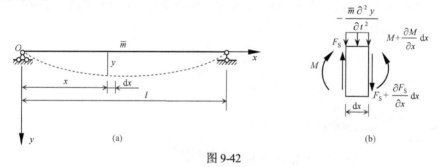

图 9-42

设图 9-42 (a) 所示的等截面梁的均布自重为 p，则线分布质量为 $\bar{m} = p/g$。横向位移 y 和荷载集度都取向下为正，惯性力的集度可表示为

$$q = -\bar{m}\frac{\partial^2 y}{\partial t^2}$$

考察自由振动时直梁微段的动力平衡 (图 9-42 (b))，可导出梁的平衡微分方程为

$$EI\frac{\mathrm{d}^4 y}{\mathrm{d}x^4} = q$$

于是，等截面梁弯曲自由振动的运动方程为

$$EI\frac{\mathrm{d}^4 y}{\mathrm{d}x^4} + \bar{m}\frac{\partial^2 y}{\partial t^2} = 0 \tag{9-74}$$

式(9-74)为偏微分方程，$y(x,t)$ 是坐标 x 和时间 t 的函数。通常，离散系统振动的运动方程是常微分方程(组)，而连续系统振动的运动方程是偏微分方程(组)。

自由振动方程(9-74)可采用分离变量法求解，即假设 $y(x,t)$ 可表达为以 x 为自变量的函数 $Y(x)$ 与以 t 为自变量的函数 $T(t)$ 的乘积，即

$$y(x,t) = Y(x)T(t) \tag{a}$$

将式(a)代入方程(9-74)中，可得

$$EIY^{\mathrm{IV}}(x)T(t) + \bar{m}Y(x)\ddot{T}(t) = 0$$

或写为

$$\frac{EIY^{\mathrm{IV}}(x)}{\bar{m}Y(x)} = -\frac{\ddot{T}(t)}{T(t)}$$

其中，$Y^{\mathrm{IV}}(x) = \dfrac{\mathrm{d}^4 Y(x)}{\mathrm{d}x^4}$。由于上式等号左边只与 x 相关，等号右边则只与 t 相关，要维持恒等关系，两边必须等于同一个常数。设 ω^2 为这个常数，可得以下两个独立的常微分方程：

$$\ddot{T}(t) + \omega^2 T(t) = 0 \tag{b}$$
$$Y^{\mathrm{IV}}(x) - \lambda^4 Y(x) = 0 \tag{c}$$

其中，

$$\lambda = \sqrt[4]{\frac{\omega^2 \bar{m}}{EI}} \quad \text{或} \quad \omega = \lambda^2 \sqrt{\frac{EI}{\bar{m}}} \tag{d}$$

式(b)的形式与单自由度体系自由振动微分方程(9-2)相似，其通解为

$$T(t) = C_1 \sin(\omega t) + C_2 \cos(\omega t)$$

或

$$T(t) = a \sin(\omega t + \alpha)$$

因此，方程(9-74)的解可表示为

$$y(x,t) = Y(x)\sin(\omega t + \alpha) \tag{e}$$

其中，常数 a 已并入待定函数 $Y(x)$ 中。由式(e)可见，具有均布质量的直梁的自由振动是以 ω 为频率的简谐振动，而 $Y(x)$ 即为其振幅曲线。

根据常微分方程的理论，式(c)的通解可表示为

$$Y(x) = C_1 \cosh(\lambda x) + C_2 \sinh(\lambda x) + C_3 \cos(\lambda x) + C_4 \sin(\lambda x) \tag{9-75}$$

其中，$C_1 \sim C_4$ 为待定常数。根据梁的边界条件可写出关于 $C_1 \sim C_4$ 的四个齐次方程。根据上述齐次方程系数行列式为零的非零解条件，可以得到确定 λ 的特征方程。然后，便可由式(d)求得体系的自振频率 ω。对于无限自由度体系，特征方程有无限多个解，因此可求得无限多个自振频率。对于每一个自振频率，由式(e)给出了方程(9-74)的一个特解，并可求得此时 C_1、C_2、C_3、C_4 的一组比值，并由式(9-75)得到其相应的一个主振型 $Y_n(x)$。

无限自由度体系自由振动方程(9-74)位移反应的全解为各特解的叠加，可表示为

$$y(x,t) = \sum_{n=1}^{\infty} a_n Y_n(x)\sin(\omega_n t + \alpha_n) \tag{9-76}$$

其中，待定常数 a_n 和 α_n 需由初始条件确定。

根据功的互等定理，上述无限自由度体系主振型的第一正交性(关于质量分布的正交性)条

件和第二正交性(关于刚度分布的正交性)条件可分别表示为

$$\int_0^l \bar{m} Y_i(x) Y_j(x) \mathrm{d}x = 0 \quad (i \neq j) \tag{9-77}$$

$$\int_0^l \frac{\mathrm{d}^2}{\mathrm{d}x^2}\left[EI \frac{\mathrm{d}^2 Y_i(x)}{\mathrm{d}x^2} \right] Y_j(x) \mathrm{d}x = 0 \quad (i \neq j) \tag{9-78}$$

由于等截面直梁的线分布质量 $\bar{m}$ 和抗弯刚度 EI 为常数,因此无限自由度体系主振型的第一正交性和第二正交性条件可简化为

$$\int_0^l Y_i(x) Y_j(x) \mathrm{d}x = 0 \quad (i \neq j) \tag{9-79}$$

$$\int_0^l \frac{\mathrm{d}^4 Y_i(x)}{\mathrm{d}x^4} Y_j(x) \mathrm{d}x = 0 \quad (i \neq j) \tag{9-80}$$

实际上,和多自由度离散系统强迫振动分析类似,弹性连续体的动力反应分析同样可利用主振型的正交性对无限自由度系统进行解耦,进而采用振型叠加法求解,工程应用中通常只需选取关键的前 n 阶振型反应计算即可。而且,振型叠加法中的振型向量张成的模态空间即为泛函分析中讨论的希尔伯特空间。应该注意,连续体无限自由度体系动力分析的振型叠加法和多自由度体系的振型叠加法一脉相承,体现了离散系统和连续系统力学规律的内在统一性及其分析方法的普遍适应性。

例 9-7　试求图 9-43(a)所示等截面简支梁发生横向弯曲振动时的自振频率和振型。

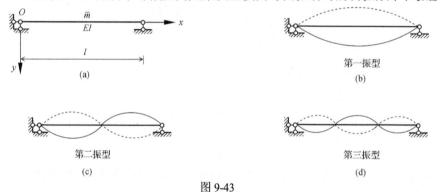

图 9-43

解:将梁左端的边界条件 $Y(0) = 0$ 和 $Y''(0) = 0$ 代入式(9-75)中,可解得 $C_1 = C_3 = 0$。于是,振幅曲线便简化为

$$Y(x) = C_2 \sinh(\lambda x) + C_4 \sin(\lambda x)$$

梁右端的边界条件为 $Y(l) = 0$ 和 $Y''(l) = 0$,代入上式即得一组关于 C_2、C_4 的齐次方程:

$$\begin{cases} C_2 \sinh(\lambda l) + C_4 \sin(\lambda l) = 0 \\ C_2 \sinh(\lambda l) - C_4 \sin(\lambda l) = 0 \end{cases}$$

由上述方程取得非零解的条件,得

$$\begin{vmatrix} \sinh(\lambda l) & \sin(\lambda l) \\ \sinh(\lambda l) & -\sin(\lambda l) \end{vmatrix} = 0$$

可得

$$\sinh(\lambda l) \cdot \sin(\lambda l) = 0$$

其中,$\sinh(\lambda l) = 0$ 的解仍为零解,因为由此将导致 $\lambda = 0$ 和 $Y(x) = 0$ 的结果,故只需考虑 $\sinh(\lambda l) \neq 0$ 的情况。于是特征方程为

$$\sin(\lambda l) = 0$$

它有无限多个特征根：

$$\lambda_n = \frac{n\pi}{l} \quad (n = 1, 2, \cdots)$$

相应的自振频率为

$$\omega_n = \frac{n^2\pi^2}{l^2}\sqrt{\frac{EI}{\overline{m}}} \quad (n = 1, 2, \cdots)$$

对于矩形截面简支梁 $I = \dfrac{bh^3}{12}$，$\overline{m} = \rho bh$，将其代入上式，可得到第 n 个自振频率：

$$\omega_n = \frac{n^2\pi^2}{\sqrt{12}l} \cdot \frac{h}{l} \cdot \sqrt{\frac{E}{\rho}}$$

由此可见，矩形截面简支梁的第 n 个自振频率与其跨度 l 成反比，与高跨比 h/l 成正比，也与 $\sqrt{\dfrac{E}{\rho}}$ 成正比。

将 $\sin(\lambda_n l) = 0$ 的条件代入上述齐次方程组中的任一式中，可得 $C_2 = 0$。则由振幅曲线的简化式可得

$$Y_n(x) = C_4\sin\frac{n\pi x}{l} \quad (n = 1, 2, \cdots)$$

即可画出其中前三个振型如图 9-43(b)、(c)、(d)所示。值得指出，梁的振型函数曲线(第一振型除外)均与轴线相交，这些点在按相应的振型振动时是静止不动的，称为节点。振型节点的数目等于振型序号 n 减 1，相邻振型的各个节点的位置不会重合而是相互交错排列。对于具有足够约束不发生刚体位移的结构体系，节点的个数和排列的上述规律总是适用的。

上述分析体现了一般无限自由度体系自由振动的基本概念：①无限自由度体系的自由振动有无限多个自振频率，对应无限多个主振型。②当结构对称时，主振型是对称或反对称的，其中较低自振频率所对应的主振型相应的体系应变能较小。

习　题

9-1　试求图示体系的自振频率。

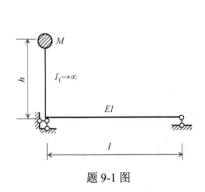
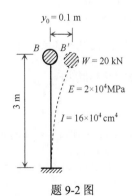

題 9-1 图　　　　　　　　　題 9-2 图

9-2 设图示竖杆顶端在振动开始时的初位移为 0.1 cm（被拉到位置 B' 后放松引起振动）。试求顶端 B 的位移振幅、最大速度和加速度。

9-3 试求图示排架的水平自振周期。柱的重量已简化到顶部，与屋盖重合在一起。

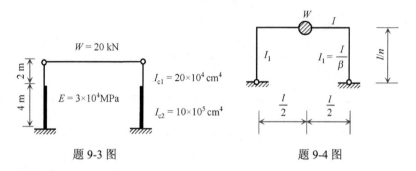

题 9-3 图　　　　　　　　　　　　　　题 9-4 图

9-4 图示刚架跨中有集中重量 W，刚架自重不计，弹性模量为 E。试求竖向振动时的自振频率。

9-5 试求图示梁的最大竖向位移和 A 端弯矩幅值。已知 $W=10$ kN，$F_P=2.5$ kN，$E=2×10^5$ MPa，$I=1130$ cm^4，$\theta=57.6$ s^{-1}，$l=150$ cm。

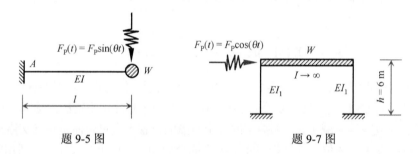

题 9-5 图　　　　　　　　　　　　　　题 9-7 图

9-6 设一个单自由度的体系，其自振周期为 T，所受荷载为

$$\begin{cases} F_P(t) = F_{P0}\sin\dfrac{\pi t}{T} & (0 \leqslant t \leqslant T) \\ F_P(t) = 0 & (t > T) \end{cases}$$

试求质点的最大位移及其出现的时间（结果用 F_{P0}、T 和弹簧刚度 k 表示）。

9-7 图示结构在柱顶有电动机，试求电动机转动时的最大水平位移和柱端弯矩的幅值。已知电动机和结构的重量集中于柱顶，$W=20$ kN，电动机水平离心力的幅值 $F_P=250$ N，电动机转速 $n=550$ r/min，柱的线刚度 $i = EI_1 / h = 5.88×10^8$ N·cm。

9-8 设一个自振周期为 T 的单自由度体系，承受图示直线渐增荷载 $F_P(t) = F_P \dfrac{t}{\tau}$ 作用。试求：

(a) $t=\tau$ 时的振动位移值 $y(\tau)$。

(b) 当 $\tau = \dfrac{3}{4}T$、$\tau = T$、$\tau = 1\dfrac{1}{4}T$、$\tau = 4\dfrac{3}{4}T$、$\tau = 5T$、$\tau = 5\dfrac{1}{4}T$、$\tau = 9\dfrac{3}{4}T$、$\tau = 10T$、$\tau = 10\dfrac{1}{4}T$ 时，

分别计算动位移和静位移的比值 $\dfrac{y(\tau)}{y_{st}}$。静位移 $y_{st} = \dfrac{F_P}{k}$，k 为体系的刚度系数。

(c) 从以上的计算结果，可以得到怎样的结论？

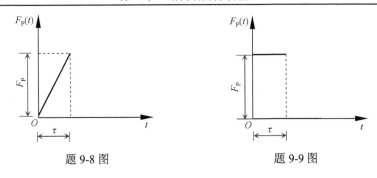

题 9-8 图　　　　　　　　　　　　题 9-9 图

9-9　设一个自振周期为 T 的单自由度体系，承受图示突加荷载作用。试求：

(a) 求任意时刻 t 的位移 $y(t)$。

(b) 证明：当 $\tau < 0.5T$ 时，最大位移发生在时刻 $t > \tau$ 时 (即卸载后)；当 $\tau > 0.5T$ 时，最大位移发生在 $t < \tau$ 时刻 (即卸载前)。

(c) 当 $\tau = 0.1T$、$\tau = 0.2T$、$\tau = 0.3T$、$\tau = 0.5T$ 时，求最大位移 y_{max} 与静位移 $y_{st} = \dfrac{F_P}{k}$ 的比值。

(d) 证明：$\dfrac{y_{max}}{y_{st}}$ 的最大值为 2；当 $\tau < 0.1T$ 时，可按瞬时冲量计算，误差不大。

9-10　图示结构中柱的质量集中在刚性横梁上，$m=5$ t，$EI=7.2 \times 10^4$ kN·m²，突加荷载 $F_P(t)=10$ kN。试求柱顶最大位移及所发生的时间，并画动弯矩图。

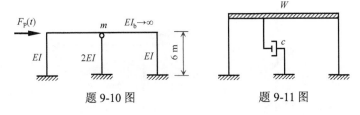

题 9-10 图　　　　　　　　　　题 9-11 图

9-11　通过图示结构做自由振动实验。用油压千斤顶使横梁产生侧向位移，当梁侧移 0.49 cm 时，需加侧向力 90.698 kN。在此初位移状态下放松横梁，经过一个周期 ($T=1.40$ s) 后，横梁最大位移仅为 0.392 cm。试求：

(a) 结构的重量 W (假设重量集中于横梁上)。

(b) 阻尼比。

(c) 振动 6 周后的位移振幅。

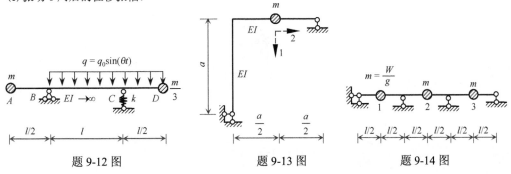

题 9-12 图　　　　　　　　题 9-13 图　　　　　　　　题 9-14 图

9-12　试求图示体系中弹簧支座的最大动反力。已知 q_0、$\theta(\neq \omega)$、m 和弹簧刚度系数 k，$EI \to \infty$。

9-13　试求图示刚架的自振频率和主振型。

9-14　试求图示三跨梁的自振频率和主振型。已知 $l=100$ cm，$W=1000$ N，$I=68.82$ cm^4，$E=2\times10^5$ MPa。

9-15　试求图示两层刚架的自振频率和主振型。设楼面质量分别为 $m_1=120$ t 和 $m_2=100$ t，柱的质量已集中于横面。柱的线刚度分别为 $i_1=20\times10^6$ N·m 和 $i_2=14\times10^6$ N·m，横梁刚度为无限大。

9-16　图示刚架各横梁为无限刚性，试求横梁处的位移幅值和柱端弯矩幅值。已知 $m=100$ t，$l=5$ m，$EI=5\times10^5$ kN·m^2；简谐荷载幅值 $F=30$ kN，每分钟振动 240 次；忽略阻尼的影响。

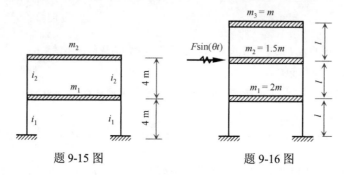

题 9-15 图　　　　　　题 9-16 图

9-17　求图示体系中质点 1 及质点 2 的振幅。①$m_1=184.23$ t，$m_2=30.80$ t，$k_1=4277.16\times10^3$ kN/m，$k_2=2104.24\times10^3$ kN/m。扰力幅 $F_P=26.39$ kN，扰频 $\omega=31.4$ rad/s（$N_0=300$ r/min），不计阻尼。②其他条件不变，扰频为 ω_1，即处于第一共振点，阻尼系数 $c=0.125$。

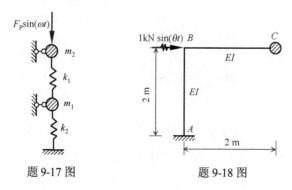

题 9-17 图　　　　　　题 9-18 图

9-18　图示结构在 B 点处有水平简谐荷载 $F_P(t)=1$ kN·$\sin(\theta t)$ 作用，试求集中质量处的最大水平位移和竖向位移，并绘制最大动力弯矩图。已知 $EI=9\times10^6$ N·m^2，设 $\theta=\sqrt{\dfrac{EI}{ml^3}}$，忽略阻尼的影响。

第 9 章习题答案

参 考 文 献

陈奎孚, 2014. 机械振动教程. 北京: 中国农业大学出版社.

季文美, 方同, 陈松淇, 1985. 机械振动. 北京: 科学出版社.

李廉锟, 2010. 结构力学. 5 版. 北京: 高等教育出版社.

刘晶波, 杜修力, 2005. 结构动力学. 北京: 机械工业出版社.

刘延柱, 陈文良, 陈立群, 1998. 振动力学. 北京: 高等教育出版社.

龙驭球, 包世华, 袁驷, 2012. 结构力学. 3 版. 北京: 高等教育出版社.

钱令希, 1994. 关于结构力学发展的思考. 计算结构力学及其应用, 11(1): 1–8.

钱令希, 2011. 超静定与静定结构学. 北京: 科学出版社.

单建, 2015. 趣味结构力学. 2 版. 北京: 高等教育出版社.

单建, 吕令毅, 2011. 结构力学. 2 版. 南京: 东南大学出版社.

王焕定, 章梓茂, 景瑞, 2010. 结构力学. 3 版. 北京: 高等教育出版社.

武际可, 2010. 力学史. 上海: 上海辞书出版社.

阎军, 杨春秋, 2014. 计算结构力学. 北京: 科学出版社.

杨迪雄, 程耿东, 译, 2015. 铁摩辛柯奖获得者演讲集. 大连: 大连理工大学出版社.

张亚辉, 林家浩, 2007. 结构动力学基础. 大连: 大连理工大学出版社.

钟万勰, 丁殿明, 程耿东, 1989. 计算结构力学: 杆件结构. 北京: 高等教育出版社.

朱慈勉, 张伟平, 2016. 结构力学. 3 版. 北京: 高等教育出版社.

GHALI A, NEVILLE A M, BROWN T G, 2003. Structural analysis: a unified classical and matrix approach. 5th ed. New York: Spon Press.

HIBBELER R C, 2012. Structural analysis. 8th ed. New Jersey: Prentice-Hall, Inc.

KURRER K E, 2008. The history of the theory of structures: from arch analysis to computational mechanics. Berlin: Ernst & Sohn Verlag.

TIMOSHENKO S P, 1983. History of strength of materials. New York: Dover Publications, Inc.

TIMOSHENKO S P, YOUNG D H, 1965. Theory of structures. 2nd ed. New York: McGraw-Hill.

YANG D X, CHEN G H, DU Z L, 2015. Direct kinematic method for exactly constructing influence lines of forces of statically indeterminate structures. Structural Engineering and Mechanics, 54(4): 793-807.

附录 平面结构分析矩阵位移法 MATLAB 程序

例 1 平面桁架分析(书中 8.6.1 节例 8-3)

1. 程序流程图

附图 1 展示了例 1 平面桁架分析矩阵位移法 MATLAB 程序的流程图，其中材料属性等基本信息需要在一开始定义，这里采用符号变量进行符号运算，从而可以赋任意值。对于桁架而言，其单元刚度矩阵的维数是 4。采用前处理法施加位移边界条件，利用直接刚度法集成整体刚度矩阵，并计算等效结点荷载，然后求解矩阵位移法基本方程。求得结点位移之后，进而得到杆件单元的内力。

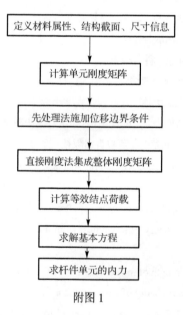

附图 1

2. 变量说明

程序中的变量定义如附表 1 所示。

附表 1 程序中的变量定义

变量	含义
E	杨氏模量
A	杆件截面积
L	杆件长度
k1, k2, k3, k4, k5, k6	立柱、横梁的单元刚度矩阵

变量	含义
T1, T2, T3, T4, T5, T6	坐标转换矩阵
K	整体刚度矩阵
F	荷载列向量
U	全部结点位移向量
U1, U2, U3, U4, U5, U6	单元节点位移
F1, F2, F3, F4, F5, F6	单元节点力向量

3. MATLAB 源代码

```
%版权所有：大连理工大学
%矩阵位移法 MATLAB 程序实现
%求解过程如下：
%-----------------------------------------
syms E A l
k1_loc=E*A/l*[1 0 -1 0; 0 0 0 0; -1 0 1 0; 0 0 0 0];
k2_loc=k1_loc;
k3_loc=k1_loc;
k4_loc=k1_loc;
k5_loc=E*A/l*[1/sqrt(2) 0 -1/sqrt(2) 0; 0 0 0 0 ;...
    -1/sqrt(2) 0 1/sqrt(2) 0; 0 0 0 0];
k6_loc=k5_loc;
T2=eye(4);
k2=T2'*k2_loc*T2;
T4=T2;
k4=k2;
T1=[0 1 0 0;-1 0 0 0;0 0 0 1;0 0 -1 0];
k1=T1'*k1_loc*T1;
T3=T1;
k3=k1;
T5=sqrt(2)/2*[1 1 0 0;-1 1 0 0;0 0 1 1;0 0 -1 0];
k5=T5'*k5_loc*T5;
T6=sqrt(2)/2*[-1 1 0 0; -1 -1 0 0;0 0 -1 1;0 0 -1 -1];
k6=T6'*k6_loc*T6;
%直接叠加法集成整体刚度矩阵
%各个单元的定位向量分别为
d1=[1 2 0 0];
d2=[1 2 3 4];
d3=[3 4 0 0];
d4=[0 0 0 0];
d5=[1 2 0 0];
d6=[3 4 0 0];
K=0*k1;
for i=1:4
```

```
    for j=1:4
      if(d1(i)==0||d1(j)==0)
        continue;
      end
      K(d1(i),d1(j))=K(d1(i),d1(j))+k1(i,j);
    end
  end
  for i=1:4
    for j=1:4
      if(d2(i)==0||d2(j)==0)
        continue;
      end
      K(d2(i),d2(j))=K(d2(i),d2(j))+k2(i,j);
    end
  end
  for i=1:4
    for j=1:4
      if(d3(i)==0||d3(j)==0)
        continue;
      end
      K(d3(i),d3(j))=K(d3(i),d3(j))+k3(i,j);
    end
  end
  for i=1:4
    for j=1:4
      if(d4(i)==0||d4(j)==0)
        continue;
      end
      K(d4(i),d4(j))=K(d4(i),d4(j))+k4(i,j);
    end
  end
  for i=1:4
    for j=1:4
      if(d5(i)==0||d5(j)==0)
        continue;
      end
      K(d5(i),d5(j))=K(d5(i),d5(j))+k5(i,j);
    end
  end
  for i=1:4
    for j=1:4
      if(d6(i)==0||d6(j)==0)
        continue;
      end
```

```
        K(d6(i),d6(j))=K(d6(i),d6(j))+k6(i,j);
    end
end
F=[10,-10 0 0]';
U=inv(K)*F;
U1=U*0;
U2=U1;
U3=U1;
U4=U1;
U5=U1;
U6=U1;
U1(3:4)=U(1:2);
U2=U;
U3(1:2)=U(3:4);
U5(1:2)=U(1:2);
U6(3:4)=U(3:4);
%对于杆1
%U1=[26.94 -14.42 0 0]';
F1=T1*k1*U1;
%杆2
%U2=[26.94 -14.42 21.36 5.58]';
F2=T2*k2*U2;
%杆3
%U3=[21.36 5.58 0 0]';
F3=T3*k3*U3;
%杆4位移为零，因此杆端力为零
%杆5
%U5=[26.94 -14.42 0 0]';
F5=T5*k5*U5;
%杆6
%U6=[21.36 5.58 0 0]';
F6=T6*k6*U6;
```

例 2　平面刚架分析(书中 8.6.2 节例 8-4)

1. 程序流程图

附图 2 给出了例 2 平面刚架分析矩阵位移法 MATLAB 程序的流程图，其中材料属性等基本信息需要在一开始定义，以便随时调用。在本例中，两根立柱的单元刚度矩阵是一样的，因此只需要计算一次，而横梁的刚度矩阵需要单独计算。依次进行位移边界条件施加、整体刚度矩阵集成以及等效结点荷载计算后，再求解矩阵位移法基本方程。求得结点位移后，进而得到杆件单元的结点力。

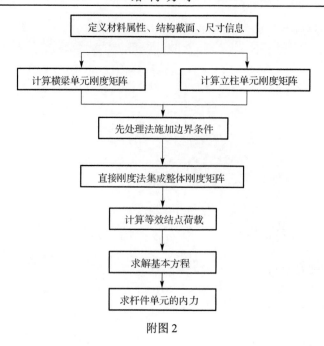

附图 2

2. 变量说明

程序中的变量定义如表 2 所示。

附表 2　程序中的变量定义

变量	含义
E	杨氏模量
A1, A2	立柱、横梁的截面积
l1, l2	立柱、横梁的长度
I1, I2	立柱、横梁的惯性矩
k1, k2	立柱、横梁的单元刚度矩阵
T	坐标转换矩阵
K	整体刚度矩阵
f	荷载列向量
U	结点位移
f1, f2, f3	单元结点力向量

3. MATLAB 源代码

```
%版权所有：大连理工大学
%矩阵位移法 MATLAB 程序实现
%求解过程如下：
%-----------------------------------------
clc
E=1;
%对于单元 1 和 3
A1=0.5;
```

```
l1=6;
I1=1/24;
%对于横梁
A2=0.63;
I2=1/12;
l2=12;
%立柱的单元刚度矩阵
k1=zeros(6,6);
k1(1,1)=E*A1/l1;
k1(1,4)=-E*A1/l1;
k1(2,2)=12*E*I1/l1^3;
k1(2,3)=6*E*I1/l1^2;
k1(2,5)=-12*E*I1/l1^3;
k1(2,6)=6*E*I1/l1^2;
k1(3,2)=6*E*I1/l1^2;
k1(3,3)=4*E*I1/l1;
k1(3,5)=-6*E*I1/l1^2;
k1(3,6)=2*E*I1/l1;
k1(4,1)=-E*A1/l1;
k1(4,4)=E*A1/l1;
k1(5,2)=-12*E*I1/l1^3;
k1(5,3)=-6*E*I1/l1^2;
k1(5,5)=12*E*I1/l1^3;
k1(5,6)=-6*E*I1/l1^2;
k1(6,2)=6*E*I1/l1^2;
k1(6,3)=2*E*I1/l1;
k1(6,5)=-6*E*I1/l1^2;
k1(6,6)=4*E*I1/l1;
%对于横梁的单元刚度矩阵
k2=zeros(6,6);
k2(1,1)=E*A2/l2;
k2(1,4)=-E*A2/l2;
k2(2,2)=12*E*I2/l2^3;
k2(2,3)=6*E*I2/l2^2;
k2(2,5)=-12*E*I2/l2^3;
k2(2,6)=6*E*I2/l2^2;
k2(3,2)=6*E*I2/l2^2;
k2(3,3)=4*E*I2/l2;
k2(3,5)=-6*E*I2/l2^2;
k2(3,6)=2*E*I2/l2;
k2(4,1)=-E*A2/l2;
k2(4,4)=E*A2/l2;
k2(5,2)=-12*E*I2/l2^3;
k2(5,3)=-6*E*I2/l2^2;
```

```
k2(5,5)=12*E*I2/l2^3;
k2(5,6)=-6*E*I2/l2^2;
k2(6,2)=6*E*I2/l2^2;
k2(6,3)=2*E*I2/l2;
k2(6,5)=-6*E*I2/l2^2;
k2(6,6)=4*E*I2/l2;
%对于立柱，旋转角为90°，因此转换矩阵为
cosA=0;
sinA=1;
T1=zeros(6,6);
T1(1,1:2)=[cosA sinA];
T1(2,1:2)=[-sinA cosA];
T1(3,3)=1;
T1(4,4:5)=[cosA sinA];
T1(5,4:5)=[-sinA cosA];
T1(6,6)=1;
%其整体坐标系下的单元刚度矩阵为：
K1=T1'*k1*T1;
K3=K1;
%对于横梁，旋转角为0，因此整体坐标系下的单元刚度矩阵等于
%局部坐标系下的单元刚度矩阵
K2=k2;
%直接刚度法集成整体刚度矩阵
%三个单元的定位向量分别为
d1=[1 2 3 0 0 0];
d2=[1 2 3 4 5 6];
d3=[4 5 6 0 0 0];
K=zeros(6,6);
for i=1:6
  for j=1:6
    if(d1(i)==0||d1(j)==0)
      continue;
    end
    K(d1(i),d1(j))=K(d1(i),d1(j))+K1(i,j);
  end
end
for i=1:6
  for j=1:6
    if(d2(i)==0||d2(j)==0)
      continue;
    end
    K(d2(i),d2(j))=K(d2(i),d2(j))+K2(i,j);
  end
end
```

```
for i=1:6
  for j=1:6
    if(d3(i)==0||d3(j)==0)
      continue;
    end
    K(d3(i),d3(j))=K(d3(i),d3(j))+K3(i,j);
  end
end
%局部坐标系下单元1对应的等效结点荷载为
q=-1;
f1=zeros(6,1);
f1(1)=0;
f1(2)=-q*l1*0.5;
f1(3)=-q*l1^2/12*(6-8+3);
f1(4)=0;
f1(5)=-q*l1*0.5;
f1(6)=q*l1^2/12*(6-8+3);
%将等效结点荷载列向量转换到整体坐标系中
F1=-T1'*f1;
%叠加到结构结点荷载列向量
F=zeros(6,1);
F(1:3)=F1(1:3);
%求解整体坐标系下的结点位移
U=inv(K)*F;
%求解单元1结点力
U1=zeros(6,1);
U1(1:3)=U(1:3);
f1=T1*(K1*U1-F1);
%单元2结点力
U2=U;
f2=K2*U2;
%单元3结点力
U3=zeros(6,1);
U3(1:3)=U(4:6);
f3=T1*K3*U3;
```

例3 组合结构分析(书中 8.6.3 节例 8-5)

1. 程序流程图

附图3给出了例3组合结构分析矩阵位移法 MATLAB 程序的流程图,其中材料属性等基本信息需要在一开始定义,这里采用符号变量进行符号运算,从而可以赋任意值。

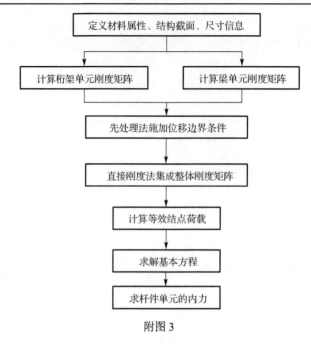

附图 3

2. 变量说明

程序中的变量定义如附表 3 所示。

附表 3　程序中的变量定义

变量	含义
E	杨氏模量
A	杆件截面积
L	杆件长度
k1, k2, k3, k4, k5	立柱、横梁的单元刚度矩阵
T1, T2, T3, T4, T5	坐标转换矩阵
K	整体刚度矩阵
F	荷载列向量
U	全部节点位移向量
U1, U2, U3, U4, U5	单元节点位移

3. MATLAB 源代码

```
%版权所有：大连理工大学
%矩阵位移法 MATLAB 程序实现
%求解过程如下：
%----------------------------------------
syms E I
A=I/20;
k1_loc=E*I/20*[2 0 0 -2 0 0;0 0.03 0.3 0 -0.03 0.3; 0 0.3 4 0 -0.3 2;...
    -2 0 0 2 0 0; 0 -0.03 -0.3 0 0.03 -0.3;0 0.3 2 0 -0.3 4];
k2_loc=k1_loc;
```

```
k3_loc=k1_loc;
k4_loc=E*A*[0.04 0 -0.04 0; 0 0 0 0; -0.04 0 0.04 0; 0 0 0 0];
k5_loc=k4_loc;
T1=eye(4);
T2=T1;
T3=T1;
k1=k1_loc;
k2=k2_loc;
k3=k3_loc;
T4=[0.8 0.6 0 0; -0.6 0.8 0 0; 0 0 0.8 0.6; 0 0 -0.6 0.8];
k4=T4'*k4_loc*T4;
T5=[0.8 -0.6 0 0; 0.6 0.8 0 0; 0 0 0.8 -0.6; 0 0 0.6 0.8];
k5=T5'*k5_loc*T5;
%直接刚度法
%单元定位向量
d1=[0 0 0 1 2 3];
d2=[1 2 3 4 5 6];
d3=[4 5 6 0 0 0];
d4=[0 0 1 2];
d5=[4 5 0 0];
K=k1*0;
for i=1:6
  for j=1:6
    if(d1(i)==0||d1(j)==0)
      continue;
    end
    K(d1(i),d1(j))=K(d1(i),d1(j))+k1(i,j);
  end
end
for i=1:6
  for j=1:6
    if(d2(i)==0||d2(j)==0)
      continue;
    end
    K(d2(i),d2(j))=K(d2(i),d2(j))+k2(i,j);
  end
end
for i=1:6
  for j=1:6
    if(d3(i)==0||d3(j)==0)
      continue;
    end
    K(d3(i),d3(j))=K(d3(i),d3(j))+k3(i,j);
  end
end
for i=1:4
  for j=1:4
```

```
        if(d4(i)==0||d4(j)==0)
          continue;
        end
        K(d4(i),d4(j))=K(d4(i),d4(j))+k4(i,j);
      end
    end
    for i=1:4
      for j=1:4
        if(d5(i)==0||d5(j)==0)
          continue;
        end
        K(d5(i),d5(j))=K(d5(i),d5(j))+k5(i,j);
      end
    end
    F2=[0 100 333 0 100 -333]';
    F=F2;
    U=inv(K)*F;
```

例 4　平面刚架分析（书中 8.5.2 节例 8-2）

1. 程序流程图

在给定整体坐标系下的单元刚度矩阵的情况下，本例重点关注整体刚度矩阵集成、基本方程求解的重要步骤。其矩阵位移法程序流程如附图 4

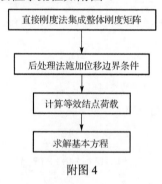

附图 4

2. 变量说明

程序中的变量定义如附表 4 所示。

附表 4　程序中的变量定义

变量	含义
k1, k2	整体坐标系下的单元刚度矩阵
K	整体刚度矩阵
F	荷载列向量
U	全部结点位移向量
U1, U2, U3, U4, U5	单元结点位移

3.　MATLAB 源代码

```
%版权所有：大连理工大学
%矩阵位移法 MATLAB 程序实现
%求解过程如下：
%------------------------------------------------
k1=1.E4*[300 0 0 -300 0 0; 0 12 30 0 -12 30; 0 30 100 0 -30 50;...
    -300 0 0 300 0 0; 0 -12 -30 0 12 -30;0 30 50 0 -30 100];
k2=1.E4*[12 0 -30 -12 0 -30;0 300 0 0 -300 0; -30 0 100 30 0 50;...
    -12 0 30 12 0 30; 0 -300 0 0 300 0; -30 0 50 30 0 100];
%直接刚度法
%单元定位向量
d1=[1 2 3 4 5 6];
d2=[1 2 3 7 8 9];
K=zeros(9,9);
for i=1:6
  for j=1:6
    if(d1(i)==0||d1(j)==0)
      continue;
    end
    K(d1(i),d1(j))=K(d1(i),d1(j))+k1(i,j);
  end
end
for i=1:6
  for j=1:6
    if(d2(i)==0||d2(j)==0)
      continue;
    end
    K(d2(i),d2(j))=K(d2(i),d2(j))+k2(i,j);
  end
end
K([4,5,7:9],:)=[];
K(:,[4,5,7:9])=[];
F1=[0 12 10 0 12 -10]';
F2=[4 0 -5 4 0 5]';
F=zeros(9,1);
F(1:6)=F(1:6)+F1;
F(1:3)=F(1:3)+F2(1:3);
F(7:9)=F(7:9)+F2(4:6);
F([4,5,7:9])=[];
U=inv(K)*F;
```

索　引

B

板壳结构　plate and shell structures　2

半边结构　half structure　131

必要约束　necessary constraint　15

变形连续条件　compatibility condition of deformation　168

变形体的虚功原理　principle of virtual work for deformable body　80

C

常变体系　constantly unstable system　15

超静定次数　degree of indeterminacy　110

超静定结构　statically indeterminate structure　7

超静定结构的位移　displacement of statically indeterminate structure　146

冲击荷载　impulsive load　268

初始相位角　initial phase angle　274

D

达朗贝尔原理　d'Alembert's principle　267

带拉杆的两铰拱　two-hinged arch with tension bar　137

单位荷载法　unit load method　85

单元定位向量　element localization vector　239

单元分析　element analysis　228

单元刚度方程　element stiffness equation　230

单元刚度矩阵　element stiffness matrix　231

单自由度体系　single degree of freedom system　272

等效结点荷载　equivalent nodal load　244

第一频率　first frequency　294

第一振型　first mode shape　294

动力荷载　dynamic load　7

动力系数　dynamic magnification factor　279

动力系数反应谱　spectrum of magnification factor　283

动力自由度　dynamic degree of freedom　269

杜哈梅积分　Duhamel's integral　280

对称荷载　symmetrical load　127

对称结构　symmetrical structure　126

多跨静定梁　multi-span statically determinate beam　34

多余约束　redundant restraint　15

E

二元体　binary system　17

F

反对称荷载　antisymmetrical load　127

反力互等定理　theorem of reciprocal reactions　104

分段叠加法 sectional superposition method　32

G

杆系结构　structure of framed system　2

刚臂　rigid arm　140

刚度法　stiffness method　158

刚度方程　stiffness equation　158

刚度矩阵　stiffness matrix　183

刚度系数　stiffness coefficient　165

刚架　frame　6

刚结点　rigid joint　4

功的互等定理　theorem of reciprocal works　102

拱　arch　6

共振　resonance　279

固定荷载　fixed load　7

固定铰支座　pinned (or hinged) support　4

固定支座　fixed support　4

固端剪力　fixed-end shear force　165

固端弯矩　fixed-end moment　165

广义力　generalized load　85

广义位移　generalized displacement　78

广义坐标　generalized coordinate　270

H

合理拱轴线　optimal center line of arch　67

荷载　load　7

荷载的最不利位置　the most unfavorable position of load　212

桁架　truss　6

后处理法　post treatment method　242

互等定理　reciprocal theorems　102

滑动支座　slider support　4

活动铰支座　roller support　4

J

基本频率　fundamental frequency　294

基本振型　fundamental mode shape　294

机动法　kinematic method　206

几何不变体系　geometrically stable system　13

几何构造分析　geometric construction analysis　13

几何可变体系　geometrically unstable system　13

计算自由度　computed degree of freedom　21

简谐荷载　harmonic load　277

铰结点　pinned joint　4

结点　joint　4

结点荷载　joint (nodal) load　201

结点荷载作用下的影响线　influence line of structure under joint load　203

结点角位移　rotational displacement of joint　167

结点线位移　translational displacement of joint　170

结构　structure　1

结构的刚度矩阵　stiffness matrix of structure　183

结构的计算简图　computational model of structure　3

截面法　method of sections　30

静定结构　statically determinate structure　7

静定平面刚架　statically determinate plane frame　45

静定平面桁架　statically determinate plane truss　38

静定性　static determinacy　25

静力法　static method　198

静力荷载　static load　7

局部坐标系　local coordinate system　229

矩阵位移法　matrix displacement method　156

L

力法　force method　109

力法的基本方程　basic equation of force method　112

力法的基本结构　primary structure of force method　112

力法的基本体系　primary system of force method　112

力法的基本未知量　primary unknowns of force method　111

力法典型方程　canonical equations of force method　116

连续梁　continuous beam　109

梁　beam　6

两铰拱　two-hinged arch　135

临界荷载　critical load　215

临界位置　critical position　213

临界阻尼系数　critical damping coefficient　288

N

内力影响线　influence line of internal force　196

能量方法　energy method　2

黏滞阻尼力　viscous damping force　285

P

频率　frequency　275

频率方程　frequency equation　293

平衡-几何-本构方法　equilibrium-geometry-constitutive method　2

Q

强迫振动　forced vibration　276

R

柔度法　flexibility method　116

柔度矩阵　flexibility matrix　116

柔度系数　flexibility coefficient　116

瑞利-里茨法　Rayleigh-Ritz method　189

S

三铰拱　three-hinged arch　62

实体结构　massive structure　2

势能原理　principle of potential energy　184

势能驻值原理　stationary principle of potential energy　184

受迫振动　forced vibration　276

瞬变体系　instantaneously changeable system　15

瞬铰　instantaneous hinge　16

随机荷载　random load　268

T

弹性中心　elastic center　141

弹性中心法　method of elastic center　141

特征方程　characteristic equation　293

特征向量方程　eigenvector equation　293

突加短时荷载　suddenly applied load with a short duration　282

突加荷载　suddenly applied load　268

图乘法　method of graph multiplication　94

W

外力势能　potential energy of external force　184

位移　displacement　78

位移法　displacement method　156

位移法的基本方程　basic equation of displacement method　158

位移法的基本结构　primary structure of displacement method　179

位移法的基本体系　primary system of displacement method　179

位移法的基本未知量　primary unknowns of displacement method　158

位移反力互等定理　theorem of reciprocal displacement-reaction　105

位移互等定理　theorem of reciprocal displacements　103

无侧移刚架　frame without sidesway　167

无铰拱　hingeless arch　139

X

先处理法　pretreatment method　242

虚功原理　principle of virtual work　79

虚力原理　principle of virtual force　79

虚位移原理　principle of virtual displacement　79

Y

移动荷载　moving load　7

影响系数　influence coefficient　197

影响线　influence line　196

应变能　strain energy　184

有侧移刚架　frame with sidesway　170

有限元法　finite element method　271

圆频率　circular frequency　275

约束　constraint(restraint)　14

Z

振幅　amplitude　274

振幅的对数递减率　logarithmic decrement of amplitude　287

振型叠加法（振型分解法）　mode superposition（decomposition）method　303

振型方程　modal equation　293

振型矩阵　modal matrix　304

整体分析　global analysis　228

整体刚度矩阵　assembled stiffness matrix　239

整体坐标系　global coordinate system　232

支座　support　4

直接刚度法　direct stiffness method　240

质量矩阵　mass matrix　297

周期　period　274

周期荷载　periodic load　268

主振型（振型）　normal mode shape　293

主振型的正交性　orthogonality of normal modes　299

转角位移法　slope-deflection method　156

转角位移方程　slope-deflection equation　10

自内力　self-internal force　142

自由度　degree of freedom　13

自由振动　free vibration　272

自振周期　natural period　274

组合结构　composite structure　6

阻尼　damping　285

阻尼比　damping ratio　288

阻尼矩阵　damping matrix　304